"十二五"普通高等教育本科国家级规划教材

国家级优秀教学团队/国家级特色专业教学成果
国家级精品在线课程配套教材

新型工业化·新计算·计算机学科系列

计算机组成原理与汇编语言程序设计

（第**5**版）

徐洁 叶娅兰/主编

电子工业出版社·
Publishing House of Electronics Industry
北京·BEIJING

内 容 简 介

本书为"十二五"普通高等教育本科国家级规划教材。全书从微体系结构层、指令系统层、汇编语言层三个层次，以及 CPU、存储系统、输入/输出系统及其互连三大系统出发，建立整机的概念，并体现软硬结合的思想。全书共 7 章，分为三篇，系统介绍基础知识（绪论、计算机中的信息表示）、计算机系统结构（微体系结构层——CPU 组织、指令系统层、汇编语言层）、存储系统与输入/输出系统（存储系统、输入/输出系统）。本书为教师免费提供电子教案。

本书系统全面，实例丰富，适合作为高等学校计算机及相关专业教材，也可作为 IT 技术人员的参考书。

图书在版编目（CIP）数据

计算机组成原理与汇编语言程序设计 / 徐洁，叶娅兰主编. —5 版. —北京：电子工业出版社，2023.2
ISBN 978-7-121-44991-8

Ⅰ. ① 计… Ⅱ. ① 徐… ② 叶… Ⅲ. ① 计算机体系结构－高等学校－教材 ② 汇编语言－程序设计－高等学校－教材 Ⅳ. ① TP303 ② TP313

中国国家版本馆 CIP 数据核字（2023）第 017576 号

责任编辑：章海涛
印　　刷：三河市鑫金马印装有限公司
装　　订：三河市鑫金马印装有限公司
出版发行：电子工业出版社
　　　　　北京市海淀区万寿路 173 信箱　　邮编：100036
开　　本：787×1092　1/16　　印张：24.5　　字数：620 千字
版　　次：2017 年 1 月第 1 版
　　　　　2023 年 2 月第 5 版
印　　次：2025 年 1 月第 5 次印刷
定　　价：69.80 元

凡所购买电子工业出版社图书有缺损问题，请向购买书店调换。若书店售缺，请与本社发行部联系，联系及邮购电话：（010）88254888，88258888。

质量投诉请发邮件至 zlts@phei.com.cn，盗版侵权举报请发邮件至 dbqq@phei.com.cn。

本书咨询联系方式：192910558（QQ 群）。

前　言

本书为"十二五"普通高等教育本科国家级规划教材,曾入选电子工业部"九五"规划教材和普通高等教育"十一五"国家级规划教材。

本书将传统教学计划中的两门相互依赖程度较深的主干课程《计算机组成原理》和《汇编语言程序设计》有机地组织为一门课程,目的是围绕机器指令级(指令系统层)及紧密相关的微操作级(微体系结构层)和汇编语言级(层),将计算机内部工作机制与编程求解问题结合,从而更好地体现软硬结合的计算机系统思想。本书将输入/输出(I/O)系统作为《计算机组成原理》和《汇编语言程序设计》的结合点,既包含硬件接口设计,又包含I/O驱动程序等软件设计,体现了两部分的紧密关联度和目前汇编语言程序设计的主要应用场合。在保持前几版的基本结构、主要内容和风格的基础上,我们对原书各章内容进行了修订,以便更好地与现代计算机系统相吻合。

下面介绍本书的编写思路、各章内容简介和第5版修订内容。

一、编写思路

本书涵盖了 ACM/IEEE-CS 中"AR 计算机组织与体系结构"知识体的 5 个核心知识单元:AR2 数据的机器级表示,AR3 汇编机器组织,AR4 存储系统组织和结构,AR5 接口和通信,AR6 功能组织。

本书还涉及汇编语言层的 PF 程序设计基础知识领域的一个核心知识单元——PF1 程序设计基本结构。因此,本书适用于"计算机学科教学计划"推荐的 16 门核心课程中的《计算机组成基础》课程。

多年来,我们跟踪分析了国外经典教材与国内优秀教材,这些教材一般可分为两种体系:"分层体系"和"功能部件组成体系"。本书的框架体系采用这两种体系相结合的方案,从三个层次(微体系结构层、指令系统层和汇编语言层)和三大子系统(CPU、存储系统、输入/输出系统及其互连)出发建立整机概念。本书第二篇按照微体系结构层、指令系统层和汇编语言层三个层次,讨论计算机系统的组成,从而在 CPU 级建立整机概念。第三篇介绍存储系统、输入/输出系统,帮助读者在系统级上建立整机概念。

本书以一个 CPU 教学模型机的设计为例,从寄存器级描述 CPU 的内部逻辑组成结构,在指令流程和微操作两个层次上深入分析 CPU 的工作原理;从存储原理、高速缓冲‑主存‑外存三级存储体系、虚拟存储器阐述存储系统的工作机制与组织;从输入/输出接口控制方式、总线、外部设备阐述输入/输出系统的原理与结构。同时，本书以实际 Intel 80x86、Pentium 系列微处理器为背景，阐述和分析其 CPU 的微体系结构、指令系统、汇编语言、主存、高速缓存（Cache）、虚拟存储器、总线、I/O 接口、I/O 驱动程序和 I/O 软件调用等。

而且，本书介绍了典型精简指令集计算机（Reduced Instruction Set Computer，RISC）微处理器 MIPS 和 ARM 的微体系结构和指令系统，它们与复杂指令集计算机（Complex Instruction Set Computer，CISC）的 80x86 微处理器形成了对比。

二、各章内容简介

全书由基础知识、计算机系统分层结构、存储系统和输入/输出系统 3 篇共 7 章组成，体现了下述教学思路。

第一篇基础知识，包括第 1~2 章，介绍计算机系统组成的基本概念和信息表示。

第 1 章仍然强调计算机的两个重要基本概念：信息数字化、存储程序工作方式。在介绍计算机系统的硬件、软件组成后，引入了现代计算机的分层结构模型，自下而上分为 5 层：微体系结构层、指令系统层、操作系统层、汇编语言层和面向问题的语言层，本书第二篇内容就是根据其中的三层来组织的。第 1 章还对计算机的工作过程、特点、性能指标和发展史等做了介绍。

第 2 章讲述数据信息和指令信息的表示，包括带符号数、小数点及字符的表示方法，以及指令格式、寻址方式和指令类型，并介绍 Pentium II 指令格式、RISC 基本概念、典型 RISC 微处理器 MIPS 和 ARM 的指令系统。

第二篇计算机系统结构，包括第 3~5 章，分别从微体系结构层、指令系统层和汇编语言层深入讨论计算机系统的组成和工作机制。

第 3 章介绍微体系结构层，将 CPU 作为整体来讨论，弱化运算方法与运算器；主要以一个教学模型机为例，从寄存器级描述 CPU 的内部逻辑组成，在指令流程和微操作两个层次上分析 CPU 的工作原理。根据当前计算机的发展趋势，更强调组合逻辑控制方式，对微程序控制方式只做一般原理性介绍，并以 MIPS 和 ARM 为典型例子，说明 RISC 的微体系结构。

第 4 章以 80x86 CPU 为背景讨论指令系统层，将 80x86、Pentium 系列 CPU 的微体系结构做了类比，用归纳和概括的方式介绍该系列 CPU 的寻址方式和指令系统。本章作为第 3 章与第 5 章的桥梁，由 CPU 模型过渡到实际机器 80x86，并为学习汇编语言奠定了相关基础。

第 5 章汇编语言层，以 80x86、Pentium 系列 CPU 为背景，精练地阐述了汇编语言的基础知识、伪指令与宏指令、汇编语言程序设计基本技术。

第三篇包括第 6~7 章，讨论存储系统和输入/输出（I/O）系统。

第 6 章简介各种存储器存储信息的基本原理，芯片级主存储器的逻辑设计方法。按三级存储体系（高速缓存、主存、外存）分别介绍其工作原理，并从物理层和虚拟层讨论存储系统的组织；以 Pentium 为实例，深入分析其主存储器、Cache 和虚拟存储器的工作机制；还引入了高级 DRAM、磁盘冗余阵列 RAID、并行存储技术等。

第 7 章介绍输入/输出系统。采用硬软结合的方式，既讨论硬件接口与 I/O 设备的逻辑组成及工作原理，也介绍软件调用方法与相应的 I/O 程序设计；详细阐述 I/O 接口的主要控制方式：直接程序控制方式、程序中断方式和 DMA 方式的工作原理，并以 80x86 为背景深入分析了三种控制方式的接口组成和 I/O 驱动程序设计；系统介绍总线分类、标准、时序和实例；简介了常用 I/O 设备：键盘、鼠标器、打印机和液晶显示器的工作原理，并以键盘为例分析其驱动程序的设计；另外，引入典型外设接口 ATA 接口和 SCSI 接口。

三、第 5 版主要修订内容

第 1 章增加了国产芯片龙芯和华为海思麒麟的发展史，使读者对我国自主研制 CPU 芯片的情况和应用场合有所了解，还对计算机的分类和提高 CPU 性能技术进行了补充。

目前，国际上市场份额较大的主流 CPU 架构有 3 种：Intel 80x86、ARM 和 MIPS。本书的实际机器背景就是 CISC 的 Intel 80x86，因此在第 2 章增加了典型的 RISC 微处理器 MIPS 和 ARM 的指令系统，删除了非主流的 SPARC 指令系统；第 3 章相应增加了 MIPS R4000 和 ARM7 的微体系结构，删除了 SPARC 微体系结构，以利于读者在了解 RISC 的 MIPS 和 ARM 的同时与 CISC 的 80x86 进行对比。

第 6 章修订了 Cache 基本原理内容，增加了 AMD Opteron 数据 Cache 的组织结构并深入分析了该数据 Cache 读、写数据的过程；增加了半导体 ROM 和 Fash 存储器的存储原理、U 盘和固态硬盘的内容，补充和修订了高级 DRAM 内容；删除了光盘存储器的相关内容。

第 7 章根据微机的总线结构发展演变过程，重新梳理了其单总线、双总线和多总线的结构变化和特点；增加了 80x86 中断指令及其应用场合，对中断接口举例和 DMA 接口举例内容重新进行了梳理和修订，使其内容更具可读性；删除了通道和 IOP 的相关内容。

本书内容丰富，覆盖与融合了传统"计算机组成原理""微机原理"和"汇编语言程序设计"课程的主要内容，知识的系统性和教学的实用性更强，也使学时数得到了合理压缩。

由于篇幅所限，与本书有关的一些教学资料将以电子文档方式提供给读者，欢迎免费下载（http://www.hxedu.com.cn）。教学资料包括：80x86 指令系统一览表，DOS 系统功能调用（INT　21H），BIOS 功能调用等。

本课程的参考教学时数为 64～80，全书内容可能比教学时数允许的稍多一些，教师可以选取或让学生自学，部分实例可随技术发展而更新。本书为教师免费提供电子教案，欢迎到 http://www.hxedu.com.cn 注册后下载。

参与本书编写工作的有徐洁、叶娅兰、李晶晶和鲁珂，全书由徐洁、叶娅兰主编并负责全书的组织和统稿。重庆大学袁开榜教授担任主审，他认真、仔细地审阅了全稿，提出了许多宝贵的修改意见。本书编辑们热情、专业和细致的工作态度保证了教材的编辑质量和水平。教材的编写还得到了北京航空航天大学杨文龙教授、电子科技大学龚天富教授的热情指导和帮助，以及电子科技大学计算机学院领导和老师们的热情支持。在此，谨向所有给予我们支持和帮助的人们表示衷心的感谢。

书中还会存在错误与不足之处，恳请读者与同行给予批评指正。

作者 E-mail：xujie@uestc.edu.cn，或者加入 QQ 群：192910558。

作　者
2022 年于成都

目　录

CO ━━━━━━━━━━━━━━━━━━━━━━━━━━━━━━━━ AL

第一篇　基础知识

第二篇　计算机系统结构

第三篇　存储系统和输入/输出系统

第一篇

基 础 知 识

第1章

绪 论

通常所讲的计算机，全称是电子式数字计算机，它是一种能存储程序，能自动连续地对各种数字化信息进行算术、逻辑运算的快速工具。这个定义中包含两个重要的基本概念：信息数字化和存储程序工作方式。本书一开始就强调它们，希望读者作为了解计算机组成及工作机制的基本出发点。

计算机系统是由硬件与软件组成的综合体，人们常采用层次结构观点去描述系统的组成与功能，分层次地分析与设计计算机系统。本章在简要叙述计算机系统的硬件、软件组成后，将分别从系统内部的有机组成和程序设计语言功能的角度，介绍两种常用的层次结构模型；再通过对解题过程的描述，说明计算机的应用方式与工作过程；在上述知识的基础上，分析计算机的特点，说明其性能指标的含义；最后，简要介绍 Intel、龙芯和华为微处理器的发展，以及提高计算机性能的技术和主要应用领域。

1.1 计算机的基本概念

初学者提出的第一个问题常常是：计算机是什么？简单地讲，计算机是一种能够存储程序，能够自动连续地执行程序，对各种数字化信息进行算术运算或逻辑运算的快速工具。我们先对这个定义进行初步解释。首先，计算机是能够运算的设备，运算可以分为两大类：算术运算和逻辑运算。算术运算的对象是数值型数据，以四则运算为基础，许多复杂的数学问题可通过相应的算法最终分解为若干四则运算。逻辑运算用来解决逻辑型问题，如信息检索、判断分析和决策等。所以，我们常将计算机的工作泛称为对信息进行运算处理。那么，计算机中的信息用什么形式来表示呢？简单地讲，是用数字代码来表示各类信息，所以称为数字计算机。计算机又是怎样对这些数字化的信息进行运算处理呢？它采用的是一种存储程序工作方式，即将编写好的程序输入计算机并存储，然后通过连续、快速地执行程序实现各种运算处理。为了存储程序与数据，需要存储器；为了进行运算处理，需要运算器；为了输入程序、数据、输出运算结果，需要输入设备和输出设备；控制器则对计算机的各项工作进行控制管理。

这些要点是由计算机技术的先驱者冯·诺依曼首先提出的，他在 1945 年提出了数字计算机的若干设计思想，被称为冯·诺依曼体制，这是计算机发展史上的一个里程碑。采用冯·诺依曼体制的计算机被称为诺依曼机。几十年来，计算机的体系结构发生了许多演变，但冯·诺依曼体制的核心概念仍沿用至今，绝大多数实用的计算机仍属于冯·诺依曼机。冯·诺依曼体制中那些至今仍广泛采用的要点归纳如下：

① 采用二进制代码表示数据和指令，即信息（数据和指令）的数字化。
② 采用存储程序工作方式，即事先编制程序，事先存储程序，自动、连续地执行程序。
③ 由存储器、运算器、控制器、输入设备、输出设备五大部件组成计算机硬件系统。

本节先阐述其中的两点：存储程序工作方式和信息的数字化表示。硬件组成部分则放在 1.2 节与系统结构一起讨论。

1.1.1　存储程序工作方式

计算机的工作最终体现为执行程序，采用存储程序工作方式，这是冯·诺依曼体制中最核心的思想，体现了用计算机求解问题的过程，包括三点含义。

1．事先编制程序

为了用计算机求解问题，需要事先编制程序，也就是将求解问题的处理过程用程序来实现。程序规定计算机需要做哪些事，按什么步骤去做，还包括需要运算处理的原始数据，或者规定计算机在什么时候从输入设备获得数据。一件事往往要分很多步骤去完成，要求计算机硬件在一步中执行的操作命令称为一条指令，如加法指令。计算机最终执行的程序，其形态就是指令序列，即若干指令的有序集合，每一步将执行一条指令。换句话说，我们预先编好的程序最终变成：指令序列和有关的原始数据。

2．事先存储程序

编好的程序经由输入设备送入计算机，存放在存储器中。编写的程序是用字符书写的，通过键盘将字符变成二进制编码，然后输入计算机。二进制编码中的每一位不是 0 就是 1，可以保存在存储器中。

最早的电子计算机是靠许多开关和拔插连接线来体现程序的，被称为台外程序式，意思是程序不在计算机内部。后来，冯·诺依曼机采用了事先存储程序的工作方式，这有重要意义。

3．自动、连续地执行程序

程序存储在存储器中后，启动计算机并运行程序，计算机就可以依照一定顺序从存储器中逐条读取指令，按照指令的要求执行操作，直到运行的程序执行完毕。原则上，程序运行不需通过人工操作逐条读取指令，所以是自动、连续地执行程序，使得计算机可以高速运行。当然，有些工作本身要求以人机对话方式进行，如通过计算机进行查询，计算机通过显示屏幕向用户询问：需查询什么项目？用户通过键盘或鼠标进行选择。这种情况要求计算机分段执行程序，中间允许用户进行人工干预。所以，计算机在自动、连续地执行程序的同时，往往允许使用者以外部请求方式进行干预。

上面描述了计算机的基本工作方式。冯·诺依曼机的这种工作方式被称为控制流驱动方式，是按照指令的执行序列依次读取指令，根据指令所含的控制信息调用数据，进行运算处理。在这个过程中，逐步发出的控制信息成为一种控制信息流，简称控制流，它是驱动计算机工作的因素。而依次处理的数据信息则成为一种数据信息流，简称数据流，它是被调用的对象，或者说是被驱动的部分。

1.1.2　信息的数字化表示

前面谈到，计算机中的信息可以分为两大类：控制信息和数据信息。随着程序的逐步执行，依次取出的指令代码序列，以及在此基础上产生的微命令等，就成为控制信息流，它们是控制计算机工作的有关信息。而依据指令要求依次取出的数据和运算处理的结果等成为数据信息流，它们是计算机加工处理的对象。数据可以分为两大类：数值型数据和非数值型数据。前者有数值大小及正负之分，如四则运算的对象等；后者指字符、文字、图像、声音等一类信息，以及条件、命令、状态等逻辑信息。这就需要解决一个问题：怎样表示上述信息？

现在广泛使用的计算机是电子式数字计算机。"电子式"指计算机的主要部件由电子电路构成，计算机内传输与处理的信息是电子信号。那么，为什么称为数字计算机呢？因为计算机中的信息（控制流、数据流）都采用数字化表示方法，简单地讲，它有两层含义。

1．在计算机中各种信息用数字代码表示

下面通过一组例子来说明如何用数字代码表示各类信息，这是了解计算机工作原理的又一重要基础，希望大家熟练掌握，能够举一反三。

【例 1-1】　用二进制数字代码表示数值的大小。

用一组数字代码表示一个数值型数据，其中每一位数字只有两种，不是 0 就是 1，逢 2 进位，所以称为二进制。数的正负数符也用一位数字代码表示，称为符号位，如约定符号位为 0 表示正数，符号位为 1 表示负数。例如，11001 表示-9。

【例 1-2】　用数字编码表示中、西文字符。

例如，01000001 表示 A，01000010 表示 B，就像发电报时邮局将汉字编为一组数字电报码一样。以字符为基础可以表示范围广泛的各种文字，编写程序时所用的程序设计语言也是用字符组成的。

【例 1-3】　用数字代码表示图像。

与字符相比，图像信息变化多，哪里亮哪里暗，是随时变化的。但是我们可以将一幅图像细分为许多像点（或像素），用这些像点的组合逼近真实图像。如果分得足够细，即点数足够多，那么在人的视觉中这幅由许多像点组成的图像几乎是连续的。相应地，用 1 位数字代码表示一个像点，如用 1 表示一个亮点，用 0 表示一个暗点。再按照一定的扫描规律，如逐线从左到右地扫描，就可以将这些像点的信息以数字代码形式组织，并存入计算机，这样就可以用计算机对图像进行处理了。

下面的例子说明怎样用数字代码表示逻辑型信息。

【例 1-4】　用数字代码表示机器指令。

程序在计算机中的最终（可执行）形态是指令序列，按照事先约定的指令格式，每条指令用一组数字代码表示。一条指令往往分为几个字段，如操作码字段、地址字段等，我们约定用

不同的编码表示不同的指令含义，如操作码的编码含义是：0000 表示传输，0001 表示相加，0010 表示相减等。

【例1-5】 用数字代码表示设备的状态。

计算机在控制打印机、显示器等设备时，常常需要根据设备的工作状态来决定操作。这些状态可以被抽象化，然后用数字代码表示。例如，用 00 表示设备现在空闲，用 01 表示设备忙，用 10 表示设备已完成一次操作，等等。

2．用数字型电信号表示数字代码

从物理实现层次看，数字代码需要用电信号去体现，这样才能用电子电路部件实现信息的传送和运算处理。电信号分为两类：模拟信号和数字信号。

模拟信号是用信号的某些参量去模拟信息，如用电信号的幅值模拟数值的大小，所以称为模拟信号、模拟量。许多物理量，如压力、温度等，需要先通过传感器变为模拟信号，再转换为数字信号，才可以用计算机处理。

数字信号是这样一种信号，它的单个数字信号仅取有限的几种状态，一般只取两种状态，如高电平或低电平、有脉冲或无脉冲，这两种状态可用数字代码 1 或 0 来表示，称为二值逻辑。相应地，数字信号也有两种形式：电平信号和脉冲信号。依靠多位数字信号的组合，可以表示多位数字代码。换句话说，1 位数字信号表示 1 位数字代码。

例如，在计算机传输数据时，常用多根传输线同时传输，每根线传送 1 位，这称为并行传送。如果某一根线的电平为高，则该位为 1；若另一根线的电平为低，则该位为 0。各线之间相互分离，可独立传输电平信号。

用数字代码可以表示各种信息。用数字信号表示数字代码，就是信息数字化的含义。计算机是用来处理信息的，可以处理的信息类型极其广泛。要了解计算机的工作原理，并在今后工作中灵活地进行设计，首先需要深刻理解和熟练掌握信息的数字化表示方法。

采用数字化方法表示信息的优点如下。

① 抗干扰能力强，可靠性高。因为每位数字的取值非 1 即 0，相应地，表示数字的电信号也只需两种状态。假定电源为+5V，用高电平表示 1，用低电平（0V）表示 0，则在 1 与 0 之间有比较大的差别，即使受到一定干扰也能够区分是 0 还是 1。

② 依靠多位数字信号的组合，在表示数值时可以获得很宽的表示范围和很高的精度。理论上，对信息表示的位数增加并无限制，这取决于使用者愿意付出的硬件代价。

③ 数字化信息容易存储，信息传输也比较容易实现。因为每位数字非 0 即 1，相应地，在物理实现上也只需取两种可能的极端状态来表示 0 或 1，因而可以有多种方法来体现，如开关连通或断开、晶体管导通或截止、电容上有电荷或无电荷、磁性材料的正向磁饱和或反向磁饱和、磁化状态的变或不变，等等。相应地，双稳态触发器可以用来存储信息，电容存储的电荷可以用来存储信息。

④ 可以表示的信息类型和范围极其广泛，几乎没有限制，这在前面已经举例说明。

⑤ 能用逻辑代数等数字逻辑技术进行信息处理，这形成了计算机硬件设计的基础。

计算机的各项具体操作最终是用数字逻辑电路来实现的，可以称为处理功能逻辑化。由于采用二进制数字代码来表示各类信息，因此我们能用种类非常有限的几种逻辑单元（与、或、非门）构造出变化无穷的计算机系统。

1.2 计算机系统的硬件和软件组成

计算机系统的组成可分为两大范畴：硬件和软件。计算机硬件是指系统中可触摸到的设备实体，如运算器、控制器、存储器、输入设备、输出设备，以及将它们组织为一个计算机系统的总线、接口等。计算机软件是指系统中的各类程序和文件，它们在计算机中体现为一些不能直接触摸到的二进制信息，所以被称为软件。下面分别介绍计算机系统的硬件组成和软件组成，帮助读者初步建立整机的概念。

1.2.1 计算机硬件系统

早期，冯·诺依曼将计算机的硬件组成分为五大部件。几十年来，计算机硬件系统已有了许多重大变化。首先，现在采用的大规模及超大规模集成电路可将运算器和控制器集成在一块芯片上，称为中央处理器（Central Process Unit，CPU），是负责执行程序、实现运算处理、控制整个系统的部件。相应地，原来的运算器现在作为 CPU 中的运算部件（又称为算术逻辑部件），与控制器之间的界限已不像原来那样分明。其次，存储器分为高速缓存（Cache）、主存储器、外存储器三个层次。其中，高速缓存常集成在 CPU 内部，作为 CPU 的一部分，也可以在 CPU 外再设置一级高速缓存。通常，CPU 与主存储器合在一起，被称为主机，主存储器（简称主存）就是因为位于主机之内而得名，有的文献称之为内存储器（内存）。位于主机之外的磁盘、光盘、磁带等，则作为外存储器（外存）。输入设备的任务是将外部信息输入主机，输出设备则是将主机的运算处理结果或其他信息从主机输出。但从信息传输和控制的角度看，它们并无多大区别，不过是传输方向不同而已。有些设备还兼有输入、输出两种功能，所以在描述系统结构时常将它们合称为输入/输出设备，简称 I/O（Input/Output）设备。

图 1-1 用框图的形式描述了一种简单的单总线硬件系统结构，将 CPU、主存、I/O 设备等都画为一个框，在框内标注其名称。部件、设备之间的连接线也采用示意方式来表现，暂不画出全部连线，也没有具体标明各条连线的细节。这种画法可大大简化细节，以突出其系统结构。

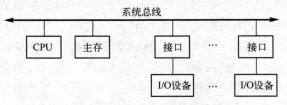

图 1-1　单总线计算机硬件系统结构

下面以图 1-1 为基础，先分别说明各组成部件的功能和相应特性，再介绍以总线为基础构成整机系统的方法。

1. CPU

CPU 是硬件系统的核心部件，负责读取并执行指令，也就是执行程序。冯·诺依曼体制的要点之一即采用二进制代码表示数据和指令，那么，怎样区分它们呢？在 CPU 中有一个程序计数器（Program Counter，PC），它存放着当前指令所在存储单元的地址。如果程序是顺序执行，在读取一个或连续几个存储单元的指令代码后，PC 的内容就加 1 或加几，以指出下一条指令的地址；如果程序需要转移，就将转移地址送入 PC。因此，PC 像一个指针，指引着程序的执行顺序。指令和数据都采用二进制代码表示，程序可以按照 PC 中的地址信息去读取指令，再按照指令给出的操作数地址去读取数据。后面讲到主存储器时会解释地址的概念。

CPU 内有一个或多个算术逻辑部件（Arithmetic Logic Unit，ALU），通常按照指令的要求将有关数据送入 ALU，进行指定的算术或逻辑运算，然后将运算结果送到主存单元，或暂存在 CPU 内的寄存器中。

CPU 的主要部分是控制器（又称为控制部件），它的任务是控制整个系统的工作，决定在什么时候、根据什么、发出什么命令、做什么操作。例如，控制器控制着从主存中读取指令，根据指令代码，分时地发出一些最基本的控制信号即微命令，控制存储器的读写、ALU 的运算处理、数据的输入/输出等。

按照产生微命令的方式不同，控制器可分为两大类：组合逻辑控制器、微程序控制器。

组合逻辑控制器完全靠若干组合逻辑电路（即硬件）产生微命令序列，将指令代码、状态信息、时序信号等输入这些组合逻辑电路，电路将分时产生相应的微操作命令。这种控制器又称为硬连逻辑控制器，其优点是形成微命令的速度快，常用于精简指令系统计算机（Reduced Instruction Set Computer，RISC）。

微程序控制器是将微命令序列以代码形式编制成微程序，存入一个控制存储器；当 CPU 执行指令时，通过读取并执行对应的一段微程序，产生微命令序列，以完成指定的操作。微程序控制方式比较规整，硬件代价较小，易于扩充功能，但速度较慢。

在微型计算机系统中，CPU 又被称为微处理器。并行计算机系统通常包括若干 CPU，CPU 又被称为处理器或处理机（Processor）。

2．主存储器

我们总是希望计算机系统中的存储器容量大，存取速度快，但这往往是有矛盾的，所以存储器常常分为几级。其中，主存储器用半导体存储器构成，工作速度较高，也有一定的存储容量。外存储器为主存提供后援，由磁盘、光盘、磁带等构成，其存储容量很大，但速度较主存储器低。以后要介绍的高速缓冲存储器、主存储器和外存储器，组合成一个完整的多级存储系统，使得整个系统既有很大的存储容量，而 CPU 可以高速地访问存储器。

主存储器用来存放需要执行的程序及需要处理的数据，能由 CPU 直接读出或写入。

主存储器划分为许多单元，通常每个单元存放 8 位二进制数，称为 1 字节。每个单元都有唯一的编号，称为存储单元地址，简称地址。向主存储器送出某个地址编码，就能根据地址选中对应的一个单元。这就像一幢学生宿舍楼，分为若干房间，每个房间可住 8 个人，每个房间的房号相当于存储单元地址。程序的最终（可执行）形态是指令序列，通常按照执行顺序依次存放在连续的存储单元中，通过程序计数器 PC 提供的指令地址，就可以逐条地读取指令。一条指令按其长度不同可存放在一个或相邻的几个单元中。有的指令需要处理的数据（又称为操作数）存放在主存的一个或相邻的几个单元中，指令执行时，就提供地址去寻找对应单元，从中读取操作数。通过以上描述，读者可以初步了解主存中的信息存放情况，可见主存储器的一项重要特性是：能按地址（单元编号）存放或读取内容，就是允许 CPU 直接编址访问，通常以字节为编址单位。对主存储器来说，寻找存储单元（寻址）的依据是地址码，所存取的内容是指令或数据。

3．外存储器

外存储器用来存放那些需要联机存放，但暂不执行的程序和数据，当需要运行它们时再由外存调入主存。例如，硬盘中存放着多个应用的软件，当前暂时只用得着其中的一个，我们先将它调入主存，其余软件仍存放在硬盘上。又如，信息管理系统保存的数据很多，可将它们存放在磁盘中，只将当前需要查询的部分调入主存，以后再调换。这样，主存的容量就不需要很大，可以做到速度比较快。而由磁盘、光盘等构成的外存储器容量很大，可为整个系统提供后援支持，其速度要求可以比主存低一些。

由于外存储器不由 CPU 直接编址访问，也就是说，不需要按字节地从外存储器读取或写入，因此外存储器中的内容一般按文件的形式进行组织。一个文件常分解为若干数据块，可以包含许多字节的信息。用户按文件名进行调用，CPU 找到该文件在外存中的存放位置，以数据块为单位进行读写。

从功能上，外存储器是整个存储系统的一部分，是一种存储器。从信息传输的角度，外存储器又是一种输入/输出设备。将磁盘中的文件调入主存时，磁盘是输入设备；将主存中的内容以文件的形式写入磁盘时，磁盘是输出设备。

4．输入/输出设备

计算机系统大多配备了键盘、鼠标、显示器、打印机等常规输入/输出（I/O）设备，有的还配备了图形、音频输入/输出设备。

输入设备用来将计算机外部的信息输入计算机。外部信息的形式可能有多种，因此输入设备常需进行信息形式的转换，将外部信息变换为计算机能识别和处理的形式。例如，用程序设计语言编写的程序，是以字符为基础，通过按键将它变为机器能够识别和存储的二进制代码。

输出设备将计算机的处理结果以我们能看得懂的形式输出。目前，多数计算机将信息输出到显示器，关机后显示信息会丢失，所以显示器被称为软拷贝设备。打印机可将有关信息打印在纸上，长期保管，所以被称为硬拷贝设备。

5．总线

怎样将 CPU、主存、多台 I/O 设备连接成整机系统呢？一种简单的方法是采用总线结构。所谓总线，是指一组能为多个部件分时共享的信息传输线。如图 1-1 用一组系统总线连接 CPU、主存及多台 I/O 设备，它们之间可以通过系统总线传输信息，连接在总线上的部件都可以使用这组总线。注意，某时刻只能有一个部件或设备向总线发送数据，如果有两个或两个以上的部件同时向总线发送数据，就会产生冲突，使数据混乱，这就是分时共享的含义。但总线上的数据既可以只向某个部件发送，也可以同时向几个部件发送。

系统总线可分为三组，即地址总线、数据总线和控制总线，如某微型计算机的系统总线有 32 位地址线、32 位数据线、20 多根控制信号线。CPU 如果需要访问主存，就向地址总线送出地址码以选择某个主存单元；通过数据总线送出数据，写入主存；或从主存读出数据，通过数据总线送入 CPU 的寄存器。大部分控制信号是由 CPU 提供的，它们通过控制总线送往主存和 I/O 设备；有些信号是 I/O 设备提供的，其中有些也送往 CPU。

6．接口

一台计算机系统需连接哪些 I/O 设备，这要根据该系统的应用场合而定，因此通过系统总线连接的设备，其类型与数量都应当可以扩充。某种型号的计算机系统，其系统总线往往是标准的，也就是说，有多少根地址线、数据线，有哪些控制信号线，每个信号的名称及作用等，都是规定好的。但是它所连接的 I/O 设备却是类型各异。怎样使标准的系统总线与各种类型的设备相连接呢？这就需要在系统总线与 I/O 设备之间设置一些逻辑部件，约定它们之间的界面，这种逻辑部件称为 I/O 接口，在微型计算机中又称为适配卡。在实际工作中，常常需要我们去设计各类接口，需要具备接口的有关知识和设计方法。

概括地说，计算机硬件系统是由三大子系统——CPU、存储系统（包括高速缓存、主存和外存）、输入/输出系统（包括输入/输出设备和接口）以及连接它们的总线构成的。本书后续将深入讨论这些子系统的内部结构和功能。1.3 节将介绍计算机的存储程序工作方式和指令的执行过程。

1.2.2 计算机软件系统

计算机软件就是程序，规定计算机如何去完成某个任务，是某种算法的体现。计算机保存着一些以文件形式组织的信息，如对系统的说明，对编程工具与运行环境的说明，为用户提供帮助的提示与其他参考信息等，所以有人将软件的定义描述得更广泛，即软件是程序和文件。

在计算机系统中，各种软件的有机组合构成了软件系统。从软件配置与功能的角度看，软件可以分为系统软件和应用软件两大类。下面结合计算机的工作，介绍这些软件的主要内容，使读者了解计算机是如何工作的。

1．系统软件

系统软件是一组为使计算机系统良好运行而编制的基础软件。从软件配置角度，系统软件是用户所购置的计算机系统的一部分，是一种软设备，是提供给用户的系统资源。当我们购买一台计算机系统时，除了购买硬件还要购买一些系统软件，有时软件的费用可能超过硬件费用。从功能角度，系统软件是负责计算机系统的调度管理，提供程序的运行环境和开发环境，向用户提供各种服务的一类软件。下面介绍常见的系统软件及其作用。

（1）操作系统

操作系统是软件系统的核心，如 UNIX、Linux、Windows 和 Mac。操作系统负责管理和控制计算机系统的硬件、软件资源及运行的程序，合理地组织计算机的工作流程，是用户与计算机之间的接口，为用户提供软件的开发环境和运行环境。下面进行初步解释，后续课程如操作系统课程会深入讨论。

一个完备的操作系统包括 CPU 调度管理、存储器管理、I/O 设备管理、文件管理、作业管理等几部分。在计算机系统中，大量的信息以文件形式组织并保存，操作系统的文件管理模块提供了信息管理机构。用户程序及其所需的数据常以作业的形式存放在外存储器中，由操作系统进行调度管理，调入主存储器后方可由 CPU 运行。如果计算机系统具备多道程序运行环境，就需要操作系统对 CPU 的分配和运行实施有效管理，还需要为各道程序分配内存空间，并使它们互不干扰，即提供内存保护。I/O 设备管理模块负责为用户程序分配 I/O 设备，提供良好的人机界面，其中含有对各种设备的驱动程序，完成有关的 I/O 操作。所以说操作系统控制和管理着计算机的硬件、软件资源，合理地组织计算机的工作流程。

在配置操作系统后，用户可以通过操作系统提供的用户界面去使用、操作计算机。例如，曾经广泛使用的单用户操作系统 PC-DOS 为用户提供了两种界面，一种是通过键盘操作执行的 DOS 命令，另一种供用户程序调用的系统功能调用。所以说，操作系统提供了计算机与用户之间的接口。现在的操作系统为用户提供了更丰富、更方便的人机图形界面。

在用户程序的开发和执行过程中，可能需要用到许多其他的系统软件程序，即软件资源，它们是作为文件被操作系统管理调度的。我们所编制的用户程序也作为文件纳入操作系统的管理之下。所以，操作系统为用户提供了软件的开发环境和运行环境。正如人们常常说的，某应用软件是在 Windows 环境下开发、运行的。

（2）编译程序与解释程序

计算机硬件能够直接识别的是数字代码，所以让计算机硬件执行的基本命令，如传输、加法、减法等，必须用 0、1 这样的数字编码来表示。由硬件执行的程序的最终形态是由若干指令组成的序列，即指令是程序（可执行形态）的基本单位。通常，一条指令规定了一种基本操作（如传输、加、减），并提供操作数地址或直接提供操作数，这些信息都由数字代码表示。一台计算机可以执行的各种指令的集合，称为这种计算机的指令系统。显然，不同的机型往往具有不同的指令系统，以及相应的指令格式约定，所以机器指令代码又称为机器语言，即面向特定机器结构的一种内部语言。

如果直接用机器语言（0、1 代码）编制程序，将非常不便，于是人们想到用一些约定的符号，如英文缩写的字符串，去表示操作含义、操作数、地址等，这就产生了汇编语言。汇编语言是一种用符号表示的与机器指令基本对应的程序设计语言，专属于某种机型或某种系列机，其他计算机不能直接使用，所以是一种面向机器结构的程序设计语言，不是通用语言。

为了便于编制程序，现在所使用的绝大多数编程语言是高级程序设计语言，这是一些面向用户、与特定机器属性分离的语言。高级程序设计语言与机器指令之间没有直接的对应关系，所以可以在各种机型中通用，编程者使用高级语言也不必了解具体的机器指令系统及其他硬件属性。高级程序设计语言需要遵循一定的严格语法规定与格式，才能为语言处理程序（编译、解释）所识别。现在已出现了许多种高级语言，各具特色，还在继续发展之中。

机器语言是机器内部使用的、用数字代码表示的指令代码，面向某一特定机型，可由硬件直接识别并执行。汇编语言是一种用符号表示的，面向某一特定机型的程序设计语言，它的指令语句与机器指令一一对应。高级程序设计语言则是面向用户，与特定机器属性相分离的程序设计语言，具有通用性。

大多数情况下，用户采用高级程序设计语言编写程序，个别情况采用汇编语言编写程序。用这些程序设计语言编写出的程序称为源程序，它们由一些语句组成。将源程序输入计算机后，计算机先执行一种语言处理程序，将源程序转换为机器语言代码序列，即机器语言程序，然后由计算机硬件执行这些用机器语言代码表示的指令序列，从而完成用户程序的执行过程。这种语言处理程序也是必需的系统软件。

语言处理方式有两种类型：解释、编译。

解释方式是边解释边执行，为此需要一种针对某种程序设计语言的解释程序（又称解释器）作为系统软件的组成部分之一。将源程序输入计算机后，启动并执行相应的解释程序，它的作用是逐步分析源程序中的语句，按照源程序描述的过程，执行一个与此等价的机器语言指令序列，直到整个源程序都被扫描一遍，并被解释执行完毕为止。这有点像口译外语的情形，边说边翻译。解释方式适用于比较简单的程序设计语言，如 BASIC。它的优点是支持人机对话方式的程序设计，可以边执行边修改；需要的主存空间较小。但是这种方式的执行速度较慢，不能解释那些前后关联较多、较难理解的程序设计语言。

大多数程序设计语言采用编译方式。将源程序输入计算机后，先启动并执行相应的编译程序（又称编译器），将源程序全部翻译成目标程序（目标代码）的机器语言指令序列。执行时，计算机将直接执行目标程序，不再需要源程序与翻译程序。因此，这种编译方式有点像笔译，得到完整的译文后就可以不要原文与译者了。编译需要的主存空间比解释方式多，既要容纳源程序，又要容纳一个比较大的编译程序；花费的时间也要长；但运行用户程序时，所需的主存空间比较小，执行速度也较快。

将汇编语言源程序转换为机器代码的目标程序的过程也是一种编译，被称为"汇编"，相应的翻译程序被称为汇编程序（又称为汇编器）。它的逆过程被称为"反汇编"，即将用机器代码表示的目标程序（指令序列）反向编成用汇编语言描述的程序。为利于二次开发，在剖析一些已有的重要软件时常常需要进行反汇编。

将一种程序设计语言的源程序转换为不同机器语言的目标程序，需要不同的编译程序或解释程序。例如，Pentium 机上的 C 语言编译程序就不同于 ARM 机上的 C 语言编译程序。

（3）各种软件平台

为了方便用户，常将开发及运行过程中所需的各种软件集成为一个综合的软件系统，称为软件平台，这已成为软件开发中的一种重要趋势。我们在构建一个应用系统时，首先要考虑：需要购买怎样的一套硬件系统，配置什么软件平台。

有些软件平台是以某种操作系统为核心，增加一些常用的基本功能，特别是人机界面功能，如窗口软件、提示系统等。有些平台属于通用的开发环境型，以某种高级语言编译系统为核心，加上输入程序、编辑工具、调试工具，以及一些常用的基本功能程序模块。有些软件平台面向某种应用领域的开发、运行需要，如信息管理领域所需要的数据库管理系统，为用户提供一种数据库语言用于编制数据管理软件，并提供一些数据库系统所需的基本功能，如用于多媒体制作的多媒体平台、用于中文处理的软件平台等。

2．应用软件

应用软件是指用户在各自应用领域中为解决各类问题而编写的程序，也就是直接面向用户需要的一类软件。由于计算机的应用领域极其广泛，无所不在，因此应用软件不胜枚举，它一般包括：科学计算类、数据处理类、自动控制类、计算机辅助设计类、人工智能类等。有关内容在 1.5 节中介绍。

当然，对系统软件与应用软件的划分并不是一成不变的，一些具有通用价值的应用软件也可以纳入系统软件中，作为一种软件资源提供给用户。前面提到的许多软件平台包含的一些常用基本功能模块，就其功能来说，属于应用软件，但就系统配置来说，它们又可算作系统软件的一部分。

从功能角度，系统软件是负责系统调度管理，提供开发环境和运行环境，向用户提供各种服务的一类软件，而应用软件是用户在各自应用领域中为解决各类问题所编写的程序。从配置角度，系统软件是用户购置的系统资源之一，而应用软件是用户自身开发的、直接面向应用需要的程序。

1.3 层次结构模型

上面介绍了计算机系统的硬件、软件组成。现在按照层次结构的观点去分析这些硬件、软件组成之间的关系，从而建立计算机系统的整机概念。计算机系统是相当复杂的，所以我们在分析、设计、开发时往往采用层次结构的观点和方法，也就是将系统分成若干层，逐层分析、设计、构建。当我们购买一台计算机时，可以逐层配置软件资源或扩展其功能。分析计算机的工作原理时，可以根据自己工作的需要选取某一层，如汇编语言层或某种高级语言层，然后观察、分析它是如何工作的。在开发软件时，也常常是分成若干层、若干模块去进行，如面向用户的人机界面、用户所需的功能模块、公用的基础性软件、面向机器硬件的物理层等。

为达到不同的目的，通常有多种划分层次的方法。本节将列举两种常见的层次结构模型。

1.3.1 从计算机系统组成角度划分层次结构

图 1-2 是从计算机系统组成的角度来划分的一种层次结构模型，给出了构成计算机系统的硬件层和多个软件层，以及它们之间的关系。图 1-2 分层描述了计算机系统的主要硬件、软件组成，自下而上表明了设计和构建一台计算机时的逐层生成过程，每层都在下一层的基础上增加功能。

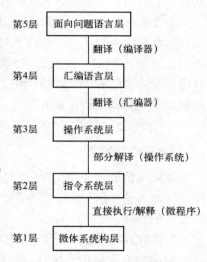

图 1-2 从计算机系统组成角度划分的层次结构模型

1. 微体系结构层

微体系结构层是具体存在的硬件层次，我们看到的不是由大部件（即 CPU、存储系统、输入/输出系统及互连机构）构成的计算机，而是更细微的机器结构。

由于 CPU 是计算机的核心部件，因此微体系结构层主要从寄存器级观察 CPU 的结构，分析 CPU 执行指令的详细过程。在这一层，我们看到的是 CPU 内部的数据通路，即一些寄存器和算术逻辑部件 ALU 相连构成的数据通路。数据通路的基本功能是传输和加工数据，如选择一个或两个寄存器的内容作为 ALU 的操作数，将它们进行运算，如相加；然后将结果存回某寄存器。在一些机器上，这些功能是由微程序产生的控制信号控制的，相应的控制部件被称为微程序控制器；而有些机器是直接由硬件产生的控制信号来控制的，相应的控制部件被称为组合逻辑控制器。

微体系结构层执行机器指令，可以看作指令系统层指令的解释器。在由微程序控制数据通路的计算机上，微程序就是上一层指令的解释器，通过数据通路逐条对指令进行取指、译码和执行。例如，对加法 ADD 指令，将首先取出指令进行译码分析，然后找到操作数送入寄存器，由 ALU 求和，最后存结果到指定地方，如某存储器单元。而在硬件直接控制数据通路的计算机上，执行的步骤与此类似，但是由硬件直接解释执行指令，并不存在一个真正的程序来解释上一层的指令。

微体系结构层的内容即 CPU 结构和功能，是本课程的一个重点。

如果从硬件组成的角度进一步分析微体系结构层中寄存器、ALU、控制电路等部件的构成，那么可知几种数字逻辑单元（与、或、非门）组合成了这一层的部件。由于门电路的结构和工作原理是属于"数字逻辑电路"课程的内容，本书不再赘述。

2. 指令系统层

原则上，指令系统层是机器语言程序员眼中看到的计算机，当然现在人们并不使用机器语言编程。指令系统层位于微体系结构层之上，是一个抽象的层次，其主要特征是指令系统。

指令系统（又称指令集）是指一台计算机所能执行的全部指令的集合。其指令是由微体系结构层的微程序解释执行或硬件电路直接执行的。每台计算机都有自己的"指令系统参考手册"，用来描述各种指令的格式和功能。

指令系统是计算机软件与硬件之间的一种接口。硬件系统的基本任务是实现指令系统所规定的各种指令功能，而各种程序只有最终转化为用机器语言（即代码表示的指令序列）才能被硬件执行。尽管现在已广泛应用各种高级语言编程，但需通过编译器或解释器将高级语言程序转换为硬件可以识别与执行的机器指令序列。

指令系统层定义了硬件和编译器之间的接口，是一种硬件和编译器都能理解的语言。一方面，指令系统表明了一台计算机具有哪些硬件功能，是硬件逻辑设计的基础。因此，在指令系统层，应该定义一套在当前和将来的技术条件下能够高效率实现的指令集，从而使高效率的设计可用于今后的若干代计算机中。另一方面，指令系统层应该为编译器提供明确的编译目标，使编译结果具有规律性和完整性。

对指令系统层的讨论也是本课程的重点之一。

3. 操作系统层

从程序员的观点，操作系统是一个在指令系统层提供的指令和特性上又增加了新指令和特性的程序。这一层有新的指令集，有不同的存储器结构，有同时运行两个或多个程序的能力，以及其他特性。

尽管操作系统层和指令系统层都是抽象层次，但它们有重要的区别。操作系统层指令集是系统程序员完全可用的指令集，包括几乎所有的指令系统层的指令和操作系统层增加的新指令。这些新指令被称为系统调用（System Call），如 DOS 操作系统的系统功能调用"INT　21H"用于设备、文件和目录等管理，Linux 操作系统的系统调用"fork( )"用来创建一个进程。一个系统调用使用一条新指令调用一个预先定义好的操作系统服务，这样效率很高。一个典型的系统调用是从一个文件中读取数据。

操作系统层增加的系统调用是由运行在指令系统层上的操作系统解释执行的。当一个用户程序执行一个系统调用时，如从一个文件中读取数据，操作系统将一步步执行这个调用。但是，那些与指令系统层相同的本层指令将直接交给微体系结构层执行，而不是由操作系统执行。换句话说，操作系统层的新增指令由操作系统解释，而其他指令由微体系结构层直接执行，因此操作系统层又被称为"混合层"。

操作系统层并不是为普通程序员的使用而设计的，主要是为支持高层所需的解释器或翻译器运行而设计的。

操作系统层包含的具体内容会在操作系统课程中详细介绍。

4．汇编语言层

微体系结构层可看作指令系统层指令的解释器，使指令系统的功能得以实现。但是，直接用机器指令代码编程是非常困难的，而让微体系结构层直接执行高级语言也不是好办法。因此，人们为计算机设计了汇编语言层，它位于指令系统层、操作系统层与面向问题语言层之间。从这一层看去，每种计算机都有一套自己的汇编语言、解释它的汇编器，以及相应的程序设计与开发方法。

汇编语言层以及上层是提供给解决应用问题的应用程序员使用的。低三层提供的机器语言都是二进制代码，适合机器执行，但不容易被人理解。从汇编语言层开始，其提供的语言是人们能理解的单词和缩略语。汇编语言实际就是"符号化"的机器语言，每条汇编指令语句都对应一条机器语言指令，它是面向机器结构的语言。用汇编语言编写的程序先由汇编器翻译成机器语言程序，然后由微体系结构层解释执行。

汇编语言层支持上层的方法与低层不同，通常用的是编译，而指令系统层和操作系统层主要用的是解释。

5．面向问题语言层

面向问题语言层的语言通常是为解决现实问题的应用程序员使用的，这些语言通常称为高级语言。目前已开发的高级语言有几百种，业界比较知名的有 Visual BASIC、C、C++、Java、Python 和 Fortran 等。用这些语言编写的程序一般先由编译器翻译成指令系统层和操作系统层语言，偶尔也有解释执行的。例如，用 Java 语言写的程序可以采用解释执行。

在某些情况下，面向问题语言层由针对某特别领域（如符号数学）的解释器组成。解释器提供该领域专业人员熟悉的运算和数据以解决该领域的问题。

总之，用分层方式设计和分析计算机系统可以忽略一些无关紧要的细节，使复杂的问题变得更容易理解。本书第二篇各章就是按图 1-2 中层次模型的微体系结构层、指令系统层、汇编语言层顺序组织的，并分别讨论计算机系统的组成。

1.3.2　从语言功能角度划分层次结构

如果将计算机功能描述为"能执行用某些程序设计语言编写的程序"，那么用户看到的就是图 1-3 所示的语言功能层次模型。计算机硬件的物理功能是执行机器语言，称为机器语言物理机，从这一级看到的是一台实际的机器。而用户看到的是能执行某种语言程序的虚拟机，即通过配置某种语言处理程序后所形成的一台计算机。

与机器语言最接近的是汇编语言，它的基本成分是与指令系统一一对应的用助记符描述的汇编语句。与算法、数学模型甚至自然语言接近的编程语言称为高级语言，具有较强的通用性，如多种通用的高级程序设计语言。针对某些特定应用领域与用户，也可使用某种专用语言，它们一般面向应用，如所要求解的问题。

大多数计算机都是先将用程序设计语言编写的程序翻译为机器语言，然后才能执行，一般是直接翻译为机器语言。但当高级语言较复杂时也可能分级编译，即先翻译为层次低些的某种中间语言，再将中间语言进一步翻译为机器语言，如图 1-3 中虚线所示。

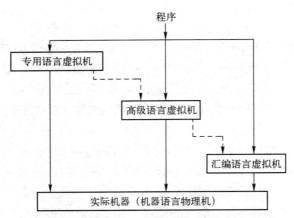

图 1-3　从语言功能角度划分的层次结构模型

所谓虚拟机，通常是指通过配置软件（如某种语言的编译器或解释器）扩充机器功能后所形成的一台计算机。实际硬件在物理功能级上并不具备这种机器功能，因而称为虚拟机。虚拟机概念是计算机设计的又一重要策略，将提供给用户的功能抽象出来，使其脱离具体的物理机器，这有利于让用户摆脱真实物理机细节的束缚，获得超越物理机的功能。

目前，Internet 上广泛使用 Java 虚拟机（Java Virtual Machine，JVM）。为了使 Java 程序能在不同的计算机上运行，Sun 公司定义了一种称为 Java 虚拟机的虚拟体系结构，有 32 位字组成的内存，能执行 226 条指令。大多数指令很简单，只有一些比较复杂，需要多次内存循环。

Sun 公司提供了一个将 Java 语言程序编译成 Java 虚拟机指令序列（又称 Java 执行程序，JVM 程序）的编译器，以实现程序的跨平台运行，还实现了能解释执行 Java 程序的解释器。该解释器用 C 语言编制，可在任何一台有 C 语言编译器的计算机上运行。实际上意味着可在世界上所有计算机上编译和运行。因此，要使一台计算机能够执行 Java 程序，所要做的就是找一个能在该平台（如 PentiumⅡ和 Windows、SPARC 和 UNIX 等）上运行的 JVM 解释器及相关的支持程序和库。而且，大多数 Internet 浏览器已包含了 JVM 解释器，能容易地运行万维网页中的 Java Applet。这些 Applet 主要是为网页提供语音和动画。

解释 JVM 程序的速度要慢一些。运行 Applet 或其他新收到的 JVM 程序的另一条途径是先将它编译成用户计算机能执行的机器指令代码，再运行编译好的程序。这就要求浏览器中有一个 JVM 到该机机器语言的编译器，并能在需要时激活它。这种随时编译的编译器被称为 JIT（Just In Time），已被普遍使用。

除了软件实现的 JVM（JVM 解释器和 JIT 编译器），Sun 和其他公司还设计了硬件的 JVM 芯片，即设计出可直接执行 JVM 程序的 CPU，不再需要一层软件来解释或用 JIT 来编译 JVM 程序。这种体系结构的新芯片 picoJava-Ⅰ和 picoJava-Ⅱ已经在嵌入式系统市场上出现。

1.3.3　软件和硬件在逻辑上的等价

计算机系统以硬件为基础，通过软件扩充其功能，并以执行程序方式体现其功能。一般来说，硬件只完成最基本的功能，而复杂的功能则通过软件来实现。但是，硬件与软件之间的界面，如功能分配关系，常随技术发展而变化。有许多功能既可以直接由硬件实现，也可以在硬件支持下靠软件实现，对用户来说在功能上是等价的，称为软件和硬件在功能上的逻辑等价。

例如，乘法运算可由硬件乘法器实现，也可在加法器与移位器支持下由乘法子程序实现。又如，JVM 既可以用软件（JVM 解释器或 JIT 编译器）实现，也可以用硬件（JVM 芯片）实现。

从设计者角度，指令系统是硬件与软件之间的界面。硬件的基本任务是识别与执行指令代码，因此指令系统所规定的功能一般可由硬件实现。所编制的程序最终需要转换成指令序列，由指令代码表示才能执行，因此指令系统是编程的基础（直接或间接）。问题是如何设计指令系统，选择恰当的软件、硬件功能分配，这取决于所选定的设计目标、系统的性能价格比等因素，并与当时的技术水平有关。

早期曾采用的一种技术策略是硬件软化。刚出现数字计算机时，人们依靠硬件实现各种基本功能，随后为了降低造价，只让硬件实现较简单的指令系统，如加、减、移位与基本逻辑运算功能，依靠软件实现乘、除、浮点运算等更高级一些的功能，这导致了在当时条件下小型计算机的出现，它们结构简单又具有较强的功能，推动了计算机的普及与应用。

随着集成电路技术的飞速发展，我们可以在一块芯片上集成相当强的功能模块，于是出现了另一种技术策略：软件硬化，即将原来依靠软件才能实现的一些功能，改由大规模、超大规模集成电路直接实现，如浮点运算、存储管理等。这样，系统将有更高的处理速度，在软件支持下具有更强的功能。

如果说系统设计者必须关心软件、硬件之间的界面，即哪些功能由硬件实现，哪些由软件实现，那么用户更关心系统究竟能提供哪些功能。至于这些功能是由硬件还是软件实现，在逻辑功能上则是等价的，只是执行速度有差别而已。

1.4　计算机的工作过程

前面在介绍计算机系统的硬件、软件组成时，已经从多个角度涉及计算机的工作方式。现在我们沿着用户应用计算机求解问题这一线索，分析计算机的工作过程。

1.4.1　处理问题的步骤

处理问题的步骤可归纳为：系统分析，建立数学模型，设计算法，编写应用程序，编译为目标代码，由硬件执行目标程序。

有的用户使用计算机处理工作时并不需要自己编写程序，只需要面对显示器，用键盘、鼠标调用有关功能即可。例如，学籍管理系统包含了有关的多个应用程序模块，并提供良好的人机界面，学校的管理人员打开系统后，可以从屏幕上读到该系统的使用方法，可从有关菜单中选取所需的功能，进行查询、输入、删除、修改、统计等工作。又如，多媒体制作人员使用多媒体制作平台设计广告，只需输入文字、图像、声音等基本素材，调用系统的有关功能对这些素材进行编辑加工，制作动画，就可以生产出所希望的广告。学籍管理系统的用户只需使用，基本上不需要程序设计；多媒体制作人员是设计者，只需运用计算机系统的已有功能，不需要自己编程。

当然，应用系统的研制就复杂得多了。本节主要讨论应用计算机处理（求解）问题的基本步骤。不同应用领域的处理方法会有所不同，这里讨论共性的内容。

1．系统分析

如果构造一个比较复杂的应用系统，首先要进行需求分析：确定该系统应具备哪些功能并据此划分功能模块；了解需存储、处理哪些数据、数据量、调用数据时的流向等。然后根据需求分析结果选择硬件平台和软件平台。如果准备购置的平台不能完全满足需要，可能需要自己设计一些硬件部件和系统软件模块。总体设计中的这些分析工作常称为系统分析。

2．建立数学模型、设计算法

应用计算机求解、处理问题的方法被泛称为算法。早期计算机主要用于数学计算，那时的算法主要是指一些求解数学方程的公式之类的方法。后来计算机广泛应用于各种信息处理，算法的具体含义就推广为处理各种问题的方法，如信息的检索方法、调度策略、逻辑判别等。

如果需处理的问题比较复杂，包含多项分析、计算，或多种类型的数据信息，就需要建立相应的数学模型，可能是一组算法的有机组合，如一种桥梁应力分析的数学模型；也可能是一些数据信息的组织结构，如某种信息管理系统的数学模型；也可能是一组逻辑判断规则的有机组合，如某种决策系统等。

3．编写应用程序

在建立数学模型并设计算法后，就可以选择合适的程序设计语言和开发工具，着手编写应用程序，然后在相应的调试环境下进行调试和修改。

4．编译为目标代码

在大多数情况下，计算机是采用编译方式处理源程序的。源程序输入计算机后（或者是直接在计算机中编制而成），调用相应的编译程序进行编译，形成用机器语言代码表示的目标程序，即目标代码。如果这种程序需要多次使用，就可将它们作为独立的文件保存，并冠以文件名，以便今后直接使用。

5．由硬件执行目标程序

通常，目标程序存储在磁盘中，用户需执行时给出文件名，操作系统按文件名调出目标程序并送入主存，再将它在主存中的首址送入程序计数器 PC，从该地址开始依序执行目标程序。

1.4.2 指令执行过程

目标程序的实体就是用代码表示的指令序列，因此掌握了每条指令的执行过程也就掌握了程序的执行过程。下面以一条加法指令为例，说明指令执行过程的一般情况。

加法指令"ADD　AX,[1000H]"的执行过程如下。

1．取指令与指令分析

1.2.1 节中提到，CPU 中有一个程序计数器 PC，存放着当前指令（取指时）所在主存单元的地址码。因此每当读取指令时，就先将 PC 的内容送入主存储器的地址寄存器，据此访问主存单元，从中读出指令，送入指令寄存器 IR。一条指令代码可能分别存放在几个地址连续的主存单元中，每读出一个单元的指令代码，PC 内容就相应地加 1，如果这条指令占 n 个主存单元，那么在该指令代码都读取后，PC 内容就加了 n，这时 PC 指示的就是下一条指令在主存的位置。

当指令代码读入 IR 后，相应的逻辑电路（可称为指令译码器）自动分析：这是一条什么指令？有关的操作数存于何处？控制器分步发出微操作命令，以实现该指令的功能。例如，ADD 表示加，因此这是一条加法指令。相加的两个操作数，一个来自主存，地址码是用十六进制数表示的 1000，即该操作数存放在主存的 1000H 单元中；另一个操作数存放在名为 AX 的寄存器中。相加后，其结果仍存入 AX 寄存器，不再保留原来的内容。

读取指令是需要时间的，由译码电路对指令代码进行分析的时间很快，一般不需要安排专门的时间段，所以我们将读取指令与指令分析作为一步来阐述。

2．读取操作数

根据本例需要，先将指令提供的操作数地址码 1000H 送入主存的地址寄存器，从中读出操作数，送入 CPU 中的一个暂存器。读取操作数后，1000H 单元中仍保留着原来的内容，换句话说，从主存中读出的信息具有复制性质，不影响原来的内容。这种操作数被称为源操作数。

另一个操作数存放在 CPU 的 AX 寄存器中，运算后，AX 改为存储运算结果，原来存放的操作数不再保留。AX 寄存器既是一个操作数的来源地，又是存放运算结果的目的地，所以它提供的操作数被称为目的操作数。

本例中，读取操作数只需访问一次主存，有些指令可能需要访问多次。

3．运算

本例中，ADD 是指令的操作码，表明要进行加法运算。将已从主存单元中读出的源操作数和 AX 中的目的操作数都送往运算器相加，然后将运算结果送回 AX 寄存器。

4．后继指令地址

在读取指令时 PC 的内容已自动修改，本例不需要转移指令地址，所以 PC 修改后的内容就是后继指令地址，即下一条待执行指令所在存储单元的地址。

为了让初学者容易理解，前面分步阐述了一条指令的读取与执行过程。在实际的 CPU 中，为了提高工作速度，需采取一些措施，如不等一条指令执行完毕就预取下一条指令，让几条指令的部分操作重叠执行，甚至让两条指令并行地执行，等等。

1.5　计算机的特点和性能指标

1.5.1　计算机的特点

由于采用数字化的信息表示方法及存储程序工作方式，计算机具有如下重要特点。

1．能在程序控制下自动连续地工作

计算机能执行程序，而且采用存储程序工作方式，一旦输入可执行的目标程序，只要给出运行条件和起始地址，启动后就能自动、连续地执行程序。这是数字计算机的基本特点，也是与其他计算工具（如计算器）的本质区别。

2．运算速度快

目前的计算机采用高速电子线路组成硬件，能以很高的速度工作，这不仅极大提高了工作效率，还使许多复杂问题得以实际解决。目前，可采用若干 CPU 构成多处理器系统，有效地提高计算机的运算速度。

3．运算精度高

由于采用数字代码表示信息，只要增加位数就能提高运算精度，这在理论上几乎没有限制。当然，出于成本上的考虑，实际计算机的基本字长会有一定限制，但在软件上稍加变化便能实现多字长运算，从而获得更高的精度。

4．具有很强的信息存储能力

二进制代码容易被存储，如采用双稳态触发器，电容上有无电荷、不同的磁化状态等多种物理机制都可保存或暂存 0、1 代码，因此计算机中设置有各类存储器，具有很强的信息存储能力。计算机的许多功能和特点也是由此而派生的。计算机能够存储程序，所以能自动、连续地工作；存储容量越大，存储的程序就越多，计算机的功能就越强，而且可以继续扩充功能；计算机能够存储大量的信息，是使许多信息处理得以实现的前提条件。

5．通用性强，应用领域广泛

基于信息表示的数字化，计算机能够处理范围广泛的各类信息，因此可以应用在所有的领域。计算机不仅能实现算术运算，也能实现逻辑运算，即可对各类信息进行非数值性质的运算处理，如图像处理、语音处理、文字处理、知识处理、信息检索、逻辑判断和决策等。

1.5.2　计算机的性能指标

全面衡量一台计算机的性能需要考虑多种指标，下面是一些基本的性能指标。

1．基本字长

CPU 的基本字长是指参与一次运算的二进制数的位数。对此有两点需要注意：

其一，计算机中数的表示有定点数与浮点数之分，相应地有定点运算与浮点运算之分。习惯上，CPU 字长是一次定点运算的字长。例如，目前微型计算机的字长分为 8、16、32、64 位，就是指它的一次定点运算的位数。

其二，8 位二进制为 1 字节，一个字符可以用 1 字节的代码来表示。为了能灵活地处理字符类信息及其他以字节为单位的信息，大多数计算机既能进行全字长运算，又能支持以字节为单位的运算。另外，通过软件可以实现多倍字长的运算。

2．数据通路宽度

数据总线一次所能并行传输的二进制数的位数称为数据通路宽度。它体现了信息传输的能力，会影响计算机的有效处理速度。一台计算机至少有两处需考虑数据通路宽度问题，一是 CPU 内部，二是 CPU 外部的总线。CPU 内部的数据通路宽度一般等于基本字长，而外部的数据通路宽度取决于系统总线。有些计算机的内、外数据通路宽度相等，如 Intel 80386 CPU 的都是 32 位，称为 32 位机。有些计算机的外部数据通路宽度小于内部，如 Intel 8088 的内部为

16 位，外部为 8 位，称为准 16 位机。

3．运算速度

即使是同一台计算机，执行不同运算所需的时间可能不同，因而对运算速度的描述通常采用不同方法。

（1）CPU 时钟频率与主频

主频即 CPU 的时钟频率。时钟通常是指晶体振荡器的输出经相关处理后提供给 CPU 的脉冲序列，其频率称为主频。

CPU 执行一条指令需要分若干步操作完成，如何确定一步操作的起始和结束呢？这就需要使用一个时钟信号来定时控制，一个时钟周期完成一步操作，所以时钟频率的高低在很大程度上反映了 CPU 速度的快慢。

注意，主频与实际的运算速度并不是一种简单的线性关系。由于现代 CPU 芯片内部通常采用多种并行技术如流水线（一个时钟周期通常有多条指令操作重叠执行），因此主频只是 CPU 性能表现的一方面，而不代表 CPU 的整体性能。

（2）每秒平均执行指令的条数

常用表示单位为 MIPS（Million Instructions Per Second，每秒执行的百万条指令）。此处的指令是指单字长定点指令。

（3）分别标明几种典型四则运算所需时间

如标明定点加减、乘、除、浮点运算所需时间等。现在常以浮点运算速度（FLOPS，FLoating Point Operations Per Second，每秒执行的浮点运算次数；MFLOPS，每秒执行的百万次浮点运算次数）作为计算机的速度指标。

4．主存储器容量

CPU 可直接编址访问的存储器是主存储器，需要执行的程序与需要处理的数据就存放在主存中。如果主存容量大，就可以运行比较复杂的大程序，存放大量的信息，利用更完善的软件环境。所以，计算机处理能力的大小与主存容量的大小有紧密的关系。

主存储器容量的表示方法主要有如下两种。

（1）字节数

大多数计算机的主存是按字节编址的，即每个编址单元存放 8 位二进制数，称为 1 字节，表示为 1 B（Byte）。相应地，用字节数表示存储容量的大小。通常，表示主存容量有以下几个常用的单位：2^{10} B=1024 B=1 KB，2^{20} B=2^{10} KB=1 MB，2^{10} MB=1 GB，2^{10} GB=1 TB。

例如，Intel 8086 微处理器的主存按字节编址，有 20 位主存地址总线，则可访问的主存单元数为 2^{20} 个，其主存容量为 1 MB。Pentium 微处理器有 32 位地址总线，则可访问的主存单元数为 2^{32} 个，其主存容量为 4 GB。

（2）单元数（字数）×位数

有些计算机的主存可以按字编址，即每个编址单元存放 1 个字，其位数等于基本字长。在这种情况下，采用单元数×位数来表示存储容量的大小。例如，64K×16 位表示该存储器有 64×1024=65536 个单元，每个单元 16 位。

5．外存容量

外存储器容量一般是指联机的磁盘容量，以字节数表示。大量的软件存放在外存中，需要运行时再调入主存。

6. 外围设备及其性能

外围设备的配置情况也是影响系统性能的重要因素。一般在系统的技术说明书中给出了允许配置及典型配置的规格。实际上，用户在配置外围设备时，除了要考虑系统的性能，还要考虑自己的需要与支付能力，以求二者之间的最佳结合。

7. 系统软件配置

理论上，计算机可以无止境地扩充其软件，但购置系统软件时需要考虑所需的硬件支持，如存储容量够不够。考察某个系统当前配置了哪些软件，可以了解它具有的功能。

1.6　计算机的发展与应用

1.6.1　计算机的发展历程

从 1946 年出现第一台电子计算机，计算机技术得到了迅速发展，可谓日新月异。这表现在许多方面，如硬件方面的逻辑器件和体系结构，软件方面的程序设计语言、操作系统、网络软件、人工智能等，这些发展是相辅相成的。

1. 计算机的换代

由于计算机的发展极为迅速，人们将取得重大突破后的计算机称为新一代计算机。

① 第一代（电子管计算机）。其主要特征是采用电子管构成逻辑电路，运算速度约为几千次每秒到几万次定点加法运算每秒，生存时期大约是 1946 至 1954 年。这段时间是用机器语言或汇编语言编程，后期出现了一些简单的 I/O 管理程序。

② 第二代（晶体管计算机）。其主要特征是采用分立式晶体管构成逻辑电路，运算速度为几万次每秒到几十万次每秒，生存时期约为 1955 至 1964 年。软件方面出现了高级程序设计语言，相应地出现了编译程序、子程序库、批处理管理程序等系统软件。

③ 第三代（中、小规模集成电路计算机）。其主要特征是采用中、小规模集成电路，开始用半导体存储器作为主存，生存时期约为 1965 至 1974 年。硬件方面采用了流水线技术、微程序控制技术，提出了系列机概念。软件方面操作系统逐渐成熟，出现了虚拟存储技术、信息管理系统、网络通信软件等，开始出现独立的软件企业。

④ 第四代（大规模、超大规模集成电路计算机）。在集成电路中，每块芯片内含有的门电路数或元件数称为集成度。每片几百门至几千门称为大规模集成电路（Large Scale Integration，LSI），更高的称为超大规模集成电路（Very Large Scale Integration，VLSI）。随着 LSI 和 VLSI 的出现，计算机的发展又出现了一次飞跃，进入第四代。一般认为，第四代约从 1975 年开始，直至今天，当前大部分实用的计算机都属于第四代。

后来又出现了第五代、第六代的提法，但尚未得到更多的认可。

在使用 VLSI 后，一个重大的飞跃是出现了微型计算机，从而打破了原有计算机体系结构，为计算机的应用拓展了广阔的空间。

进入第四代后，计算机的发展更为迅速。硬件方面，在系统结构上发展了并行处理、多机系统、分布式计算机、计算机网络等技术。软件方面提出了软件工程概念，出现了一些更完善的高级语言、操作系统、数据库系统、网络软件、多媒体技术等。

2．Intel 80x86 系列微处理器的进展

Intel 系列微处理器的演变历史是计算机技术演变的一个写照。过去，Intel 公司几乎每 4 年开发出一种新的处理器，目前已将每代开发时间缩短到 1～2 年，以继续保持领先优势，不断推出最新产品。此外，Intel 80x86 系列微处理器占领市场的另一个重要原因是，该系列在基本结构上采用向后兼容的设计思想，即新开发的微处理器与以前的微处理器在指令系统层兼容，以保证用户原来开发的软件仍可在新的系列微处理器上运行。下面介绍 Intel 80x86 系列微处理器的进展。

20 世纪 70 年代 Intel 微处理器的典型产品如下。

① 8080：世界上第一个通用微处理器，8 位机，处理器与主存的数据总线宽度为 8 位，典型时钟频率为 108 kHz，内部集成晶体管数约 6000 个，主存容量可达 64 KB。8080 曾用于第一台个人计算机。

② 8086：比 8080 强大得多的 16 位微处理器，除了采用 16 位的数据总线宽度和寄存器，还开辟了指令高速缓存（或称队列），以存放预取的指令，具有一条两级流水线，使不同指令的读取与执行可以部分重叠执行；具有 20 位地址总线，可寻址 1 MB 存储空间；典型时钟频率为 8 MHz，内部集成晶体管数约 2.9 万个。8088 是 8086 的一个变形，曾用于最初的 IBM PC，并确保了 Intel 公司的成功。

20 世纪 80 年代 Intel 微处理器的典型产品如下。

① 80286：仍为 16 位微处理器，是 8086 的扩展产品，具有 24 位地址总线，可寻址 16 MB 存储空间，典型时钟频率为 10 MHz，内部集成晶体管数约 13.4 万个。

② 80386：Intel 的第一个 32 位处理器，是一个有重大改进的产品，32 位的结构，复杂程度和功能可以与几年前的小型机和大型机相抗衡；采用一条多级流水线结构，具有片内存储管理部件，是 Intel 的第一个支持多任务的处理器，即支持同时运行多个程序；具有 32 位地址总线，可以寻址 4 GB 的存储空间；典型时钟频率为 33 MHz，内部集成晶体管数约 27.5 万个。

③ 80486：相当于增强型 80386、浮点部件 FPU、8 KB 高速缓存（Cache）的集成，采用更为复杂、功能更强的高速缓存技术和指令流水线技术，典型时钟频率为 50 MHz，内部集成晶体管数约 120 万个。

20 世纪 90 年代 Intel 微处理器的典型产品是 Pentium 系列如下。

① Pentium：开始引入超标量（Super Scalar）技术，有两条整数指令流水线与一条浮点指令流水线，允许更多的指令并行执行，时钟频率为 100 MHz，内部集成晶体管数约 310 万个。

② Pentium Pro：继续推进由 Pentium 开始的超标量结构，为了进一步提高处理器的性能，采用寄存器重命名、转移预测、数据流分析、推测执行等技术；具有 36 位地址总线，可以寻址 64 GB 的存储空间；典型时钟频率为 150 MHz，内部集成晶体管数约 550 万个。

③ Pentium Ⅱ：融入了专门用于有效处理视频、音频和图形数据的 Intel MMX 技术；典型时钟频率为 250 MHz，内部集成晶体管数约 750 万个。

④ Pentium Ⅲ：融入了新的浮点指令，以支持三维图形软件。

2002 年，Intel 发布了超线程微处理器 P4（单核 CPU）。超线程（硬件多线程）技术允许多个线程共享单个 CPU 内部的功能部件，可以提高多线程应用程序的性能。时钟频率为 3.06 GHz，采用 0.13 μm 制造工艺，内部集成 5500 万晶体管。

Intel 的首个双核芯片发布于 2005 年。2006 年，Intel 发布了针对个人计算机的双核微处理器产品 Core2，主频为 3.2 GHz，内部集成 2.91 亿个晶体管。

2011 年，Intel 重新构建了高、中、低端，即 Core i7、i5、i3 多核微处理器架构。Core i3 针对低端市场，采用双核架构，二级 Cache 为 2 MB；Core i5 针对主流市场，采用四核架构，二级 Cache 为 4 MB；Core i7 针对高端市场，采用四核 8 线程或六核 12 线程架构，二级 Cache 不小于 8 MB。此后，Intel 不断对 Core i7、i5、i3 进行升级。

Intel 微处理器的发展历史表明，处理器的性能提升一方面依赖于集成电路技术的进步，另一方面依赖于体系结构的不断改进（如采用流水线、集成 Cache 在芯片上、超标量、超线程、多核）。

3．国内微处理器的发展情况

我国是世界上第一大芯片市场，但芯片领域曾经长期依赖进口，自给率低。我国微处理器芯片的发展起步较晚，下面着重介绍龙芯和海思麒麟处理器的发展情况。

目前，国际上市场份额较大的主流 CPU 架构有 ARM、x86 和 MIPS。新设计的 CPU 为了软件兼容，通常会选用成熟的 CPU 架构，如龙芯选用 MIPS、华为选用了 ARM。

（1）龙芯系列

2002 年，我国第一款具有完全自主知识产权的通用 CPU 芯片龙芯 1 号正式问世，采用 MIPS 架构，实现了我国集成电路产业"零的突破"，打破了国外芯片在我国的长期垄断地位。

龙芯 1 号采用动态流水线结构，定点和浮点最高运算速度均超过每秒 2 亿次，与 Pentium Ⅱ 芯片性能大致相当，在总体上达到了 1997 年前后的国际先进水平。

2004 年 6 月，64 位龙芯 2 号发布，性能相当于 P4 水平，比龙芯 1 号性能提高 10 ~ 15 倍。

2009 年研制的 3A1000 是我国首个四核 CPU 芯片，标志着国内已首次掌握了多核 CPU 的片间互连及 Cache 一致性技术。3A1000 的第二次改版于 2012 年 8 月流片成功，至今还是龙芯销售的一款重要芯片，尤其在工控领域。

2015 年发射的北斗双星搭载的就是龙芯 CPU，龙芯为国家航宇领域也做出了突出贡献。

（2）海思麒麟系列

2009 年，华为海思推出了首款移动微处理器 K3V1，采用 ARM 架构、110 nm 制造工艺，主要面对中低端市场。

2012 年，华为海思发布了 K3V2，是当时全球最小的四核 ARM A9 架构处理器，集成 GC4000 的 GPU，采用 40 nm 制造工艺，主要用于华为 P6 和 Mate1 等产品上。

其后，华为推出的麒麟处理器则全面采用了 SoC（System on Chip，片上系统）架构，即在单个芯片上集成 CPU、通信模块、音视频解码和外围电路等一个完整的系统。

2014 年，麒麟 910（K3V2 改进版，也是四核 CPU 结构）SoC 芯片发布，从此开始改变了芯片命名方式。麒麟 910 首次集成华为自研的巴龙 Balong710 基带，把 GPU 换成 Mali，制造工艺升级到 28 nm。

2014 年 6 月，麒麟 920 SoC 芯片发布，采用 28 nm 制造工艺，八核 CPU 结构，将 4 个

ARM Cortex-A15 和 4 个 Cortex-A7 处理器结合在一起，使同一应用程序可以在二者之间无缝切换，解决了高性能和低功耗之间的平衡，在提升性能的同时延长了电池使用时间。麒麟 920 还集成了协处理器 i3，能以极低的功耗运行，持续采集加速计、陀螺仪和指南针等数据，使一些智能应用可以在待机下一直运行。

2015 年 11 月，麒麟 950 SoC 芯片发布，其八核 CPU 结构包括 4 个 Cortex-A72 和 4 个 Cortex-A53，采用 16 nm 制造工艺，集成自研 Balong720 基带、双核 14-bit ISP 和音/视频解码芯片，集成了 i5 协处理器，是一款集成度非常高的 SoC。

2016 年 10 月，麒麟 960 SoC 芯片发布，GPU 为 Mali G71 MP8。

2017 年 9 月，人工智能芯片麒麟 970 SoC 芯片（八核 CPU 结构与麒麟 960 相同）发布，首次采用台积电 10 nm 工艺、集成 NPU（Neural Network Processing Unit，神经元网络）专用硬件处理单元，以处理海量数据。其集成的 55 亿个晶体管远高于高通和苹果的芯片，使华为步入了顶级芯片厂商行列。

2018 年 8 月，麒麟 980 SoC 芯片（八核 CPU 结构包括 4 个 Cortex-A76 和 4 个 Cortex-A55）发布，首次采用台积电 7 nm 制造工艺，集成 69 亿个晶体管，全面升级的 CPU、GPU、新的双核 NPU 使其性能更为优秀。

2019 年 9 月，全球首款 5G SoC 芯片麒麟 990 5G（八核 CPU 结构与麒麟 980 相同）发布，内置巴龙 5000 基带即 5G，采用 7 nm 制造工艺，GPU 为 16 核 Mali-G76，NPU 在双核基础上增加了一个微核。

华为研制手机芯片的时间虽然短，但是进步非常快。

4．分类

20 世纪 80 年代以前，人们按功能、体积、价格等因素将计算机分为微型机、小型机、大中型机和巨型机。但随着微型计算机技术的迅速发展，这种分类方法正逐渐失去意义。因为现在一个高性能的 CPU 和部分存储器已集成在一块芯片，这样的微处理器其工作速度、可访问的主存容量超过了以前的小型机和大型机，其字长也可以达到以前大型机的水平，甚至在一块芯片上已经集成了多个 CPU，称为多核处理器。用多个微处理器构成的多处理器系统的功能也超过了传统的巨型机，如 2000 年 IBM 公司研制成功的一种超大规模并行处理计算机由 8192 个微处理器组成，工作速度达到 12.3 万亿次浮点运算每秒，用于模拟核爆炸技术。

当前，更符合市场发展的通常是按应用分类。按照计算机的应用特征，现代的计算机可分为个人移动设备、桌面计算机、服务器、集群/仓库级计算机和嵌入式计算机五种。

个人移动设备是指一类带有多媒体用户界面的无线设备，如手机、平板电脑等。目前，手机已成为销量最大的一类计算机，设计的关键问题包括成本、能耗、多媒体应用的响应性能等。

桌面计算机包括个人计算机和工作站。个人计算机主要为一个用户提供良好的计算性能和较低成本的工作环境。工作站是指具有完整人机交互界面、图形处理性能和较高计算性能，可配置大容量的内存和硬盘，I/O 和网络功能完善，使用多任务多用户操作系统的小型通用个人化计算机系统。

服务器是 20 世纪 90 年代迅速发展起来的主流计算机产品，是为网上客户机在网络环境下提供共享资源（包括查询、存储、计算等）的高性能计算机，具有高可靠性、高性能、高吞吐能力、大内存容量等特点，并且具备强大的网络功能和友好的人机界面。其高性能主要体现在长时间的可靠运行、良好的扩展性、强大的外部数据吞吐能力等方面。

集群是指一组桌面计算机或服务器通过局域网连接在一起，运转方式类似一个更大型的计算机。每个节点都运行自己的操作系统，节点之间通过网络协议进行通信。最大规模的集群称为仓库级计算机，使数万个服务器像一个服务器一样运行。这类计算机可用于互联网搜索、社交网络、视频分享、在线销售等场合。与服务器的主要区别在于，集群/仓库级计算机以很多廉价的组件构建模块，性价比是关键因素。

在很多应用中，计算机作为应用产品的核心控制部件，隐藏在各种装置、设备和系统中，这样的计算机被称为嵌入式计算机。嵌入式计算机系统集软件与硬件于一体，是满足具体应用对功能、可靠性、成本、体积、功耗等综合性严格要求的专用计算机系统。我们以能否运行第三方软件作为区分嵌入式和非嵌入式计算机的分界线。个人移动设备可以运行外部开发软件，与桌面计算机相同；而嵌入式计算机是专用设备，在硬件和软件复杂性方面受到很大限制，通常不能运行第三方软件。

5．计算机网络

需要特别强调的是，当前已进入网络化时代，这是计算机发展的重要方向之一。计算机网络利用通信线路，将分布在不同地点的多个独立计算机连接起来，使多个用户能够共享网络中的硬件、软件和信息等资源。计算机网络是计算机技术与通信技术结合的产物，在信息时代具有极为重要的意义，不仅大大提高了人类的工作能力，也正在改变着人们的生活、工作和学习的方式。

按照网络的分布距离，计算机网络分为局域网和广域网（远程网），而因特网（Internet）可使分布在全球各地的各种网络实现互连。现在，许多机关、学校、企业建立了自己的局域网，将内部的计算机接入，再将局域网接入因特网，实现全球范围的互连。

1.6.2 计算机性能提高的技术

目前，计算机性能的提高主要有两方面的因素：常规是改进芯片，包括电子器件和电路的制造工艺，提高芯片的集成度与工作频率，更重要的手段是改进计算机的系统结构。

芯片制造商通过在 CPU 芯片上增加新的电路，缩减芯片尺寸，减少部件间的距离，来提高 CPU 的性能。例如，从 1979 年开始推出的 Intel 80x86 系列，大约每 3 年就要发布新一代的CPU 芯片，它的晶体管数为上一代的 4 倍，性能提高 4 ~ 5 倍。其内存芯片仍旧采用基本的主存储器技术，通过采用新的工艺，动态随机存储器（DRAM）的容量每 3 年提高 4 倍。

近年来，计算机性能大幅提高的更深层次原因是源于对传统冯·诺依曼机系统结构的改进，一是在单 CPU 芯片中采用流水线处理技术、集成 Cache、RISC 技术、超标量、硬件多线程技术等，二是用多个 CPU 或计算机构成并行计算机系统。

1．提高和发挥单 CPU 性能的技术

提高和发挥 CPU 性能的技术有很多，下面讨论主要采用的技术。

（1）流水线处理技术

流水线是指利用执行指令操作的并行性实现多条指令重叠执行的技术。

一条指令的执行可以分为不同的阶段，一般分为取指令、指令译码、取操作数、执行算术

/逻辑操作、存结果，在有的计算机中还可细分。因此，可以建立指令执行的流水线（类似汽车装配线），使多条连续指令在不同的执行阶段重叠执行，即在 CPU 内部设置与指令不同执行阶段相对应的独立部件，以构成多级流水线结构，让每个独立部件完成指令的一个步骤的操作，使多条指令重叠执行。例如，80486 CPU 中设有总线接口部件、指令预取部件、指令译码部件、产生微命令的控制部件、高速缓存 Cache、执行部件和存储管理部件构成的流水线，可以使多条指令重叠执行，使每秒平均执行的指令数大大增加，具有平均每个时钟周期执行 1 条常用指令的功能。流水线处理技术已成为高性能 CPU 采用的一种基本技术。

但是，除非以指令形式源源不断地向 CPU 流水线提供工作流，否则 CPU 将达不到它的潜在速度。任何阻碍工作流的事件都会降低 CPU 的性能，如指令间的数据相关（流水线上多条指令重叠执行会出现：前面一条指令还未执行结束，其后指令就需要使用该指令结果）和控制相关（流水线上执行转移指令）会引起流水线停顿。为了保证流水线能被充分利用，一些相关处理技术，如 Forwarding、转移预测、静态调度（由编译器判断相关后，对有相关的目标代码重新排序以减少流水线停顿的技术）等，已被应用到 CPU（如 Pentium II）的设计中。

（2）RISC 技术

RISC 技术主要通过减少指令条数、简化指令寻址方式、采用相同长度的指令格式和 LOAD/STORE 结构等技术来简化指令系统，不同类型指令的执行时间接近，使流水线的结构简化，提高了流水线的使用效率，从而提高了指令执行速度。

其设计思想不仅为 RISC 采用，也为传统的 CISC（Complex Instruction Set Computer，复杂指令系统集计算机）采用。例如，Intel 80486 与以前的 80286 及 80386 相比，已经吸收了很多 RISC 中的思想，其中很重要的一点就是注重常用指令的执行效率，减少常用指令执行所需的时钟周期数。

（3）超标量技术

标量（也称为单发射）CPU 是指具有一条指令执行流水线的处理机，设计目标是做到平均每个时钟周期执行一条指令。为了提高处理器的性能，要求处理器具有每个时钟周期发射执行多条指令的能力。超标量（多发射）CPU 是指具有 2 条或 2 条以上相互独立的指令执行流水线，可在一个时钟周期同时发射执行 2 条或 2 条以上指令的处理器。

例如，Pentium 微处理器采用超标量结构，有两条独立的整数指令流水线与一条浮点指令流水线。每个时钟周期可以同时发射执行两条整数指令，因而相对同一频率下工作的 80486 来说，其性能几乎提高了 1 倍。

在超标量微处理器中，每个时钟周期可同时发射执行多条指令，但指令的高发射率意味着相关发生的频率增加，而且多发射的结构决定了相关的复杂性。因此，为了有效地处理相关，需要采用静态调度与动态调度（即在流水线上执行指令时，由硬件检测指令间的相关性，然后对相关指令重新排序执行，这也称为乱序执行）技术相结合的方法。静态调度可在编译过程中减少相关的产生；而动态调度可根据处理器的动态信息发掘出更多的指令级并行，动态调度简化了编译器的设计，减小了编译代码对硬件的依赖，但代价是大量的硬件开销。

（4）硬件多线程

采用流水线和超标量技术可以有效地提高单线程 CPU 的指令执行效率，但是当单线程指令执行遇到阻塞（如相关、Cache 缺失）时，会使 CPU 内部执行功能部件空闲，为了充分利用这些功能部件，就出现了硬件多线程技术。由于线程间的相关性较少，当一个线程遇到阻塞时，

CPU 可以切换到另一个线程执行。

硬件多线程允许多个线程共享单个 CPU 的功能部件。为了允许这种共享，处理器必须能复制每个线程的独立状态，这样才具备在多个线程之间进行切换的能力。

硬件多线程有两种实现方法：细粒度多线程（CPU 必须能够在每个时钟周期进行线程切换）、粗粒度多线程（CPU 在当前线程遇到阻塞时才切换到其他线程）。

同时多线程（Simultaneous Multithreading，SMT）是多线程的变种，也称为超线程。由于多发射动态调度 CPU 具有多个并行执行功能部件，因此可以通过寄存器换名、动态调度、多发射等技术，实现在一个时钟周期同时发射多个不同线程的指令而不用考虑其相关性。Intel Pentium 4、IBM POWER 5 都采用了 SMT 技术。

但是，硬件多线程通常会损失单个线程的性能。而且，为了减少多个线程同时运行引起的各种资源（如指令预取缓冲、存储器带宽）竞争，CPU 会增加相应硬件资源而使其结构变得更复杂，从而导致功耗大大增加，结果是 CPU 性能的提升与功耗的增大不成正比。

由于单核 CPU 指令级并行的限制、采用硬件多线程的复杂性、时钟频率增加的瓶颈和 CPU 功耗等问题，自 2002 年开始单核 CPU 的性能增长进入缓慢期，因此从 2004 年 Intel 就开始转向研发多核芯片，以在进一步提升 CPU 性能的同时降低功耗的提升。

（5）平衡不同子系统的数据吞吐率

组成计算机的三个主要子系统（即 CPU、存储系统和 I/O 系统）之间存在不同的数据吞吐率和处理要求，而且差异很大。这就导致了在它们之间寻求性能平衡的需要：调整组织和结构，以补偿各子系统之间的能力不匹配，提高整个计算机系统的效率。

CPU 与主存储器的接口问题是最重要的。当 CPU 速度和存储器容量快速增长时，主存储器和 CPU 之间的数据传输率却严重滞后。解决该问题的主要技术有：在主存和处理器之间引入更复杂、更有效的高速缓存（Cache）结构，以减少存储器访问频度；采用多模块或多端口主存储器，实现并行存取；增大总线的数据宽度，以增加每次读出或写入主存的数据位数；在主存芯片中加入高速缓存或其他缓冲机制来改进其接口，提高它的效率；采用高速总线和使用分层总线来缓冲和结构化数据流。

I/O 系统的数据吞吐率远比 CPU/主存小得多，很早就有人想到采用中断技术让 I/O 系统的操作与 CPU 的操作重叠进行，以提高整个系统的效率。利用 CPU 在进行算术/逻辑操作或不需访存的操作时，使外设直接与主存交换数据的技术，即直接存储器访问（Direct Memory Access，DMA）技术早已普遍使用，还可采用缓冲和暂存机制以及多级互连总线结构，以提高 CPU 与外设之间的数据传输率。

上述技术可有效地提高和发挥单处理器计算机的性能，但是单个 CPU 的性能与速度毕竟有限，仍有许多应用问题，如复杂的科学计算、系统模拟、天气预测、知识处理等，仅靠单处理器计算机系统是无法解决的。因此，只有通过开发并行计算机与超级计算机来满足高端应用的需求。

2．并行计算机

使用多个处理器或多个计算机组成一个并行计算机（Parallel Computer）是提高系统性能的有效方法。并行计算机是多个处理部件（Processing Element）的集合，所有的处理部件通过相互通信，协同解决复杂问题。

处理部件可以是 CPU，也可以是计算机。处理部件之间（或处理部件与存储器之间）由互连网络连接。这种并行计算机的优点是可以利用现有的高性能处理器或计算机，再加上快速互连网络，构成高性能的并行系统。

由多个处理器及存储器模块构成的并行计算机被称为多处理器系统（Multiprocessor System）。处理器之间的通信通过共享存储器（Shared Memory）进行。目前，最普遍的多处理器组织方式是对称多处理器（Symmetric MultiProcessor，SMP），由多个相同或相似的处理器组成，以总线或某种开关阵列互连成一台计算机。

特别指出，将多个处理器集成在一块芯片上称为多核芯片，目前已经普遍应用在个人移动设备、服务器、桌面机和嵌入式计算机中。从结构上，多核芯片仍然属于多处理器系统。

由多个计算机构成的并行计算机被称为多计算机系统（Multicomputer System），其中每个计算机只能访问自己内部的私有存储器，而无法访问其他计算机内的存储器。计算机之间的通信只能通过消息传递（Message Passing）方式进行。目前常用的多机系统是集群/仓库级计算机，由一组完整的计算机或服务器通过局域网互连而成，作为统一的计算资源一起工作，并能产生像一台机器在工作的印象。

1.6.3　计算机应用举例

本质上，计算机的工作就是对信息进行处理，而信息无处不在，所以计算机应用涉及所有的领域。下面根据信息处理任务的性质，分类列举部分典型的应用领域。

1．科学计算

科学计算一般指这样一种类型的任务：原始数据不太多，而计算量大且比较复杂，如求解数学方程，大坝、桥梁等工程结构的应力分析，航天技术中对卫星轨道的计算，气象预报，对化学反应甚至核爆炸进行计算机模拟等。

2．信息管理中的数据处理

数据处理一般是指那些数据量很大而操作类型相近的任务，如各种人事管理、企业管理、金融管理、信息情报与文献资料检索等。数据处理中存储数据所需的存储空间远大于处理数据的程序所需的存储空间。大多数计算机被用来为这一类任务服务。以计算机信息管理系统为核心，加上文字处理、通信、分析决策，就形成了办公自动化系统。

3．科技工程中的数据处理

这类数据处理与信息管理中的数据处理有些不同，数据量比较大，同时分析计算比较复杂，如物理探矿中对振动波形的分析，医疗仪器中的图像处理，卫星遥感数据处理等。

4．自动控制

计算机应用于各类生产过程控制，极大地提高了生产力和生产质量，如炉温控制、机床控制和各种化工生产过程控制等。以炉温控制过程为例，传感器先将温度值变为电信号，再将电信号转换为数字信号并送入计算机，然后将当前温度值与要求保持的温度值进行比较，得出误差值，接着按照某种控制算法进行调整，调节发热部件使温度回到要求值。过程控制的突出特点是实时性，即计算机做出反应的时间必须与被控制过程的实际需要相适应。

5. 计算机辅助设计（CAD）、计算机辅助制造（CAM）、计算机模拟、计算机辅助教学（CAI）

运用计算机设计、监控生产过程，可以使生产进入高度自动化。许多复杂的事物可以在计算机产生的虚拟环境中进行模拟分析，使所需时间缩短，成本降低。例如，驾驶员训练环境的模拟，复杂化学反应过程的模拟，核反应过程的模拟，飞机、车辆、桥梁、大坝等的应力情况的模拟，等等。

近年来，随着信息技术的发展，传统的教学手段受到挑战，计算机辅助教学的应用日益广泛并取得了长足的发展。利用多媒体技术制作的 CAI 课件，将文本、图像、声音、动画集为一体，解决了传统课堂中难以解决的问题，为学生提供了生动、直观的学习素材，而且可实现人机对话。将 CAI 软件应用于网络环境，使一些有经验的教师通过计算机网络对学生给予指导，就可实现远程教育。

6. 人工智能

人工智能（Artificial Intelligence，AI）是计算机应用中处于前沿地位的一个重要分支，或者说是高层次的应用。人工智能是指用计算机模拟实现人的某些智能行为，包括专家系统、模式识别、机器翻译、自动定理证明、自动程序设计、智能机器人、知识工程等。

专家系统包含知识库和推理机两大部分，能在某特定领域内使用大量专家的知识，去解决专家才能解决的某些问题，如能下国际象棋的著名的"深蓝"系统，某些大型设备的诊断维护系统，中医专家系统，分析物质分子结构的专家系统等。

利用计算机对物体、图像、语音、文字等信息模式进行自动识别，称为模式识别。现在，对西文和汉字的自动识别率已经很高，颇具实用价值。对有限语音的识别能力也已达到可用语言指挥计算机进行某些操作的程度。

7. 娱乐活动

随着互联网和计算机的迅速普及，人们可以访问各种各样的网站获取自己需要的信息，随时可以发 E-mail、在网上和朋友聊天、玩游戏和购物、在线支付等，还可以在计算机或手机上看各种视频节目、听音乐等。

总之，这是一个五彩缤纷的精彩世界，应用实例不胜枚举。更多的辉煌还有待我们大家去创造。

习 题 1

1-1　简要解释下述概念。

冯·诺依曼机	信息的数字化表示	硬件	软件
操作系统	机器语言	汇编语言	高级程序设计语言
编译	解释	虚拟机	流水线
RISC	超标量	硬件多线程	Cache
并行计算机	个人移动设备	桌面计算机	服务器
集群/仓库级计算机	嵌入式计算机。		

1-2 什么是存储程序工作方式？

1-3 采用数字化方法表示信息有哪些优点？

1-4 如果有 7×9 点阵显示出字符 A 的图像，用 9 个 7 位二进制代码表示 A 的点阵信息。

1-5 数字计算机的主要特点是什么？

1-6 衡量计算机性能的基本指标有哪些？

1-7 某计算机的主存按字节编址，有 34 位主存地址总线，其主存容量是多少？

1-8 针对一种实际计算机，列举出其各部件、设备的技术性能及常规软件配置。

1-9 软件系统一般包含哪些部分？列举读者所熟悉的三种系统软件。

1-10 对源程序的处理有哪两种基本方式？

1-11 提高和发挥单 CPU 计算机性能的主要技术有哪些？

1-12 列举两种国产的处理器芯片（除了教材上介绍的）。

第 2 章

信息表示

计算机内部所处理的信息必须是数字化信息，因此计算机采用数字化方式来表示各种信息，其内部信息分为两大类：数据和指令。

数据信息是计算机所处理的对象，可分为数值型数据和非数值型数据。数值型数据有确定的值并在数轴上有对应的点，数值型数据的表示主要涉及以下问题：选用何种进位计数制，在机器中如何表示带符号的数，如何表示小数点的位置。非数值型数据没有确定的值，如字符、图像等。

机器指令信息是计算机产生各种控制命令的基本依据。机器指令规定计算机完成某种操作。计算机处理任何问题，最终都是通过逐条执行机器指令来实现的。一台计算机所有机器指令的集合称为该计算机的指令系统。

基于进位计数制的知识，本章分别介绍：数值型数据带符号数的表示，小数点的表示（定点数、浮点数）；字符的表示；指令信息的表示（指令格式、寻址方式、指令类型）。

本章还将介绍 Pentium II 的指令格式、精简指令计算机（RISC）的概念、两个典型 RISC 指令系统：MIPS 和 ARM 指令系统（3.6 节介绍 MIPS 和 ARM 的微体系结构）。

2.1　数值型数据的表示

2.1.1　带符号数的表示

1. 真值与机器数

计算机中处理的数可以是无符号数，也可以是有符号数。对于有符号数，通常约定数的某一位表示符号：常用"0"表示正号，用"1"表示负号。这种在计算机中使用的连同数符一起数码化的数被称为机器数。按一般习惯书写形式，即正负号加绝对值表示的数被称为此机器数的真值。

【例2-1】 真值为+1101 的一种机器数形式为 <u>0</u>1101；真值为-1101 的一种机器数形式为 <u>1</u>1101。

上述机器数中的最高位是符号位。注意，机器数形式的二进制位数受机器字长限制，因而机器数的表示范围和精度也将受到相对限制。

计算机中常用的机器数表示方法有三种：原码、补码和反码。

2．原码表示法

原码表示是一种直观的机器数表示形式，即用最高位表示符号，符号位为 0，表示该数为正，为 1，表示该数为负；有效数值部分则用二进制绝对值表示。

【例2-2】 设机器字长为 8 位，有如下真值的原码表示。

真值	原码	真值	原码
+1011	00001011	+0.1011	0.1011000
-1011	10001011	-0.1011	1.1011000

2.1.2 节将介绍，小数点位置固定的机器数称为定点数。为了便于处理，计算机中的定点数只采用纯小数或者纯整数形式。定点小数的小数点位置固定在符号位（最高位）后，但小数点在机器硬件中并不存在，只是一种隐含的约定，通常只在书写时标出来，供阅读使用。定点整数的小数点位置固定在最低位后，自然不需标出。定点数中，除最高符号位之外的各有效位称为尾数。

设机器字长为 $n+1$ 位，以下分别给出定点小数和定点整数的原码定义，该定义可作为推导有关运算法则的依据。

定点小数的原码形式为 $x_0.x_1x_2\cdots x_n$，其原码定义如下：

$$[x]_{原} = x_0.x_1x_2\cdots x_n = \begin{cases} x, & 0 \leqslant x < 1 \\ 1-x = 1+|x|, & -1 < x \leqslant 0 \end{cases} \qquad (2\text{-}1)$$

其中，x 表示真值，$[x]_{原}$ 表示真值 x 的原码，x_0 为原码的符号位。若 x 为正，则 $[x]_{原}$ 与 x 相同；若 x 为负，则 $[x]_{原}$ 为 $1+|x|$，即符号位为 1 并加上小数部分的绝对值。

定点整数的原码形式为 $x_nx_{n-1}x_{n-2}\cdots x_0$（$x_n$ 为符号位），其原码定义如下：

$$[x]_{原} = x_nx_{n-1}x_{n-2}\cdots x_0 = \begin{cases} x, & 0 \leqslant x < 2^n \\ 2^n - x = 2^n+|x|, & -2^n < x \leqslant 0 \end{cases} \qquad (2\text{-}2)$$

与定点小数类似，若 x 为正，则 $[x]_{原}$ 与 x 相同；若 x 为负，则 $[x]_{原}$ 为 $2^n+|x|$，2^n 是符号位（最高位）的权值，使符号位为 1。

通过分析式(2-1)和式(2-2)，可得出有关原码的一些性质：

① 真值 0 在原码表示中有两种形式，以定点整数为例，$[+0]_{原}=000\cdots 0$，$[-0]_{原}=100\cdots 0$。

② 原码表示的定点小数，其表示范围为 $-1 < x < 1$，即 $|x|<1$。原码表示的定点整数的表示范围为 $-2^n < x < 2^n$，即 $|x|<2^n$。

③ 可用数轴表示出原码的表示范围和可能的代码组合。以定点整数为例，设机器字长 $n+1$ 位，如图 2-1 所示，数轴上方表示的是原码的代码组合，下方注明原码对应的真值。

原码表示很直观。若采用原码作乘除运算，可取其绝对值（尾数）直接运算，并按同号相乘除取正、异号相乘除取负的原则，单独处理符号位，因此较方便。但原码作加减运算时，

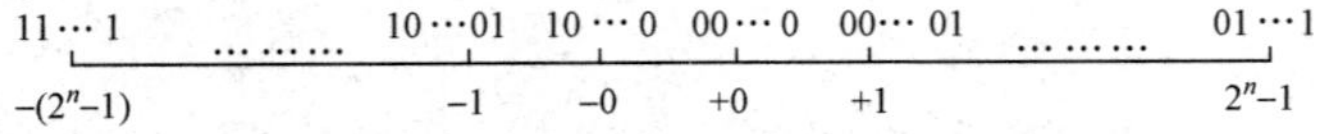

图 2-1　原码表示沿数轴的分布

其运算规则较复杂。例如，用原码表示的数作加运算：$11101+01011$，即$-13+11$，表面上是做加法，由于两数异号，实际上是做 $1011-1101$ 操作，即原码表示的数在做加、减运算时，不仅要根据指令规定的操作性质（加或减），还要根据两数的符号，才能决定实际操作是加还是减。

3．补码表示法

（1）补码的引入

首先分析两个十进制数的运算：$56-24=32$，$56+76=132$。如果使用两位十进制运算器，在做 $56+76$ 时，结果中的 100 超出了该运算器的表示范围，将自动舍去，运算器只能表示出结果为 32。因此在做减法 $56-24$ 时，若用 $56+76$ 的加法能得到同样的结果 32。在数学上，可以用同余式来表示：

$$56 - 24 = 56 + 76 = 56 + (100 - 24) \quad (\mathrm{mod}\ 100)$$

上式中的 100 就是两位十进制运算器的溢出量，在数学上被称为模，用 mod 或 M 表示。上述运算称为有模运算，也可写为

$$56 + (-24) = 56 + 76 \ (\mathrm{mod}\ 100)$$

进一步写为

$$-24 = 76 \quad (\mathrm{mod}\ 100)$$

也就是说，-24 的补码（相对模 100）是 76。在有模运算中，一个负数用其补码代替，将得到同样正确的运算结果。显然，在此引入补码后，减法可转换为加法。

在计算机中数的表示及运算受字长限制，其运算都是有模运算。模在机器中是表示不出来的，若运算结果超出能表示的数值范围，则会自动舍去溢出量，只保留小于模的部分。

设机器字长为 $n+1$ 位：

对于定点小数 $x_0.x_1x_2\cdots x_n$，其溢出量为 $(10.00\cdots0)_2$，即 2，则以 2 为模。

对于定点整数 $x_nx_{n-1}x_{n-2}\cdots x_0$，其溢出量为 $(\overbrace{100\cdots0}^{n+1})_2$，即 2^{n+1}，则以 2^{n+1} 为模。

（2）补码的定义

一个数 x 的补码记作 $[x]_\text{补}$，设模为 M，则其补码定义如下：

$$[x]_\text{补} = M + x \quad (\mathrm{mod}\ M) \tag{2-3}$$

这是一个包含正负数在内的统一定义式。若 $x \geqslant 0$，则模 M 作为溢出量被舍去，因而正数的补码就是其本身，形式上与原码相同。若 $x<0$，则 $[x]_\text{补} = M + x = M - |x| \ (\mathrm{mod}\ M)$。

【例 2-3】　$x=0.1011$，$M=2$，则

$$[x]_\text{补} = 2 + x = 2 + 0.1011 = 0.1011 \ (\mathrm{mod}\ 2)$$

【例 2-4】　$x=-0.1011$，$M=2$，则

$$[x]_\text{补} = 2 + (-0.1011) = 2 - 0.1011 = 1.0101 \ (\mathrm{mod}\ 2)$$

可见，负数的补码形式与其原码形式不同，虽然其符号位在形式上与原码相同，都是用 1 表示负，但这个 "1" 是通过模 2 运算得到的，是数值的一部分，可直接参加运算。正如前述的 $+76$ 表示 -24 一样，负号在映射后已含在数值中。

设机器字长为 $n+1$ 位，以下根据式（2-3）分别导出定点小数和定点整数的补码定义，并分

成正数域与负数域。

定点小数的补码形式为 $x_0.x_1x_2\cdots x_n$，其补码定义如下：

$$[x]_{补} = \begin{cases} x, & 0 \leq x < 1 \\ 2+x = 2-|x|, & -1 \leq x < 0 \end{cases} \quad (\text{mod } 2) \tag{2-4}$$

其中，x 表示真值，$[x]_{补}$ 表示真值 x 的补码。

定点整数的补码形式为 $x_n x_{n-1} x_{n-2} \cdots x_0$，其补码定义如下：

$$[x]_{补} = \begin{cases} x, & 0 \leq x < 2^n \\ 2^{n+1}+x = 2^{n+1}-|x|, & -2^n \leq x < 0 \end{cases} \quad (\text{mod } 2^{n+1}) \tag{2-5}$$

将原码定义式(2-1)、式(2-2)与补码定义进行比较，可以发现它们在表示范围上的微小差别。以定点整数为例，若机器字长为 $n+1$ 位，则原码与补码的正数表示范围都是 $0 \sim 2^n - 1$，但负数原码的表示范围是 $-(2^n - 1) \sim 0$，而负数补码的表示范围是 $-2^n \sim -1$。因此，原码定点整数的整个表示范围应为 $-(2^n - 1) \sim 2^n - 1$，而补码定点整数的表示范围是 $-2^n \sim 2^n - 1$。

（3）由真值、原码转换为补码

计算机中带符号的数若用补码表示，则需要将输入的真值或原码表示的数转换为补码表示。可根据原码和补码的定义式，由真值求其原码和补码。

【例 2-5】 设机器字长为 5 位，采用定点整数表示，x=+110，则

$$[x]_{原} = 00110 \qquad [x]_{补} = 00110$$

显然，正数的原码与补码形式相同。

【例 2-6】 设机器字长为 5 位并用定点整数表示，模为 2^5，若 x=-110，则

$$[x]_{原} = 10110 \quad [x]_{补} = 2^5 - 110 = (100000)_2 - 110 = 11010 \quad (\text{mod } 2^5)$$

【例 2-7】 设机器字长为 8 位并用定点整数表示，模为 2^8，若 x=-110，则

$$[x]_{原} = 10000110 \quad [x]_{补} = 2^8 - 110 = (100000000)_2 - 110 = 11111010 \quad (\text{mod } 2^8)$$

比较以上两例可以发现，当负整数真值转换为原码或补码时，若字长不同，则原码或补码的表示形式相应有差别。

在经过仔细分析负数原码与补码的对应关系后，可以总结出两种实用的转换方法。

① 由负数原码表示转换为其补码表示时，符号位保持为 1，其余各位变反，并在末位加 1（在定点小数中，末位加 1 相当于数值加 2^{-n}）。此法简称为"变反加 1"。用此法重复例 2-7 的转换。

【例 2-8】 设机器字长为 8 位并用定点整数表示，模为 2^8，若 x=-110，则：

$[x]_{原} = \underline{1}0000110$，尾数变反，即变为 11111001；末位加 1，即变为 11111010。所以

$$[x]_{补} = 11111010$$

② 由负数原码转换为补码的第二种方法是：符号位保持为 1，尾数部分自低位向高位，第一个 1 及各低位的 0 保持不变，其余各高位按位变反。用此方法重复例 2-7 的转换。

【例 2-9】 设机器字长为 8 位并用定点整数表示，模为 2^8，若 x=-110，则：

$$[x]_{原} = 1 \quad 0\ 0\ 0\ 0\ 1\ 1\ 0$$

$$[x]_{补} = \underset{\text{不变}}{1} \quad \underset{\text{变反}}{1\ 1\ 1\ 1\ 0} \quad \underset{\text{不变}}{1\ 0}$$

这两种转换方法与定义式是一致的，可作为逻辑实现的依据。通常，多数机器利用加法器

实现变反加 1，不需设置专门的转换逻辑线路。而在手算中常用第二种方法，可以一步得到转换结果，也有一些专门的求补逻辑采用第二种方法。

（4）由补码求原码与真值

采用补码表示的计算机，其运算结果也是补码形式。但补码表示不直观，因此有时需将补码转换为真值或原码表示。

其转换方法是：对于正数，原码与补码相同；其真值在略去正号后，形式上与机器数相同。对于负数，保持符号位为 1，尾数变反，末位加 1（或采用第二种转换方法），即得到原码表示；将负数原码符号恢复为负号，则得到真值表示。

【例 2-10】 由补码求原码和真值。

$[x]_{补} = 11111010$，则 $[x]_{原} = 10000110$，从而 $x = -110$。

（5）补码的性质

通过上面的讨论，可以得出补码的一些性质。

① 补码的最高位是符号位，在形式上同于原码，0 表示正，1 表示负。但应注意，原码的符号位是人为定义 0 正、1 负的；而补码的符号位是通过模运算得到的，是数值的一部分，可直接参与运算。

② 正数的补码表示在形式上同于原码；而负数的补码表示则不同于原码，可用负数原码求补方法进行转换。

③ 可用数轴形式表示补码的表示范围与代码组合。图 2-2 中以定点整数为例，并设机器字长为 $n+1$ 位。

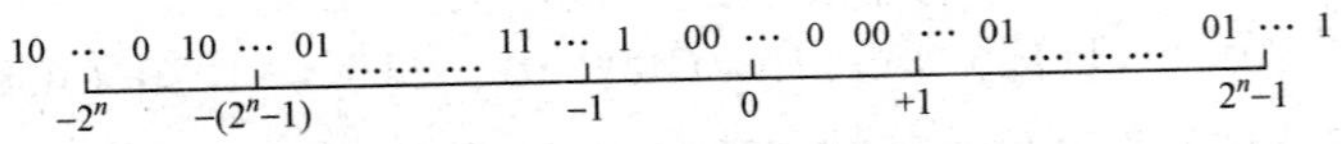

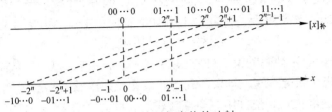

图 2-2 补码表示沿数轴的分布

对比图 2-1 与图 2-2，可以看出两者的主要区别：一是原码表示中有两种 0 的形式，而补码表示只有一种 0 的表示形式，即 00…0；二是与原码表示相比，补码表示的负数域多一种组合，这是由于原码中的 "−0" 占了一种组合。因此，对比定点整数，补码中 "最负的" 值可到 -2^n；而原码中 "最负的" 值只能到 $-(2^n-1)$。

④ 可将真值 x 与其补码进行映射。例如，以定点整数为例，设机器字长为 $n+1$ 位，由图 2-3 可知，负数的补码表示为 $[x]_{补} = 2^{n+1} + x$，实际上是将负数向右平移了 2^{n+1}，因此负数被映射到正数域。这样加一个负数就被转化为加另一个正数（即该负数的补码）。

图 2-3 补码与真值的映射

映射结果还表明，符号位 x_n 是映射值的一个数位，因而在补码运算中，符号位应与尾数一起参加运算。

4．反码表示法

反码是计算机中的又一种机器表示，下面分别给出定点小数与定点整数的反码定义。

设机器字长为 $n+1$ 位，定点小数的反码形式为 $x_0.x_1x_2\cdots x_n$，其反码定义如下：

$$[x]_反 = \begin{cases} x, & 0 \leqslant x < 1 \\ (2-2^n)+x, & -1 < x \leqslant 0 \end{cases} \tag{2-6}$$

其中，x 表示真值，$[x]_反$ 表示真值 x 的反码。

设机器字长为 $n+1$ 位，定点整数的反码形式为 $x_nx_{n-1}x_{n-2}\cdots x_0$，其反码定义如下：

$$[x]_反 = \begin{cases} x, & 0 \leqslant x < 2^n \\ (2^{n+1}-1)+x, & -2^n < x \leqslant 0 \end{cases} \tag{2-7}$$

可根据上述定义由真值求其反码。

【例 2-11】 设机器字长为 8 位并用定点整数表示，若 $x=+110$，$y=-110$，则

$$[x]_反 = 00000110$$

$$[y]_反 = (2^8-1)+(-110) = 11111111-110 = 11111001$$

通过分析定义式，可以得出反码的一些性质。

① 在反码表示中，最高位为符号位，0 表示正，1 表示负，这与原码及补码相同。但应指出，反码的符号位是通过运算得到的（类似于补码），是数值的一部分可直接参加运算。

② 正数的反码与其原码、补码相同。以定点整数为例，负数反码与其原码、补码的关系如下。若 $[x]_原 = x_nx_{n-1}x_{n-2}\cdots x_0$，则

$$[x]_反 = x_n\bar{x}_{n-1}\bar{x}_{n-2}\cdots\bar{x}_0 \qquad [x]_补 = x_n\bar{x}_{n-1}\bar{x}_{n-2}\cdots\bar{x}_0 + 1$$

上式反映，若将负数原码尾数各位变反，即得 $[x]_反$；若将负数反码并在末位加 1，即得 $[x]_补$。

③ 反码表示中也有两种 0 的表示，以定点整数为例，$[+0]_反 = 00\cdots 0$，$[-0]_反 = 11\cdots 1$。在反码中，一般用负 0 表示 0。

④ 可用数轴表示反码的表示范围与代码组合情况。仍以定点整数为例，并设机器字长为 $n+1$ 位，如图 2-4 所示。定点整数的反码表示范围与原码相同，也为 $-(2^n-1) \sim 2^n-1$。

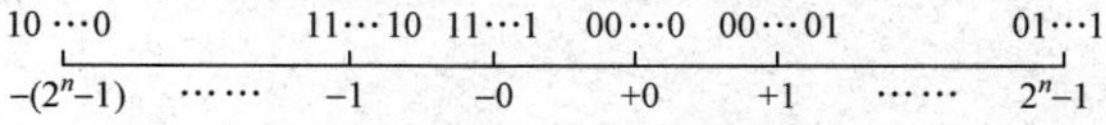

图 2-4　反码表示沿数轴的分布

至此介绍了带符号数的三种机器数的表示法。目前，在计算机中广泛使用的是补码与原码表示法。

2.1.2　定点数与浮点数

计算机中所处理的数值数据可能带有小数，那么小数点位置如何表示？根据小数点位置是否固定，数可以分为定点数表示、浮点数表示两种。

1．定点数

定点数是指在计算机中小数点位置固定不变的数。为了运算方便，通常只采取两种简单的小数点位置约定，相应地有两种类型的定点数。

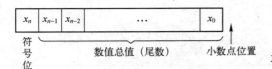

符号位 —— 数值总值（尾数）—— 小数点位置

图 2-5　带符号定点整数格式

（1）定点整数

① 带符号定点整数：约定数的小数点位置在最低位右边，最高位为符号位，即参与运算的数是带符号纯整数，其格式如图 2-5 所示。

为了加减运算方便，在计算机中带符号定点整数常用补码表示，也有的采用原码表示。如前所述，原码与补码在负数域的表示范围有一点细小差别。设机器字长为 $n+1$ 位，则原码定点整数表示范围是 $-(2^n-1) \sim 2^n-1$，补码定点整数表示范围是 $-2^n \sim 2^n-1$。

【例 2-12】　16 位字长的带符号整数，$n=15$，则原码表示范围是 $-(2^{15}-1) \sim 2^{15}-1$，即 $-32767 \sim +32767$；补码表示范围是 $-2^{15} \sim 2^{15}-1$，即 $-32768 \sim +32767$。

② 无符号定点整数：即正整数，不需设符号位，所有各数位都用来表示数值大小，并约定小数点在最低位后。设机器字长为 $n+1$ 位，无符号整数的格式如图 2-6 所示，无符号整数的表示范围是 $0 \sim 2^{n+1}-1$。

【例 2-13】　16 位字长的无符号整数的表示范围是 $0 \sim 2^{16}-1$，即 $0 \sim 65535$。

很多计算机中往往可使用不同位数的几种整数，如用 8 位、16 位、32 位或 64 位二进制代码表示一个整数，相应地，它们占用的存储单元数和所表示的数值范围也是不同的。

（2）定点小数

约定数的小数点位置在最高数位前、符号位后，即参与运算的数是带符号纯小数，其表示格式如图 2-7 所示。

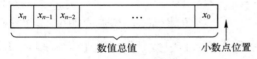

数值总值 —— 小数点位置

图 2-6　无符号定点整数格式

符号位 小数点位置 —— 数值总值（尾数）

图 2-7　定点小数格式

对于 $n+1$ 位机器字长的定点小数，不同机器数的表示范围稍有差别：原码定点小数的表示范围是 $-(1-2^{-n}) \sim 1-2^{-n}$，补码定点小数的表示范围是 $-1 \sim 1-2^{-n}$，分辨率（非零绝对值最小数）是 2^{-n}。

通常，绝对值小于定点小数分辨率 2^{-n} 的数被当作机器 0 处理。

【例 2-14】　16 位字长的定点小数，$n=15$，则原码的表示范围是 $-(1-2^{-15}) \sim 1-2^{-15}$，补码的表示范围是 $-1 \sim 1-2^{-15}$。

在定点整数或定点小数表示法中，参加运算的数和运算的结果必须在该定点数能表示的数值范围内。当机器数小于定点数的最小值（即绝对值最大负数）时，称为"负溢出"；当超出最大值时，称为"正溢出"；"负溢出"和"正溢出"统称为"溢出"。当机器中发生溢出时，将迫使机器转入溢出处理程序或暂停，并将 CPU 中的状态寄存器的溢出标志位置位。

定点数的小数点位置约定在固定位置上，因此不需设置专门的硬设备来表示它。显然，小数点在机器中并不实际存在。对于计算机来说，处理定点整数与处理定点小数在硬件上并无区别，至于选择哪一种定点数格式是在程序中约定的。

2．浮点数

在实际应用中往往会使用实数，例如下面的一些十进制实数：$179.2356 = 0.1792356 \times 10^3$，

$0.000000001 = 0.1 \times 10^{-8}$，$3155760000 = 0.315576 \times 10^{10}$。明显，第一个数既有整数也有小数，不能用定点数格式直接表示，后两个数则可能超出了定点数的表示范围。

在以上等式右边采用了科学标识法来表示数，表示值很大或很小的数特别方便，当然也可以表示既有整数部分又有小数部分的数。因此，计算机中也引入了类似科学标识法的方法来表示实数，称为浮点数表示法，即小数点的位置可以根据需要而浮动。

（1）典型浮点数格式

计算机的典型浮点数格式如图 2-8 所示，由两部分组成：阶码 E 和尾数 M。

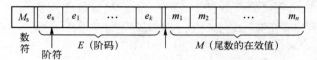

图 2-8　典型浮点格式

浮点数的真值为

$$N = \pm R^{E} \times M \tag{2-8}$$

其中，R 是阶码的底，一般规定 R 为 2、8 或 16，与尾数的基数相同。例如，尾数为二进制，则 R 也为 2。同一种机器的 R 值是固定不变的，所以不需在浮点代码中表示出来，它是隐含约定的。因此，机器中的浮点数只需表示出阶码和尾数部分。

E 是阶码，即数值，为带符号整数，常用移码或补码表示。

M 是尾数，通常是纯小数，常用原码或补码表示。

M_s 是尾数的符号位，安排在最高位，也是整个浮点数的符号位，表示该浮点数的正负。

浮点数的表示范围主要由阶码决定，精度主要由尾数决定。为了充分利用尾数的有效位数，同时使一个浮点数具有确定的表示形式，通常采用浮点数规格化形式，即将尾数的绝对值限定在某范围内。如果阶码的底为 2（即尾数采用二进制），那么规格化浮点数的尾数应满足条件：$1/2 \leq |M| < 1$。尾数作为定点小数，其绝对值应小于 1；由于利用了最高数位，其绝对值应大于或等于 $(0.1)_2$，即 $1/2$。从形式上，对于正数，规格化尾数最高数位 $m_1 = 1$，意味着尾数的有效位数被充分利用了；对于负数补码，一般情况下，尾数最高数位 $m_1 = 0$，但有一种特殊情况除外，即 $M = -1/2$（此时 $m_1 = 0$）。

【例 2-15】　某浮点数长 12 位，其中阶码 4 位用补码表示，尾符 1 位，尾数 7 位用补码表示。写出二进制数 $(-101.011)_2$ 的规格化浮点代码。

$$(-101.011)_2 = (-0.101011)_2 \times 2^3$$

则其浮点代码为

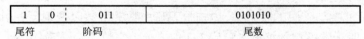

尾符　　　　阶码　　　　　　　　尾数

【例 2-16】　按上例浮点格式，若一浮点代码为 0 0100 0101101，这是一个未规格化的浮点数，尾数最高数位 m_1 未充分利用。可将尾数左移一位，同时阶码减 1，浮点代码则调整为规格化形式 0 0011 1011010。

（2）移码（增码）

浮点数的阶码是带符号定点整数，常用移码表示。

若浮点数阶码为 $n+1$ 位（包括阶符），则移码定义如下：

$$[x]_{移} = 2^n + x \quad (-2^n \leqslant x \leqslant 2^n - 1)$$

其中，x 表示真值，$[x]_{移}$ 表示 x 的移码，如图 2-9 所示。

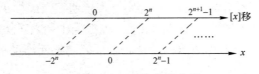

图 2-9　移码与真值的映射

可见，移码表示法是将真值在数轴上正向平移了 2^n，故称为移码。

【例 2-17】某机浮点数的阶码为 8 位，用移码表示，则阶码的表示范围为 $-128 \leqslant x \leqslant 127$，按定义有

$$[x]_{移} = 2^7 + x \tag{2-9}$$

根据上式和补码定义式，可得到真值、移码、补码之间的对应关系，如表 2-1 所示。

表 2-1　真值、移码、补码对照表

真值 x（十进制）	真值 x（二进制）	$[x]_{移}$（二进制）	$[x]_{补}$（二进制）
−128	−10000000	00000000	10000000
−127	−01111111	00000001	10000001
…	…	…	…
−1	−00000001	01111111	11111111
0	00000000	10000000	00000000
+1	00000001	10000001	00000001
…	…	…	…
+127	01111111	11111111	01111111

通过分析表 2-1，可以得出移码的一些性质：

① 表中 $[x]_{移}$ 相当于把真值映射到 0～255 正数域。若将移码视作无符号数，则移码的大小就反映了真值的大小，这将便于两个浮点数的阶码比较。

② 最高位为符号位，表示形式与原码和补码相反，1 表示正，0 表示负。

③ 移码与补码的关系是 $[x]_{补} = 2^{n+1} + x \pmod{2^{n+1}} = 2^n + 2^n + x = 2^n + [x]_{移}$。从形式上，$[x]_{移}$ 与 $[x]_{补}$ 除了符号位相反，其余各位相同。

④ 移码表示中，0 有唯一的编码，即 $[+0]_{移} = [-0]_{移} = 100\cdots0$。

⑤ $[x]_{移}$ 为全 0 时，表明阶码最小（绝对值最大负数）。

（3）浮点数表示范围

浮点数的表示范围与阶码的底有关，也与阶码和尾数的位数以及采用的机器数表示形式有关。若采用图 2-8 所示的浮点数格式，阶码 $k+1$ 位（含 1 位阶符），移码表示，以 2 为底，数符 1 位，尾数 n 位，规格化且补码表示，则浮点数的典型值如表 2-2 所示。为了便于阅读，将浮点代码的数符与尾数写在一起（在机器中，数符在最高位），并在数符后标注了小数点（在机器中，小数点并不存在）。当阶码与尾数均为最大正数时，浮点数为最大正数；当阶码为最大正数而尾数为绝对值最大负数时，浮点数为绝对值最大负数（最小值）。因此，上述格式的浮点数表示范围为 $-(2^{2^{k-1}}) \sim 2^{2^{k-1}} \times (1 - 2^{-n})$。浮点数的最小绝对值为 $(2^{-2^k}) \times 2^{-1}$。低于最小绝对值的浮点数，由于无法辨认，在机器中一般当作 0 处理。

表 2-2 浮点数的典型值

典型值	浮点数代码		真值
	阶码	尾数	
最大正数	11…1	0.11…1	$(2^{2^k-1}) \times (1-2^{-n})$
绝对值最大负数	11…1	1.00…0	$(2^{2^k-1}) \times (-1)$
非 0 最小正数	00…0	0.10…0	$(2^{-2^k}) \times 2^{-1}$

【例 2-18】 设某机字长为 32 位，采用浮点表示，阶码为 8 位，移码表示并以 2 为底，数符 1 位，尾数 23 位，补码表示，规格化，则浮点数的表示范围为 $-2^{127} \sim 2^{127} \times (1-2^{-23})$，能表示的最小绝对值为 2^{-129}。

下面分析浮点数表示 0 的问题，以表 2-2 的浮点格式为例。当浮点数的尾数为 0，阶码为最小值 -2^k 时，即浮点代码是 00…0, 0.00…0 时，称为机器零。若浮点数只是尾数为 0，阶码可能有各种组合，则一般也当作机器零处理，为保证浮点数 0 表示形式的唯一性，要把该浮点数用移码表示的阶码也置为 0。

当一个浮点数的大小超出了其表示范围时，机器将无法表示，称为溢出。由于浮点数表示范围主要取决于阶码，因此其溢出判断只是对规格化数的阶码进行判断。当阶码小于机器能表示的最小阶码（即该浮点数的值小于最小绝对值）时，称为下溢，此时一般当作机器零处理，机器可继续运行。当阶码大于机器所能表示的最大阶码时，称为上溢，即溢出，这时机器必须转入溢出出错中断处理。

与定点数表示法相比，浮点数的运算精度高（因为运算中随时对中间结果规格化，所以可尽量减少有效数字的丢失），并且表示范围较相同位数的定点数大。但浮点运算较复杂，若靠硬件实现，则要增加设备代价；若靠软件实现，则花费的时间较长。

（4）实用浮点格式举例

以 80386/80486 为主体的系列微机中通常设有支持浮点运算的部件，如 80387 协处理器。在这些机器中的浮点数采用 IEEE754 标准浮点格式，与图 2-8 所示的浮点格式有一些差别。

按 IEEE 标准，常用的浮点数的格式为：

	数符	阶码	尾数	总位数
短实数	1	8	23	32
长实数	1	11	52	64
临时实数	1	15	64	80

下面以 32 位浮点数（短实数）为例讨论浮点代码与其真值之间的关系，其浮点格式如图 2-10 所示。最高位是数符 S，其后是 8 位阶码，以 2 为底，阶码偏置为 127，即阶码为：阶码真值加 127。其余 23 位是尾数，为了使尾数部分能表示更多一位的有效值，IEEE754 采用隐含尾数最高数位 1（即这一位的 1 不表示出来）的方法，因此尾数实际上是 24 位。

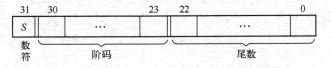

图 2-10 短实数的浮点格式

注意，隐含的"1"是一位整数（即位权为 2^0），在浮点格式中表示出来的 23 位尾数是纯

小数并用原码表示，尾数的真值为：1+尾数。这样，上述格式的非 0 浮点数真值为

$$(-1)^s \times 2^{\text{阶码}-127} \times (1 + \text{尾数}) \qquad\qquad (2\text{-}10)$$

根据上式可得出上述格式的浮点数表示范围为 $-2^{128} \times (2-2^{-23}) \sim 2^{128} \times (2-2^{-23})$，能表示的最小绝对值为 2^{-127}。

【例 2-19】 若采用 IEEE 短实数格式，试求出 32 位浮点数 $(CC968000)_{16}$ 的真值。

解： 将以上十六进制代码写成二进制代码形式如下：

$$1\ \underbrace{10011001}_{\text{阶码}}\ \underbrace{00101101000000000000000}_{\text{尾数}}$$

数符为 1，所以该数是负数。

阶码真值=10011001 $-(127)_{10} = (153)_{10} - (127)_{10} = (26)_{10}$

尾数真值=1+0.00101101=1+$(0.17578125)_{10}$=$(1.17578125)_{10}$

故该浮点数的真值为 $-2^{26} \times 1.17578125$。

【例 2-20】 试将 $-(0.11)_2$ 用 IEEE 短实数浮点格式表示出来。

解： $\qquad (-0.11)_2 = -0.11 \times 2^0 = -1.1 \times 2^{-1} = -(1+0.1) \times 2^{-1}$

该数为负，所以数符为 1。

阶码 = 阶码真值+127 = $-1+127 = 126 = (01111110)_2$

尾数 = 0.1000…0

所以浮点代码为 1 01111110 10000000000000000000000。

2.2　字符的表示

计算机除了能处理数值型数据信息，还能处理大量的非数值型数据信息，如字符、图像、汉字信息等，在计算机中也必须用二进制代码形式表示。本节主要讨论字符型数据的表示。

2.2.1　ASCII

在使用各种高级语言或汇编语言编制程序时，除了使用数字，常常大量使用英文字母和一些符号，因此信息的字符表示是不可缺少的。字符表示主要涉及选择哪些常用字符，采用什么编码表示字符，如何压缩编码信息，以减少所占有的存储空间等问题。

目前使用最广泛的字符编码方案是 ASCII（American Standard Code for Information Interchange，美国国家信息交换标准代码）。ASCII 选用了 128 个常用字符，用 7 位二进制编码，再加上一位奇偶校验位，正好用 1 字节表示一个字符的 ASCII 值。表 2-3 给出了前 42 个字符与其 ASCII 值（用十六进制表示）的对应关系，其他字符的 ASCII 值见附录 A。

ASCII 字符包括 0~9 共 10 个数字字符、26 个大写英文字母、26 个小写英文字母，以及一些通用符号和一些控制字符。这些字符的种类可满足各种编程语言、控制命令、西文文字使用的需要。

在计算机中，一个字符的 ASCII 值占用 1 字节单元；若是字符序列，则通常占用多个连续的字节单元。

表 2-3　字符的 ASCII 值示例

ASCII 值	字　符	ASCII 值	字　符	ASCII 值	字　符
00	NUL	0E	SO	1C	FS
01	SOH	0F	SI	1D	GS
02	STX	10	DLE	1E	RS
03	ETX	11	DC$_1$	1F	US
04	EOT	12	DC$_2$	20	SP
05	ENQ	13	DC$_3$	21	!
06	ACK	14	DC$_4$	22	"
07	BEL	15	NAK	23	#
08	BS	16	SYN	24	$
09	HT	17	ETB	25	%
0A	LF	18	CAN	26	&
0B	VT	19	EM	27	,
0C	FF	1A	SUB	28	(
0D	CR	1B	ESC	29	)

通用键盘的大部分键与最常用的 ASCII 字符对应。当使用键盘输入字符时，字符对应的 ASCII 值被存入主存中。通常，所编写的程序和数据是以 ASCII 形式输入主存的，再经编译处理，翻译为机器硬件可直接执行的机器语言程序。计算机处理的结果也常以 ASCII 形式输出，可供显示和打印使用。因此，ASCII 主要用于主机与输入、输出设备之间交换信息，故取名为信息交换标准码。

除了 ASCII，广泛使用的还有 IBM 的 EBCDIC 编码（Extended Binary Code Decimal Interchange Code，扩展型二‑十进制交换码）。

2.2.2　Unicode 编码

计算机工业主要是在美国成长起来的，这使得 ASCII 十分流行。ASCII 对英语来说十分合适，但不太适用于其他语言，如法语需要重音符、德语需要变音符等，有些欧洲语言的字符在 ASCII 码中根本就没有，如德语的 β 和丹麦语的 φ。另外，有的语言用的是完全不同于英语的字母表（如俄语和阿拉伯语），有些语言如汉语就没有字母表。所以还需要不同的字符集。

IS 646 做出了扩充 ASCII 的第一次尝试，使 ASCII 字符集中增加了 128 个字符，使之成了 8 位的 Latin-1 码，增加的字符主要是带重音符和区分符的拉丁字母。后来 IS 8859 引入了码页的概念，将特定的一种或一组语言的 256 个字符集合定义为一个码页。IS 8859-1 就是 Latin-1，IS 8859-2 为拉丁语系的斯拉夫语（如捷克语、波兰语和匈牙利语），IS 8859-3 包括了土耳其语、马耳他语、世界语和加利西亚语等语言字符。码页带来的不足是软件必须记录它目前所使用的码页，不可能将不同码页上的语言混在一起使用，也没有解决汉语和日语的问题。

为了解决这个问题，一些计算机公司形成了一个联盟，另辟蹊径，创立了称为 Unicode 的崭新系统，后来它成为了国际标准（即 IS 10646）。Unicode 目前已有一些程序语言（如 Java）、操作系统（如 Windows）和许多应用支持。随着计算机发展的日益全球化，它被逐渐认可。

Unicode 最基本的思路是将每个字符和符号赋予一个永久、唯一的 16 位值，即码点，不再使用多字节字符和 ESC 字符序列。每个字符长度固定为 16 位长，使软件的编制简单了许多。

每个符号为 16 位，那么 Unicode 共 65536 个码点。由于世界的语言共使用了大约 20 万个符号，码点就成了一种稀缺资源，必须严格控制使用。目前已经分配了一半左右的码点，Unicode 联盟正在审核如何分配剩余码点的方案。为了更容易接受 Unicode，联盟将 Latin-1 的码点定义为 0～255，使 ASCII 到 Unicode 的转换十分容易。

为防止码点的浪费，每个变音符都有自己的码点，由软件来决定如何将变音符和其相邻的字符组合成新字符。

整个码点空间被划分为块，每块的码点数为 16 的倍数。Unicode 的主要字母表都有各自连续的空间；如（括号内为分配给该语言的码点数）拉丁语（336）、希腊语（144）、斯拉夫语（256）、亚美尼亚语（96）、希伯来语（112）、梵文字母（128）、Gurmukhi（128）、奥里亚语（128）、泰卢固语（128）和卡纳达语（128）。注意，分配给这些语言的码点数都超过了它们的字母数，这样做的原因之一是许多语言中的一个字母都可能有多种形式。如英语中的每个字母都有大、小写。一些语言中的字母根据其在单词中的开始、中间和结束位置的不同，甚至有三种形式。

在这些字母表之外，Unicode 还分配了一些码点给变音符（112）、标点符号（112）、上下标字符（48）、方向字符（48）、算术运算符（256）、几何图符（96）和装饰符号（192）。

再往后是汉语、日语和朝鲜语所需的符号。先是 1024 个发音符号（如片假名和拼音字母），再是汉语和日语的象形符号（20992）和朝鲜语的 Hangul 音节（11156）。

为方便用户和特殊目的增加一些特殊字符，Unicode 分配了 6400 个码点，供用户进行本地化时使用。

Unicode 解决了计算机国际化带来的许多问题，但没有（试图）解决所有这类问题。例如，拉丁字母表已经是字典序了，但日语汉字的象形符号不是字典序。英语程序可以通过简单地比较一下 cat 和 dog 这两个单词的第一个字母的 Unicode 值，就可将这两个单词按字典序排序，但日语程序就需要维护一张附加表来确定两个符号的字典顺序。

另一个问题是如何解决新词的不断出现。对英语来说，增加一些新词并不需要增加码点，但对日语就需要了。除了技术词语，至少还有 2 万个新的人名和地名（大多数为汉语）要增加，盲人需要加入盲文符号，其他团体也要用到他们自己符号的码点。所以，Unicode 联盟正在审查和决定这些新的方案。

2.2.3　汉字编码简介

与西文不同，汉字字符很多，所以汉字编码比西文编码复杂。一个汉字信息处理系统的不同部分需要使用几种编码。

1．汉字输入码

研究人员已提出了至少几百种汉字输入编码方案，较常使用的也有几十种之多，采用的方法有以下几类：拼音码、字形码、音形结合，具有某种提示、联想功能的方案等。所产生的输入码需要借助输入码和内部码的对照表（称为输入字典），转换成便于加工处理的内码。

2．汉字交换码

我们先来讨论汉字交换码问题，因为汉字内部码需与交换码有简单的对应关系。汉字交换码是用于各汉字系统之间或汉字系统与通信系统之间进行汉字信息交换（即转输）时的代码。

首先，我国制定了《信息处理交换用七位编码字符集》（GB1980）。除了个别字符，如货币符号外，GB1980 与 ASCII 是一致的，可以视为 ASCII 的中国版本。

我国的汉字交换码的国家标准《信息交换用汉字编号字符集——基本集》（GB2312—1980）与 GB1980 相互兼容，用 2 字节构成一个汉字字符编码，每字节使用 GB1980 中的字符编码。GB2312 收录了 6763 个汉字字符和 682 个非汉字图形字符（间隔符、标点、运算符、制表符、数字、汉语拼音、拉丁文字母、希腊文字母、俄文字母、日文假名等），它们排成 94×94 的矩阵，矩阵的行称为区，列称为位。字符的国际交换码与区位码有一个简单的对应关系。

以后陆续公布了汉字交换码的 5 个辅助集，收入了更多的汉字字符。

3．汉字内部码

汉字内部码（简称内码）是计算机内部供存储、处理、传输用的代码。在早期，各种计算机使用的汉字内码不统一，造成了混乱。1990 年，我国提出了 ASCII 代码体系的汉字内码推荐方案，与国际交换码有一种简单的对应关系，仍用双字节编码表示。

限于篇幅，本节仅简单介绍三种汉字编码（输入、交换、内部）的基本思想，详细内容请读者查阅有关资料。

2.3　指令信息的表示

一台计算机能够直接识别并执行的程序只能是机器语言程序。因此，任何问题无论使用哪一种计算机语言（汇编语言或某种高级语言）来编程实现，都必须通过翻译程序转换成对应的机器语言程序后才能执行。

机器语言程序是由机器指令序列组成的，它们是产生各种控制信息的基础。一条机器指令是一组有意义的二进制代码，指示机器硬件应完成哪种基本操作。

计算机的所有指令的集合构成其指令系统。指令系统既是为软件设计者提供的最低层次的程序设计语言，也是硬件设计者的最基本的设计依据。因此，指令系统是软件和硬件的接口。

本节主要讨论一般计算机的指令系统涉及的基本概念：指令格式、寻址方式和指令类型。

2.3.1　指令格式

1．指令中的基本信息

计算机是通过执行指令来处理各种数据的。为了指出所执行的操作、操作数的来源和操作结果的去向，以及下一条指令从哪里取，一条指令一般应包含以下信息。

① 操作码：表示该指令要完成的操作，如加、减、乘、除、数据传输等。一台计算机可能有几十至几百条指令，每条指令都有一个对应的操作码，CPU 通过识别操作码来控制完成不同的操作。操作码也是区别不同指令的主要依据。

② 操作数的地址：给出操作数存放处的地址，如主存单元地址或寄存器地址。CPU 通过该地址可以获得所需的操作数。

③ 操作结果的地址：保存对操作数进行处理所产生的结果，以供再次使用。

④ 下一条指令地址：由于存储在主存储器中的程序（机器指令序列）是按指令执行顺序连续存放的，并且在大多数情况下程序是顺序执行的，因此可以设计一个程序计数器 PC 专门存放指令地址。每取出一条指令后，PC 自动增值，指出下一条指令地址，这样就不需在指令中直接给出下一条指令的地址。当需要改变程序执行顺序时，可由转移类指令实现。

从上述分析可知，一条指令实际上包括两种信息，即操作码和地址码，因此指令的基本格式为：

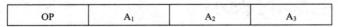

操作码	地址码

操作码（Operation Code）具体说明该指令操作的性质及功能。地址码（Address Code）描述该指令的操作对象，给出操作数地址或直接给出操作数，并给出操作结果的存放地址。

进一步讨论指令格式时主要涉及三方面的问题：地址码结构、操作码结构、指令长度。

2. 地址码结构

地址码结构涉及的主要问题是：一条指令中直接或间接指明几个地址；每个地址采用什么方式给出。后者属寻址方式范畴，在 2.3.2 节中专门讨论。

指令格式按地址码部分的地址个数不同可分为以下几种。

（1）三地址指令

指令格式为：

OP	A_1	A_2	A_3

OP 表示操作码；A1、A2、A3 分别表示操作数 1 的地址、操作数 2 的地址、结果存放地址，可以是主存单元地址或寄存器地址。

指令功能：　　　　　$(A1)\ OP\ (A2) \rightarrow A3$

　　　　　　　　　　$(PC)+n \rightarrow PC$

即把由 A1、A2 分别指出的两个操作数进行 OP 所指定的操作，产生的结果存入 A3。

隐含约定由程序计数器 PC 提供下一条指令地址，因此指令代码中可以省去一个地址。若当前指令占 n 个主存单元，则从主存读取完本指令后 PC 内容加上 n，使 PC 指向下一条指令地址。

这种格式的优点是，操作后两个操作数均不被破坏，可供再次使用，间接缩短了程序的长度。但由于地址较多，如果采用存储器寻址，就会造成指令码过长。RISC 的运算类指令常使用三地址格式。

（2）二地址指令

指令格式为：

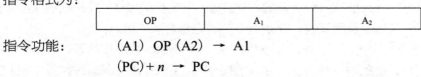

OP	A_1	A_2

指令功能：　　　　　$(A1)\ OP\ (A2) \rightarrow A1$

　　　　　　　　　　$(PC)+n \rightarrow PC$

由 A2 地址提供的操作数，在运算后仍保存在原处，称为源操作数，A2 称为源地址。由 A1 地址提供的操作数，在运算后不再保留，该地址改为存放运算结果。因为 A1 最终是存放结果的目的地，所以一开始由 A1 提供的操作数称为目的操作数。采用这一隐含约定，指令地址结构得到了进一步简化，减少了指令给出的显地址数，但是运算结果会破坏一个操作数。Intel 80x86 的运算类指令使用二地址指令格式。

（3）一地址指令

指令格式为：

OP	A

一地址指令有两种常见的形态，根据操作码含义确定它属于哪一种。

① 只有目的操作数的单操作数指令。指令中只给出一个目的地址 A，A 既是操作数的地址，又是操作结果的存放地址。其操作是对这一地址所指定的操作数执行 OP 所指定的操作后，产生的结果又送回该地址。例如，加 1、减 1 等单操作数指令均采用这种格式。

指令功能：$\quad$ OP (A) $\rightarrow$ A

$\qquad\qquad$ (PC)$+ n \rightarrow$ PC

② 隐含约定目的地址的双操作数指令。在某些微处理器中，双操作数指令也可采用一地址指令格式。源操作数按指令给出的源地址 A 读取，另一个操作数（目的操作数）隐含在 CPU 的累加器 AC 中，运算结果也将存放在 AC 中。例如，Intel 8086/8088 的乘法、除法指令就采用该格式。

指令功能：$\quad$ (AC) OP (A) $\rightarrow$ AC

$\qquad\qquad$ (PC)$+ n \rightarrow$ PC

可见，一地址指令不仅可用来处理单操作数运算，也可用来处理双操作数运算，这是使用隐地址以简化地址结构的又一例子。

（4）零地址指令

指令格式为

OP

指令中只有操作码，不含操作数。这种指令有两种可能：

① 不需要操作数的指令，如空操作指令、停机指令等。

② 所需操作数是隐含指定的。例如，计算机中对堆栈操作的运算指令所需的操作数事先约定在堆栈中，由堆栈指针 SP 隐含指出，操作结果仍送回堆栈。又如，Intel 80x86 的串操作处理指令，其操作数是隐含指定的。

从上述讨论可知，指令格式中采用隐含指定操作数地址（隐地址）能够有效地减少地址数，实际上缩短了指令码的长度。

上述几种指令格式只是一般情况，并非每台计算机都具有。例如，Intel 80x86 指令系统以二地址指令格式为主，辅以一地址和零地址格式。又如，RISC 微处理器 MIPS 指令系统以三地址指令格式为主，辅以一地址和零地址格式。

在计算机中，指令和操作数同样是以二进制代码形式存储的，从表面上看，二者并无区别。但是，指令地址是由程序计数器 PC 指定的，而操作数地址是由指令中的地址码规定的。因此，二者绝不可能混淆。

3．**操作码结构**

指令中的操作码用来指示机器应执行什么性质的操作，每条指令都有一个含义确定的操作码，不同指令的操作码用不同的二进制编码表示。操作码的位数决定了操作类型的多少，位数越多，所能表示的操作种类就越多。如某机器的操作码长度为 8 位，则该指令系统最多可以有 $2^8=256$ 种指令。但当指令长度一定时，地址码位数与操作码位数相互制约，即如果地址部分占位数较多，允许操作码可占位数就会减少，从而限制了指令的种类数。所以，在操作码结构设计上有一些不同的方法。

（1）固定长度操作码

操作码的长度固定且集中放在指令字的一个字段中，指令的其余部分全部用于地址码。例如，用指令字中第一字节（8 位）表示操作码。操作码固定长度有利于简化硬件设计和缩短指令译码时间。不少微处理器指令系统中的指令操作码采用这种方式。例如，Intel 8086/8088 指令系统的指令操作码只有 1 字节，MIPS 的指令系统的指令基本操作码都是 6 位。

（2）可变长度操作码

如果指令长度一定，那么地址码与操作码的长度是相互制约的，为了解决这一矛盾，可采用扩展操作码的办法，即操作码和地址码位数不固定，操作码位数允许有几种不同的选择，对地址数少的指令允许操作码长些，对地址数多的指令操作码就短些。下面举例说明。

【例 2-21】 设某机器的指令长度为 16 位，包括基本操作码 4 位和 3 个地址字段，每个地址字段长 4 位，其格式为

15	1211	87	43	0
OP	A1	A2	A3	

4 位基本操作码有 16 种组合，如全部用于表示三地址指令，则有 16 条。若三地址指令只需 15 条，则可以把剩下的一个编码用作扩展标志，将操作码扩展到 A1（即操作码从 4 位扩展到 8 位），以表示二地址指令。根据上述思想，可以继续向下扩展。若三地址指令需要 15 条，二地址指令需要 15 条，一地址指令需要 15 条，零地址指令需要 16 条，共 61 条指令，其扩展方法如下：

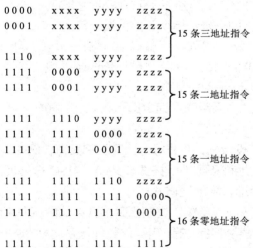

除了以上扩展方法还有其他多种扩展方法，如可以形成 14 条三地址指令、31 条二地址指令、15 条一地址指令和 16 条零地址指令，共 76 条指令。而实际机器中可采用更为灵活的扩展方式，如 PDP-11 机器的指令操作码长度有 4、7、8、10、12、13 和 16 位。

使用操作码扩展技术的一个重要原则是：使用频度（指在程序中出现的概率）高的指令应分配短的操作码；使用频度低的指令则分配较长的操作码。这样不仅有效地减少了操作码在程序中的总位数，节省了存储空间，还缩短了常用指令的译码时间。然而，扩展操作码译码较复杂，使硬件设计难度增大，并且需要更多的硬件支持。

（3）复合型操作码

在有的计算机中，因为指令字长有限，致使指令条数有限。为了使一条指令能表示更多的操作信息，采用复合型操作码，将操作码分为几部分，它们的组合使操作的含义更丰富，如MIPS 的 R 类型指令格式中的操作码 Operation 和辅助操作码 Function。

4．指令长度

前面的讨论中已经多次涉及指令字长问题。指令字的位数越多，能表示的操作信息和地址信息就越多，指令功能就越丰富。但位数越多，指令字所占存储空间越多，相应地读取指令的时间延长，而且指令越复杂执行时间就越长。反之，指令字长固定，格式简单，则读取与执行所需时间就短。在实际机器的指令长度设计中主要有以下两种策略。

（1）变字长指令

在一种计算机的指令系统中，不同的指令可以有不同的字长。但因为主存通常按字节编址，所以指令字长多为字节的整数倍，如单字节、双字节、三字节等。那么，CPU 怎样识别这条指令有多少字节呢？一般的做法是，将操作码放在指令字的第 1 字节，CPU 读出操作码后立即判定，是一条单操作数指令，还是一条双操作数指令，或者是零地址指令，从而知道后面还应读取几字节的指令代码。当然，在采取预取指令技术时，这个问题的处理要更复杂。例如，Intel 80x86 的指令系统采用变字长指令，最初的 8086/8088 指令长度从 1 字节到 6 字节。

（2）固定字长指令

指令长度固定方便机器预取后续指令，有利于指令流水线执行。现在 RISC 的微处理器通常采用固定字长指令，如 MIPS、SPARC、Power PC、ARM 都采用固定字长指令。

此外，指令的字长与机器的字长没有固定的关系，既可以小于或等于机器的字长，也可以大于机器的字长。

2.3.2　常用寻址方式

一条指令包括操作码和地址码，指令的功能就是根据操作码对地址码提供的操作数完成某种操作。指令中以什么方式提供操作数或操作数地址，称为寻址方式。

CPU 根据指令约定的寻址方式对地址字段的有关信息做出解释，以找到操作数。有的指令通过操作码含义隐含约定采用何种寻址方式，有的在指令中设置专门的寻址方式编码字段。如果是双操作数指令或数据传送指令，那么各地址有各自的寻址方式，不一定相同，也就是说，一条指令中可以有多种寻址方式。虽然寻址方式的基本含义是针对操作数的寻找，但程序转移指令需要提供转移地址，这与提供操作数地址的方法并无区别，因此可归入寻址方式的范畴一并讨论。

一个指令系统具有哪几种寻址方式，即地址以什么方式给出，如何为编程提供方便与灵活性，这不仅是设计指令系统的关键，也是初学者理解一个指令系统的难点所在。因此，大家在学习本节内容时，要从众多的寻址方式中归纳出一条清晰的思路。

通常，指令所需要的操作数可能存放在以下地方：

① 操作数就包含在该指令中。

② 操作数存放在 CPU 的某寄存器中。

③ 操作数存放在主存单元中，可以分为几种情况：只需对某操作数进行处理，或需要对一个连续的数组或表进行处理。

④ 操作数存放在堆栈区中。

⑤ 操作数存放在某个 I/O 接口的寄存器中。

当操作数存放在主存单元中时，若指令中的地址码不能直接用来访问主存，则将这样的地址码称为形式地址，对形式地址进行一定的计算而得到的存放操作数的主存单元地址称为有效地址。但应注意，8086/8088 CPU 提供的有效地址并不是可直接访问主存的物理地址。

每种机器的指令系统都有一套自己的寻址方式。不同计算机的寻址方式的分类和名称并不统一，但大多数可以归结为以下几种（或它们的变型与组合）。

① 立即寻址类：在读取指令时也立即读出操作数。

② 直接寻址类：直接给出主存的有效地址或寄存器号，以读取操作数。

③ 间接寻址类：先从某寄存器或主存单元中读取有效地址，再按这一地址访问主存，以读取操作数。间接一次的目的是使操作数地址可以变化，增加编程的灵活性。

④ 变址类：指令给出的是形式地址（不是最后地址），经过某种计算（加、减、拼接等）才获得有效地址，据此访问主存，读取操作数。其目的是使程序能更有效地适应各种需要，如对数组、表格、链表等数据结构的访问，便于程序转移、存储管理、程序重定位等。

下面介绍大多数机器常用的基本寻址方式。

1．立即寻址

由指令直接给出操作数，在取出指令的同时也就取出了可以立即使用的操作数，这样的数称为立即数，这种寻址方式称为立即寻址方式，通常用于为程序提供常数或某种初始值。虽然立即寻址方式能快速获得操作数，但在多数场合下，程序所处理的数据是变化的，因此立即寻址方式的适用范围有限。其指令格式如下：

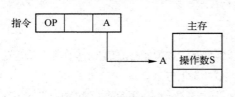

图 2-11　直接寻址方式

2．直接寻址

指令直接给出操作数地址，根据该地址可从主存中读取操作数，如图 2-11 所示。由于这个地址就是最后读取操作数的有效地址，不再变化，故又称为绝对地址。

直接寻址方式的优点是简单、直观，便于硬件实现，适用于寻找固定地址的操作数。但它有两点不足：① 有效地址是指令的一部分，不能随程序需要动态改变，因而该指令只能访问某个固定的主存单元；② 若指令要给出全长的地址码，则地址码在指令中所占位数较多，导致指令字很长。

3．寄存器寻址

寄存器寻址就是在指令中给出寄存器号（寄存器地址），在该寄存器内存放着操作数。如

图 2-12 所示，指令给出的寄存器号是 R0，从中可直接读取操作数 S。

寄存器寻址也是一种"直接"寻址，不过它是按寄存器号访问寄存器（习惯上"直接寻址"专指按地址码直接访问主存单元）。它有两个重要的优点：

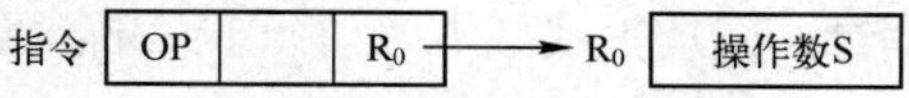

图 2-12　寄存器寻址方式

① 从 CPU 的寄存器中读取操作数比访问主存快得多，因而在 CPU 中设置足够的寄存器，以尽可能多地在寄存器之间进行运算操作，已成为提高工作速度的重要措施之一。

② 寄存器数远小于主存单元数，所以指令中寄存器号字段所占位数就大大少于主存地址码所需位数。采用寄存器寻址方式或其他以寄存器为基础的寻址方式（如寄存器间址），可以减少指令中一个操作数地址的位数。

减少指令中地址数目与减少一个地址的位数是不同的概念。采用隐地址可减少指令中的地址数目；而采用寄存器寻址方式、寄存器间址方式只能使指令中的一个地址所需的位数减少。

4．间接寻址

间接寻址意味着指令给出的地址 A 不是操作数的地址，而是存放操作数地址的主存单元的地址。在这种寻址方式中，存放操作数地址的主存单元称为间址单元，间址单元本身的地址码称为操作数地址的地址。间接寻址简称为间址，如图 2-13 所示，指令中给出地址 A1，据此访问间址单元，从中读取地址 A2，按 A2 再访问一次主存，读取操作数 S。

采用间接寻址方式可将间址单元当成一个读取操作数的地址指针，指示操作数在主存中的位置，只要修改指针（即间址单元的内容），则同一条指令就可以用来在不同时间访问不同的存储单元。这种间接一次产生地址的方法提供了编程的灵活性，但增加了访存次数，因而减慢了工作速度。

5．寄存器间址及其变形

寄存器间址方式的特点是：操作数在主存中，由指令给出寄存器号，被指定的寄存器中存放着操作数的有效地址，如图 2-14 所示。指令中的地址段给出的寄存器号是 R0，从 R0 中读出的是操作数地址 A，按 A 地址访问主存，从中读取操作数 S。

图 2-13　间接寻址方式　　　　　　　图 2-14　寄存器间址方式

采用寄存器间址方式可选取某个寄存器作为地址指针，它指向操作数在主存中的位置。如果修改寄存器的内容，就可以使同一指令在不同时间访问不同的主存单元，从而提供了编程的灵活性。与（存储器）间接寻址方式相比，寄存器间址方式有两个显著的优点：

① 由寄存器提供地址和修改寄存器内容，比从主存读出和修改快得多，因此在编程中使用寄存器作为地址指针是一种基本方法。

② 寄存器号所需位数比主存地址码位数少得多，因此采用寄存器间址方式也能减少指令中一个地址码的位数。

如果需要对主存中一个连续区间（如数组）进行操作，那么每读出一个数据就需修改一次指针，即加 1 或减 1，因此可从寄存器间址方式推出变形的寻址方式，使地址指针自动修改。

6. 变址寻址

间接寻址方式是通过多层读取来提供地址的可变性，而变址方式是通过地址计算使地址灵活可变。这些都是为了增加编程的灵活性。

变址方式为：指令的地址部分给出一个形式地址（位移量），并指定一个寄存器作为变址寄存器；变址寄存器内容（称为变址量）与形式地址相加，得到操作数有效地址；按照有效地址访问某主存单元，该单元内容为操作数。变址方式常用助记符 x（Rx）表示。

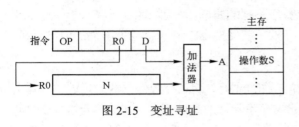

图 2-15　变址寻址

如图 2-15 所示，指令中，为获得某个操作数地址给出了两个信息。一个是形式地址 D，另一个是变址寄存器 Rx。在本例中 Rx 被指定为 R0，R0 中的内容 N 称为变址量，这是因为它的变化将使有效地址发生变化。D+N=A，A 才是最后的有效地址。于是，根据 A 访问主存，读取操作数 S。

变址寻址的典型用法是：将形式地址作为基准地址，将变址寄存器内容作为修改量（变址量）。

【例 2-22】 某数组存放在一段连续的主存区间中，首址为 B。B 可以作为指令中的形式地址，而变址寄存器中存放修改量，即所需访问单元与首址单元之间的距离。通过修改变址寄存器内容，该指令本身不需任何修改，就可以访问该数组的任何一个元素。如果一开始让修改量为 0，然后在每次读取操作数后让修改量递增，就可以用同一条指令依次读取整个数组。用变址方式查表同样方便。

当然，这是变址方式的典型应用，实用中还允许灵活变化。关键是要记住，变址计算的基本关系是：有效地址 = 形式地址 + 变址量。

7. 相对寻址

用程序计数器 PC 的内容作为基准地址，指令中给出的形式地址作为位移量（可正可负），二者相加后形成操作数的有效地址。这种方式实际上就是以当前指令位置为基准，相对它进行位移（往前或往后）定位，所以称为相对寻址。

如图 2-16 所示，程序计数器 PC 的内容为当前指令地址 A，按地址 A 从主存中读取指令。指令的地址段给出位移量 d，它是从当前指令位置到操作数 S 所在单元之间的距离（单元数）。A+d 得到操作数地址，据此访问主存，从 A+d 单元中读取操作数。

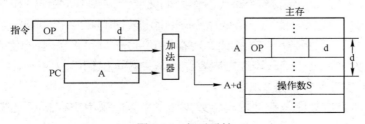

图 2-16　相对寻址

这种寻址方式的主要特点如下。

① PC 指示的是当前指令地址，而指令中的位移量指出的是操作数有效地址与 PC 内容之间的相对距离。当指令地址变化时，由于其位移量不变，使得操作数与指令在可用的存储区内一起移动，所以仍能保证程序的正确执行。这样，整个程序模块就可以安排在主存中的任意区间执行。这是很有实用价值的，尤其是在程序转移时，常以 PC 内容为基准，因此转移类指令常采用相对寻址方式。

② 对于指令地址而言，操作数地址可能在指令地址之前或之后。因此，指令中给出的位移量可正、可负，通常用补码表示。如果位移量为 n 位，则相对寻址的寻址范围为 $(PC) - 2^{n-1} \sim (PC) + 2^{n-1} - 1$。

这里需要指出一个细节问题，即相对寻址是以当前指令地址为基准，还是以下一条指令地址为基准。目前的多数机器采用后者，这是由于机器在执行当前指令时，PC 指向的是下一条指令地址。但是采取这种方法计算位移量较麻烦，特别是对于变字长指令，需要计算当前指令占用几个单元，相应的位移量计算也就不同。为了弥补这个缺陷，在用汇编语言编程时，常用符号来表示操作地址，而位移量的计算由汇编器完成。

8．堆栈寻址

操作数存放在堆栈中，指令隐含约定由堆栈指针 SP 寄存器提供堆栈栈顶单元地址，进行读出或写入。如图 2-17 所示，在主存中设置堆栈区，按由下向上顺序存入信息，最近存入信息的单元称为栈顶，其地址放入 SP 寄存器。

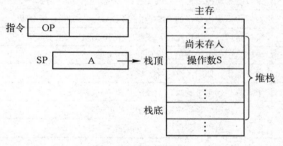

图 2-17　堆栈寻址

堆栈是一种按"后进先出"（从另一角度看也是"先进后出"）存取顺序进行存取的存储结构。通常在主存中划出一段区域作为堆栈区，其起点可通过程序设定，范围可根据需要变化。后面讲到程序调用和响应中断时，常将返回地址存入堆栈，这种"后进先出"的特点非常适合子程序多重嵌套、递归调用、多重中断等方式。此外，堆栈还适合逆波兰式计算场合。

堆栈有两端，作为起点的一端固定，称为栈底，在开辟堆栈区时由程序设定其地址。另一端称为栈顶，随着将信息压入堆栈，栈顶位置自底（地址码值较大）向上（地址码值减小）浮动。对堆栈的读出（弹出）或写入（压栈）都是对栈顶单元进行的。为了指示栈顶的位置，CPU中设置一个具有加、减计数功能的寄存器作为堆栈指针，命名为 SP（Stack Pointer，堆栈指针），SP 中的内容就是栈顶单元地址。最基本的堆栈操作指令有两种：压入指令 PUSH（进栈），将指定的操作数送入栈顶；弹出指令 POP（出栈），将栈顶数据读出，送入指定的目的地。弹出之后，原栈顶单元内容被视作不再存在，如图 2-18 所示。

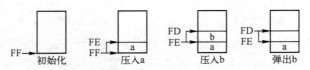

图 2-18　堆栈工作原理

一台具体的机器可能只采用上述的某些寻址方式，也可能增加一些稍加变化的类型。注意，一条指令若有两个或两个以上的地址码，各地址码采用的寻址方式可以不同。

一台机器的指令系统可以采用多种寻址方式，那么在指令中如何区分它们呢？常见的方法有两种：一种方法是由操作码决定其寻址方式；另一种方法是在指令中设置寻址方式字段，由字段不同的编码组合来指定操作数的寻址方式。

2.3.3　指令类型

一台计算机的指令系统可能包含上百条指令，按其特征，存在着不同的分类方法。不同类型的计算机，指令系统也差别很大。由于采用的分类特征不同，各机器的指令系统也有不同的分类方法。本节将讨论按指令功能或操作性质对指令分类，大多数指令系统支持的指令操作类型如表 2-4 所示。

表 2-4　多数指令系统支持的指令操作类型

操作类型	举　　例
算术和逻辑运算	定点算术和逻辑操作，如加、减、与、或、乘、除等
数据传送	数据传送类指令，如 RISC 中的 LOAD 与 STORE 指令等
程序控制	条件转移、无条件转移、子程序调用和返回、自中断等
系统	操作系统调用、虚拟存储器管理指令等
浮点	浮点操作，如加、乘、除、比较等
十进制	十进制加、十进制乘、十进制到字符的转换等
字符串	字符串传送、字符串比较、字符串匹配等
图像	像素、顶点操作、压缩/解压缩操作等

一般，所有计算机都提供表 2-4 中的前 3 类指令。指令系统对后 4 类指令的支持取决于具体机器，可能这 4 类都不支持，还可能包含其他特殊指令。下面简介其中的前 4 类指令。

1．算术和逻辑运算类指令

几乎所有的计算机都设置加、减、比较、移位等最基本的定点运算指令。性能稍强一点的计算机还设置定点乘、除运算指令。

对逻辑变量的逻辑运算可以有很多种，但很少在指令系统中全部设置。计算机中设置的逻辑运算指令有逻辑与、逻辑或、逻辑非（求反）和异或 4 种。有些设置有专门的位操作指令，如位测试、位清除、位设置等；而有些机器通过逻辑运算指令实现位操作。

移位操作指令通常也归入运算类指令，具体分为算术移位、逻辑移位和循环移位，可以实现对操作数左移、右移一位或若干位。

算术移位的对象是带符号数，在多数机器中用补码表示。算术移位时应保持该数的符号不变，当左移一位时使数值增大一倍（在不产生溢出的情况下），而右移一位则使数值减小一半

（在不考虑因移出而舍去的末位尾数的情况下）。

逻辑移位的对象是没有数值含义的二进制代码，因此移位时不考虑符号问题。在算术逻辑移位中，通常将刚被移出的位送入状态寄存器的进位位 C 进行保存。

在程序中，常用算术逻辑移位指令实现简单的乘除运算。算术左移或右移 n 位，分别实现对带符号数据乘以 2^n 或整除以 2^n 的运算。同理，逻辑左移或右移 n 位，可分别实现对无符号数据乘以 2^n 或整除以 2^n 的运算。

循环移位按是否与进位位 C 一起循环，分为小循环（自身循环）和大循环（与进位位 C 一起循环）两种。它们常用于实现循环控制、高低字节互换，或与算术逻辑移位指令一起实现双倍字长或多倍字长的移位。

算术逻辑运算指令除了给出运算结果，往往还要产生一些状态信息，如运算结果为正、负、全零或是否溢出等，由 CPU 的状态寄存器记录，可作为条件转移指令的判断条件。

对于未设置某种运算指令的机器，如果要实现这种运算，那么可以通过程序方法来实现。例如，在无浮点运算指令的计算机中，可以用浮点运算子程序来实现浮点运算，也可以增设扩展运算部件。80386 CPU 无浮点运算功能，但在增设 80387 协处理器的微机系统就提供了浮点运算指令。

2．数据传送类指令

数据传送类指令将数据从一个地方送到另一个地方，可用来实现寄存器与寄存器、寄存器与主存单元，以及主存单元与主存单元之间的数据传送，而且纯数据传送具有"复制"性质，即数据从源地址传送到目的地址时，源地址中的数据保持不变。

数据传送类指令在特殊情况下可以按位传送，一般按字节、字、数据块传送。例如，Intel 8086/8088 的 MOVS 指令，执行一次可以传送一字节或一字，而加上重复前缀 REP 后，则可连续传送 64 KB 的数据块。

有的计算机中还设置有数据交换指令，完成源操作数与目的操作数的互换，这可以看成双向数据传送。

在 RISC 系统中，运算类指令不允许访问主存储器，只有 LOAD 和 STORE 指令能够访问主存，即 LOAD/STORE 指令完成 CPU 寄存器与主存储器之间的数据传送。由 LOAD 指令将主存单元内容取出送 CPU 的寄存器，由 STORE 指令将寄存器内容存入主存单元。

输入/输出（I/O）类指令完成主机与外围设备之间的信息传送，包括输入、输出数据、主机向外设发控制命令或了解外设的工作状态等。因此，I/O 指令可以归入数据传送类。在实际机器中，有的计算机的 I/O 操作就是由传送类指令实现的，但有的计算机将 I/O 操作单独列为一类。通常，输入/输出指令有两种设置方式。

（1）设置专用的 I/O 指令

专用 I/O 指令中的操作码明确规定某种输入或输出操作，I/O 接口中的端口（寄存器）采用单独编址方式。其指令的一般格式如下：

OP	R	A

其中，OP 是操作码，表示它是 I/O 指令；R 是 CPU 中寄存器的地址，指定与外设交换数据的寄存器；A 是 I/O 端口的地址，其长度一般为 8～16 位，可以表示 256～64K 个地址。输入指令完成从 A 地址指定的 I/O 端口输入一个数据到 R 寄存器，输出指令则执行方向相反的传送

操作。除了输入/输出数据，CPU 还可以通过 I/O 指令来发送控制命令或接收外设的状态信息，用以控制外设的操作。例如，8086/8088 设置专用的 IN 和 OUT 指令，采用 I/O 端口独立编址，直接寻址范围为 0～255 个 8 位端口，间接寻址范围为 0～65535 个 8 位端口。

（2）用通用的数据传送指令实现 I/O 操作

在 I/O 接口的端口与主存单元统一编址的机器中，因为将 I/O 端口与存储器单元同等对待，所以任何访问主存单元的指令均可访问 I/O 接口中的端口，这样就可以用传送类指令实现主机与 I/O 接口之间的信息传送，故不必专门设置 I/O 指令。

3．程序控制类指令

程序控制类指令可以控制程序执行的顺序和选择程序的执行方向，并使程序具有测试、分析与判断的能力。因此，程序控制类指令是指令系统中一组非常重要的指令，主要包括转移指令、循环控制指令、子程序调用和返回指令、程序自中断指令。

（1）转移指令

在多数情况下，程序中的指令是按顺序一条接一条执行的。但在某些情况下，计算机需要对某种条件或状态进行判断，根据判断结果来决定程序如何执行。转移指令就是用来实现程序的分支的。

按转移的性质，转移指令分为无条件转移指令与条件转移指令两种。执行无条件转移指令时，将改变指令的常规执行顺序，不受任何条件约束，直接把程序转移到该指令指向的任何地址（指令地址）开始执行。这种操作使程序计数器 PC 的内容改变为转移地址。

条件转移指令需先测试某些条件，仅当条件满足时，才执行转移，否则只相当于一条空操作指令，不改变程序执行顺序。决定转移的条件一般是指上次运算结果的某些待征。CPU 的状态寄存器中有一组用来保存最近执行的算术逻辑运算指令、移位指令等的结果标志，主要包括：进位标志 C、结果为零标志 Z、结果为负标志 N、溢出标志 V 和奇偶标志 P。用于决定转移的条件正是这几种标志及其组合，如条件转移指令有结果不等于零转移指令、结果等于零转移指令、结果为正转移指令、结果为负转移指令等。

（2）循环控制指令

有了条件转移指令就可以实现循环程序设计。但有的计算机为了提高指令系统的有效性，专门设置了循环控制指令，包括对循环控制变量的操作和脱离循环条件的控制，是一种具有复合功能的指令。

（3）子程序调用和返回指令

在编写程序时，对于一些需要重复使用并能独立完成某种特定功能的程序段，通常将其单独编成子程序，在需要时由主程序调用它们，而不必多次重复编写，这样做既简化了程序设计过程，又节省了存储空间。

子程序调用指令用于调用子程序。为了能够从子程序中正确返回到调用程序的断点继续执行，现代计算机通常用堆栈来保存返回地址。堆栈的"后进先出"顺序正好支持实现多重转子和递归调用。

执行子程序调用指令时，首先将下一条指令地址（断点）压入堆栈保存，然后转入所调用的子程序执行。子程序执行完毕，由返回指令把调用子程序时压入的返回地址从堆栈中弹出，以返回调用程序。

子程序调用指令和转移指令都可以改变程序的执行顺序，这是两者的相似之处。但事实上，它们存在很大差别。子程序调用指令转去执行一段子程序，实现的是程序与程序之间的转移，而且能从子程序中返回到断点。此外，子程序可以自己调用自己，实现递归调用。

转移指令则转移到指令给出的转移地址处执行指令，不存在返回要求，一般用于实现同一程序内的转移。

（4）程序自中断指令

通常，中断是因计算机内部突发事件或外围设备请求而随机产生的。但在有的计算机中，为了在程序调试中设置断点或实现系统调用功能，设置了自中断指令。执行该类指令时，按中断方式将处理机断点与现场保存在堆栈中（这与一般的转子程序不同），然后转向对应的中断处理子程序入口开始执行，执行完毕后，通过中断返回指令返回到原程序断点继续执行。自中断指令是由软件驱动的，所以又称为软中断。例如，Intel 8086/8088 中的中断指令 INT n，其中 n 表示中断类型，执行时根据中断类型就可以找到对应的中断处理子程序的入口地址。

4．系统类指令（特权指令）

特权指令是指具有特殊权限的指令，只能用于操作系统或其他系统软件，一般不直接提供给用户使用。通常，在单用户、单任务的计算机系统中不需要设置特权指令，而在多用户、多任务计算机系统中必须设置特权指令，主要用于系统资源的分配和管理，如检测用户的访问权限、修改虚拟存储器管理的段表、页表等。

在有些多用户计算机系统中，为了统一管理各种外设，输入/输出指令也作为特权指令使用，故用户不能直接访问它们。输入或输出需要通过系统调用来实现。

至此，我们已介绍了一般指令系统涉及的主要概念。下面介绍三种具体机器的指令格式：Pentium II 指令格式（2.3.4 节），MIPS 指令格式（2.3.6 节）和 ARM 指令格式（2.3.7 节）。

2.3.4　Pentium II 指令格式

Pentium II 的指令格式很复杂，首先因为要与 Intel 80x86 兼容，而 80x86 的指令格式比较复杂，再者因为 Pentium II 对地址和数据的 32 位扩展，并增加了寻址方式的灵活性。

在下面介绍的 Pentium II 指令的各组成部分中，只有操作码字段是必须出现的，其他都是可选的。Pentium II 的指令格式，主要由两部分组成：指令前缀（如图 2-19 所示），和指令本身（如图 2-20 所示）。指令前缀一般根据需要选用，并放在指令前面。

图 2-19　Pentium II 指令格式的前缀

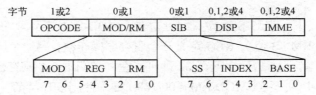

图 2-20　Pentium II 指令格式的指令部分

在 Pentium 机器码程序中，大部分指令并无前缀，它们使用默认的条件进行操作。

Pentium II 指令地址格式包括二地址、一地址和零地址三种形式。如果双操作数指令的一个操作数在内存中，另一个就不能在内存中。

早期的 80x86 体系结构虽然也使用了前缀字节来修改某些指令，但是所有指令的操作码长度都是 1 字节。前缀字节作为额外的操作码附加在指令的最前面用于改变指令的操作。然而，在 80x86 体系结构发展的过程中，所有操作码已经用完，因此操作码 0xFF 作为出口码（Escape Code），以表示本条指令的操作码是 2 字节的。

Pentium II 的操作码通常需要完全译码后才能确定执行哪一类操作，同样，指令的长度也只有在操作码译码后才能知道，即译码后才能确定下一条指令的起始地址。这就使实现更高的性能如多条指令重叠或同时执行变得更为困难，这也是可变长度指令都存在的问题。

指令前缀共 4 种（见图 2-19）。

第 1 种指令前缀包括以下 4 条指令：LOCK、REP、REPE 和 REPNE。LOCK 前缀用在访问多处理机共享存储器指令的前面，将封锁系统总线，实现存储器的排他性访问。REP、REPE 和 REPNE 前缀用于实现串操作指令的重复运行，以提高指令的效率。REP 重复指令的操作直到 ECX 寄存器的内容减至 0 为止。REPE 和 REPNE 重复指令的操作，直到 ECX 寄存器的内容减至 0，或者直到指定的条件满足。

第 2 种前缀（段指定）显式地指定这条指令应使用哪个段寄存器，取代 Pentium II 为该指令生成的默认的段寄存器。

第 3 种指令前缀（操作数长度指定）用法如下。Pentium II 处理机有 16 位指令工作方式和 32 位指令工作方式。在 16 位指令工作方式下，Pentium II 处理机可对 8 位和 16 位寄存器数据进行处理；在 32 位指令工作方式下，可对 8 位和 32 位寄存器数据进行处理。若要在 16 位指令工作方式下使用 32 位寄存器数据，则应使用第 3 种指令前缀。在 32 位指令工作方式下，默认的寄存器数据宽度是 32 位。这时若使用 32 位寄存器数据，不需要前缀；若使用 16 位寄存器数据，则应使用第 3 种指令前缀，即第 3 种指令前缀把当前默认的寄存器数据宽度切换到另一种数据宽度。

第 4 种指令前缀（地址长度指定）的用法与第 3 种类似，只是它不是针对寄存器数据，而是针对存储器地址。Pentium II 处理机有 16 位和 32 位两种地址。第 4 种指令前缀把当前默认的存储器地址宽度切换到另一种地址宽度。

指令本身（见图 2-20）包括以下字段。

（1）OPCODE

1 字节或 2 字节的指令操作码。OPCODE 定义指令类型，它可能还包括以下的信息。例如，寄存器数据是 8 位还是 16/32 位（是 16 位还是 32 位，依指令工作方式和指令前缀而定），以及操作结果是写入寄存器还是写入存储器。

（2）MOD/RM

MOD/RM 字节及下一字节 SIB 定义寻址方式。MOD/RM 字节分为 3 个字段：MOD（2位）、REG（3 位）和 RM（3 位）。REG 定义一个寄存器操作数，另一个操作数由 MOD 和 RM 组合在一起（5 位）指定。5 位可以区分 32 种可能性，它们是 8 个寄存器操作数和 24 种存储器数据寻址方式。其中的一种（MOD/RM = 00/100）要求使用 SIB 字节。其他情况均不要求使用 SIB 字节。

（3）SIB

SIB 字节专门为比例变址寻址而设置，由 3 个字段组成：SS（2 位）定义比例因子，4 种组合分别对应×1、×2、×4、×8。INDEX（3 位）定义变址寄存器。BASE（3 位）定义基址寄存器。存储器地址的计算方法是，变址寄存器的内容乘以比例因子，再加上基址寄存器的内容。

（4）DISP

如果 MOD/RM 定义的寻址方式中需要位移量，就由 DISP 字段给出。位移量可以是 8 位、16 位或 32 位。如果不需要位移量，那么该字段不出现在指令格式中。

（5）IMME

IMME 字段给出立即数指令中的立即数，可以是 8 位、16 位或 32 位。

2.3.5　RISC 概述

1．CISC

随着超大规模集成电路 VLSI 技术的迅速发展，计算机系统的硬件成本不断下降，而软件成本在不断上升。因此，人们热衷于在指令系统中增加更多的指令和更复杂的指令，以适应不同应用领域的需要，并考虑尽量缩短指令系统与高级语言之间的语义差异，以便于实现高级语言的编译和降低软件成本。

另外，为了维护系列机的软件兼容性，指令系统也变得越来越庞大。在系列机中，为了使老用户在软件上的投资不受损失，新机型必须继承旧机器指令系统中的全部指令，这种情况使同一系列计算机的指令系统越来越复杂。例如，DEC 公司的 VAX-11/780 有 303 条指令、18 种寻址方式。一般，人们在计算机设计方面的传统想法和做法是：字长愈长、性能愈高的计算机，其指令系统就应该愈复杂，按这种传统方法设计的计算机系统称为复杂指令系统计算机（Complex Instruction Set Computer，CISC）。

指令系统复杂、功能强并不一定能提高计算速度，CISC 采用很多复杂的寻址方式，为了计算有效地址需花费一定的时间；有的指令需要多次访问主存储器，所以执行速度会降低。

复杂指令系统的实现需要复杂的控制器来支持，并且系列机为实现兼容，其控制部件多用微程序控制方式来实现，以便于指令系统的扩展。但微程序控制部件执行一条机器指令通常需要几个微周期，因此严重降低了指令的执行速度。

为了提高指令的执行速度，CISC 常采用流水线技术。但由于存在很多问题，如指令系统采用变字长指令、寻址方式复杂、不同指令的执行时间差异大等，使流水线的结构复杂且效率不高。

以上情况表明，传统的 CISC 设计思想并不利于提高计算机的速度。而且，复杂的指令系统必然增加硬件实现的复杂性，从而使计算机的研制周期长、投资大。因此，人们开始研究指令系统的合理性问题。对 CISC 指令系统运行测试程序的统计分析表明，各种指令的使用频率相差悬殊，最常用的是比较简单的指令，仅占指令总数的 20%，但在程序中出现的频率占 80%。

1975 年，IBM 公司提出了精简指令系统的想法。后来美国加利福尼亚大学伯克利分校的 RISC Ⅰ 和 RISC Ⅱ、斯坦福大学的 MIPS 机的研制成功，为精简指令系统计算机（Reduced Instruction Set Computer，RISC）的诞生和发展起了很大作用。

2．RISC

RISC 的着眼点不是简单地放在简化指令系统上，而是通过简化指令使计算机的结构更加简单合理，更易于流水线的实现，从而提高处理速度。现代 RISC 设计思想的关键特点如下。

（1）面向寄存器的结构

所有运算使用的数据都来自寄存器，运算结果也都写入寄存器。寄存器的典型长度是 32 位或 64 位。通常，CPU 内应设置大量的通用寄存器，以减少访问主存储器。

（2）采用 LOAD/STORE 结构

能够访问主存储器的只有两种指令：从存储器读取数据到寄存器的 LOAD（取数）指令和从寄存器向存储器写数据的 STORE（存数）指令。LOAD 和 STORE 指令也可以对一个寄存器的一部分进行操作（如 1 字节、16 位或 32 位）。

运算类指令不能访存，访存指令不能进行运算，这是 RISC 指令系统的基本特点。这就使运算类指令与访存指令的执行时间接近，以简化指令流水线的结构提高流水线的执行效率。

（3）所有指令长度相同

指令长度相同，指令格式固定简单，可简化指令的译码逻辑，并有利于提高流水线的执行效率。为了便于编译的优化，运算类指令常采用三地址指令格式。

（4）较少的指令数和寻址方式

选取使用频率最高的一些简单指令，以及很有用但不复杂的指令，可简化控制部件。选用简单的寻址方式有利于减少指令的执行周期数。

（5）硬布线控制逻辑

由于指令系统的精简，控制部件可由组合逻辑实现，不用或少用微程序控制，这样可使控制部件的速度大大提高。此外，芯片上的控制部件所占面积大为减小，可腾出更多空间放寄存器堆、Cache 等部件，这就减少了部件间的连线延迟，进一步提高了操作速度。

（6）注重编译的优化

RISC 指令系统的简化，必然使编译生成的代码长度增长。但通过编译优化技术，将编译初步生成的代码重新组织，调度指令的执行次序，以充分发挥指令级操作的并行性，从而进一步提高流水线的执行效率。虽然编译优化技术使编译时间拉长，但这种代价的结果是使程序的执行时间缩短。而且程序的编译工作只需一次，编译后生成的优化执行代码却可以高效率地执行多次。因此这个代价是值得的。

上述 RISC 的设计思想不仅为 RISC 采用，传统的 CISC 设计也可以采用这种思想。例如，Intel 80486 及其后处理器与以前的 80286 及 80386 相比，已经吸收了很多 RISC 思想，其中很重要的一点就是注重常用指令的执行效率，减少常用指令执行所需的周期数。可以认为，RISC 设计思想将随着 VLSI 的快速发展也会不断地发展和变化。

初期 RISC 处理器指令数较少，但是随着时间的推移，人们发现较少的指令不能满足应用的要求和对系统软件的支持，于是现在的 RISC 处理器也增加了不少 CISC 中采用的指令，如 cache 控制、内存管理和多媒体指令，不少 RISC 处理器的指令条数已增加到上百条。

2.3.6　MIPS 指令系统

典型的 RISC 是 MIPS Technologies 公司推出的 MIPS 系列计算机。MIPS R2000、R3000 和

R6000 微处理器芯片具有相同的 32 位系统结构和指令系统。

与 R2000/3000 不同，MIPS R4000 的所有内部和外部数据路径和地址、寄存器和 ALU 都是 64 位的，但指令系统是保持兼容的。64 位的结构提供更大的地址空间，允许操作系统将大于 10^{12} 字节的文件直接映射到虚拟存储器，方便了数据的存取。由于目前普遍使用磁盘空间超过 100 GB，32 位机器的 4G 地址空间变成了限制。此外，64 位使得 R4000 能够处理更高精度的浮点数如 IEEE 双精度浮点数，能够一次处理字符串数据中的 8 个字符。

R4000 处理器的内部机构和流水线参见本书 3.6.1 节。

MIPS R 系列处理器设置了 32 个通用寄存器（R2000/3000 的 32 位、R4000 的 64 位），分别表示为 r0～r31。r0 寄存器的值固定为 0，是一个特殊寄存器。因此，实际存放数据的寄存器只有 31 个。

1．MIPS 的指令格式

MIPS 的指令采用 32 位固定长度，支持三地址指令。指令格式有 3 种：R 型（寄存器型）、I 型（立即数型）和 J 型（转移型），如图 2-21 所示。MIPS 的寻址方式只有三种：立即数寻址方式、寄存器寻址方式，以及基址加 16 位偏移量的访存寻址方式。

	6	5	5	5	5	6
R 类型（寄存器）	Operation	rs	rt	rd	Shift	Function

	6	5	5	16	
I 类型（寄存器）	Operation	rs	rt	Immediate	

	6	26	
J 类型（寄存器）	Operation	Address	

图 2-21　MIPS 的指令格式

采用 R 型格式的指令主要是算术逻辑运算指令，其中两个源操作数寄存器地址用 rs（源寄存器）和 rt（源/目的寄存器）表示，目的寄存器地址用 rd 表示，操作码用 Operation 表示。Shift 字段指定移位操作时移位的位数。Function 字段是辅助操作码，指示 ALU 运算/Shift 功能。例如，加指令"add　rd,rs,rt"完成寄存器 rs 与 rt 的内容相加，结果写入 rd。

包含立即数的运算指令采用 I 型指令格式，其中一个源操作数为立即数 Immediate（16 位），另一个源操作数来自寄存器 rs，运算结果存放在目的寄存器 rt 中；取数指令（LOAD）和存数指令（STORE）也采用 I 型指令格式，如装入字指令 LW（Load Word）的功能是将 32 位存储器数据取到目的寄存器 rt 中，因此指令格式中的 rs 存放访存地址的基址，Immediate 字段存放访存地址的偏移量；条件转移指令也是 I 型指令格式，转移地址采用相对寻址，指令格式中的 Immediate 字段存放相对寻址的地址偏移量。

跳转指令采用 J 型指令格式，指令中的 Address 字段存放目标指令地址的 26 位。

2．MIPS 指令集

MIPS R 系列处理器的基本指令集如表 2-5 所示，有 8 类指令，具体包括：LOAD/STORE 指令、算术逻辑运算指令（含立即数）、算术逻辑运算指令（三地址，寄存器寻址）、移位指令、跳转和分支指令、乘/除指令、协处理器指令、专门指令。

注意，MIPS 的所有算术与逻辑运算操作都基于寄存器，即参加运算的操作数来源于寄存器（如果是立即数运算，那么一个操作数来源立即数）结果存入目的寄存器。也就是说，运算

表 2-5　MIPS R 系列基本指令集

操作码	说　　明	操作码	说　　明
LOAD/STORE 指令		**跳转和分支指令**	
LB	装入字节	J	跳转
LBU	装入无符号字节	JAL	跳转并链接
LH	装入半字	JR	跳转到寄存器
LHU	装入无符号半字	JALR	跳转并链接寄存器
LW	装入字	BEQ	相等分支
LWL	装入左字	BNE	不等分支
LWR	装入右字	BLEZ	小于或等于零分支
SB	存储字节	BGTZ	大于零分支
SH	存储半字	BLTZ	小于零分支
SW	存储字	BGEZ	大于或等于零分支
SWL	存储左字	BLTZAL	小于零分支并链接
SWR	存储右字	BGEZAL	大于或等于零分支并链接
算术逻辑运算指令（含立即数）		**乘/除指令**	
ADDI	加立即数	MULT	乘
ADDIU	加无符号立即数	MULTU	无符号乘
SLTI	小于立即数置位	DIV	除
SLTIU	小于无符号立即数置位	DIVU	无符号除
ANDI	AND 立即数	MFHI	由 HI 送出
ORI	OR 立即数	MTHI	送至 HI
XORI	XOR 立即数	MFLO	由 LO 送出
LUI	装入上部立即数	MTLO	送至 LO
算术逻辑运算指令（三地址，R 寻址）		**协处理器指令**	
ADD	加	LWCz	装入字到协处理器
ADDU	无符号加	SWCz	存储字到协处理器
SUB	减	MTCz	传送到协处理器
SUBU	无符号减	MFCz	由协处理器传出
SLT	小于置位	CTCs	传送控制到协处理器
SLTU	无符号小于置位	CFCz	由协处理器传出控制
AND	与	COPz	协处理器操作
OR	或	BCzT	协处理器 z 真分支
XOR	异或	BCzF	协处理器 z 假分支
NOR	或非		/
移位指令		**专门指令**	
SLL	逻辑左移	SYSCALL	系统调用
SRL	逻辑右移	BREAK	断点
SRA	算术右移	LL	链接装入
SLLV	逻辑左移可变	SC	条件存储
SRLV	逻辑右移可变		
SRAV	算术右移可变		/

类指令是不能访问存储器的，只有 LOAD/STORE 指令才能够访问主存储器，而 LOAD/STORE 指令只完成传送操作不能进行操作数的运算。这是 RISC 指令系统的一个基本特点，其目的是尽量让各类指令的执行时间差别不大，以使流水线的结构规整和提高流水线执行指令的效率。

MIPS R 系列处理器整数部件没有存放条件码的专用寄存器。如果一条指令产生某个条件，其相应的标志存于一个通用寄存器中。这可以避免采用专门处理条件代码的逻辑，因为它们影响流水线的执行和编译器对指令的重排序。R4000 在 MIPS 基本指令集的基础上增加了一些附加指令，如表 2-6 所示。新的指令类型只增加了异常处理指令，其余是原有类型指令的扩充。

表 2-6   R4000 附加的指令

操作码	说　明	操作码	说　明
异常指令		**跳转和分支指令**	
TGE	若大于或等于自陷	BEQL	等于时转移
TGEU	若无符号大于或等于自陷	BNEL	不等于时转移
TLT	若小于自陷	BLEZL	小于或等于零转移
TLTU	若无符号小于自陷	BGTZL	大于零转移
TEQ	若等于自陷	BLTZL	小于零转移
TNE	若不等自陷	BGEZL	大于或等于零转移
TGEI	若大于或等于立即数自陷	BLTZALL	小于零转移并链接
TGEIU	若大于或等于无符号立即数自陷	BGEZALL	大于或等于零转移并链接
TLTI	若小于立即数自陷	BCzTL	协处理器 z 为真时转移
TLTIU	若小于无符号立即数自陷	BCzFL	协处理器 z 为假时转移
TEQI	若等于立即数自陷	**LOAD/STORE 指令**	
TNEI	若不等于立即数自陷	LL	装入链接的
协处理器指令		SC	条件存储
LDCz	装入双协处理器	SYNC	同步
SDCz	存储双协处理器	/	

MIPS 实现的存储器寻址方式是常用的基址寻址方式，即地址是由一个存放在寄存器中的基地址与相对该基址的一个 16 偏移量相加获得。例如，装入字指令 LW 的使用形式如下：

```
LW    r2, 128(r3)                        ; ((r3) + 128) → r2
```

以上指令的含义是，以寄存器 r3 的内容为基地址加上 128（偏移量），形成存储器地址，将此地址存储单元的字内容存入寄存器 r2。

MIPS 的编译器使用多条机器指令的合成来实现普通机器中的典型寻址方式。表 2-7 给出了三条合成指令对应的一条、二条或三条实际指令，其中 LUI（Load Upper Immediat）指令将 16 位立即数存入寄存器高半部，低半部置为全 0。

表 2-7   用 MIPS 寻址方式合成其他寻址方式

合成指令		对应的实际指令	
LW	r2, <16 位偏移量>	LW	r2, <16 位偏移量> (r0)
LW	r2, <32 位偏移量>	LUI	r1, <偏移量的高 16 位>
		LW	r2, <偏移量的低 16 位> (r1)
LW	r2, <32 偏移量> (r4)	LUI	r1, <偏移量的高 16 位>
		ADDU	r1, r4, r1
		LW	r2, <偏移量的低 16 位> (r1)

2.3.7 ARM 指令系统

在个人移动设备和嵌入式计算机领域最流行的指令集体系结构是 ARM，每年都有数十亿各种各样的设备使用 ARM 处理器。ARM 最初表示的是 Acorn RISC Machine，后来被改为 Advanced RISC Machine。

1．ARM 指令系统概述

嵌入式微处理器要求最小化存储器，实际上就是限制代码量。ARM 属于 RISC，但是 RISC 指令具有代码密度较低的弱点，为此 ARM 处理器实现了两种指令集，即 32 位的 ARM 指令集和 16 位的 Thumb 指令集。

Thumb 指令集可以说是 ARM 指令集功能的一个子集，通过引入一些指令编码约束机制，将部分的标准 32 位 ARM 指令压缩为具有相同功能的 16 位指令，在处理器中仍然要被扩展为标准的 32 位 ARM 指令来执行。因此，Thumb 指令能达到 2 倍于 ARM 指令的代码密度，同时保持了 32 位 ARM 处理器超越于 16 位处理器的性能优势。虽然指令长度有所压缩，但 Thumb 指令还是在 32 位的 ARM 通用寄存器堆上进行操作。此外，ARM 处理器允许在 ARM 状态和 Thumb 状态之间进行切换和互操作，最大限度地提供用户在运算性能和代码密度之间进行选择的灵活性。16 位 Thumb 指令集最大的好处就是可以获得更高的代码密度和降低功耗。

后续的 ARM 处理器还引入了新的指令集 Thumb-2，提供 32 位和 16 位的混合指令，在增强灵活性的同时保持了代码高密度。另外，某些型号的 ARM 处理器对 Java 程序的高性能运行提供支持，通过 Jazelle 技术提供的 8 位指令可以更快速地执行 Java 字节码。ARM 的架构从应用最广泛的 v4 发展到了 v7，再到最新的 v8。ARM v8 定义了 A64 指令系统。下面主要介绍 ARM v4 架构的指令系统。

为了减少代码量，ARM 指令系统中也有不少特殊设计，如含复杂寻址方式的 9 种寻址方式、一次多字数据装入/存储（LOAD/STORE）指令、每条指令都可以选用的条件码。

2．ARM 指令系统特点

ARM 指令系统主要包括 6 大类指令。

① 数据处理指令：如 ADD、SUB、AND、CMP。

② 装入/存储（LOAD/STORE）指令：如 LDRSB、LDR、STRB、STR。

③ 分支指令：如 B、BL。

④ 程序状态寄存器访问指令：如 MRS、MSR。

⑤ 协处理器指令：如 LDC、STC。

⑥ 异常处理指令：如 SWI。

ARM 指令系统具有如下特点。

① 所有 ARM 指令都是 32 位固定长度，在主存中的地址以 4 字节边界对齐，因此 ARM 指令的有效地址的最后两位总是为 0，这样能够方便译码电路和流水线的实现。

② 装入/存储（LOAD/STORE）架构。这是 RISC 体系的基本特征，即除了装入/存储（LOAD/STORE）类型指令能够实现主存与寄存器之间传输数据，其余指令都只能把寄存器或立即数作为操作数。

③ 提供了一次装入/存储多字数据指令：LDM 和 STM。这样，当发生过程调用或中断处理时，只用一条指令就能把当前多个寄存器的内容保存到主存堆栈中或从堆栈中弹出。

④ CPU 硬件提供了桶型（barrel）移位器（见 3.6.2 节），移位操作可以内嵌在一条指令中，因此可以在一条指令中在一个指令周期完成一个移位操作和一个 ALU（算术逻辑）操作。

⑤ 所有 ARM 指令都是可以条件执行的，这是由其指令格式决定的，如下所示：

31	cond	28	27		0

任何 ARM 指令的高 4 位都是条件指示位 cond，根据当前程序状态寄存器 CPSR 中的 N、Z、C、V 位决定该指令是否执行，这样可以减少分支跳转指令数目，提高代码密度和性能。

ARM 有 15 个 32 位可用的通用寄存器 r0～r14。下面是 ARM 指令的一些示例。

例如，数据处理指令如下：

```
SUB     r0, r1, #5              ; (r1)-5 → r0
ADD     r2, r3, r3, LSL #2      ; (r3) + (r3*4) → r2
ANDS    r0, r4, #0x20           ; (r4) AND 0x20（根据运算结果设标志位）→ r0
ADDEQ   r5, r5, r6              ; 若 EQ 条件为真，(r5) + (r6) → r5，EQ 的含义见后面的表 2-11
```

例如，分支指令如下：

```
B       <Label>                ; 前向或后向分支跳转，范围是相对于当前 PC 值+/-32MB 的空间
```

例如，内存访问指令如下：

```
LDR     r0, [r1]               ; 将 r1 指向的主存地址单元中的一个字装入 r0 中
STRNEB  r2, [r3, r4]           ; 若 NE 条件为真，则将 r2 最低有效字节存入地址为(r3+r4)的主存单元
STMFD   sp!, {r4-r8, r14}      ; 将寄存器 r4～r8 和 r14 的内容存入堆栈中，然后更新堆栈指针
```

3．Thumb 指令集特点

Thumb 指令集是 16 位的指令集，对代码密度进行了优化，平均达到 ARM 代码大小的约 65%。为了尽量降低指令编码长度，Thumb 指令集具体采用了如下约束：

① 不能使用条件执行，而对于标志一直都是根据指令结果进行设置。

② 源寄存器和目标寄存器是相同的。

③ 只使用低端寄存器，即不使用寄存器 R8～R12。

④ 对指令中出现的常量有大小的限制。

⑤ 不能在指令中使用内嵌的桶型移位器（Inline Barrel Shifter）。

Thumb 指令对窄内存（即 16 位宽的内存）的性能进行了提高，即 Thumb 指令在 16 位宽内存的情况下性能优于 ARM 指令。

为了获得更好的运算速度和代码密度的综合性能，可以通过 BX 指令来切换 ARM 状态与 Thumb 状态，以便 ARM 处理器在执行不同程序段的时候使用 ARM 或 Thumb 指令。

注意，Thumb 指令集并不是一个"常规"的指令集，因为对 Thumb 指令的约束有时是不一致的。所以，Thumb 指令集的代码一般是由编译器生成而不是手动编写的。

4．ARM 的基本指令、寻址方式与指令格式

ARM 与 MIPS 处理器都是基于 RISC 设计原则，最初的版本都是在 1985 年发布。表 2-8 列出了 ARM 与 MIPS 32 位指令系统的相似性，二者指令系统的主要区别是 MIPS 有更多的寄存器而 ARM 有更多的寻址方式。

表 2-8　ARM 与 MIPS 指令系统的相似点

指　　标	ARM	MIPS
发布时间	1985 年	1985 年
指令长度	32 位	32 位
寻址空间	32 位	32 位
数据对齐	对齐	对齐
数据寻址方式	9	3
整数寄存器（个数、长度）	15 个通用寄存器×32 位	32 个通用寄存器×32 位
I/O 编址方式	存储器映射	存储器映射

（1）ARM 的寄存器运算指令与 LOAD/STORE 指令

在寄存器 – 寄存器算术逻辑运算指令和 LOAD/STORE 指令方面，ARM 与 MIPS 具有相似功能的指令，如表 2-9 所示。

表 2-9　ARM 与 MIPS 功能相似的寄存器-寄存器运算指令和 LOAD/STORE 指令

指令类型	指令操作	ARM	MIPS
寄存器 – 寄存器运算	无符号加法	ADD	ADDU，ADDIU
	加法	ADDS，SWIVS	ADD
	无符号减法	SUB	SUBU
	乘法	MUL	MULT，MULTU
	除法	/	DIV，DIVU
	与	AND	AND
	或	ORR	OR
	异或	EOR	XOR
	取寄存器高位	/	LUI
	逻辑左移	LSL（嵌入其他指令）	SLLV，SLL
	逻辑右移	LSR（嵌入其他指令）	SRLV，SRL
	算术右移	ASR（嵌入其他指令）	SRAV，SRA
	比较	CMP，CMN，TST，TEQ	SLTI，SLTIU
LOAD/STORE	装入有符号字节	LDRSB	LB
	装入无符号字节	LDRB	LBU
	装入有符号半字	LDRSH	LH
	装入无符号半字	LDRH	LHU
	装入字	LDR	LW
	存储字节	STRB	SB
	存储半字	STRH	SH
	存储字	STR	SW
	读、写特殊寄存器	MRS，MSR	MOVE
	原子交换	SWP，SWPB	LL，SC

注意，ARM 没有单独的移位指令（表 2-9 标识了 ARM 的逻辑左移、逻辑右移、算术右移操作），而是把移位操作嵌入数据操作指令和装入/存储指令，这些指令都含有移位部分，即移位操作在 ARM 指令系统中不作为单独的指令使用，而是可以在一条指令中先进行移位操作，

再进行加、减等运算。此外，ARM 没有除法指令。

然而，ARM 还有一些 MIPS 没有的运算指令和多字数据装入/存储指令，如表 2-10 所示。在前 3 行中，虽然 MIPS 没有直接对应 ARM 的指令，但是由于 MIPS 的 r0 寄存器的值固定为 0，因此可以用其他指令和 r0 寄存器的组合来实现 MIPS 没有的指令操作。

表 2-10　MIPS 没有的 ARM 算术逻辑运算指令和装入/存储多字数据指令

名　字	操　作	ARM v4	MIPS
装入立即数	Imm → Rd	MOV	ADDI　rd, r0, Imm
求反传送	NOT (Rm) →Rd	MVN	NOR　rd, rs, r0
传送	Rm → Rd	MOV	OR　rd, rs, r0
循环右移	对 Rm 循环右移指令中指定的位数	ROR（嵌入指令）	/
位清除	Rn AND NOT (Operand2) → Rd	BIC	/
逆向减法	Operand2 − Rn → Rd	RSB，RSC	/
带进位加法	Rn + Operand2 + C 标志→Rd	ADCS	/
带进位减法	Rn − Operand2 − NOT (C 标志) → Rd	SBCS	/
带进位逆向减法	Operand2 − Rn − NOT (C 标志) → Rd	RSC	/
装入多字数据	将连续主存单元字数据读入多个寄存器	LDM	/
存储多字数据	将多个寄存器字数据写入主存连续单元	STM	/

前面已经指出，ARM 指令系统的重要特征之一是提供了一次装入/存储多字数据指令，这类指令常用于过程调用或中断处理时保存和恢复主程序的寄存器内容，同时可以减少代码量。

（2）ARM 的寻址方式

MIPS 只有 3 种简单的寻址方式，而 ARM 有 9 种寻址方式，如表 2-11 所示。ARM 包括有复杂计算的寻址方式。例如，ARM 的一种寻址方式可以把寄存器中的数移动指定位，将移位后得到的数与另一个寄存器中的值相加产生地址，然后将新产生的地址存入一个寄存器。

表 2-11　ARM 寻址方式

寻址方式	ARM	MIPS
寄存器操作数	√	√
立即数操作数	√	√
寄存器+偏移量（基址）	√	√
寄存器+寄存器（下标）	√	
寄存器+寄存器倍乘	√	
寄存器+偏移量和更新寄存器	√	
寄存器+寄存器和更新寄存器	√	
自增，自减	√	
相对 PC 的数据	√	

虽然 ARM 是 RISC 处理器，但寻址方式相对 MIPS 要复杂得多，目的是减少代码量（如果寻址方式少，要实现复杂的寻址就需要多条指令）。

（3）ARM 的比较和条件标志

MIPS 使用寄存器中的值来决定条件分支是否执行。而 ARM 根据程序状态寄存器 CPSR 中的 4 位条件标志来决定分支是否执行（类似 80x86 根据标志位进行分支）。这 4 位条件标志是：负（N）、零（Z）、进位（C）和溢出（O）。条件标志可以由算术或逻辑运算指令置位，是否置这些条件标志位是运算类指令的可选功能。明确的选项会使流水化的实现变得更容易。

ARM 的 CMP 指令用一个操作数减去另一个操作数，用它们的差置 CPSR 的条件标志。CMN 指令用一个操作数与另一个操作数相加，用它们的和置 CPSR 的条件标志。TST 指令将两个操作数进行逻辑与，然后置位除溢出位外的条件标志。TEQ 指令是用异或结果来置位 N、Z 和 C 位。

（4）ARM 的指令格式

ARM 有 16 个 32 位通用寄存器，但是 r15 用作程序计数器，不作他用，因此实际上只有 15 个通用寄存器 r0～r14。ARM 有一个当前程序状态寄存器 CPSR（类似 80x86 的标志寄存器），用于存放条件标志、控制标志和中断标志。

ARM 处理器所有指令的长度都是 32 位，而且具有比较规整的格式。如图 2-22 所示，指令的前 4 位是条件码；紧接着的 3 位表示指令格式；对于除跳转指令以外的大多数指令来说，接下来的 5 位是操作码和（或）操作码的修订码；剩余的 20 位用于操作数的寻址。虽然 ARM 与 MIPS 的指令长度都是 32 位，但是 ARM 的指令格式比 MIPS 的要复杂和紧凑。

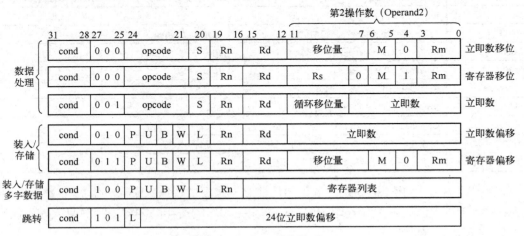

图 2-22　ARM 指令格式

图 2-22 给出了 ARM 的主要指令格式：数据处理、装入/存储（LOAD/STORE）、多数据装入/存储、跳转（条件/无条件转移）。

① 数据处理指令格式

数据处理类指令格式中，opcode 为指令操作码；S 为是否影响 CPSR 的内容；Rd 为目的寄存器；Rn 为第一个操作数所在的寄存器；第二个操作数（Operand2）有 3 种形式：立即数移位、寄存器移位和立即数。

立即数移位和寄存器移位两种方式下（ARM 内部有一个桶型移位器，移位操作可以内嵌在指令中），指令格式位都是 000，因此由第 4 位进行区分，为 0 表示立即数移位方式；为 1 表示寄存器移位方式。两者都是将 Rm 中的 32 位数按照 M 指定的方式进行移位，前者的移位位数由"移位量"指定；后者的移位位数由 Rs 寄存器的内容指定。

立即数方式下，指令格式为 001，第二个操作数由 8 位的"立即数"高位补 0 扩展成 32 位数据后再循环右移得到，循环右移位数为 4 位"循环移位量"乘以 2，即移位位数总是偶数。

② 装入/存储指令格式

装入/存储指令中，存储器操作数的有效地址为 Rn 的内容加偏移量，而偏移量可以是一个立即数，也可以是寄存器 Rm 的内容移位以后的值。其移位方式与数据处理指令格式中的寄存器移位方式相同。

操作码字段中的 P、U、W 位用来区分不同的寻址方式；B 用来区分访问的数据长度；L 用来区分是装入（LOAD）还是存储（STORE）。

③ 装入/存储多字数据指令格式

ARM 指令系统支持一次装入/存储多字数据指令，一条指令就可以实现主存多个连续单元与多个寄存器之间的数据传送。例如，汇编指令"LDMIA r0, {r1-r5}"的功能就是将以 r0 的内容为起始主存地址的 5 个字数据依次装入 r1～r5 中。指令中的助记符 IA 表示在执行完一次装入（LOAD）操作后，r0 自动增 4，为下一次装入操作地址。

操作码字段中的 P、U、W 和 L 的含义同装入/存储指令格式。S 表示指令是否仅在特权模式（核心态）下才能使用。

④ 跳转指令格式

跳转指令的操作码字段只有一个 L 位，用来指明是否将下一条指令地址作为返回地址保存到链接寄存器（Link Register，即 r14）中。因此，当 L=1 时，跳转指令实际上相当于过程调用指令。

跳转指令将根据 cond 字段给出的条件判断要求进行条件判断，在条件满足时，转移到 24 位"立即数偏移"字段所指定的位置执行指令。

从图 2-22 给出的指令格式可以看出，ARM 指令中每条指令都有一个 cond 字段，给出的条件判断要求如表 2-12 所示，"标志"栏中的零标志 Z、进位/借位标志 C、符号标志 N、溢出标志 V 指的是程序状态寄存器 CPSR 中的条件标志。操作码是指 cond 字段给出的条件码，4 位条件码共 16 种情况：当条件码为 0000～1101 时，需要根据 CPSR 中的标志位是否满足条件，来确定是否执行指令；当条件码为 1110 时，不管标志位是什么都要执行指令。例如，对于跳转指令，当条件码为 1110 时，默认为无条件执行跳转；当条件码为 1111 时，仅针对 ARM v5 及以上版本，无条件执行。

表 2-12　cond 字段的含义

cond 字段	条件助记符	标志	含　义
0000	EQ	Z=1	相等
0001	NE	Z=0	不相等
0010	CS/HS	C=1	无符号数大于或等于
0011	CC/LO	C=0	无符号数小于
0100	MI	N=1	负数
0101	PL	N=0	正数或零
0110	VS	V=1	溢出
0111	VC	V=0	没有溢出
1000	HI	C=1, Z=0	无符号数大于
1001	LS	C=0, Z=1	无符号数小于或等于
1010	GE	N=V	带符号数大于或等于
1011	LT	N!=V	带符号整数小于
1100	GT	Z=0, N=V	带符号整数大于
1101	LE	Z=1, N!=V	带符号整数小于或等于
1110	AL	任何	无条件执行（指令默认条件）
1111	AL	任何	仅针对 ARM v5 及以上版本，ARM v3 和 v4 版本不要使用

习 题 2

2-1 简要解释下列名词术语：

    真值   机器数   原码   补码   定点数   浮点数

    ASCII   指令系统   地址结构   隐地址   堆栈

2-2 举例说明各种进位制之间的转换方法。

2-3 举例说明真值、原码、补码之间的转换方法。

2-4 举例说明各种寻址方式的含义及其寻址过程。

2-5 将二进制数$(101010.01)_2$转换为十进制数及 BCD 码。

2-6 将八进制数$(37.2)_8$转换为十进制数及 BCD 码。

2-7 将十六进制数$(AC.E)_{16}$转换为十进制数及 BCD 码。

2-8 将十进制数$(75.34)_{10}$转换为 8 位二进制数及八进制数、十六进制数。

2-9 将 13/128 的结果转换为二进制数。

2-10 分别写出下列各二进制数的原码、补码，设字长（含 1 位数符）为 8 位。

    （1）0   （2）−0   （3）0.1010

    （4）−0.1010   （5）1010   （6）−1010

2-11 若$[x]_补=0.1010$，则$[x]_原$及其真值等于什么？

2-12 若$[x]_补=1.1010$，则$[x]_原$及其真值等于什么？

2-13 某定点小数字长 16 位，含 1 位符号，原码表示，分别写出下列典型值的二进制代码与十进制真值。

    （1）非零最小正数   （2）最大正数

    （3）绝对值最小负数   （4）绝对值最大负数

2-14 某定点小数字长 16 位，含 1 位符号，补码表示，分别写出下列典型值的二进制代码与十进制真值。

    （1）非零最小正数   （2）最大正数

    （3）绝对值最小负数   （4）绝对值最大负数

2-15 某浮点数字长 16 位，其中阶码 6 位，含 1 位阶符，补码表示，以 2 为底；尾数 10 位（含 1 位数符），补码表示，规格化。分别写出下列典型值的二进制代码与十进制真值。

    （1）非零最小正数   （2）最大正数

    （3）绝对值最小负数   （4）绝对值最大负数

2-16 若采用图 2-10 所示的 IEEE 754 短浮点数格式，请将十进制数 37.25 写成浮点数，列出其二进制代码序列。

2-17 简化地址结构的基本途径有哪些？减少指令中一个地址码位数的方法有哪些？

2-18 一般计算机中常用的寻址方式有哪 4 种？简述它们的功能。

2-19 MIPS 指令系统的 LOAD/STORE 指令有何作用？它们能否完成 I/O 的传送？

2-20 对 I/O 设备的编址方法有哪几种？I/O 指令的设置方法有哪几种？请简单解释。

2-21 ARM 的指令格式中的高 4 位的作用是什么？

2-22 MIPS 与 ARM 的寄存器地址各需要多少位？为什么 ARM 的指令格式可以表达更多的操作？

2-23 为什么 ARM 没有单独设置移位指令？

第二篇

计算机系统结构

第 3 章

CO   AL

微体系结构层

根据计算机系统的组成，CPU（Central Process Unit，中央处理器）是计算机系统的核心部件，主要由寄存器、算术逻辑部件、控制器及互连它们的器件组成。本章首先介绍 CPU 的基本组成和功能、算术逻辑部件（Arithmetic Logic Unit，ALU）的结构及加、减、乘、除在机器中的运算方法，然后以教学模型机为例说明 CPU 的基本结构，讨论 CPU 内部的数据通路及数据传输的实现，并从寄存器级详细分析 CPU 分步执行指令的流程，使读者掌握 CPU 执行指令的工作原理。

CPU 执行一条指令是由控制器产生的一组微命令（即控制信号）序列实现的。按微命令的形成方式，控制器有两种：组合逻辑控制方式和微程序控制方式。对组合逻辑控制方式，本章将以模型机的 CPU 控制部件为例，从指令分步执行流程和微操作两个层次上分析 CPU 的工作原理。而对微程序控制方式只做一般原理性介绍。

本章最后以 MIPS 和 ARM CPU 为例，说明 RISC 的微体系结构。

从计算机系统的层次看，本章是以 CPU 为例分析微体系结构层。我们看到的是一些寄存器和算术逻辑部件 ALU 相连构成的数据通路，即 CPU 的数据通路。数据通路的基本功能是传输和运算数据，如选择一个或两个寄存器的内容作为 ALU 的操作数，将它们进行运算（如相加），然后将结果存回某寄存器。在一些计算机上，这些功能是由微程序产生的控制信号控制的，相应的控制部件称为微程序控制器；而有些计算机是直接由硬件产生的控制信号来控制的，相应的控制部件称为组合逻辑控制器。

微体系结构层可以看作指令系统层指令的解释器。在微程序控制数据通路的计算机上，微程序就是上一层指令的解释器。而在组合逻辑控制器控制数据通路的计算机上，由硬件直接解释执行指令，并不存在一个真正的程序来解释上一层的指令。总之，微体系结构层的主要功能是解释执行存放在主存储器中的机器指令序列（即程序），通过数据通路逐条对指令进行取指令、译码和执行，这个过程是由控制器产生的一组微命令序列来控制实现的。

3.1　CPU 的组成和功能

CPU 的主要功能是从主存储器中取出指令、解释指令和执行指令，即按指令控制计算机各部件操作，并对数据进行处理。

3.1.1　CPU 的组成

CPU 通常由以下几部分构成，如图 3-1 所示。

- ❖ 控制器：产生一系列控制信号，以控制计算机中各部件完成取指令、分析指令、执行指令的操作。
- ❖ 算术逻辑部件 ALU：实现指令所指定的各种算术和逻辑运算。
- ❖ 各种寄存器：存放指令、指令地址、操作数及运算结果。
- ❖ CPU 内部总线：连接 CPU 内部各部件，为信息传送提供通路。

1．ALU 与寄存器

（1）ALU

ALU 的功能是实现数据的算术与逻辑运算，如图 3-2 所示。可以看出，ALU 的输入有两个端口，分别接收参加运算的两个操作数，通常它们来自 CPU 的通用寄存器或 ALU 总线。ALU 的输出取决于对其功能的控制，当控制功能选择加、减、与、或等运算功能之一时，其输出结果将为对应的和、差、与值、或值等。

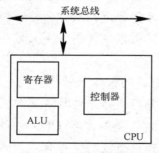

图 3-1　CPU 的基本组成

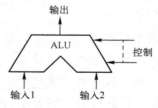

图 3-2　ALU 结构

一般，简单运算可以一步完成，而乘、除等相对复杂的运算需要若干步才能完成。低档计算机中通常只设一个 ALU，速度较快的可以设多个运算部件。

（2）寄存器

CPU 中的寄存器包括存放控制信息的寄存器，如指令寄存器、程序计数器和状态字寄存器，以及存放所处理数据的寄存器，如通用寄存器和暂存器。

① 通用寄存器

通常，CPU 内部设置有一组寄存器，每个寄存器都可以提供多种用途，因此习惯上称为通用寄存器。通用寄存器本身在逻辑上只具有接收信息、存储信息和发送信息的功能。但通过编程以及与 ALU 的配合可以实现多种功能，如它们可为 ALU 提供操作数并存放运算结果，也可用作变址寄存器、地址指针和计数器等。

每个通用寄存器都有唯一的编号，称为寄存器地址。因此程序可按寄存器地址访问任一通用寄存器，并指定它担负某种功能。通用寄存器的数目一般有 8、16、32 个，甚至更多，数目越多，CPU 暂存数据的能力就越强，也使访问存储器的次数减少，从而提高了处理速度且增强了编程的灵活性。

通用寄存器可以用 D 触发器构成。也可以用中规模集成的高速 RAM（Random Access Memory，随机访问存储器）构成寄存器组，一个存储单元相当于一个寄存器。如采用单口 RAM，每次只能访问其中一个寄存器；如采用双口 RAM，则一次可读取两个寄存器的内容。

② 暂存器

CPU 中一般要设置暂存器，主要是暂存从主存储器读出的数据，这些数据不能存放在通用寄存器中，否则会破坏其原有内容。此外，暂存器还可用于暂存来自通用寄存器组的数据。

暂存器没有寄存器号，因此不能直接编程访问它们。有关暂存器的操作过程对用户来说是看不见的，也称为是"透明的"。

③ 指令寄存器（Instruction Register，IR）

指令寄存器用来存放当前正在执行的一条指令。当执行一条指令时，通常是先将其从主存储器读出送入 MDR（Memory Data Register，主存数据寄存器），再送入指令寄存器 IR。

指令包括操作码和地址码字段两部分，由二进制代码组成。执行指令时必须对操作码进行译码，以识别出所要求的操作，这个功能由"指令译码器"完成。

为了提高指令的执行速度，很多计算机将指令寄存器扩充为指令队列，因而可以预取多条指令，使指令的读取与执行有一定程度的重叠。

④ 程序计数器（Program Counter，PC）

为了保证程序能够连续执行，在 CPU 中必须设置程序计数器，用来存放当前或下一条指令在主存中的地址，因此又称为指令计数器或指令指针（Instruction Pointer，IP）。

在开始执行程序前，必须将程序的起始地址即程序的第一条指令所在主存单元地址送入PC，以便从程序的第一条指令开始执行。现行指令执行完毕，通常由程序计数器提供后继指令地址，并送入主存的地址寄存器。当指令按顺序执行时，每读取一条指令后，PC 应加上一个增量（通常为刚读取指令所占主存的单元数），以指向下一条指令地址。

当遇到转移指令时，需改变程序的执行顺序，则由转移指令形成转移地址送往 PC 作为后继指令地址。PC 计数功能可由 ALU 配合实现，此时 PC 为一单纯寄存器；也可让 PC 本身具有计数逻辑。

⑤ 状态寄存器

CPU 内部设置的状态寄存器用来存放当前程序的运行状态和工作方式，其内容称为程序状态字（Program State Word，PSW），是参与控制程序执行的重要依据。

PSW 的一部分内容是记录上一条指令执行后的结果标志，通常有进位标志 C、溢出标志 V、结果为零标志 Z、结果正负标志 N、奇偶标志 P 等。一旦一条指令执行完毕，CPU 就将根据运行结果自动修改这些标志。

PSW 的另一部分内容由编程设定（也称为控制标志），如：有跟踪标志 T，用来编程设定断点；中断允许标志 I，指示 CPU 是否允许响应外部中断请求。有的计算机还设有工作方式字段，若设定为用户方式，则禁止用户使用某些特权指令。

不同计算机的 PSW 的内容也不尽相同。例如，8086/8088 CPU 中状态寄存器的有效标志位为 9 位；80386 CPU 除了这些标志位，还增设了虚拟方式标志、恢复标志、嵌套任务标志、I/O 特权级标志。

2．总线

总线是一组能为多个部件分时共享的公共信息传送线路，分时接收各部件送来的信息，并发送信息到有关部件。总线结构可以有效减少传送线数量，使数据通路结构简化，便于控制。但由于多个部件连接在一组公共总线上，可能出现多个部件争用总线的情况，因此需设置总线控制逻辑以解决总线控制权的有关问题。

CPU 的内部总线用来连接 CPU 内的各寄存器与 ALU，主要用于传输数据信息。

系统总线用来连接 CPU、主存储器与 I/O 接口，通常包括三组：数据总线、地址总线和控制总线。数据总线主要传输各大部件间的数据信息，如指令代码、操作数、命令字或状态字等。地址总线用于传输主存单元地址码或 I/O 端口地址。控制总线用于传输控制、状态信息，其中有 CPU 发出的控制信号，也有送入 CPU 的状态信号。例如，CPU 输出对主存的读/写控制信号、外设输入 CPU 的中断请求信号。

将数据总线能一次并行传输的数据位数称为数据通路宽度。注意，CPU 内部数据通路的宽度与外部数据通路的宽度可能不同（但为外部数据通路宽度的整倍数）。例如，8088 CPU 的内部数据通路宽度为 16 位，而外部的数据总线为 8 位。

按总线传输的方向，总线可以分为单向总线和双向总线。

3．CPU 内部数据通路

CPU 内部寄存器与 ALU 之间可以用总线方式传输数据信息。但不同计算机的 CPU 通路结构可能差别很大，以下介绍两种简单结构。

（1）单总线结构

CPU 数据通路结构可以只采用一组内部总线，是双向总线，如图 3-3 所示。通用寄存器组、其他寄存器和 ALU 均连在这组内部总线上。CPU 外部的系统总线通过主存数据寄存器 MDR 和 MAR（Memory Address Register，主存地址寄存器）与 CPU 内总线相连。显然，CPU 内各寄存器间的数据传输必须通过内部总线进行，ALU 通过内部总线得到操作数，其运算结果也经内部总线输出。

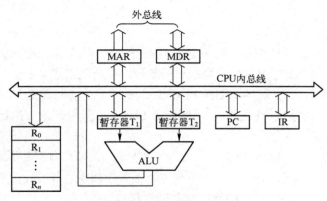

图 3-3　单总线结构

单总线结构要求在 ALU 输入端设置两个暂存器，主要用于暂存提供给 ALU 的两个操作数。由于单总线一次只能传输一个数据，因此两个操作数需要两次总线传输。此外，暂存器还可作为通用寄存器之间传送的转存部件。通用寄存器组采用单口 RAM 结构，每次只能访问其中的一个寄存器。例如，完成 $R_i \rightarrow R_j$ 传送操作需分两步：首先将 R_i 内容读出经总线送入暂存器，再由暂存器写入 R_j。

单总线结构连线较少，控制简单。但由于某时刻只允许一个部件在总线上发送信息，因此其他需总线传输的部件只能等待总线空闲，使得 CPU 的整体工作速度降低。

（2）多组内部总线结构

为了提高 CPU 的工作速度，一种方法是在 CPU 内部设置多组内总线，使几个数据传输操作能够同时进行，即实现部分并行操作。

三总线结构如图 3-4 所示，三组总线均为单向总线。每组总线连接几个部件的输入端，但只连接一个输出端，使控制更简单。暂存器 T_1 和 T_2 的输入端各接一个多路开关，允许数据从输入数据总线或寄存器数据总线装入 T_1 和 T_2。通用寄存器之间的数据传输必须经 ALU 才能完成。

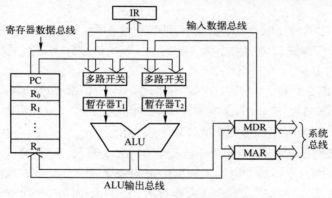

图 3-4　三总线结构

三总线结构使得某些信息可分别沿各自的数据通路传送。例如，MDR→IR 与 PC+1→PC 的操作可同时进行，指令从 MDR 经输入数据总线送入 IR；PC 内容经寄存器总线送至 ALU 完成加 1 运算，结果通过 ALU 总线再送回 PC。显然，部分并行操作的实现有利于提高 CPU 的执行效率，其代价是增加硬件线路。

目前的 CPU 结构一般比上述结构复杂得多。例如，CPU 内部设有能预取指令的指令队列、存储器管理部件、高速缓冲存储器、总线接口部件等，相应有连接这些部件的多种总线，在不同的总线上分别传送数据、地址和指令代码信息，因此使 CPU 的功能和处理速度大大提高。

3.1.2　指令执行过程

CPU 的主要功能就是执行存放在存储器中的指令序列，即程序。下面一般性地分析指令的执行过程。

1．指令的分段执行过程

任何一条指令的执行都要经过读取指令、分析指令和执行指令三个阶段。读取与分析指令的操作对所有指令几乎都一样,而每条指令的执行阶段的具体操作有较大差别。例如,有的指令需要从存储器中取操作数,再进行运算,运算结果还要写回存储器,因此执行阶段还可细分。指令执行过程如下。

(1)取指令

根据指令计数器 PC 提供的地址从主存储器中读取当前指令,送入 MDR,再送入 CPU 的 IR,同时改变指令计数器的内容,使之指向下一条指令地址。

(2)分析指令

如果采用组合逻辑控制器,那么通过译码电路译出 IR 中指令各字段表示什么操作,并在时序系统的配合下产生该指令对应的微操作命令序列。如果采用微程序控制器,则可根据指令的操作码与标志位转向 CPU 的控制存储器取出对应的微程序,由微指令提供微操作命令序列。

(3)执行指令

① 取操作数。如果当前指令需要从主存取操作数,就需安排时间再次访问存储器。如果是间址方式或取双操作数,那么访存次数更多。若是变址方式,则在取数之前还需安排时间进行变址计算。

② 执行操作。如果当前指令需要运算,则需考虑形成稳定运算结果的时间,为此安排专门的节拍。对乘除、浮点运算则需占用更多的节拍。若运算结果需送回主存单元,则应安排时间以完成对主存的写操作。

③ 形成下一条指令地址。对于顺序执行的指令,下一条指令地址通常在取指令时就已形成在 PC 中;如果是转移类指令,就将形成的转移地址送入 PC。以后再取下一条指令、分析、执行……如此循环,直至程序执行完毕或外来干预为止。

此外,CPU 应该对运行过程中出现的某些异常情况或输入、输出请求进行如下处理:如果出现某些异常情况,如算术运算的溢出和数据传送的奇偶错等,或者某些输入、输出请求,如磁盘的批量数据需送入存储器或从键盘送入命令等,此时由相应的部件或设备发出“中断请求信号”或“DMA 请求信号”。若 CPU 收到中断请求信号,在执行完当前指令后,响应该中断请求,暂停当前执行的程序,转去执行中断处理程序。当处理完毕,再返回到原程序断点,继续执行。若 CPU 收到 DMA 请求信号,在完成当前机器周期操作后,响应该 DMA 请求,暂停工作,让出总线给 DMA 控制器,由它控制完成输入、输出设备与存储器之间的数据传输操作后,CPU 从暂停的机器周期开始继续执行指令。注意,DMA 操作不会改变 CPU 中任意一个寄存器(除 DMA 专用部件外)的状态,因此 CPU 可以从暂停处快速恢复程序的正确执行。

2. 指令之间的衔接方式

指令之间的衔接方式有两种:串行的顺序执行方式与并行的重叠执行方式。采用不同的处理方式将对 CPU 的总体结构与时序系统有很大的影响。

串行的顺序执行方式是指在一条指令执行完毕才开始取下一条指令,这种方式控制简单,但在时间上不能充分利用部件。例如,在 ALU 进行运算时,主存是空闲的;在访存时,ALU 也是空闲的。本章的模型机就是采用这种简单的指令衔接方式。

为了提高部件利用率和运算速度,可以让指令重叠执行,即在对当前指令执行运算操作时提前从主存取出下一条指令,而不必等当前指令全部执行完。但如果程序需要转移,那么预取下一条指令就要失败。不过由于大多数情况下,程序流程是顺序执行,下一条指令地址并不依赖本次执行结果，因此预取指令还是能有效地提高执行速度。

3.1.3　时序控制方式

显然，执行一条指令的过程可分为几个阶段，而每个阶段又分为若干步基本操作，每一步则由控制器产生一些相应的控制信号实现。因此，每条指令都可分解为一个控制信号序列，指令的执行过程就是依次执行一个确定的控制信号序列的过程。

由于执行指令的各步操作是有先后次序的，并且许多控制信号的长短也有严格的时间限制，这就需要引入时序信号对它们进行定时控制。时序控制方式就是指微操作与时序信号之间采取何种关系，不仅直接决定时序信号的产生，也影响到控制器及其他部件的组成，以及指令的执行速度。

1．同步控制方式

同步控制方式是指各项操作由统一的时序信号进行同步控制。这就意味着各微操作必须在规定时间内完成，到达规定时间后就自动执行后继的微操作。

同步控制的基本特征是将操作时间分为若干长度相同的时钟周期（也称为节拍），要求在一个或几个时钟周期内完成各微操作。机器的时钟频率（主频）的选择主要取决于 CPU 内部的操作。通常，时钟周期应能完成 CPU 内部花费时间最长的微操作。显然，对于花费时间少的微操作，就会有时间上的浪费，这是同步控制方式的一个缺点。

CPU 内部通常采用同步控制方式，CPU、主存、各 I/O 接口之间也可以采用这种方式，一般由 CPU 提供统一的时序信号来控制各部件间的数据传输，这时的传输操作可能需要几个时钟周期。

同步控制方式的优点是时序关系简单，结构上易于集中，相应的设计和实现比较方便。在实际应用中，根据不同的需要，同步控制方式也有一些扩展。

微机系统中较多采用同步控制方式。例如，采用 Intel 8086/8088 的微机中，时钟周期作为基本定时单位，CPU 按指令执行时间的长短为其分配时钟周期数，最短的指令只需 2 个时钟周期，较长的指令则占用多个时钟周期。由于时钟周期短，因此时间安排比较紧凑且经济。又如，其系统总线的数据传输操作一般需 4 个时钟周期（一个总线周期）。如果传输距离远，在 4 个时钟周期内不能完成，那么可以在第 3 个时钟周期与第 4 个周期之间插入一到多个等待时钟周期。因此，总线周期的长度可按需要变化，这实际上是同步方式的一种扩展。

2．同步控制方式的多级时序系统

为实现同步控制，CPU 中必须设置一个时序系统，产生统一的时序信号，以便对各操作进行定时控制。

（1）多级时序的概念

在同步控制方式中，时序信号可以分为几级（其中包括指令周期），称为多级时序。

指令周期是指从取指令、分析指令到执行完该指令所需的时间。不同指令的操作性质不同，执行时间也可能不同。因此，不同指令的指令周期可以不同。在时序系统中，通常不为指令周期设置时间标志信号，因而也不将其作为时序的一级。

在组合逻辑控制器中，可以根据不同的时间标志使 CPU 分步执行指令，一种方法是将时序信号分为三级：机器周期、节拍、时钟脉冲。而在微程序控制器中，一条指令对应一段微程序（微指令序列），指令的分步执行是由执行不同的微指令来实现的，每条微指令的执行时间为一个节拍，故其时序信号划分为两级：节拍、时钟脉冲。

① 机器周期

在组合逻辑控制器中，通常将指令周期分为几个不同的阶段，每个阶段所需的时间称为机器周期，又称为 CPU 工作周期或基本周期，如取指令周期、存储器读周期、存储器写周期等。在不同的机器周期中完成不同的操作。

三级时序系统中需设置一组周期状态触发器，以标志不同的机器周期，任一时刻只允许其中的一个触发器为 1，表明 CPU 当前处在哪个机器周期。不同的机器周期的长短可以不同。此外，不同指令的同一机器周期所占时间也可以不同，如正常的存储器读周期与插入等待状态的存储读周期的长度是不同的。

② 节拍（时钟周期）

一个机器周期的操作一般需分几步完成。为此，一个机器周期被分为若干相等的时间段，每个时间段内完成一步基本操作。这个时间段用一个电平信号宽度对应，称为节拍或时钟周期。显然，一个机器周期由若干节拍组成。不同的机器周期，或不同指令中的同一机器周期，包含的节拍数目可能不同。

节拍的宽度一般取决于 CPU 内部的操作需要。

三级时序系统中设置有节拍发生器，以产生节拍信号。

③ 时钟脉冲信号

节拍的宽度确定后，时钟脉冲信号的频率就随之确定了。三级时序系统是将由时钟发生器产生时钟脉冲信号作为时序系统的基本定时信号。此外，在节拍信号的配合下，可用时钟脉冲前沿将运算结果打入寄存器，其后沿实现周期切换等功能。

（2）多级时序信号之间的关系

设一个指令周期含三个机器周期，每个机器周期划分为 4 个节拍，则时序信号之间的关系如图 3-5 所示。注意，实际上一个节拍宽度相当于一个时钟周期，可以明确看出这一点。

由于指令周期不作为时序的一级，图 3-5 反映了机器周期、节拍、时钟脉冲三级时序信号间的关系。由时钟脉冲后沿实现周期切换，形成节拍划分。当 M1、T4 为高电平时，表示 CPU 处在 M1 机器周期中第 4 个节拍；当节拍循环回到 T1 状态时，表示进入下一个机器周期。

（3）时序系统的组成

一种时序系统的组成如图 3-6 所示。主振就是一个晶体振荡器，器件一上电就产生频率稳定的主振信号，由时钟发生器经过整形分频后得到时钟脉冲信号。启停控制线路控制时钟脉冲的发与不发。节拍发生器按先后顺序，循环地发出若干节拍信号，通常用计数译码电路构成。

3.1.4 指令流水线

指令之间的衔接方式分为串行的顺序执行方式与并行的重叠执行方式。指令流水线采用的就是并行的重叠执行方式，它的工作原理类似工厂中的装配流水线。因为一条指令的执行过程也是分成几个步骤实现的。作为一个简化的方法，考虑将一条指令执行分成两个阶段：取指令

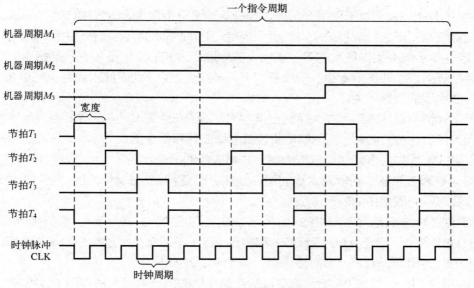

图 3-5　三级时序信号之间的关系

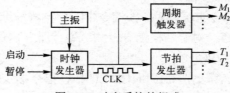

图 3-6　时序系统的组成

和执行指令。在一条指令执行期间，有主存空闲的时间，这个时间可以用于取下一条指令，从而使取下一条指令与当前指令的执行并行工作。

图 3-7 为两段流水线执行指令的时序，一种两段指令流水线硬件示意如图 3-8 所示。其流水线的简单工作过程可以描述为：由取指令部件根据程序计数器提供的指令地址取 i 条指令送入指令寄存器，以供下一个流水段使用。当 i 指令进入下一个流水段时，由指令执行部件执行 i 指令，其执行结果将送入流水线锁存器；同时，取指令部件取 $i+1$ 指令，送入指令寄存器。在实际微处理器中，流水线锁存器可能是暂存器、通用寄存器或数据 Cache（高速缓存）单元。

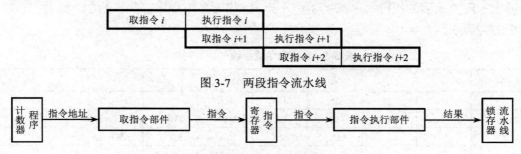

图 3-7　两段指令流水线

图 3-8　两段指令流水线硬件示意

显然，采用流水线处理将加快指令的执行。若取指令和执行指令这两个阶段用相等的时间，似乎指令周期时间将是串行执行方式的一半。然而，若深入分析这个流水线（见图 3-8），则会明白，实现串行执行速度的双倍是不太可能的，主要原因如下。

①　执行时间一般要长于取指令时间。执行将涉及分析指令、读取操作数、完成运算操作和保存运算结果。于是，取指阶段可能必须等待一定的时间才能更新它的指令寄存器。

②　条件转移指令使得待取的下一条指令的地址是未知的。于是，下一条指令的取指阶段必须等待上一条条件转移指令执行阶段获得下一条指令地址，此时流水线会出现停顿。这种情况也称为流水线的控制相关。

由第②种情况造成的时间损失可通过推测来减少。一种简单的规则是：当一条件转移指令通过取指阶段到执行阶段时，新的取指阶段就去取此转移指令之后的指令。于是，若转移未发生，则没有时间损失，否则作废已取的指令并再取新的指令。

虽然这些因素降低了两段流水线的潜在效能，但是带来了某种加速。为获得进一步的加速，流水线可以分成更多的阶段（级）。

下面给出的方案是实现 MIPS 指令系统定点子集的 5 级（段）经典流水线，包括 LOAD/STORE 指令、定点 ALU 运算指令和转移指令，把指令执行过程分为 5 个阶段，假定各阶段使用的时间相同，均为一个时钟周期。这 5 个阶段如下。

①　取指令（IF）。根据 PC 指示的地址从存储器读取指令送指令寄存器 IR 中，同时 PC 加一个增量，以获取下一条指令地址。

②　指令译码（ID）。对指令进行译码，按指令中的寄存器地址访问寄存器堆（一组通用寄存器构成）以读出寄存器内容。对于转移指令，测试寄存器内容确定是否转移，若发生转移，则把转移处理的目标地址送入 PC。

③　执行（EXE）。若是运算类指令，则由 ALU 执行指令指定的运算；若是访问存储器指令 LOAD/STORE，则由 ALU 计算访问存储器的有效地址。

④　访问存储器（MEM）。若是 LOAD 指令，则根据前一个执行阶段得到的有效地址从存储器取操作数；若是 STORE 指令，则根据有效地址，将源寄存器中的操作数写入存储器。

⑤　写回（WB）。若是 ALU 指令和 LOAD 指令，则将结果写入寄存器堆，结果来自 ALU（对于 ALU 指令）或者存储器（对于 LOAD 指令）。

在这种实现方案中，转移指令需要 2 个时钟周期，STORE 指令需要 4 个时钟周期，LOAD 和 ALU 运算指令则需要 5 个时钟周期。通常，转移和 STORE 指令在程序中的比例较少，为 20%左右，80%左右的指令需要 5 个时钟周期。

以上 5 段流水线的执行时序如表 3-1 所示，能将 5 条指令串行执行的 25 个时钟周期减少到 9 个时钟周期。

表 3-1　5 段指令流水线的执行时序

时　钟	T_1	T_2	T_3	T_4	T_5	T_6	T_7	T_8	T_9
指令 i	IF	ID	EX	MEM	WB				
指令 i+1		IF	ID	EX	MEM	WB			
指令 i+2			IF	ID	EX	MEM	WB		
指令 i+3				IF	ID	EX	MEM	WB	
指令 i+4					IF	ID	EX	MEM	WB

需要指出的是：表 3-1 认为每条指令都通过流水线的 5 个阶段，但并不总是这样。例如，一条 STORE 指令就不需要 WB 阶段。表 3-1 假定 5 个阶段可以并行执行，即假定没有访问存

储器冲突，如 IF 和 MEM 都涉及存储器访问，则暗示它们是能同时出现的。如果微处理器中只有一个存储器，是不允许 IF 与 MEM 段同时访问的，这就需要通过延时来消除冲突。然而，目前微处理器上的一级 Cache（高速缓存）都有两个分开的 Cache，即指令 Cache 和数据 Cache，因此消除了 IF 与 MEM 段同时访存的冲突问题。

影响流水线性能主要有以下因素。

① 若各阶段不全是相等的时间，正如前面讨论的两段式流水线那样，会在各流水阶段涉及某种等待。为了解决这个问题，现在实际微处理器中，流水线的段分得更细，每个段的时间都是相同的，通常为一个时钟周期。

② 流水线中的相关问题。例如，在表 3-1 中，若第 $i+1$ 条指令需要的操作数正好是第 i 条指令的结果，那么 $i+1$ 条指令取操作数就必须等待 i 条指令把结果写入目的地址，即需要等待 2 个时钟周期才能取操作数，否则取得的数据是错误的。这种情况称为数据相关。该数据可能存放在存储器中或通用寄存器中，分别称为存储器数据相关或寄存器数据相关。为了改善数据相关的情况，处理器中一般设置相关专用通路，即当发生数据相关时，第 $i+1$ 条指令的操作数直接从数据处理部件得到，而不是等待写入后再读取。但是，解决数据相关问题会增加流水线控制的复杂性。

有的微处理器采用数据流分析技术，分析哪一条指令依赖于其他结果或数据，根据分析结果重新对目标程序代码排序，以减少和避免数据相关产生的停顿。例如，Pentium Ⅱ 采用了该技术，根据分析结果重排指令，使指令以优化的顺序执行，与原始程序的顺序无关。

③ 当遇到条件转移指令时，确定转移与否的条件码往往由条件转移指令本身或由它前一条指令形成，只有当它流出流水线时，才能建立转移条件并决定下一条指令地址。因此，当条件转移指令进入流水线后直到确定下一指令地址前，流水线不能继续处理后面的指令而处于等待状态（这种情况称为控制相关），因而影响流水线效率。某些计算机采用了"猜测法（转移预测）"技术，先选定转移分支中的一个，再按选定分支继续取指令执行，待条件码生成后，如果猜测是正确的，那么流水线可继续执行下去，时间得到充分利用，否则返回分支点，并保证在分支点后已进行的工作不能破坏原有现场，否则会产生错误。编译程序可根据硬件上采取的措施，使猜测正确的概率尽量高些。这种预测策略的更复杂的例子是，不只预测下面一条分支，还要提前预测多条分支，如 Pentium Ⅱ 可以进行多重跳转分支预测。因此，转移预测增加了 CPU 执行的工作量和复杂度。

为了加快指令的执行速度，有的 CPU 采用推测执行技术，即使用转移预测和数据流分析，让指令在程序实际执行前就"推测执行"，并把结果暂存。通过执行有可能需要的指令，使处理器的执行机制尽可能地保持繁忙。Pentium Ⅱ 就实现了该技术。

④ 当 I/O 设备有中断请求或机器有故障时，要求中止当前程序的执行而转入中断处理。在流水线处理器中，流水线中存在有多条指令，因此存在如何"断流"的问题。当 I/O 设备提出中断时，可以考虑把流水线中的指令全部完成，而新指令按中断程序要求取出；但当出现诸如地址错、存储器错、运算错而中断时，若这些错误是在第 i 条指令发生的，则其后的虽已进入流水线的第 $i+1$ 条指令、第 $i+2$ 条指令等也是不应该再执行的。流水线机器处理中断的方法有两种：不精确断点法和精确断点法。有些计算机为简化中断处理，采用了"不精确断点法"，对那时还未进入流水线的后续指令不允许再进入，但已在流水线中的所有指令则仍执行，执行完毕转入中断处理程序。由于集成电路的发展，允许增加硬件的复杂性，因此当前不少流水线

处理器采用"精确断点法"，即不待已进入流水线的指令执行完毕，就尽早转入中断处理。

3.2 ALU 和运算方法

ALU（算术逻辑部件）主要完成对二进制代码的定点算术运算和逻辑运算。算术运算主要包括定点加、减运算。逻辑运算主要有逻辑与、逻辑或、逻辑异或和逻辑非操作。在某些计算机中，ALU 还要完成数值比较、变更数值符号、计算操作数的地址等操作。可见，ALU 是一种功能较强的组合逻辑电路，有时被称为多功能函数发生器。

由于加法操作是各种算术运算的基础，因此 ALU 的核心是加法器。

3.2.1 ALU 介绍

算术逻辑部件 ALU 的硬件实现涉及三个问题：
- ❖ 如何构成一位二进制加法单元，即全加器。
- ❖ n 位全加器连同进位信号传送逻辑，构成一个 n 位并行加法器。
- ❖ 以加法器为核心，通过输入选择逻辑扩展为具有多种算术和逻辑运算功能的 ALU。

1．全加器

目前，一位加法单元通常采用全加器。全加器有三个输入量：A 操作数的第 i 位 A_i，B 操作数的第 i 位 B_i，以及低位送进来的进位 C_i。全加器产生两个输出量：全加和 Σ_i，向高位的进位 C_{i+1}。这种考虑了全部三个输入的加法单元称为全加器。如果只考虑两个输入的加法单元，就称为半加器。

目前，广泛采用半加器构成全加器，如图 3-9 所示。半加求和可用异或门实现：半加和 $= A_i \oplus B_i$，故常将异或门称为半加器。显然，全加求和逻辑可以分解为两次半加，相应的全加器也可以用两个半加器构成，其逻辑式如下：

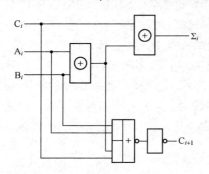

图 3-9 用半加器构成的全加器

$$\Sigma_i = A_i \oplus B_i \oplus C_i \tag{3-1}$$
$$C_{i+1} = A_i B_i + (A_i \oplus B_i)C_i \tag{3-2}$$

通常，逻辑门电路都存在延迟时间，全加器电路就是一个延迟部件，正是这个延迟特性将影响全加器的速度。

2．并行加法器与进位链结构

用 n 位全加器实现两个 n 位操作数各位同时相加，这种加法器称为并行加法器，其中的全加器的位数与操作数的位数相同。

并行加法器中的操作数各位是同时提供的，但由于进位是逐位形成的，从而使各位的和不能同时得到。例如，求和的最长时间是计算 11…11 与 00…01 相加，此时最低位产生的进位逐级影响到最高位。因此，并行加法器的最长时间由进位信号的传递时间决定，每位全加器本身的求和延迟只是次要因素。显然，提高并行加法器速度的关键是尽量加快进位的产生和传递。

并行加法器中传递进位信号的逻辑线路称为进位链。围绕进位信号的快速处理，提出了多种可行的进位链。这些进位链从根本上可以归结为串行进位与并行进位，或者将整个加法器分组、分级，对组内、组间、级间分别采用串行的或并行的进位结构。

（1）基本进位公式

设相加的两个 n 位操作数为 $A = A_{n-1}A_{n-2}\cdots A_i\cdots A_0$，$B = B_{n-1}B_{n-2}\cdots B_i\cdots B_0$，则进位信号的逻辑式为

$$C_{i+1} = A_iB_i + (A_i \oplus B_i)C_i$$

可以看出，C_{i+1} 由两部分组成：A_iB_i 和 $(A_i \oplus B_i)C_i$。

为了讨论方便，定义两个辅助函数：

$$G_i = A_iB_i \tag{3-3}$$
$$P_i = A_i \oplus B_i \tag{3-4}$$

其中，G_i 称为进位产生函数，其逻辑含义是当该位两个输入 A_i、B_i 均为 1 时必产生进位，此分量与低位进位无关；P_i 称为进位传递函数，逻辑含义是当 $P_i = 1$ 时，若低位有进位，本位必产生进位，也就是说，低位传来的进位 C_i 能越过本位而向更高位传递。因此

$$C_{i+1} = G_i + P_iC_i \tag{3-5}$$

（2）并行加法器的串行进位

采用串行进位的并行加法器是将 n 个全加器的进位串接起来，从而进行两个 n 位数相加。其中的进位是逐级形成的，每级进位直接依赖于前一级进位，这就是串行进位方式，也称为行波进位。将 $i = 0,1,2,\cdots,n-1$ 分别代入式 (3-5)，即可得串行进位的逻辑表达式：

$$\left.\begin{array}{l} C_1 = G_0 + P_0C_0 = A_0B_0 + (A_0 \oplus B_0)C_0 \\ C_2 = G_1 + P_1C_1 = A_1B_1 + (A_1 \oplus B_1)C_1 \\ \qquad\qquad \cdots \\ C_n = G_{n-1} + P_{n-1}C_{n-1} = A_{n-1}B_{n-1} + (A_{n-1} \oplus B_{n-1})C_{n-1} \end{array}\right\} \tag{3-6}$$

由于串行进位的延迟时间较长，因此 ALU 中很少采用纯串行进位的方式。但这种方式可节省器件，成本低，在分组进位方式中局部采用有也是可取的。

3．并行进位（先行进位、同时进位）

为了提高并行加法器的运算速度，就必须解决进位传递的问题。方法是让各级进位信号同时形成，而不是串行形成。

下面以 4 位加法器为例，将各进位信号表示为

$$\left.\begin{array}{l} C_1 = G_0 + P_0C_0 \\ C_2 = G_1 + P_1C_1 = G_1 + P_1G_0 + P_1P_0C_0 \\ C_3 = G_2 + P_2C_2 = G_2 + P_2G_1 + P_2P_1G_0 + P_2P_1P_0C_0 \\ C_4 = G_3 + P_3C_3 = G_3 + P_3G_2 + P_3P_2G_1 + P_3P_2P_1G_0 + P_3P_2P_1P_0C_0 \end{array}\right\} \tag{3-7}$$

这个 4 位加法器的各进位输出信号仅由进位产生函数 G_i 与进位传递函数 P_i 及最低进位 C_0 决定，而 G_i 和 P_i 只与本位的 A_i 和 B_i 有关，即 G_i 与 P_i 的形成是同时的，因此各位的进位输出 C_i 也是同时形成的，这种同时形成各位进位的方法称为并行进位或先行进位，又称为同时进位。

根据逻辑表达式 (3-7)，可得到具有并行进位的 4 位加法器的逻辑，如图 3-10 所示。各进位信号都有独自的进位形成逻辑，因此每位进位信号的产生时间都相同，与低位进位无关，可有效地减少进位延迟时间。

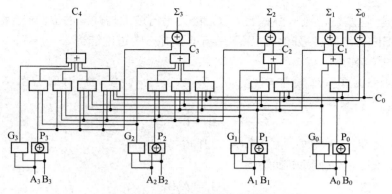

图 3-10　4 位并行进位加法器

　　虽然并行进位加法器的运算速度快，但是以增加硬件逻辑线路为代价的。当加法器位数增加时，进位信号 C_{i+1} 的逻辑式会变得越来越复杂，其进位形成逻辑的输入变量也增多，以至可能超出实用器件规定的输入数。因此，长字长的加法器要实现全字长的并行进位是不可行的。实际采用的做法是，将加法器分成若干组，在组内采用并行进位，组间采用串行进位或并行进位，由此可形成多种进位结构。两种常用的分组进位结构是：① 组内并行、组间串行的进位链；② 组内并行、组间并行的进位链。

4．ALU 应用举例

　　ALU 能完成多种算术和逻辑运算。为了简化硬件结构，通常 ALU 是在加法器的基础上扩展其他运算功能，有的增加了判断结果为 0、溢出判断等功能。

　　下面以一个 4 位 ALU 芯片 SN74181 为例说明 ALU 的结构。

（1）SN74181 外特性

　　SN74181 芯片如图 3-11 所示，$\overline{A}_0 \sim \overline{A}_3$ 和 $\overline{B}_0 \sim \overline{B}_3$ 为 ALU 的两个数据输入端，$\overline{F}_0 \sim \overline{F}_3$ 为结果输出端。M、$S_0 \sim S_3$ 为功能选择控制输入端，不同的组合将选择 ALU 完成不同的运算操作。C_n 为 ALU 最低位进位输入，C_{n+4} 为 ALU 产生的最高进位输出。$\overline{G}$ 和 $\overline{P}$ 为输出小组进位辅助函数，可提供给组间进位链使用。A=B 输出可作为符合比较操作的结果。

（2）SN74181 内部结构

　　SN74181 的一位 ALU 如图 3-12 所示。

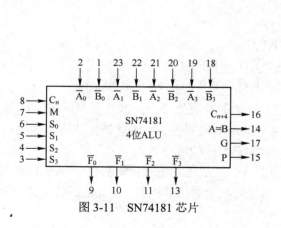

图 3-11　SN74181 芯片

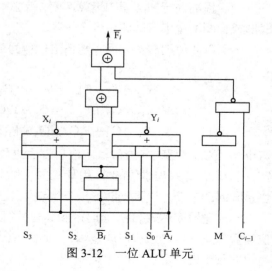

图 3-12　一位 ALU 单元

核心是两个半加器构成的全加器，其数据输入端为 $\overline{A}_i$ 和 $\overline{B}_i$。选择控制端 $\overline{S}_0 \sim \overline{S}_3$ 用来控制选择工作方式，即选择是进行哪一种算术或逻辑运算。第二级半加器的输入选择控制端 M 用以选择是进行算术运算还是逻辑运算。

一位 ALU 可以分为三部分。

① 由两个半加器构成的全加器。

② 对算术运算或逻辑运算的选择控制门（M=0，开门接收低位来的进位信号 C_{i-1}，执行算术运算；M=1，关门不接收 C_{i-1}，执行逻辑运算，与进位无关，是按位进行逻辑运算）。

③ 由与或非门构成的输入选择逻辑（本位输入 $\overline{A}_i$ 和 $\overline{B}_i$；控制信号 $S_0 \sim S_3$，可选择 16 种功能）。

下面讲述它是如何实现多种算术、逻辑运算功能的。ALU 的输入选择逻辑设计得相当巧妙，着眼于构造并行进位链的需要，让 X_i 输出中包含进位传递函数 $P_i = A_i + B_i$，而 Y_i 输出中包含进位产生函数 $G_i = A_i B_i$。S_3 和 S_2 控制选择左边一个与或非门的输出 X_i；S_1 和 S_0 控制选择右边一个与或非门的输出 Y_i，如表 3-2 所示。选择不同的控制信号 $S_0 \sim S_3$，可获得不同的输出，从而实现不同的运算功能。

表 3-2 ALU 的输入选择逻辑

$S_3\ S_2$	X_i	$S_1\ S_0$	Y_i
0 0	1	0 0	A_i
0 1	$A_i + \overline{B}_i$	0 1	$A_i B_i$
1 0	$A_i + B_i$	1 0	$A_i \overline{B}_i$
1 1	A_i	1 1	0

（3）SN74181 功能表

SN74181 的功能表如表 3-3 所示，列出了可以完成的 16 种算术或逻辑运算操作。

表 3-3 SN74181 功能表

工作方式选择 $S_3\ S_2\ S_1\ S_0$	逻辑运算 M=1	算术运算 M=0	工作方式选择 $S_3\ S_2\ S_1\ S_0$	逻辑运算 M=1	算术运算 M=0
0 0 0 0	$\overline{A}$	A 减 1	1 0 0 0	$\overline{AB}$	A加(A+B)
0 0 0 1	$\overline{AB}$	AB 减 1	1 0 0 1	$A \oplus B$	A 加 B
0 0 1 0	$\overline{A}+B$	$A\overline{B}$ 减 1	1 0 1 0	B	$A\overline{B}$加(A+B)
0 0 1 1	逻辑 1	全 1	1 0 1 1	A+B	A+B
0 1 0 0	$\overline{A+B}$	A加(A+$\overline{B}$)	1 1 0 0	逻辑 0	全 0
0 1 0 1	$\overline{B}$	AB加(A+$\overline{B}$)	1 1 0 1	$A\overline{B}$	AB 加 A
0 1 1 0	$\overline{A \oplus B}$	A加$\overline{B}$	1 1 1 0	AB	$A\overline{B}$加A
0 1 1 1	$A+\overline{B}$	A+$\overline{B}$	1 1 1 1	A	A

一旦确定 ALU 所需执行的运算功能，就可根据表 3-3 选择控制信号的相应组合。从运算器与控制器的界面看，由 SN74181 构成的 ALU 属于运算器范畴，而 M、$S_0 \sim S_3$ 等由控制器产生。注意，表 3-3 中的运算符 "+" 是逻辑加（或），为了区别，算术加用 "加" 表示。

从设计方法看，我们可以选择两种思路。一种是先确定所需实现的运算功能，再通过常规的逻辑设计方法，即真值表、卡诺图化简等，得到逻辑表达式，再画出逻辑电路图。由于输入变量多，除 $\overline{A}_i$、$\overline{B}_i$ 和 C_n 之外还有 M、$S_0 \sim S_3$，化简很困难。因此，SN74181 的设计选择了另一种思路，先选取恰当的输入选择组合，即 X_i 和 Y_i 对 $S_0 \sim S_3$ 的逻辑关系，再导出可能实现的 16 种算术运算和 16 种逻辑运算功能。其中包含了基本运算功能，如 A 加 B、A 减 B（利用 A 加 $\overline{B}$，$C_n = 1$）、A 加 1（M=0，$S_3 S_2 S_1 S_0 = 1111$，$C_n = 1$）、A 减 1、逻辑与 AB、逻辑或 A+B、求反 $\overline{A}$ 或 $\overline{B}$、异或 $A \oplus B$、传送 A（即输出 A，M=1，$S_3 S_2 S_1 S_0 = 1111$）、传送 B（M=1，$S_3 S_2 S_1 S_0 = 1010$）、输出 0、输出 1 等。当然，表 3-3 中有些功能没多大实用价值。

（4）用 SN74181 构成多位 ALU

SN74181 是 4 位片结构，因此容易将其连接成各种位数的 ALU。每片 SN74181 可作为一个 4 位的小组，组间可以采用串行进位，也可采用并行进位。采用组间并行进位时，要使用一片 SN74182 并行进位组件。16 位组间并行进位的 ALU 如图 3-13 所示。

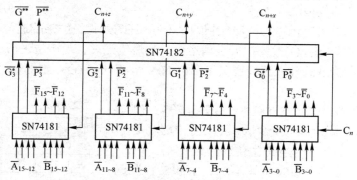

图 3-13　16 位组间并行进位 ALU

SN74181 输出的小组进位产生函数 $\overline{G}_i^*$ 与小组进位传递函数 $\overline{P}_i^*$ 作为并行进位链 SN74182 的输入，而 SN74182 产生 3 个组间进位信号 C_{n+x}、C_{n+y} 和 C_{n+z}，并产生向高一级进位链提供的辅助函数 $\overline{G}^{**}$ 和 $\overline{P}^{**}$，可用于位数更长时构成多级进位结构。

3.2.2　定点数运算方法

数值运算的核心是指加、减、乘、除四则运算。由于计算机中的数有定点和浮点两种表示形式，因此相应有定点数的运算和浮点数的运算。

1．定点数加减运算

在大多数计算机中，通常只设置加法器，减法运算是通过转换为加法来实现的。

（1）原码加减运算

对原码表示的两个操作数进行加减运算时，计算机的实际操作是加还是减，不仅取决于指令中的操作码，还取决于两个操作数的符号，而且运算结果的符号判断较复杂。

例如，加法指令指示作 $(+A)+(-B)$，由于一个操作数为负，实际操作是作减法 $(+A)-(+B)$，结果符号与绝对值大的符号相同。同理，在减法指令中指示作 $(+A)-(-B)$，实际操作是作加法 $(+A)+(+B)$，结果与被减数符号相同。由于原码加、减法比较烦琐，相应地需要比较复杂的硬件逻辑才能实现，因此在计算机中很少被采用。

注意：这里说的所有数值默认为二进制数，下面的内容中若没有特别说明，相同处理。

（2）补码加减运算

在计算机中，参加补码运算的操作数及运算结果皆用补码表示。

① 补码加法运算。两个相加的数无论正负，只要表示成对应的补码形式，就可直接按二进制规则相加，且符号位作为数的一部分直接参与运算，所得结果就是和的补码形式，并可用如下关系式描述：

$$[X]_{\text{补}} + [Y]_{\text{补}} = [X+Y]_{\text{补}} \tag{3-8}$$

② 补码减法运算。根据式(3-8)可得

$$[X-Y]_\text{补} = [X+(-Y)]_\text{补} = [X]_\text{补} + [-Y]_\text{补} \tag{3-9}$$

由于存储单元或寄存器提供的减数是$[Y]_\text{补}$，要化减为加，就需要将$[Y]_\text{补}$变为$[-Y]_\text{补}$，$[-Y]_\text{补}$称为$[Y]_\text{补}$的机器负数。

下面以定点小数为例，说明由$[Y]_\text{补}$求$[-Y]_\text{补}$的方法（也可以推广到定点整数）。

设$[Y]_\text{补} = Y_0.Y_1\cdots Y_n$，则$[-Y]_\text{补} = \overline{Y_0}.\overline{Y_1}\cdots\overline{Y_n} + 2^{-n}$。

可见，不管Y的真值为正还是为负，已知$[Y]_\text{补}$求其机器负数$[-Y]_\text{补}$的方法是：将$[Y]_\text{补}$连同符号位一起变反，末尾加1（在定点小数中，这个"1"就是2^{-n}）。

【例3-1】 $[Y]_\text{补} = 0.1011001\text{B}$，则$[-Y]_\text{补} = 1.0100110\text{B} + 0.0000001\text{B} = 1.0100111\text{B}$。

【例3-2】 $[Y]_\text{补} = 1.1011001\text{B}$，则$[-Y]_\text{补} = 0.0100110\text{B} + 0.0000001\text{B} = 0.0100111\text{B}$。

③ 补码运算规则。根据以上讨论，可将补码加减规则归纳如下：参加运算的操作数用补码表示；符号位参加运算；若指令操作码为加，则两数直接相加；若操作码为减，则将减数连同符号位一起变反加1后再与被减数相加；运算结果用补码表示。

【例3-3】 $[X]_\text{补} = 00110110\text{B}$，$[Y]_\text{补} = 11001101\text{B}$，求$[X+Y]_\text{补}$和$[X-Y]_\text{补}$。

解： $[-Y]_\text{补} = 00110010\text{B} + 1\text{B} = 00110011\text{B}$，那么

$$
\begin{array}{rl}
 & [X]_\text{补} \quad 00110110 \\
+ & [Y]_\text{补} \quad 11001101 \\
\hline
 & [X+Y]_\text{补} \quad \boxed{1}00000011 \quad \text{自然丢失}
\end{array}
\qquad
\begin{array}{rl}
 & [X]_\text{补} \quad 00110110 \\
+ & [-Y]_\text{补} \quad 00110011 \\
\hline
 & [X-Y]_\text{补} \quad 01101001
\end{array}
$$

所以，$[X+Y]_\text{补} = 00000011\text{B}$，$[X-Y]_\text{补} = 01101001\text{B}$。

显然，补码加减运算较原码加减运算简便得多。

注意： 在补码加减运算中，符号位参加运算，且加法指令直接执行加操作，减法指令执行减操作（变减为加），不需判断数符。

（3）溢出判别

在确定了运算字长和数据的表示方法后，能表示的数据范围也就相应确定了。一旦运算结果超出能表示的数据范围，就会产生溢出。

【例3-4】 某机器字长为8位，采用补码表示，则定点整数的表示范围为-128~+127。如果$[X]_\text{补} = 01000011\text{B}$，$[Y]_\text{补} = 01000100\text{B}$，那么$[X+Y]_\text{补} = 10000111\text{B}$，结果为-121。其实正确结果应该是+135，由于超出了数的表示范围，即产生了溢出，使运算结果不正确。

由于发生溢出会导致运算结果错误，因此计算机必须判断是否产生溢出，若有溢出，则通常转入对应的中断处理程序进行处理。

两个异号数相加不会产生溢出，只有两个同号数相加（两个异号数相减也归入这种情况）才可能发生溢出。运算结果为正且大于所能表示的最大正数，称为正溢；运算结果为负且小于所能表示的最小负数（绝对值最大负数），称为负溢。

下面举几个加法运算的例子，以推导溢出发生的条件。以定点整数为例，设字长为8位，补码表示（最高位为符号位），则表示范围为-128~+127，运算结果超出此范围即发生溢出。

溢出判断可采取下述方法之一。

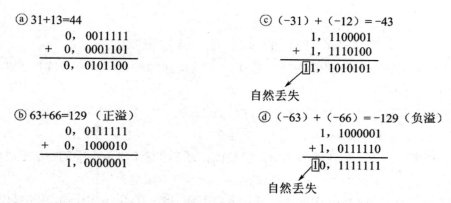

ⓐ 31+13=44

```
     0, 0011111
+    0, 0001101
─────────────────
     0, 0101100
```

ⓒ （-31）+（-12）=-43

```
        1, 1100001
+       1, 1110100
──────────────────
    ⟦1⟧1, 1010101
```
↙ 自然丢失

ⓑ 63+66=129（正溢）

```
     0, 0111111
+    0, 1000010
─────────────────
     1, 0000001
```

ⓓ （-63）+（-66）=-129（负溢）

```
        1, 1000001
+       1, 0111110
──────────────────
    ⟦1⟧0, 1111111
```
↙ 自然丢失

① 采用一个符号位判断。从上例的ⓑ、ⓓ可以看出，两个正数相加结果却为负，表明发生了溢出；两个负数相加结果却为正，表明发生了溢出。由此可得出用一个符号位判断溢出的方法：当两个同号数相加，若所得结果符号与两数符号不同，则表示溢出。设用 A_n、B_n、S_n 分别表示两个操作数的符号和结果的符号，则

$$溢出 = \overline{A}_n\overline{B}_nS_n + A_nB_n\overline{S}_n \tag{3-10}$$

② 采用最高有效位的进位判断。从上例的ⓑ、ⓓ还可以推导出另一种判断溢出的方法：两正数相加，最高有效位有进位，符号位无进位，表明运算结果发生溢出；两负数相加，最高有效位无进位，符号位有进位，表明结果发生溢出。

若用 C_n 表示符号位本身的进位，用 C_{n-1} 表示最高有效位向符号位的进位，根据以上结论，则有如下判断逻辑：

$$溢出 = \overline{C}_nC_{n-1} + C_n\overline{C}_{n-1} = C_n \oplus C_{n-1} \tag{3-11}$$

③ 采用变形补码判断。一个符号位只能表示正、负两种情况，当产生溢出时，会使符号位的含义产生混乱，为此可将符号位扩充为两位，称为变形补码。由于采用变形补码表示运算结果，就可根据两个符号位是否一致来判断是否发生溢出。例如：

```
     00, 011111              11, 100001
+    00, 100010            + 11, 011110
─────────────────       ─────────────────
     01, 000001          ⟦1⟧00, 111111      自然丢失
```

下面定义双符号位的含义：00，结果为正，无溢出；01，结果正溢出；10，结果负溢出；11，结果为负，无溢出。

显然，当结果的两个符号位不同时，表示发生溢出。若用 S_{n+1}、S_n 分别表示结果第一符号位和第二符号位，则可得判断溢出的又一逻辑式：

$$溢出 = S_{n+1} \oplus S_n \tag{3-12}$$

通过分析发现，不论运算结果是否溢出，第一符号位总能指示结果的正确符号。

需要指出，若采用双符号位方案，操作数及结果在寄存器中仍用一个符号位，只是在运算时扩充为双符号位。

前面提到，CPU 内设一个状态寄存器，其中的溢出位 V 正是用来记录溢出是否发生的，即用 V 这一位接收溢出判别电路（用上述一种溢出判断方法实现的电路）的判别结果。

2．移位

移位操作是实现算术和逻辑运算不可缺少的基本操作，因此计算机的指令系统都设置有各种移位操作指令。

移位操作按移位性质可分为三种：逻辑移位、循环移位和算术移位。按被移位数据长度，可分为字节移位、半字长移位和多倍字长移位。按每次移位的位数，移位操作可以分为移 1 位、移 n 位（$n\leqslant$被移位数据长度）。计算机中的移位指令应指明移位性质、被移数据长度和一次移位的位数。具体移位操作可参见 2.3.3 节移位操作指令的内容。下面举例说明典型的移位操作。

【例 3-5】 将 R_1 寄存器的内容逻辑右移 1 位，如图 3-14(a)所示。

【例 3-6】 将 R_1 寄存器的内容循环右移 1 位，如图 3-14(b)所示。

【例 3-7】 将 R_1 寄存器的内容（原码）算术左移 1 位，如图 3-14(c)所示。

【例 3-8】 将 R_1 寄存器的内容（补码）算术右移 1 位，如图 3-14(d)所示。

【例 3-9】 将 R_1 寄存器的内容（补码）算术左移 1 位，如图 3-14(e)所示。

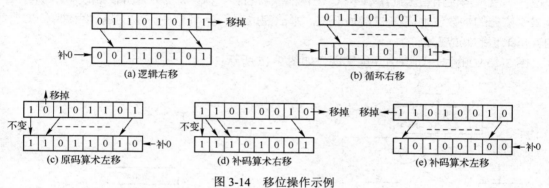

图 3-14　移位操作示例

3．定点数乘除运算

在计算机中实现定点数乘、除运算通常有 3 种方式。

① 软件实现。在低档微机中无乘除指令，只能用乘法或除法子程序实现乘除运算。

② 在原有实现加减运算的 ALU 的基础上增加一些逻辑线路，以实现乘除运算，并在机器中设有乘除指令，如 8086/8088 CPU。

③ 设置专用的乘除法器，主要用于要求快速乘除运算的计算机，且其中设有相应的乘除运算指令。

本书只讨论第②种方式。

乘、除运算通常分为无符号数乘、除和带符号数乘、除。在计算机中，带符号数采用补码表示，故其乘、除运算也采用补码运算。限于篇幅不讲带符号数乘除，本书仅通过无符号数乘、除阐明从手算到机器实现需要解决的一些关键问题。

（1）无符号整数一位乘法

一些文献介绍的原码乘法的原理与无符号数乘法基本相同，只是需要增加对符号位的处理。无符号整数一位乘法是从手算法演变而来的，下面举例分析。

手算 1101B×1011B 的过程如下。对应每位乘数求得一项部分积并将其逐位左移，然后将所有部分积一次相加，求得最后乘积。

```
            1 1 0 1        被乘数
          ×  1 0 1 1       乘数
            1 1 0 1
          1 1 0 1
        0 0 0 0
      1 1 0 1
    ─────────────────
      1 0 0 0 1 1 1 1      乘积
```

在计算机中，由于常规加法器只能完成对两个数的求和操作，因此乘法运算过程要执行多次加法。手算法的各部分积逐渐左移，为了节省器件，计算机可用原部分积右移代替新部分积左移。因此，计算机中的乘法运算采用的方法是：将 n 位乘转换为 n 次"累加与移位"，即每步只求一位乘数对应的新部分积，并与原部分积做一次累加，然后右移一位。

无符号整数一位乘的算法流程如图 3-15 所示，使用了三个寄存器 A、B 和 C。B 用来存放被乘数；C 存放乘数；A 初值为 0，然后存放部分积，最后存放乘积高位。由于乘数每乘一位，该位代码就不再使用，因此用 A 和 C 寄存器联合右移，以存放逐次增加的部分积，并且使每次操作依据的乘数位始终在 C 的最低位。乘法完成时，A 和 C 中存放的是最后乘积，C 中的内容是乘积的低位部分。

图 3-15 中的算法可以由硬件实现，如图 3-16 所示。

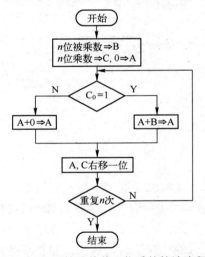

图 3-15　无符号整数一位乘的算法流程

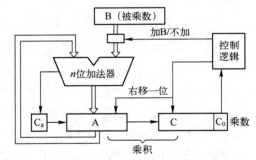

图 3-16　无符号整数一位乘法硬件原理

在图 3-16 中，进位触发器 C_a 保存每次累加暂时产生的进位，它的初值为 0。在被乘数送入 B、乘数送入 C 和 A 且 C_a 被置 0 后，控制逻辑控制乘法进入第 1 个节拍，这时由乘数位 C_0 产生"加 B/不加"（不加相当于加 0）信号，以控制被乘数 B 是否与上次部分积相加产生本次部分积，接着 C_a、A、C 一起右移一位。重复 n 个节拍的操作后得到的乘积存放在 A 和 C 中。下面举例说明上述硬件逻辑实现的乘法运算过程。

【例 3-10】 计算二进制数 1101B×1011B。

其运算过程如图 3-17 所示。

（2）无符号整数一位除法

一些文献介绍的原码除法的原理与无符号数除法基本相同，只是需要增加对符号位的处理。计算机中的除法算法最初都是从手算法推导出来的，下面举一个手算法的例子。

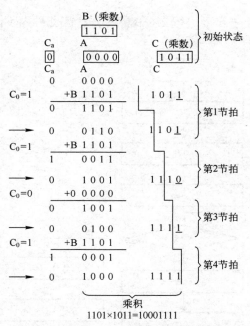

图 3-17   无符号整数一位乘法的运算过程

$$1001010 \div 1000 = 1001 + \frac{10}{1000}$$

```
                    1001  商
除数  1000 ) 1001010  被除数
             1000
             ────────
               10
               101
               1010
               1000
             ────────
               10   余数
```

显然，无符号数除法运算中的被除数、除数、商及最后的余数都是正数。

因此，手算法是将部分被除数或余数减去除数，根据是否够减决定商 1 还是商 0。

在计算机中实现除法运算，就要解决如何判断够减与否的问题，可以用以下两种办法。

① 用逻辑线路进行比较判别。将被除数或余数减去除数，若够减，就执行一次减法并商 1，然后余数左移 1 位；否则商 0，同时余数左移 1 位。这种方法的缺点是增加了硬件代价。

② 直接做减法试探，不论是否够减，都将被除数或余数减去除数。若所得余数符号位为 0（即正），则表明够减，上商 1；若余数符号位为 1（即负），则表明不够减，由于已做了减法，因此上商 0 并加上除数（即恢复余数）；然后余数左移 1 位，再做下一步。这就是恢复余数法。

由于恢复余数除法运算的各步操作不规则，导致控制时序的安排比较复杂和困难；而且在恢复余数时，要多做一次加除数的运算，增加了运算时间。因此，恢复余数法已很少在计算机中采用。将这种算法加以改进，就出现了常用的不恢复余数法。

通过分析恢复余数法可以发现：当余数 A 为正时，上商 1，下一步 A 左移 1 位再减除数 B，相当于执行 2A-B 的运算；若余数 A 为负，上商 0，并加除数以恢复余数即 A+B，下一步左移 1 位减去除数 B，实际相当于执行 2(A+B)-B=2A+B 的运算。这样在出现不够减情况时，并不需要恢复余数，只是下一步要进行 2A+B 的操作，因此称为不恢复余数法或加减交替法，如图 3-18 所示。

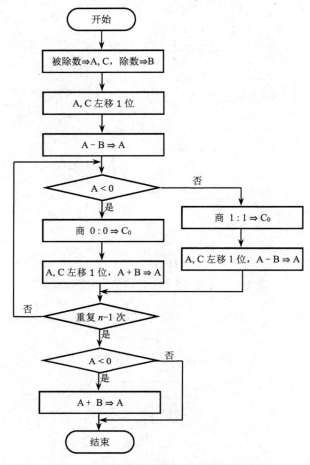

图 3-18　无符号整数不恢复余数除法流程

与乘法类似，图 3-18 使用了三个寄存器 A、B 和 C，但作用不同。运算开始时，n 位除数存放在 B 寄存器中，$2n$ 位被除数存放在 A 和 C 寄存器中（其中 A 存放高位，C 存放低位）。除法完成后，商放在 C 寄存器中，余数放在 A 寄存器中。

由图 3-18 可知，在重复 $n-1$ 次操作后，如果 A 中的余数为负，就需要恢复余数做 A+B。这一步是必需的，因为最后的寄存器 A 中应获得正确的正余数。

【例 3-11】　用不恢复余数法计算 00001000B ÷ 0011B。

解：（A）（C）为 0000 1000B，（B）为 0011B，（$\overline{B}$+1）为 1101B，运算过程如图 3-19 所示。

可以看出，A、C 在每步操作时先左移 1 位，目的是将 C 的最低位先腾空，以便上商。此外，由于 $n=4$，因此需做 4 步。

需要指出，对于无符号数除法来说，一旦商超出了表示范围就会产生溢出，这时的运算结果是不正确的。

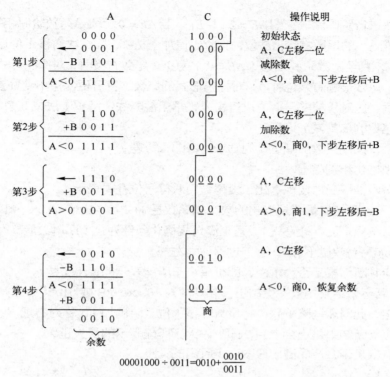

	A	C	操作说明
	0 0 0 0	1 0 0 0	初始状态
第1步	← 0 0 0 1	0 0 0 0	A，C左移一位
	−B 1 1 0 1		减除数
	A<0 1 1 1 0	0 0 0 0	A<0，商0，下步左移后+B
第2步	← 1 1 0 0	0 0 0 0	A，C左移一位
	+B 0 0 1 1		加除数
	A<0 1 1 1 1	0 0 0 0	A<0，商0，下步左移后+B
第3步	← 1 1 1 0	0 0 0 0	A，C左移
	+B 0 0 1 1		
	A>0 0 0 0 1	0 0 0 1	A>0，商1，下步左移后−B
第4步	← 0 0 1 0	0 0 1 0	A，C左移
	−B 1 1 0 1		
	A<0 1 1 1 1	0 0 1 0	A<0，商0，恢复余数
	+B 0 0 1 1		商
	0 0 1 0		

余数

$$00001000 \div 0011 = 0010 + \frac{0010}{0011}$$

图 3-19　无符号整数不恢复余数除法运算过程

3.2.3　浮点数运算方法

计算机中处理的数除了无符号整数和带符号整数，还有实数。实数在机器中是用浮点数表示的。其格式在第 2 章已介绍。

由于规格化浮点数具有唯一的表示形式和最长有效位，因此计算机一般采用规格化浮点运算。这类运算只能对规格化的浮点数进行操作，并要求对运算结果进行规格化处理。

浮点数通常可写成 $X = M_X \times 2^{E_X}$ 的形式。其中，M_X 为该浮点数的尾数，一般为绝对值小于 1 的规格化二进制小数，机器中常用原码或补码表示；E_X 为该浮点数的阶码，为二进制整数，常用移码或补码表示；阶的底可为 2、8 或 16，一般取 2 为底。

1．浮点数加减运算

设有两个浮点数 $X = M_X \times 2^{E_X}$ 和 $Y = M_Y \times 2^{E_Y}$，要实现 $X + Y$ 的运算，需要以下 4 个步骤才能完成。**注意**：X、Y、M_X、M_Y、E_X、E_Y 均为二进制数。

（1）对阶操作

由于两个浮点数的阶码可能不同，而阶码不同的两个数意味着其小数点的位置不同，它们是不能直接相加减的，因此要将两个数的阶码对齐后才能进行运算。

对阶的规则是：阶码小的数向阶码大的数对齐，即将数值小的阶码调整到与数值大的阶码相同，并相应地调整其尾数（右移）。原因是，当阶码小的数将尾数右移并相应增加阶码时，舍去的仅是尾数低位部分，误差很小。若让阶码大的数左移并相应减少阶码，就会丢失尾数的高位部分，这会导致错误的结果。

一般用减法进行阶码比较，即 $\Delta E = E_X - E_Y$。若 $\Delta E = 0$，表示两数阶码相等，不需对阶；否则，将原来阶码小的尾数右移 $|\Delta E|$ 位，其阶码值加上 $|\Delta E|$，即每次右移 1 位尾数，使阶码加 1，并做 $|\Delta E| - 1$，直至两数阶码相等（$\Delta E = 0$）为止。尾数右移时，对原码形式的尾数，符号位不参加移位，尾数最高有效位补 0；对补码形式的尾数，符号位保持不变并参加右移。

尾数右移后，应对移掉的最低位进行舍入，常用截断法、恒置 1 法或 0 舍 1 入法。

（2）实现尾数的加（减）运算

完成对阶后，按定点数加减运算规则求两数的和（差）。

（3）结果规格化和判溢出

运算结果有两种情况需要规格化，设尾数用双符号位补码表示。

① 左规。若运算结果是非规格化的数，如尾数是 11.1×⋯×B 或 00.0×⋯×B 形式，就需要将尾数左移，每左移 1 位，阶码减 1，直至满足规格化条件为止（即尾数最高有效位的真值为 1，或尾数符与最高有效位不等），这个过程称为左规。

左规时，应判断结果是否会下溢，即阶码小于所能表示的最小负数。

② 右规。若运算结果尾数发生溢出，如尾数为 10.××⋯×B 或 01.××⋯×B 形式，并不表明浮点结果会溢出，此时需调整阶码，将尾数右移 1 位，阶码加 1，称为右规。

右规时，应判断结果是否会上溢，即阶码大于所能表示的最大正数。

显然，浮点数是否会产生溢出只取决于阶码的大小。

（4）舍入操作

在对结果进行右规操作时，由于要右移掉尾数最低位，因此需要舍入。一种方法是采用 0 舍 1 入法，但这种方法可能需要尾数加 1，从而可能造成尾数溢出，则需再进行右规。更简单的方法是截断法，即将尾数超出机器字长的部分截去。另一种简单的方法是"恒置 1 法"，即无论右移掉的是 0 还是 1，都将尾数末位置 1。但是，截断法和恒置 1 法的舍入误差比"0 舍 1 入法"的大。

【例 3-12】 有两个二进制浮点数 $X = 0.110101\text{B} \times 2^{(-010\text{B})}$，$Y = -0.101011\text{B} \times 2^{(-001\text{B})}$，计算 $X + Y$。

这是一个浮点加的实例，两个数的浮点格式为阶码 4 位、尾数 8 位，且均用双符号位补码表示。它们的机器数如下：

$$\text{阶码} \quad \text{尾数}$$
$$[X]_{浮} = 11,10; \ 00.110101\text{B}$$
$$[Y]_{浮} = 11,11; \ 11.010101\text{B}$$

那么，$X + Y$ 的计算过程如下。

① 对阶。求阶差 $\Delta E = [E_X] + [-E_Y] = 1110 + 0001 = 1111\text{B}$，即 $\Delta E = -1$，表明 X 的阶码较小。按对阶规则，将 M_X 右移 1 位，其阶码加 1，得

$$[X]'_{浮} = 11,11; \ 00.011011\text{B} \quad （用 0 舍 1 入法）$$

② 尾数求和。$[M'_X] + [M'_Y] = 00.011011\text{B} + 11.010101\text{B} = 11.11000\text{B}$。

③ 规格化及判溢出。结果尾数是非规格化的数，需左规。因此将结果尾数左移 1 位，阶码减 1，得

$$[X + Y]_{浮} = 11,10; \ 11.10000\text{B}$$

由于阶码的表示范围为 $-4 \leqslant E \leqslant 3$，而 $E_{X+Y}=10\mathrm{B}=2$，在范围内，因此结果不会溢出；或因阶码符号位为 11，表明无溢出。

④ 舍入。由于是左规，结果不需要舍入。

最后运算结果的真值为 $X+Y=(-0.100000\mathrm{B})\times 2^{(-010\mathrm{B})}$。

除了定点 ALU，一般功能较强的处理器还设置专门的浮点运算部件，以便尽可能快地执行浮点操作。

2．浮点数乘除运算

（1）浮点数乘法运算

设两个浮点数为 $X=M_X\times 2^{E_X}$ 和 $Y=M_Y\times 2^{E_Y}$，则 $X\times Y=(M_X\times M_Y)\times 2^{E_X+E_Y}$，即尾数相乘、阶码相加，其运算过程如下。

① 阶码相加并判溢出。若阶码采用补码表示，则阶码相加可按常规补码加法进行。同号阶码相加可能产生溢出，若溢出，则另做处理。

② 尾数相乘。可选择定点乘法的一种算法完成尾数相乘。浮点运算部件中一般设置两个加法器，可以使阶码相加与尾数相乘并行执行。

③ 规格化处理。乘积若需左规，则只需要一次。左规时，有阶码下溢的可能。

（2）浮点数除法运算

设两个浮点数为 $X=M_X\times 2^{E_X}$ 和 $Y=M_Y\times 2^{E_Y}$，则浮点数除法的运算为尾数相除、阶码相减，运算过程如下。

① 预置。检测被除数是否为 0，若为 0，则置商为 0；若除数为 0，则置 0 除数标志，转中断处理。

② 尾数调整。判断被除数尾数绝对值是否大于除数尾数绝对值。若大于，则把被除数尾数右移 1 位并使其阶码加 1，这样可以保证商的尾数不发生溢出；否则，直接运算。

③ 求阶差。用被除数阶码减去除数阶码即得商的阶码。当异号阶码相减时，可能产生溢出，需做相应处理。

④ 尾数相除。将被除数尾数除以除数尾数。由于参加运算的浮点数都已规格化且尾数已做了调整，因此尾数相除后的结果必然是规格化的数，并且尾数商不会产生溢出。显然，尾数商不需规格化。

3.2.4　十进制数加、减运算

要使计算机能直接输入和输出十进制数，可以采用软件、硬件两种方式实现。

1．进制转换

用软件方法将输入的十进制数转换为二进制数，然后在计算机内部进行二进制数处理，再将所得结果转换为十进制数输出。从用户角度来看，计算机好像在进行十进制运算。

2．直接进行十进制数运算

在数据量大且运算简单的场合，上述方式会使计算机花费大量时间在进制转换上，从而降低数据处理的效率。因此，很多计算机采用直接进行十进制数运算的方式，这要求计算机必须提供十进制数运算指令，此时计算机内部处理的十进制数必须采用 BCD 码表示形式，其运算由 BCD 码运算指令完成。目前，计算机实现 BCD 码运算的方法有两种：

① 机器的指令系统中设有专用进行 BCD 码数值的加、减、乘、除的运算指令。

② 先用二进制数的加、减、乘、除指令进行运算，再用 BCD 码校正指令对运算结果进行校正。例如，8086/8088 CPU 采用这种方法。有关 BCD 码校正指令见相应的章节。

3．BCD 码的加法运算

在 BCD 码中，每位十进制数与小于或等于 9 的二进制数相同，但求得的和可能大于 9，因而需要校正。先将 BCD 码表示的十进制数按二进制数运算规则进行运算，若和小于等于 9，则二进制数与 BCD 码数值的形式相同，不必校正。若和大于 9，则需将和再加 6，然后得到和的 BCD 码形式。这是因为 4 位二进制数逢 16 进位，而 BCD 码逢 10 进位，二者相差 6。"加 6 校正"的条件也就是产生十进制进位的条件。表 3-4 给出了校正关系。

BCD 码的减法运算与此相似，此处不再详述。

表 3-4　BCD 码加法校正关系

十进制数	BCD 码数值	二进制数	是否校正	十进制数	BCD 码数值	二进制数	是否校正
0	0000	0000		10	10000	01010	
1	0001	0001		11	10001	01011	
2	0010	0010		12	10010	01100	
3	0011	0011		13	10011	01101	
4	0100	0100	不校正	14	10100	01110	+110B
5	0101	0101		15	10101	01111	
6	0110	0110		16	10110	10000	
7	0111	0111		17	10111	10001	
8	1000	1000		18	11000	10010	
9	1001	1001		19	11001	10011	

3.3　CPU 模型机的组成及其数据通路

3.3.1　基本组成

图 3-20 从寄存器级描述了模型机的数据通路结构，并给出了主要的控制信号，即微命令，而寄存器等部件的有关细节略去未画。

CPU 内部的部件设置如下。

1．寄存器

CPU 中的寄存器如下：① 存放控制信息的寄存器，如指令寄存器、程序计数器和程序状态字寄存器；② 存放所处理数据的寄存器，如通用寄存器和暂存器。

为讨论简单，假设所有寄存器都是 16 位，内部结构是 16 个 D 触发器，数据代码输入 D 端，由 CP 端脉冲上升沿同步打入，其输出由输出门控制。PSW 的特征位则由 R、S 端置入，系统总线对 MDR 的输入也由 R、S 端置入。

（1）可编程寄存器

通用寄存器有 4 个：① $R_0 \sim R_3$；② 堆栈指针为 SP；③ 程序状态字寄存器为 PSW，设置其低 4 位状态位为 N、Z、V、C，分别记录运算结果为负、零、有溢出和无溢出；④ 程序计数器为 PC，设定 PC 具有计数功能，PC+1 控制信号用于控制计数。

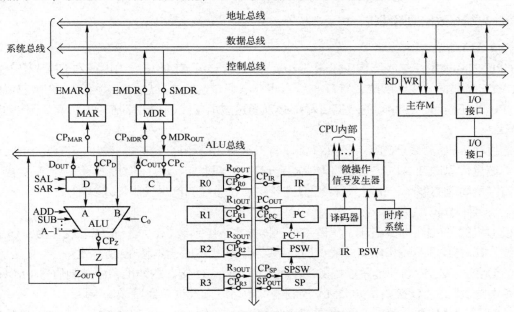

图 3-20　模型机数据通路结构

（2）暂存器

暂存器有 3 个：C、D、Z。由于 CPU 是单总线结构，因此 ALU 的输入端需要设置一个暂存器 D，用来存放一个操作数，在 ALU 输出端设暂存器 Z，存放运算结果。暂存器 D 还可暂存从主存储器读出的数据，并设有左移和右移功能。暂存器 C 主要用于暂存从主存读出的源操作数。

（3）指令寄存器 IR

指令寄存器 IR 用来存放当前正在执行的一条指令。当执行一条指令时，应先将指令从主存中读出到 IR 中。IR 的输出（指令）是控制器产生控制信号的主要逻辑依据。

（4）与主存接口的寄存器 MAR、MDR

地址寄存器 MAR 用于存放 CPU 访问主存或 I/O 接口的地址。MAR 连接地址总线的输出门是三态门，当微命令 EMAR 为高电平时，MAR 输出地址送往地址总线；当 EMAR 为低电平时，MAR 输出呈高阻态，与地址总线断开。

MDR 用于存放 CPU 与主存或 I/O 接口之间传输的数据。CPU 的输出数据必须先打入 MDR，再从 MDR 输出到数据总线上。输入 CPU 的数据则从数据总线输入数据到 MDR，然后由 MDR 送往 CPU 中的其他部件。MDR 与数据总线间为双向连接，其输出级也采用三态门，可与数据总线断开。

CPU 对主存的控制信号有两个：① 读信号 RD，控制对主存的读操作；② 写信号 WR，控制对主存的写操作。

2．运算部件

为简单起见，设 ALU 只需完成几种简单的运算，采用 16 位 ALU（见图 3-13）。由图 3-20 可见，ALU 的输入 A 来自暂存器 D，输入 B 来自 ALU 总线，运算结果输出到 Z。控制 ALU 运算的控制信号有 ADD、SUB、AND、OR、XOR、COM、NEG、A+1、A-1，它们分别控制 ALU 完成加、减、与、或、异或、求反、求补等运算。

3．总线与数据通路结构

（1）ALU 总线

CPU 内部采用单总线结构（见图 3-20），即设置一组 ALU 总线（也称为 CPU 内总线），由 16 根双向数据传送线组成，ALU 与所有寄存器通过这组公共总线连接起来。在单总线结构中，CPU 的任何两个部件间的数据传输都必须通过这组总线，因此控制比较简单，但传输速度受到限制。

挂接在 ALU 总线上的寄存器几乎都设有三态输出门和打入脉冲。输出门打开，便将寄存器中的信息代码送到 ALU 总线，但每次只允许一个部件向 ALU 总线发送信息代码；接收信息的寄存器可以有多个，由打入脉冲上升沿将 ALU 总线的信息代码打入其中。

（2）系统总线

模型机的 CPU、存储器和 I/O 设备分别挂接在一组系统总线上。系统总线包括：16 根地址总线、16 根数据总线和控制总线。为简单起见，模型机采用同步控制方式。

CPU 通过 MAR 向地址总线提供访问主存单元或 I/O 接口的地址，由控制信号 EMAR 决定是否发送地址。I/O 接口（如 DMA 控制器）也可以向地址总线发送访存地址。

CPU 通过 MDR 向数据总线发送或接收数据，完成与主存单元或 I/O 接口之间的数据传输，由控制信号 RD、WR 决定传输方向。M 与 I/O 设备之间也可以通过数据总线传输数据。

CPU 通过控制总线向主存或 I/O 设备发出有关控制信号，或接收控制信号。有时，I/O 设备也可以向控制总线发出控制信号。

4．控制器及微命令的基本形式

（1）微命令的基本形式

微操作命令是最基本的控制信号，通常是指直接作用于部件或控制门电路的控制信号，简称微命令。例如，打开或关闭某个三态门的电位信号，或是对寄存器进行同步打入、置位、复位的脉冲。

脉冲信号随时间的分布是不连续的，脉冲未出现时信号电平为 0 V；脉冲出现时信号为高电平，如+5 V，但维持很短的时间。可以用脉冲的有无来区分 0 与 1。例如，可定义有脉冲为 1、无脉冲为 0。实际上往往利用脉冲边沿（正向或负向跳变）来表示某一时刻，起定时作用，或识别脉冲的有无。

电位信号（也称为电平信号）是指用信号电平的高与低分别表示不同的信息，通常定义高电平（如+5 V）表示 1，低电平（如 0 V）表示 0。与脉冲信号相比，电平信号维持的时间一般要长一些。

在模型机中，微命令有两种形式。

① 电位型微命令，包括如下：

❖ 各寄存器输出到 ALU 总线的控制信号有 R_{0OUT}、R_{1OUT}、PC_{OUT}、SP_{OUT}、MDR_{OUT} 等。

❖ ALU 运算控制信号有 ADD、SUB、AND、OR、XOR 等。

❖ 暂存器 D 的左移/右移控制信号有 SAL、SAR。

❖ 程序计数器 PC 的计数控制信号有 PC+1。

❖ MAR 和 MDR 输出到系统总线的控制信号有 EMAR、EMDR。

❖ 寄存器置入控制信号有 SMDR、SPSW。

❖ 主存的读/写信号有 RD、WR。

② 脉冲型微命令

在模型机中，各寄存器均采用同步打入脉冲的上升沿将 ALU 总线的数据打入其中。脉冲型微命令有 CP_{R_0}、CP_{R_1}、CP_{PC}、CP_{IR}、CP_{SP}、CP_{MAR}、CP_{MDR} 等。

（2）控制器

控制器是整机的指挥中心，其基本功能是执行指令，即根据指令产生控制信号序列，以控制相应部件分步完成指定的操作。

控制器向 CPU 内部发送控制信号，控制寄存器之间的数据传输，使 ALU 完成指定功能和其他内部操作；也可以向 CPU 外部发出控制信号，以控制 CPU 与存储器或 I/O 设备之间传输数据。

传统控制器的主要部件包括：指令寄存器 IR、指令译码器、程序计数器 PC、状态字寄存器 PSW、时序系统和微操作信号发生器。微处理器将控制器和运算器（即 CPU）集成在一块芯片上，因此现在是将 CPU 作为一个整体来讨论。

由图 3-20 可知，微操作信号发生器的输入由 IR 中的指令经译码后的输出、PSW 的状态位、时序信号及外部的控制信号（如中断信号）组成。微操作信号发生器则依据它的输入产生指令执行时所需的微操作信号（控制信号）。

3.3.2　数据传输

在给出模型机的数据通路结构后，就可以确定信息传输的路径和实现传输所需的控制信号（即微命令）。指令的执行可以归纳为信息的传输和处理，以及由此产生的微命令序列。下面介绍 CPU 的寄存器之间、CPU 与主存之间的信息传输过程，以及执行算术或逻辑操作的过程。

1．寄存器之间的数据传输

在模型机中，寄存器之间可直接通过 ALU 总线传输数据，具体由输出门和打入脉冲控制。

如图 3-20 所示，某寄存器 R_i 的输出和打入分别由 R_{iOUT} 和 CP_{R_i} 控制。R_i 的输出门控制信号 R_{iOUT} 为高电平时，输出门打开，R_i 的内容送入 ALU 总线；R_{iOUT} 为低电平时，输出门关闭，R_i 的输出呈高阻态，与 ALU 总线隔离。打入脉冲 CP_{R_i} 有效时，将 ALU 总线的数据打入 R_i。

例如，把寄存器 R_1 的内容送入寄存器 R_3，即实现传输操作 $R_1 \rightarrow R_3$ 所需的控制信号为 R_{1OUT} 和 CP_{R_3}。

2．主存数据传输到 CPU

主存与 CPU 之间通过系统总线传输数据。根据图 3-20，从主存中读一个数据到 CPU，CPU 首先要把所取数据的地址送入 MAR，然后将 MAR 中的地址输出到地址总线，同时发读命令到主存；主存完成读操作后将读出的 16 位数据送到数据总线，再将数据线的信息置入 MDR。例如，从存储器中取指令到指令寄存器 IR，通过以下操作序列即可实现：

```
PC → MAR                          ; PC 中的指令地址送存储器地址寄存器
M → MDR → IR                      ; 从存储器中读指令到 IR
```

实现 PC→MAR 传送操作所需的控制信号为 PC_{OUT} 和 CP_{MAR}。实现读操作 M→MDR 的控制信号为 EMAR、RD、SMDR；实现 MDR→IR 的控制信号为 MDR_{OUT} 和 CP_{IR}。

3．CPU 数据传输到主存

根据图 3-20，CPU 数据要写入主存，首先将寄存器中的数据装入 MDR，将写入主存单元的地址送 MAR，然后发写命令；主存将按 MAR 中的地址把 MDR 的内容写入对应单元。例如，在 R_2 中存放需写入主存的数据，存储单元地址在 R_1 中，则写一个数据到存储器可通过以下操作序列实现：

```
R₁ → MAR                          ; 地址送 MAR
R₂ → MDR                          ; 数据送 MDR
MDR → M                           ; 数据写入主存
```

实现 R_1→MAR 操作的控制信号为 R_{1OUT} 和 CP_{MAR}。实现 R_2→MDR 的控制信号为 R_{2OUT} 和 CP_{MAR}。实现写操作 MDR→M 的控制信号为 EMAR、EMDR、WR。

4．执行算术或逻辑操作

当执行算术或逻辑操作时，由于 ALU 本身是没有内部存储功能的组合电路，因此若要执行加法运算，被相加的两个数必须在 ALU 的两个输入端同时有效，图 3-20 中的暂存器 D 即用于该目的。先将一个操作数经 ALU 总线送入暂存器 D 保存起来，D 的内容在 ALU 的输入端 A 始终有效，再将另一个操作数经 ALU 总线直接送到 ALU 的输入端 B；这样两个操作数都送入了 ALU，运算结果暂存在暂存器 Z 中。若要执行"把寄存器 R_1 和 R_2 的内容相加，结果送到 R_3"这个功能，需要分成三步执行：

```
R₁ → D                            ; 把 R₁ 的内容先送到寄存器 D
D + R₂ → Z                        ; R₂ 内容送到 ALU 的 B 端，与 D 内容通过 ALU 相加，结果送 Z
Z → R₃                            ; 将相加结果送入 R₃
```

实现 R_1→D 操作的控制信号为 R_{1OUT} 和 CP_D。实现 $D+R_2$ → Z 的控制信号为 R_{2OUT}、ADD、CP_Z。实现 Z→R_3 的控制信号为 Z_{OUT} 和 CP_{R_3}。

3.4 组合逻辑控制器原理

按产生控制信号的方式不同，控制器可以分为组合逻辑控制器、微程序控制器两类。组合逻辑控制器是指产生控制信号（即微命令）的部件，是用组合逻辑线路来实现的。在模型机中有几十个微命令，则每个微命令都需要一组逻辑门电路，根据相应的逻辑条件（如指令的操作码、寻址方式、时序信号等）产生该微命令。当然，根据这些微命令形成电路时，可以共用某些逻辑变量，使控制器逻辑结构简化，以提高速度。显然，控制器一旦制造完成后，这些逻辑电路之间的连接关系就固定了，不易改动，所以组合逻辑控制器又称为硬连逻辑控制器。微程序控制器将在 3.5 节介绍。本节先介绍模型机的指令系统，然后假设模型机采用的是组合逻辑控制器，讨论其时序系统、指令执行流程及微命令的产生与综合。

3.4.1 模型机的指令系统

1. 指令格式

模型机指令格式可以规整为以下 3 种。

（1）双操作数指令

双操作数指令如图 3-21（a）所示，第 12~15 位表示操作码，第 6~11 位为目的操作数地址段，第 0~5 位为源操作数地址段，在每个地址段字段中又分为两部分，其中 3 位表明寻址方式类型，另外 3 位给出所指定的寄存器编号。

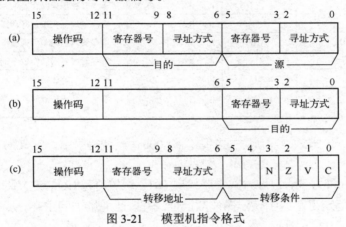

图 3-21　模型机指令格式

（2）单操作数指令

单操作数指令如图 3-21（b）所示，第 0~5 位为地址字段，第 6~11 位空闲不用（也可供扩展操作码用）。

（3）转移指令

转移指令如图 3-21（c）所示，第 12~15 位为操作码，第 6~11 位给出转移地址字段（也分为寻址方式与寄存器号两部分）。第 0~5 位为转移条件字段，其中第 0~3 位中有一位为 1，表明转移条件——进位 C、溢出 V、结果为零 Z、结果为负 N。第 4 位未定义。第 5 位表明转移方式，若为 0，则表示相关标志位为 0 转移；若为 1，则表示相关标志位为 1 转移。若第 0~5 位全为 0，则表示无条件转移。

可编程寄存器有 7 个，寄存器编号也称为寄存器地址为（留有 1 种编码未用，可扩展）：通用寄存器 R_0~R_3，编号为 000~011；堆栈指针 SP，编号为 100；程序状态字 PSW，编号为 101；程序计数器 PC，编号为 111。

2. 寻址方式

模型机的编址为按字编址，字长 16 位，即主存每个单元 16 位。采用简单变字长指令格式，指令长度可为 16 位、32 位（指令中含立即数或一个操作数地址）或 48 位（指令中含 2 个操作数地址，或含一个立即数和一个操作数地址），操作数字长 16 位。做出这些约定，可使指令计数变得简单一些，便于教学。

沿着由简单、直接到复杂、间址的发展方向，对寻址方式做出如下选取：

① 立即数寻址，操作数紧跟着指令，即在指令代码中。

② 操作数在寄存器中，即寄存器寻址方式。

③ 操作数在主存中，相应的寻址方式有：直接寻址方式，地址在指令操作码与寻址字段后；寄存器间址方式，地址在寄存器中；自增型寄存器间址方式；自减型寄存器间址方式；变址方式。

这些寻址方式进行归并优化后，模型机指令系统的寻址方式如表 3-5 所示。

表 3-5　模型机寻址方式简表

类型	寻址方式	汇编语言符号	可指定寄存器	定义简述
0	寄存器寻址	R	$R_0 \sim R_3$, SP, PSW	操作数在指定寄存器中
1	寄存器间址	(R)	$R_0 \sim R_3$, SP	操作数地址在指定寄存器中
2	自减型寄存器间址	-(R)	$R_0 \sim R_3$, SP	寄存器内容减 1 后为操作数地址
3	立即/自增型寄存器间址	(R)+	$R_0 \sim R_3$, SP, PC	寄存器内容为操作数地址，操作后加 1
4	直接寻址	DI	PC	操作数地址在指令操作码与寻址字段后
5	变址寻址	X(R)	$R_0 \sim R_3$, SP, PC	变址寄存器内容与在指令操作码与寻址字段后的位移量相加，为操作数地址

0 型：寄存器寻址方式，寻址方式字段代码 000，汇编符号 R，定义为：操作数在指定的寄存器中。

1 型：寄存器间址方式，寻址方式字段代码 001，汇编符号 (R)，定义为：操作数地址在指定寄存器中（即从指定寄存器中获得操作数地址，再按此地址访问主存，从主存单元中读取操作数）。

2 型：自减型寄存器间址方式，寻址方式字段代码 010，汇编符号 -(R)，定义为：将指定寄存器内容减去 1 后作为操作数地址，再按地址访主存，从主存中读取操作数（在汇编符号中减号在括号之前，形象地表示先减后操作）。

若指定的寄存器是 SP，则适用于压栈操作；若指定的寄存器是 $R_0 \sim R_3$，则可将指定寄存器当反向指针使用；或将它当成堆栈指针，为临时软件建栈用。

3 型：立即/自增型寄存器间址方式，寻址方式字段代码 011，汇编符号 (R)+，定义为：操作数地址在指定寄存器中，地址使用后将寄存器内容加 1（在汇编符号中，"+"在括号后，形象地表示先操作后加）。这里采用了合并优化技巧，即利用指定寄存器的不同，派生出立即寻址与自增型寄存器间址两种寻址方式。

若指定的寄存器是 PC，为立即寻址，立即数紧跟在指令操作码与寻址字段后。由于立即数存放在紧跟指令操作码与寻址字段后的单元中，取指后 PC+1，将修改后的 PC 内容作为地址，可读取立即数。取出立即数后 PC 内容再加 1，指向立即数后的一个单元。

若指定的寄存器是 SP，这种自增型寄存器间址方式适用于堆栈的出栈操作。

若指定的寄存器是 $R_0 \sim R_3$，则可将指定寄存器当作正向指针使用，或将它当成堆栈指针，用作临时软件建栈。

4 型：直接寻址方式，寻址方式字段代码 100，汇编符号 DI，定义为：操作数地址在指令操作码与寻址字段后，由于源操作数地址存放在指令操作码与寻址字段后的单元中，因此取指后 PC+1，则将修改后的 PC 内容作为地址，据此访问紧跟当前指令操作码与寻址字段后的存储单元，从中取得操作数地址（称为绝对地址），据此再度访存，读得操作数，然后 PC+1。

5 型：变址方式，寻址方式字段代码 101，汇编符号 X(R)，其中 X 是变址的一种习惯标注符号，定义为：指定变址寄存器内容与指令操作码和寻址字段后的位移量相加，其结果为操作数地址。即从指定寄存器中取得变址量，从在指令操作码与寻址字段后的存储单元中读取位移量，二者之和为操作数地址，再据此访存，读得操作数。

这里采用了合并优化。若指定的寄存器是程序计数器 PC，这就是相对寻址。取指后 PC+1，以修改后的 PC 内容为地址，从在指令操作码与寻址字段后的存储单元中读取位移量，再与 PC 内容相加，获得操作数地址。因此操作数地址是以 PC 值为基准，加上位移量形成的。如果这段程序存在另一块存储区中，地址的相对关系不变。

若指定的寄存器是 $R_0 \sim R_3$，则是常规的变址方式。

3．操作类型

操作码共 4 位，现设置 14 种指令，余下 2 种操作码组合可供扩展。

（1）传送指令

MOV，传送指令，操作码 0000。

由于有多种寻址方式可用，MOV 指令可用来预置寄存器或存储单元内容，实现寄存器间（R-R）、寄存器存储器间（R-M）、各存储单元间（M-M）的信息传输，还可实现堆栈操作进栈与出栈，不专设堆栈操作指令。在系统结构上将外围接口寄存器与主存单元统一编址，因而 MOV 指令可用来进行 I/O 操作，不再专门设置显式 I/O 指令。

（2）双操作数算术逻辑指令

ADD，加指令，操作码 0001（带进位）；SUB，减指令，操作码 0010（带借位）；AND，逻辑与指令，操作码 0011；OR，逻辑或指令，操作码 0100；EOR，逻辑异或指令，操作码 0101。

可用逻辑运算指令实现检测、位清除、位设置、位修正等位操作功能，所用屏蔽字可由立即寻址方式提供，异或指令可实现判符合操作。

（3）单操作数算术逻辑指令

COM，求反指令，操作码 0110；NEG，求补指令，操作码 0111；INC，加 1 指令，操作码 1000；DEC，减 1 指令，操作码 1001；SL，左移指令，操作码 1010；SR，右移指令，操作码 1011。

（4）程序控制类指令

① 转移指令包括条件转移指令 JC、JNC、JV、JNV、JZ、JNZ、JS、JNS，以及无条件转移指令 JMP，它们的操作码都为 1100，但是不同转移指令的低位 $IR_5 IR_3 IR_2 IR_1 IR_0$ 的编码不相同（IR_4 位未定义）。如表3-6 所示，条件转移指令第 3 ~ 0 位选择一位为 1，表明以 PSW 中的某一状态标志 C、V、Z、N 作为转移条件。因此，条件指令第 3 ~ 0 位的含义与 PSW 第 3 ~ 0 位含义分别相对应。例如 PSW 第 0 位是进位位 C，而转移指令第 0 位若为 1，则表明以进位状态为转移条件。转移指令第 5 位（IR_5）决定转移条件是为 0 转，还是为 1 转。若转移指令第 5 ~ 0 位全为 0，则表示是无条件转移指令 JMP。

表 3-6　转移指令条件状态表

转移指令	IR$_5$ IR$_3$ IR$_2$ IR$_1$ IR$_0$	说　明	转移指令	IR$_5$ IR$_3$ IR$_2$ IR$_1$ IR$_0$	说　明
JMP	0　0　0　0　0	无条件转移	JC	1　0　0　0　1	进位 C=1 转
JNC	0　0　0　0　1	进位 C=0 转	JV	1　0　0　1　0	溢出 V=1 转
JNV	0　0　0　1　0	不溢出 V=0 转	JZ	1　0　1　0　0	结果为零 Z=1 转
JNZ	0　0　1　0　0	结果不为零 Z=0 转	JS	1　1　0　0　0	结果为负 N=1 转
JNS	0　1　0　0　0	结果为正 N=0 转		/	

② 返回指令 RST，操作码 1100。RST 指令与 JMP 指令的操作码相同，可视为一条指令。RST 指令只能采用自增型寄存器间址表明转移地址并指定寄存器为 SP，即寻址方式为(SP)+。RST 指令从堆栈中取出返回地址，然后修改堆栈指针 SP+1。实际上，"JMP　(SP)+"指令就是一条 RST 指令。

③ 转子指令 JSR，操作码 1101。执行 JSR 指令时，先将返回地址压栈保存，再按寻址方式找到转移地址（子程序入口地址），将它送入 PC。

3.4.2　模型机的时序系统

组合逻辑控制器依靠不同的时间标志，使 CPU 分步工作。模型机采用前述的三级时序系统，即将时序信号分为工作周期、节拍（时钟周期）和工作脉冲。

1．工作周期划分

根据对指令类型的分析和一些特殊工作状态的需要，模型机设置了 6 种工作周期，分别用 6 个周期状态触发器来表示它们的状态。任一时刻只允许一个触发器为 1，表明 CPU 现在所处的工作周期状态，并为该阶段的工作提供时间标志与依据。

① 取指周期 FT。在取指周期 FT 中完成取指所需的操作，每条指令都必须经历 FT 周期。在 FT 中完成的操作是与指令操作码无关的公共性操作，但取指周期结束后将转向哪个工作周期，则与 FT 中取出的指令类型有关。

② 源周期 ST。若需要从寄存器或主存中读取源操作数，则进入 ST。在 ST 中将依据指令寄存器 IR 的源地址字段信息进行操作，形成源地址，读取源操作数。

③ 目的周期 DT。若需要从寄存器或主存中读取目的地址或目的操作数，则进入 DT。在 DT 中将依据指令寄存器 IR 的目的地址段信息进行操作。

④ 执行周期 ET。在取得操作数后，则进入 ET，这也是各类指令都需经历的最后一个工作阶段。在 ET 中，将依据 IR 中操作码执行相应操作，如传送、算术运算、逻辑运算、获得转移地址等。

上述周期划分有一个特点，就是与指令格式的字段划分比较吻合，尽量使同一种工作周期中的操作依据为同一指令字段。

⑤ 中断响应周期 IT。除了考虑指令的正常执行，还需要考虑外部请求带来的变化。CPU 在响应中断请求之后，进入中断响应周期 IT。在 IT 中将直接依靠硬件进行关中断、保存断点、转处理程序入口等操作。IT 结束后，进入取指周期 FT，开始执行中断处理程序。

中断方式是指这样一种工作方式：由于某些异常情况或特殊请求，引起 CPU 暂停执行当前程序，转去执行中断处理子程序，以处理这些情况或请求，等处理完后又返回原程序断点继续执行，这个过程就称为中断。

⑥ DMA 传送周期 DMAT。CPU 响应 DMA 请求后，进入 DMAT。在 DMAT 中，CPU 交出系统总线的控制权，即 MAR、MDR 与系统总线脱钩（呈高阻态）。改由 DMA 控制器控制系统总线，实现主存与外围设备间的数据直接传输，因此对 CPU 来说，DMAT 是一个空操作周期。

DMA 的基本思想是在主存储器和 I/O 设备之间建立直接的数据传输通路，由专门的 DMA 控制器控制主存和 I/O 设备间的数据传输，在传输时不需 CPU 干预。由于传输过程完全由硬件实现，花费的时间短，因此能满足高速数据传输的需要。

不同类型指令所需的工作周期可能不同，图 3-22 描述了工作周期状态变化情况，称为 CPU 控制流程。

【例 3-13】 双操作数指令经历的工作周期变化为 FT→ST→DT →ET→（FT…）。单操作数指令经历的工作周期变化为 FT→DT→ ET→（FT…）。转移指令经历的工作周期变化为 FT→ET→（FT…）。

为此，每个周期结束前都要判断下一个周期状态将是什么，并为此准备好进入该周期的条件，如发出电位信号 1→ST 等。到本周期结束的时刻，再实现周期状态的定时切换。

由于 DMA 周期要实现的是高速数据直传，因此 DMA 请求的优先级高于中断请求。所以，在一条指令将要结束时，先判断有无 DMA 请求，若有请求，将插入 DMAT。注意，实际的计算机大多允许在一个系统总线周期结束时插入 DMAT。本模型机为了简化其控制逻辑，限制在一条指令结束时才判别与响应 DMA 请求。控制流程还表明：若在一个 DMAT 结束前又提出了新的 DMA 请求，则允许连续安排若干 DMA 周期。

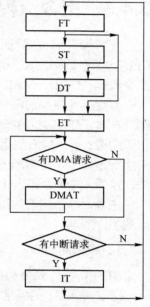

图 3-22　CPU 控制流程

若没有 DMA 请求，则判断有无中断请求，否则进入 IT。在时间上，这两种判断可同时进行，只不过在逻辑上 DMA 请求要优先而已。在 IT 中完成必要的过渡期工作后，将转向新的 FT。注意，这才是中断处理程序的开始。

2．节拍（时钟周期）

每个工作周期的操作一般需要分成若干步完成，为此将工作周期划分成若干节拍。

在模型机中，为了简化时序控制，将 CPU 内部操作与访问主存的操作统一考虑。节拍宽度为最长微操作所需的时间，即访问主存操作所需的时间。当然，这对于 CPU 内部操作来说，在时间上是比较浪费的（注意，在实际机器中节拍长度短于访存周期）。

在同一工作周期中，不同指令所需的节拍数可能不同，因此模型机设置的节拍发生器产生的节拍数是可变的。节拍发生器由计数器 T 与节拍译码器组成。当工作周期开始时，T=0，若本工作周期还需延长，则发命令 T+1，计数器将继续计数，表示进入一个新的节拍；若本工作周期应当结束，则发命令 T=0，计数器 T 复位，从 T=0 开始一个新的计数循环，进入新的工作周期。计数器 T 的状态经译码器译码后产生节拍（时钟周期）状态，如 T_0、T_1、T_2、…，作为分步操作的时间标志。

3．工作脉冲

在节拍中执行的有些操作需要同步定时脉冲，如将稳定的运算结果打入寄存器，又如周期

图 3-23 节拍与工作脉冲

状态切换等。为此，模型机在每个节拍的末尾发一个工作脉冲 P，作为各种同步脉冲的来源，如图 3-23 所示。

工作脉冲 P 的前沿作为打入寄存器的定时信号，标志着一次数据通路操作的完成。P 的后沿作为节拍与工作周期切换的定时信号，此刻对节拍计数器 T 计数、打入新的工作周期状态。

3.4.3 指令流程

分析指令流程是为了在寄存器这一层次分析指令序列的读取与执行过程，也就是讨论 CPU 的工作机制，这是全书的重点之一，请读者务必注意。通常采取寄存器传送语句形式描述指令流程，如 $R_1 \rightarrow MAR$ 等语句。

拟定指令流程通常有两种方法：一种方法是以工作周期为线索，按工作周期分别拟定各类指令在本工作周期内的操作流程，其优点是便于综合与化简微命令的逻辑式，容易取得比较优化的结果；另一种方法是以指令为线索，按指令类型分别拟定指令流程，其优点是对不同指令的执行过程拟定出清晰的线索，便于理解 CPU 的工作过程。本节的模型机设计采用后一种方法，再插入中断周期与 DMA 周期的流程。

注意，本节内容很重要。掌握了指令分步执行的流程，也就掌握了 CPU 在寄存器这一级上的工作原理。

1．取指周期 FT

FT 中的操作是各类指令流程都需首先经历的，与指令类型无关，通常称为公共操作。

（1）进入 FT 的条件

进入取指周期的情况有 4 种，可分别采用置入方式或同步打入方式，使取指周期状态触发器 FT 为 1，如图 3-24 所示。

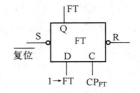

图 3-24 取指周期状态触发器

① 初始化置入 FT。当机器加电或按"复位"键后，将产生一个"复位信号"预置全机的初始状态。首先将某值（如全 0）置入程序计数器 PC 中，即为开机后执行的第一条指令的地址，同时将取指周期状态触发器 FT 置 1。当复位信号结束后，开放时钟，开始执行取指操作，进入操作系统程序运行状态。由于在复位信号作用时时钟被封锁，因此采取 S 端置入方式。

② 程序运行过程中，同步打入 FT。在正常的程序运行过程中，时钟已开放，可用同步方式实现周期状态转换。若要进入 FT，则事先在状态触发器 D 端准备好条件 $1 \rightarrow FT$，然后产生同步脉冲 CP_{FT}，由 CP_{FT} 的上升沿（脉冲 P 的后沿），将 1 打入 FT。若要结束 FT 状态，则让 D 端电平为 0，并产生 CP_{FT} 将 0 打入 FT，使 FT 变为 0，表示取指周期结束。

有三种情况可采用同步方式进入新的取指周期：

❖ 当一条指令将执行完毕时，即在执行周期 ET 中，如果不响应 DMA 请求与中断请求，程序正常执行，接着就转入新的 FT，开始执行下一条指令。

❖ 在中断周期 IT 这一过渡阶段操作结束后，就应转入中断处理程序，即进入 FT。

❖ 在 DMA 周期完成一次 DMA 传输后，如果没有新的 DMA 请求，也没有中断请求，就

恢复执行被暂停的程序，也应进入 FT。

因此，产生控制信号 1→FT 的逻辑条件如下：

$$1 \rightarrow FT = ET(\overline{1 \rightarrow IT \cdot 1 \rightarrow DMAT}) + IT + DMAT(\overline{1 \rightarrow IT \cdot 1 \rightarrow DMAT})$$

其他周期状态建立与切换逻辑，也可参照这种办法形成。

（2）取指流程

图 3-25 以寄存器级传送语句形式描述了取指周期内的操作，在 FT$_0$ 中先将指令地址由 PC 送入 MAR；在 FT$_1$ 中从主存读出指令代码到 MDR 再送到指令寄存器 IR 中，由于 PC 本身具有计数功能，所以可同时修改程序计数器 PC 的内容，让 PC+1，则修改后的 PC 指向紧跟当前指令操作码与寻址字段后的下一主存单元。

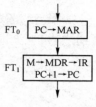

图 3-25　取指流程

（3）微操作时间表

表 3-7 以操作时间表形式给出了为实现取指流程的每步基本操作与转入下一步操作所需的微命令（包括控制电位和脉冲）。左栏给出节拍序号，如 T$_0$、T$_1$、…，也可将工作周期状态与节拍序号综合标注，如 FT$_0$ 形式。中栏给出在本拍中应发的电平型微命令，这些命令同时发出，维持一个节拍宽度。有些命令只在某些逻辑条件下才发出，则进一步在括号中标注其补充逻辑条件，如果表中空间不便写全，或是在拟定本表时还不能给出全部逻辑条件，要等到全部指令流程与操作时间表都列完后才能全部确定，就可在括号中先注明逻辑条件，以后再补充相应逻辑式。右栏给出本拍中应发的脉冲型微命令，并示意性地表明脉冲是在时钟周期的末尾发出的，由工作脉冲 P 或其反相脉冲 $\overline{P}$ 定时。

表 3-7　取指周期 FT 微操作时间表

FT 工作周期状态与节拍序号	本节拍中应发的电平型微命令	本节拍中应发的脉冲型微命令	
FT$_0$	PC$_{OUT}$ T+1	P	CP$_{MAR}$ CP$_T$($\overline{P}$)
FT$_1$	EMAR、RD、SMDR MDR$_{OUT}$ PC+1 T=0 1→ST [逻辑式 1] 1→DT [逻辑式 2] 1→ET [逻辑式 3]	P	CP$_{IR}$ CP$_{PC}$ CP$_T$($\overline{P}$) CP$_{ST}$($\overline{P}$) CP$_{DT}$($\overline{P}$) CP$_{ET}$($\overline{P}$)

CPU 可能共需上百个微命令，操作表中只列出其中在本节拍内有效的微命令，无效的微命令或为 0 的状态电平则不必列出。让我们分析 FT 操作时间表中各微命令的含义。

如表 3-7 所示，在 FT$_0$ 要完成 PC→MAR 操作，则应发控制信号 PC$_{OUT}$、CP$_{MAR}$，由它们控制将 PC 的内容送 ALU 总线并打入 MAR。控制信号 T+1、CP$_T$ 控制转入下一个节拍 FT$_1$。

在 FT$_1$ 中要完成 M→MDR→IR 与 PC+1→PC 操作，控制信号 EMAR、RD、SMDR 控制从主存中读一个字（指令）置入 MDR，由 MDR$_{OUT}$、CP$_{IR}$ 将 MDR 内容打入 IR。控制信号 PC+1、CP$_{PC}$ 将 PC 内容加 1 计数。

在取指周期结束时，需根据已取到 IR 中的指令操作码与寻址方式，判断应转入哪个周期，因此 1→ST、1→DT、1→ET 这三个电位信号中只能有一个为 1，其余两个为 0。三个逻辑式略去未写，其逻辑条件主要涉及操作码与寻址方式。当周期状态发生转换时，FT 触发器的 D

端 1→FT 为 0，CP_{FT} 将其打入 0。在周期状态结束时，T+1 为 0，由 CP_T 使 T 计数器置 0。

至此，我们以取指周期为例，细致地阐述了两个层次上的工作机理，即用寄存器级传输语句描述指令流程，以操作时间表形式描述具体的微命令序列（以后的叙述会粗略一些）。

2．MOV 指令

如果当前指令是 MOV 指令，那么 CPU 将执行 MOV 指令流程，如图 3-26 所示。对于已阐述过的 FT 流程，图中不再细述。

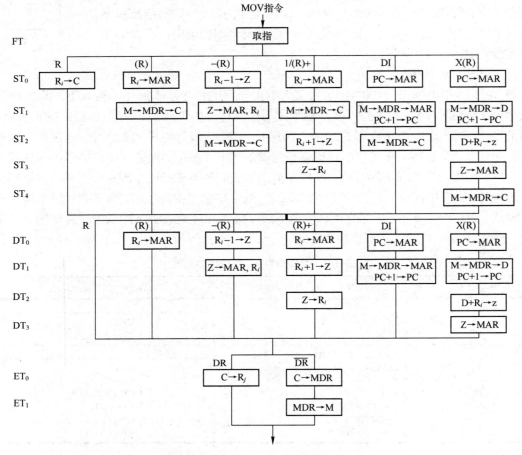

图 3-26　MOV 指令流程

MOV 指令流程包含了各种寻址方式的组合，流程分支的逻辑依据就是指令的寻址方式字段代码，标注为相应的汇编符号。每个工作周期结束时要判断后继工作周期将是什么。通过分析 MOV 流程，就能了解各种寻址方式的具体实现过程，从而为分析整个指令系统执行流程打下基础。为了易于学习，我们将指令流程安排得非常规整，寻址方式由简到繁，在同一种节拍中尽量做到依据相近、操作相近，但在时间安排上可能不一定优化。

（1）FT

如前所述。

（2）ST

在 FT 中根据寻址方式做出判别，决定在 ST 中的分支。

① R 型。源操作数在指定寄存器中，在第 1 节拍 ST_0 将寄存器 R_i 内容送入 C。其实该 ST_0 的操作本不需要，但现在的安排使执行周期的操作简化，也有利于简化微命令的逻辑条件。在 ST 中得到的源操作数都安排暂存于 C 中。

② (R)型。第 1 节拍 ST_0 完成从指定寄存器 R_i 中取得源地址，第 2 节拍 ST_1 访存读取操作数，经 MDR 送入 C 中暂存。

③ -(R)型。第 1 节拍先修改地址指针内容，即指定寄存器 R_i 内容减 1，所得结果打入 Z。第 2 节拍将 Z 同时送入 R_i 与 MAR，形成源地址，第 3 节拍访存读取操作数，送入 C 暂存。

④ I/(R)+型。第 1 节拍取得地址，第 2 节拍读取操作数，第 3、4 节拍修改地址指针，即 Ri 加 1。

⑤ DI 型。操作数地址紧跟着指令。取指后 PC 已加 1，指向紧跟当前指令的下一单元，故在 ST_0 将 PC 内容送 MAR。ST_1 据此访存，从中取得操作数地址，并同时修改 PC。ST_2 读取操作数。

⑥ X(R)型。需两次访存，第 1 次在 PC 指示下读取位移量，第 2 次读取操作数。ST_0 中将 PC 内容送 MAR。ST_1 读取位移量，暂存于 D，并修改 PC 指针。ST_2 实现变址计算，即变址寄存器 R_i 中的变址量与 D 中的位移量相加，获得操作数地址。ST_3 将操作数地址送 MAR。ST_4 读取操作数。

DR 表示目的地址采用寄存器寻址方式，若不是寄存器寻址方式，则用 $\overline{DR}$ 表示。

（3）DT

与 ST 相似，但对于 MOV 指令，DT 直到取得目的地址为止。

（4）ET

执行周期的基本任务是实现操作码要求的传送操作，需要考虑在进入 ET 时，操作数是送往寄存器还是送往主存，可以根据 DR 状态区分。因此，按 DR 形成两种分支，见图 3-26。

指令流程图只反映了正常执行程序的情况，实际上在最后一拍还需判别是否响应 DMA 请求与中断请求，即是否发 $1 \rightarrow DMAT$ 或 $1 \rightarrow IT$。若都没有，则建立 $1 \rightarrow FT$，转入下一条指令。

以上是对 MOV 指令类的全面分析，其中存在若干分支选择。如果是一条确定的指令，那么 CPU 将做出唯一的解释与执行。

【例 3-14】 拟出指令"MOV (R_0), -(R_1)"的读取与执行流程，其中源操作数寻址方式为-(R_1)。

```
FT₀     PC → MAR
FT₁     M → MDR → IR, PC+1 → PC
ST₀     R₁-1 → Z
ST₁     Z → MAR, R₁
ST₂     M → MDR → C
DT₀     R₀ → MAR
ET₀     C → MDR
ET₁     MDR → M
```

独立地看本指令，ET_0 的操作是多余的。考虑到其他指令的需要，在 DT 中很可能使用 MDR，则 ET_0 的操作就有必要了。

3．双操作数指令

双操作数指令共 5 条：加 ADD、减 SUB、与 AND、或 OR、异或 EOR，其指令流程如图

3-27 所示。其中，取指和取源操作数周期，与 MOV 指令相同，图中不再细画。目的周期 DT 也与 MOV 指令的 DT 相似，但多一步操作，即从寄存器或主存读取目的操作数，其余则完全相同，不再赘述。OP 是操作运算符，如 D OP C → Z，若该指令是一条加法指令，则所描述的含义即为 D + C → Z。

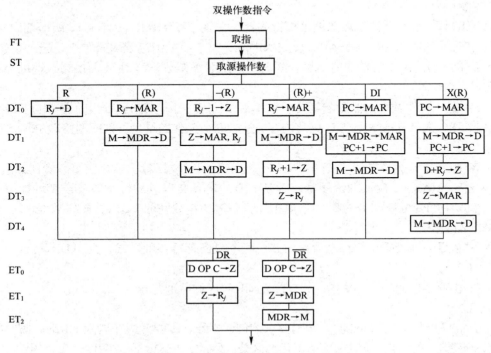

图 3-27　双操作数指令流程

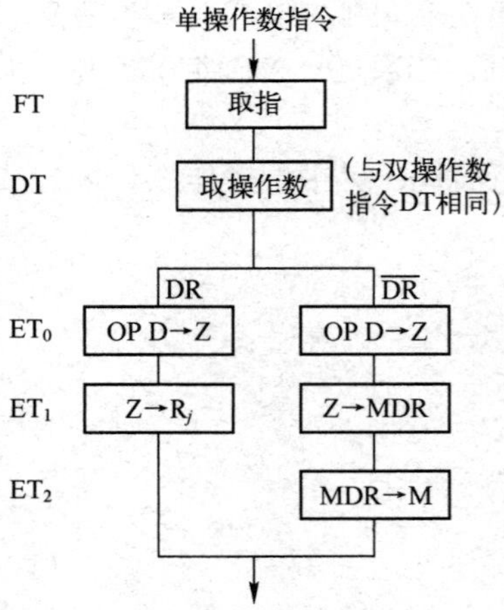

4. 单操作数指令

单操作数指令共 6 条：求反 COM、求补 NEG、加 "1" INC、减 "1" DEC、左移 SL、右移 SR，其指令流程如图 3-28 所示。

单操作数指令只有一个操作数，处理后送回原处，因此不需源周期状态 ST，取指后直接进入目的周期 DT，执行周期 ET 中的流程分支也只有两类，其余均与双操作数指令相同。ET_0 中的具体操作含义取决于操作码 OP，如 OP D→Z，若该指令是一条求反指令，则所描述的含义为 $\overline{D} \to Z$。

5. 转移指令/返回指令 RST

转移指令包括 8 条条件转移指令 JC、JNC、JV 等，以及无条件转移指令 JMP。转移指令的流程如图 3-29 所示。RST 指令被视为 JMP 指令的一种特例。对于转移指令，只使用以下 5 种有实用价值的寻址方式。

① 寄存器寻址 R：从指定寄存器中读取转移地址。

② 寄存器间址（R）：从指定寄存器中读取间址单元地址，再从间址单元中读取转移地址。

图 3-28　单操作数指令流程

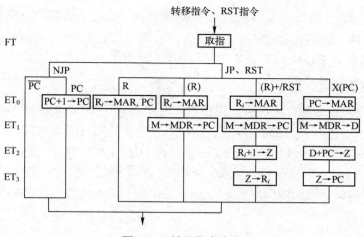

图 3-29　转移指令流程

③ 自增型寄存器间址(R)+：比上一种寻址方式增加一步修改指针 R_i 的操作。

④ 返回指令 RST：寻址方式固定为(SP)+，即从堆栈中读取返回地址，然后修改指针 SP。

⑤ 相对寻址 X(PC)：以 PC 内容为基准进行转移地址计算。

转移指令/RST 指令的主要任务是获得转移地址或返回地址，安排在执行周期 ET 中完成，因此，在 FT 中读得指令并修改 PC 后，直接进入 ET。根据指令规定的转移条件与 PSW 相应的位的实际状态，决定是否转移，相应地分成转移成功（JP）、转移不成功（NJP）两种可能。

（1）转移不成功 NJP

转移不成功即转移条件不满足，则程序将顺序执行。在决定下一条指令地址时有以下两种可能的情况：

① 转移地址段中的寻址方式所指定的寄存器如果是通用寄存器、堆栈指针 SP，即指明是非 PC，称为 $\overline{PC}$ 型，那么后继指令紧跟着当前转移指令（在 FT 中修改后的 PC 内容，就是后继指令地址）。

② 转移地址段中的寻址方式所指定的寄存器指明是 PC，称为 PC 型，那么紧跟指令操作码与寻址字段之后的单元已用来存放转移地址，再下一个存储单元内容才是后继指令，所以在 ET 中令 PC 再次加 1。

（2）转移成功 JP

转移成功即转移条件满足或无条件转移，按寻址方式获得转移地址。

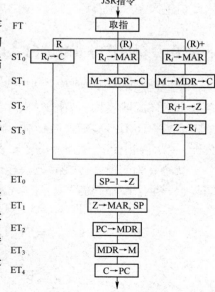

6. 转子指令 JSR

模型机转子指令只采用三种有关的寻址方式，即寄存器寻址、寄存器间址、自增型寄存器间址，允许将子程序入口地址存放在寄存器、主存和堆栈中。所指定的寄存器可以是通用寄存器、堆栈指针 SP（以上称为 $\overline{PC}$ 类），或是程序计数器 PC（称为 PC 类）。返回地址都压入堆栈保存，其流程如图 3-30 所示。

图 3-30　转子指令流程

转子指令在源周期 ST，从寄存器或主存中读取转移地址，暂存于 C 中。

在 $ET_0 \sim ET_3$ 中，先将返回地址压入堆栈保存，即修改堆栈指针，将 PC 内容（返回地址）经 MDR 写入堆栈。在 ET_4 中再将 C 中的子程序入口地址送入 PC。

7．中断响应周期 IT

以上分析了各类指令的执行流程，现在讨论 CPU 响应中断请求时的处理过程。当外部有中断请求信号送入 CPU 时，若允许响应，则在一条指令的执行周期 ET 的最后一节拍，向请求源发中断响应回答信号 INTA，并在 ET 结束时将 IT 置 1，即转入中断响应周期。

进入 IT 后，将断点与 PSW 压入堆栈，然后关中断，最后形成中断处理程序的入口地址并送入 PC。IT 一结束就切换到取指周期 FT，即开始执行中断处理程序。有关中断的内容在后续章节深入讨论。

8．DMA 周期

为简单起见，模型机对 DMA 请求采用这样的处理方式：在一条指令执行结束时查询有无DMA 请求，如有请求且 CPU 允许响应，则 CPU 与总线断开，将总线控制权交给 DMA 控制器，并转入 DMA 周期。在 DMAT 中，CPU 暂停工作，由 DMA 控制器接管系统总线，向总线发出有关地址码与控制信号，控制主存与外设接口之间的数据传输。DMAT 并不影响程序计数器 PC 的内容与有关现场，只是暂停执行程序，所以只要由 DMAT 转入 FT，程序就将恢复执行。

在实际计算机中，CPU 可在一个系统总线周期结束时响应 DMA 请求。有关 DMA 方式的细节在后续章节中介绍。

9．键盘操作

模型机在加电或复位后，产生一个"复位信号"对全机进行初始化，使 PC 置 0，然后进入取指周期 FT。主存 0 号单元中存放的是一条无条件转移指令，它指向"操作系统"的入口。模型机进入系统状态后，可通过键盘输入各种命令信息，使机器进入所要求的工作状态。

3.4.4　微命令的综合与产生

在组合逻辑（硬连逻辑）控制器中，微命令是由组合逻辑电路产生的。产生微命令的逻辑条件有工作周期名称、节拍序号、定时脉冲，以及操作码、寻址方式、寄存器号、PSW 状态、中断请求、DMA 请求等。在给出全部指令的流程图和微操作时间表后，通过对它们进行综合分析，就可列出各个微命令的逻辑表达式。

微命令的逻辑表达式都是"与-或"式的逻辑形态，各"与"项通常包括：指令操作码译码信号、寻址字段译码信号、工作周期状态、节拍、工作脉冲等。例如：

$$PC_{OUT} = FT \cdot T_0 + MOV \cdot [DI + X(R)] \cdot ST \cdot T_0 + \cdots$$

$$CP_{MAR} = FT \cdot T_0 \cdot P + MOV \cdot \overline{[R + -(R)]} \cdot ST \cdot T_0 \cdot P + \cdots$$

$$T + 1 = FT \cdot T_0 + MOV \cdot ST \cdot T_0 \cdot \overline{R} + \cdots$$

$$CP_T = \overline{P}$$

上述逻辑式反映出在什么情况下需发出某个微命令，将它们整理化简后就获得一组最终的逻辑表达式，可用组合逻辑门电路实现，也可用 PLA 门阵列实现。所有产生微命令的组合逻辑电路就构成了微操作信号发生器，见图 3-20 所示。

3.4.5　小结

在比较完整地介绍组合逻辑控制器后，我们可以总结出组合逻辑控制方式的优缺点。组合逻辑控制方式是用逻辑门电路产生微命令的，其速度主要取决于电路延迟，因此高性能微处理器如 RISC 处理器常采用这种速度较快的硬连控制方式。

然而，在组合逻辑控制器中，产生微命令的门电路所需的逻辑形态很不规整，因此组合逻辑控制器的核心部分比较烦琐、零乱，设计效率较低，检查调试也比较困难。而且，设计结果用印制电路板（硬连逻辑）固定下来后，就很难再修改与扩展。解决上述问题的方法是采用微程序控制方式，将程序技术引入 CPU 的构成级，即像编制程序那样编制微命令序列，从而使设计规整化。另一方面，将存储结构引入 CPU，取代组合逻辑的微操作信号发生器。也就是将微命令表示为二进制代码直接存入一个存储器中，只要修改所存储的代码即微命令信息，就可修改有关功能与执行方式。

3.5　微程序控制器原理

3.5.1　微程序控制概念

有些 CPU 采用微程序控制方式来产生微命令，相应的控制器称为微程序控制器。例如，Intel 80x86 的控制部件采用微程序控制方式，从而保证了与 IBM PC 系列机指令系统的兼容。

1. 微程序控制方式的基本思想

微程序控制方式的基本思想如下。

① 将机器指令分解为基本的微命令序列，用二进制代码表示这些微命令，并编成微指令，多条微指令再形成微程序。每条机器指令对应一段微程序，在制造 CPU 时固化在 CPU 中的一个控制存储器（CM）中。当执行一条机器指令时，CPU 依次从控制存储器 CM 中取微指令，从而产生微命令序列。

② 一条微指令包含的微命令，控制实现一步（一个节拍）操作；若干微指令组成的一小段微程序解释执行一条机器指令。CM 中的微程序能解释执行整个指令系统的所有机器指令。

这种将微命令以代码形式存储起来的做法就是前面提到的存储控制逻辑，而微指令序列设计方法可以借助于一般的程序设计技术实现。

下面通过图 3-31 说明微程序控制器的原理。微程序控制器的核心是控制存储器 CM，用于存放各条指令对应的微程序。CM 可用只读存储器 ROM 构成。若采用可擦除可编程只读存储器 EPROM 作为 CM，则有利于微程序的修改和动态微程序设计。

控制存储器 CM 中的一行表示存放的一条微指令，列线输出微指令代码。行列交叉处有黑点者表示该位信息为 1，行列交叉处无黑点者表示该位信息为 0。

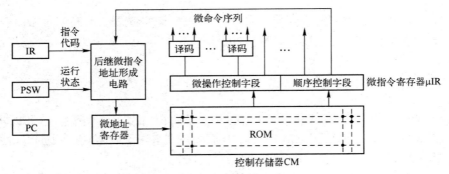

图 3-31　微程序控制器的原理

微指令寄存器存放从 CM 中读出的微指令，包含两大部分：微操作控制字段（微命令字段）、顺序控制字段（微地址字段）。微命令字段可直接按位或通过译码提供微命令。顺序控制字段用于控制产生下一条微指令地址，或直接提供，或由微指令地址形成电路按有关条件形成，该字段的有关问题在后面讨论。

2．微程序执行过程的描述

由于已将机器所有指令对应的微程序放在控制存储器 CM 中，其一条机器指令对应的微程序执行过程可描述如下：

① 根据微地址寄存器的内容（通常为 0 或 1），从 CM 的 0 号（或 1 号）单元中读出一条"取机器指令"微指令，送到微指令寄存器，这是一条公用微指令。该微指令的微命令字段产生有关控制信号，完成从存储器中取出机器指令送往指令寄存器 IR，并修改程序计数器 PC 的内容。

② IR 中机器指令的操作码通过微地址形成电路形成这条指令对应的微程序入口地址，并送入微地址寄存器。

③ 根据微地址寄存器中的微地址从 CM 中取出对应微程序的一条微指令，其微命令字段产生一组微命令控制有关操作；由顺序控制字段形成下一条微指令地址，送入微地址寄存器。重复步骤③，直到该机器指令的微程序执行完。

④ 执行完一条机器指令的微程序后，返回到 CM 的 0 号（或 1 号）微地址单元，重复步骤①，读取"取机器指令"微指令，以便取下一条机器指令。

由此可见，在采用微程序控制的机器中，一条机器指令是由对应的一段微程序解释执行的。这表明在这种机器中存在两个层次：一个是程序员看到的传统机器级，即机器指令、工作程序、主存储器；另一个更低的层次是设计者看到的微程序控制级，即微指令、微程序、控制存储器。

3．基本概念和术语

（1）微命令与微操作

微命令：构成控制信号序列的最小单位。例如，打开或关闭某个控制门的电位信号、某个寄存器的打入脉冲等。微命令由控制器通过控制线向有关的部件发出。

微操作：由微命令控制实现的最基本操作。

微命令是微操作的控制信号，微操作是微命令控制的操作过程。

注意：在组合逻辑控制器中也存在微命令、微操作这两个概念，并非只是微程序控制方式的专用概念。

（2）微指令与微周期

微指令：若干微命令的组合，以编码形式存放在控制存储器的一个单元中，控制实现一步操作。一条微指令的功能就是给出完成指令某操作所需的微操作控制信息和后继微指令地址信息。微指令通常包括两大部分信息：微命令字段（微操作控制字段），用来产生某一步操作所需的各种微操作控制信号；顺序控制字段（微地址字段），用于控制产生下一条要执行的微指令地址。其格式为：

微操作控制字段	顺序控制字段

微周期：通常指从控制存储器中读取一条微指令并执行相应的微操作所需的时间。

（3）微程序与微程序设计

微程序：一系列微指令的有序集合。

微程序设计：将传统的程序设计方法运用到控制逻辑的设计中，在微程序中也可以有微子程序、循环、分支等形态。

（4）工作程序与微程序、主存储器与控制存储器

程序员所编制的工作程序以机器指令为单位存放在主存储器中，由于解决不同问题的工作程序中所包含的机器指令、数据及机器指令条数可能有所不同，要求主存单元内容是可以更新的，因此主存储器是可读可写的随机访问存储器。而由机器设计者编制的微程序是以微指令为基本单位，在制作机器时用特殊方式将其写入控制存储器，由于机器的指令系统是固定的，因此实现指令系统的微程序也是固定的，并且在 CPU 执行机器指令时，控制存储器只能被读出，不能写入，故控制存储器用只读存储器来实现。

3.5.2 微指令编码方式

一条微指令分为两大部分：微操作控制字段和顺序控制字段。下面讨论微操作控制字段的编码方法，顺序控制字段放在其后讨论。

微指令编码的实质是解决在微指令中如何组织微命令的问题。由于各类机器的系统要求不同，相应的编码方法也不同。以下介绍几种典型的具有实用价值的编码方法。

1．直接控制编码（不译码法）

直接控制编码是指微指令的微命令字段中每一位都代表一个微命令。设计微指令时，选用或不选用某个微命令，只要将表示该微命令的对应位设置成 1 或 0 就可以了。因此，微命令的产生不需译码。这种编码的优点是简单、直观、执行速度快、操作并行性好，其缺点是微指令字长过长。一般机器的微命令都在几百个以上，采用此方法单是微命令字段就必须大于几百位。这会使控制存储器单元的位数过多。而且，在给定的任何一个微指令中，往往只需部分微命令，因此只有部分位置 1，造成有效空间不能充分利用。因此在多数机器中，微指令中只有某些位采用不译法，而其他位采用编译法。

2．分段直接编译法

在机器的实际操作中，大多数微命令不是同时都需要的，而且许多微命令是相互排斥的。

例如，控制 ALU 操作的各种微命令 ADD、SUB、AND 等是不能同时出现的，即在一条微指令中只能出现一种运算操作。又如，主存储器的读命令与写命令也不能同时出现。通常，同一微周期中不能同时出现的微命令称为相斥性微命令，而同一微周期中可以同时出现的微命令称为相容性微命令。

如果将微指令的微命令字段分成若干小字段，把相斥性微命令组合在同一字段中，而把相容性微命令组合在不同字段中。每个字段独立编码，每种编码代表一个微命令，且各字段编码含义单独定义，与其他字段无关，这就称为分段直接编译法，或称为显式编码、单重定义编码。

分段直接编译法可以缩短微指令字长，同时又保持一定的并行控制能力。常见的分段方法有两种：

① 将机器的全部微命令中相斥性微命令尽可能编入同一字段，而不管它们是否属于同一类操作。这种方式的信息位利用率高，微指令短，但不便扩展与修改。

② 将同类操作（或控制同一部件的操作）中相斥性微命令划分在一个字段内，如将控制 ALU 操作的微命令划分在一个字段内，将对主存的读写命令划分在另一个字段内。这种分段法的优点是微指令编码的含义较明确，可灵活地组合成各种操作，便于微指令的设计、修改和检查。

3．分段间接编译法

分段间接编译法是在直接编译法基础上，进一步缩短微指令字长的一种编码方法。在这种编译法中，一个字段的含义不仅决定于本字段编码，还兼由其他字段来解释，以便使用较少的信息位表示更多的微命令。属于这种编码方法的常见形式有以下两种。

（1）可解释的字段编译

例如，微指令中 A 字段（高 3 位）的含义兼由第 0 位来解释，当第 0 位为 1 时，字段 A 表示某一类操作中的 8 个相斥性微命令；第 0 位为 0 时，字段 A 表示另一类操作中的 8 个微命令。因此，第 0 位与 A 字段总共可表示 16 种微命令。

这种方法可将属于不同类型的操作归并为一个字段。当然，解释位也可扩展为一个字段或某一个状态触发器。

（2）分类编译

为了使有限的微指令长度能适应较复杂的指令系统，可采用分类编译法，即按微指令的功能将其分成几类，分别安排各类微指令的格式和编码，由某字段或状态触发器来控制和区别，如可分为 ALU 操作类、I/O 操作类等。

还有其他多种多样的间接编译法，尽管可以进一步缩短微指令字长，但译码线路复杂，削弱了微指令的并行操作能力，降低了操作速度，通常只在局部的微操作控制中使用。因此，这种方法一般作为直接编译法的一种辅助手段。

4．常数源字段 E 的设置

在微指令中，一般设有一个常数源字段 E，如同机器指令中的立即操作数一样，用来提供微指令所使用的常数（由设计者填写），如提供计数器初值，通用寄存器地址，转移地址等。字段 E 也可用来参与其他控制字段的间接编码，以减少微指令字长，增加微指令的灵活性。字段 E 在微指令中的形式为

微操作控制字段	E	顺序控制字段

除了上述几种基本的编码方法，还有一些常见的编码技术，如可采用微指令译码与部分机器指令译码的复合控制、微地址参与解释微指令译码。实际机器的微指令系统通常同时采用其中的几种方法，以满足速度要求并能缩短微指令字长。例如，在同一条微指令中，某些位是直接控制，某些字段是直接编码，而个别字段根据需要采用间接编码方式。

3.5.3 微程序的顺序控制

所谓微程序的顺序控制，是指当前微指令执行完毕，怎样控制产生后继微指令地址（包括顺序执行和转移两种形态）。以下将从两方面讨论后继微指令地址的确定方法，先介绍如何产生每条机器指令所对应的微程序入口地址，再讨论后继微指令地址的形成方式。

1. 微程序入口地址的形成

由于每条机器指令都需要取指操作，因此将取指操作编制成一段公用微程序，通常安排在控制存储器的 0 号或 1 号单元开始的一段 CM 空间。

每条机器指令对应着一段微程序，其入口就是初始微地址。首先由"取机器指令"微程序取出一条机器指令到 IR 中，然后根据机器指令操作码转换成该指令对应的微程序入口地址。这是一种多分支（或多路转移）的情况，常用以下 3 种方式形成入口地址。

① 当操作码的位数与位置固定时，可直接使操作码与入口地址码的部分相对应。例如，操作码为 P，则入口地址为 000P，这样控制存储器 0 页的一些单元地址被安排作为各段微程序入口地址，再通过单元内的无条件转移微指令与各自的后续微程序相连接。因此可以一次转移成功。操作码也可以与入口地址码其他位相对应，这时有若干连续 CM 单元用来存放一条机器指令对应的微程序。如空出的单元不足以存放整个微程序时，依旧可通过无条件转移微指令再与其后继微程序连接。

② 当每类指令中的操作码位数与位置固定，而各类指令之间的操作码与位置不固定时，可采用分级转移的方式。先按指令类型标志转移到某条微指令，以区分出是哪一大类，如单操作数指令类或双操作数指令类；可以进一步按指令操作码转移，区分出是该类机器指令中的哪一种具体操作。

③ 当机器指令的操作码位数和位置都不固定时，通常可以采用 PLA 电路将每条指令的操作码翻译成对应的微程序入口地址，也可以采用 PROM 实现转移，将指令操作码作为 PROM 的地址输入，对应的 PROM 单元内容即为该机器指令的微程序入口地址。

2. 后继微地址的形成

在转移到一条机器指令对应的微程序入口地址后，就开始执行微程序，这时每条微指令执行完毕，需根据其中的顺序控制字段的要求形成后继微指令地址。

形成后继微指令地址的方式很多，对微程序编制的灵活性影响很大，总的来说，可分为两大基本类型。

（1）增量方式（顺序- 转移型微地址）

增量方式与工作程序用程序计数器产生机器指令地址很相似。在微程序控制器中，可设置一个微程序计数器μPC，在顺序执行微指令时，后继微指令地址由当前微地址（即μPC 内容）

加上一个增量（通常为 1）来形成；遇到转移时，由微指令给出转移微地址，使微程序按新的顺序执行。

采用这种方式的微指令的顺序控制字段通常分成两部分：转移方式控制字段和转移地址字段，其一般格式如下：

微操作控制字段	顺序控制字段	
	转移地址	转移方式

增量方式可能有以下形态。

① 顺序执行：由转移方式字段指明。此时，μPC 加 1，给出后继微地址。为减少微指令长度，可将转移地址字段暂作为微命令字段。

② 无条件转移：由转移方式字段指明。转移地址字段提供微地址的全部；或给出低位部分，高位与当前微地址相同。

③ 条件转移：由转移方式字段指明判别条件，转移地址字段指明转移成功的去向，不成功则顺序执行。机器中可作为转移判别的条件有多个，但每次只能选择一个测试判别源，所以一次只允许两路分支。

④ 转微子程序：由转移方式字段指明。微子程序入口地址由转移地址字段（或与μPC 组合）提供。在转微子程序前，要将该条微指令的下一条微指令地址（μPC+1）送入返回地址寄存器中，以备返回微主程序。

⑤ 微子程序返回：由转移方式字段指明。此时将返回地址寄存器内容作为后继微地址送入μPC，从而实现从微子程序返回到原来的微主程序。此时，可将转移地址字段暂用作微命令字段。

增量方式的优点是简单、易掌握，便于控制微程序，机器指令对应的一段微程序一般安排在 CM 的连续单元中。其缺点是不利于解决两路以上的并行微程序转移，因而不利于提高微程序的执行速度。

（2）断定方式

所谓断定型微地址，是指后继微地址可由微程序设计者指定，或者根据微指令所规定的测试结果直接决定后继微地址的全部或部分值。

这是一种直接给定与测试断定相结合的方式，其顺序控制字段一般如下所示分为两部分：

微操作控制字段	顺序控制字段	
	非测试段	测试段

① 非测试段：可由设计者直接给定，通常是后继微地址的高位部分，用来指定后继微指令在某区域内。

② 测试段：根据有关状态的测试结果确定其地址值，占后继微地址的低位部分，相当于在指定区域内断定具体的分支。所依据的测试状态可能是指定的开关状态、指令操作码、状态字等。

事实上，在多数机器的微指令系统中，增量方式和断定方式是混合使用的，以充分利用两者的优点，增加微程序编制的灵活性。

3.5.4　微指令格式

微指令的编码方式是决定微指令格式的主要因素。微指令格式设计是以机器系统要求、指令级功能部件与数据通路设计为依据的，不同计算机具有不同的微指令格式，经综合分析可归纳为两大类，即水平型微指令、垂直型微指令。

1．水平型微指令

水平型微指令这个名称没有统一严格的定义，一般具有如下特征。

① 微指令较长，通常为几十位到上百位左右，如 VAX-11/780 的微指令字长 96 位。机器规模越大、速度越快，其微指令字越长。

② 微指令中的微操作具有高度并行性，这种并行操作能力是以数据通路中各部件间的并行操作结构为基础的。例如，执行一条水平型微指令就能控制信息从若干源部件同时传输到若干目的部件。

③ 微指令编码简单，一般采用直接控制编码和分段直接编码，以减少微命令的译码时间。

水平型微指令的优点是执行效率高、灵活性好，微程序条数少，因此广泛应用于速度较快的机器中。但其微指令字较长，复杂程度高，难以实现微程序设计自动化。

2．垂直型微指令

垂直型微指令的特征是微指令较短，微指令的并行操作能力有限，一般一条微指令只能控制数据通路的一两种信息传送操作。

通常，每条微指令都有一个微操作码字段、源地址和目的地址及某些扩展操作字段。微指令的格式也有多种，可按功能分成几类，如寄存器－寄存器传送型微指令、运算控制型微指令、主存控制型微指令、移位控制型微指令、转移型微指令等，它们合起来构成一个微指令系统。

对于垂直型微程序设计，设计者只需注意微指令的功能，而对数据通路结构不用过多考虑，因此便于编制微程序。由此编制的微程序规整、直观、有利于设计的自动化。但垂直型微指令不能充分利用数据通路的并行操作能力，微程序长，因而效率低。

综上，水平型微指令与垂直型微指令各有所长，因此在实际应用中，为了兼顾两者的优点，也可采用混合型微指令，以不太长的微指令与一定的并行控制能力去实现机器的指令系统。

3.5.5　典型微指令举例——模型机微指令格式

下面以模型机为例说明该机的微指令格式。微指令格式与机器的数据通路结构紧密相关，由于模型机 CPU 内部采用的是单总线结构，每次只能完成一种基本的数据通路传送操作，如 PC→MAR，这表明其微指令格式应偏向于垂直型；但由于微指令控制字段的设置是面向微命令的，因此又具有水平型微指令的某些特点，故可以看成混合型微指令。微指令的微操作控制字段是按操作性质划分字段，对于一些零乱的微操作可归入辅助操作一组。

对于微程序的顺序控制方式，在模型机中采用增量方式和断定方式相结合的方案，当微程序顺序执行、无条件和条件转移，以及转微子程序与返回时，用增量方式形成后继微地址；当微程序需要多路转移时，用断定方式形成相应的各路转移微地址。

模型机的微指令字长为 26 位，分为 8 个字段，其格式如下：

4	5	5	2	1	2	2	5
F_{OUT}	F_{ALU}	F_{CP}	F_{PC}	F_{EMAR}	$F_{R/W}$	F_{ST}	JC

（1）基本数据通路控制字段

F_{OUT}：寄存器的输出控制字段。

F_{ALU}：ALU 的操作与 D 的移位控制字段。

F_{CP}：寄存器的同步打入控制字段。

F_{PC}：PC 的操作控制字段。

（2）访存控制字段

F_{EMAR}：MAR 输出控制字段。

$F_{R/W}$：主存读写与 MDR 操作控制字段。

（3）辅助控制字段

FST：辅助操作控制字段。

（4）顺序控制字段

JC：转移方式字段，用以选择后继微指令地址的形成方式。

3.6 典型 RISC 处理器微体系结构

2.3.5 节介绍了 RISC 的概念和特点，本节介绍两个典型的 RISC 处理器 MIPS R4000 和 ARM7 的微体系结构。在介绍 MIPS 和 ARM 结构前，先给出超标量与超流水线的概念。

在只有一个单执行部件的流水线处理器中，多数指令是单个时钟周期执行，但仍有少数指令需要一个时钟周期以上的执行时间。因此，其每条指令执行的平均时钟周期数 CPI（Clock cycles Per Instruction）接近于 1，但不能小于 1。

超标量：要使 CPI 小于 1，一种方法是将处理器设计成具有多个执行部件的结构，同时在每一个时钟周期内允许发射 2 条或 2 条以上指令，并调度多条指令在不同的执行部件中并行执行操作，这就是所谓超标量结构。从 Pentium 开始，Intel 微处理器就采用了超标量结构。

超流水线：使 CPI 小于 1 的另一种方法是将流水线的每个节拍分成 2 个或 2 个以上小节拍，每个小节拍执行一个操作，便有可能在取出第 i 条指令后，相隔一个小节拍，就取出第 $i+1$ 条指令，这样就可能在一个流水线的节拍内，取出 2 条或 2 条以上指令，送入流水线去执行，从而使 CPI 小于 1，即所谓超流水线结构。在有的资料上把流水线级数为 8 级或超过 8 级的处理器称为超流水线处理器。MIPS R4000 采用的就是超流水线结构。

3.6.1 MIPS R4000 的微体系结构

根据 RISC 的设计思想，1981 年，斯坦福大学教授 John Hennessy 领导他的团队研发出了第一个 MIPS 架构的处理器。MIPS（Microprocessor without Interlocked Piped Stages）意思是无互锁的流水线微处理器，其最初的机制是尽量利用软件避免流水线的数据相关和控制相关。

1984 年，John Hennessy 创立了 MIPS Technologies 公司。1986 年，MIPS 公司发布 R2000处理器，2 年后推出了 R3000 处理器；1991 年，发布第一款 64 位商用微处理器 R4000，其后

推出了 R8000、R10000 和 R12000 处理器；1999 年，发布 MIPS 32 和 MIPS 64 架构标准，其后更新到第 6 个版本。

2007 年，中国科学院计算机研究所的龙芯处理器获得 MIPS 架构的全部授权，为国产 CPU 芯片的生产奠定了基础。

MIPS R2000/R3000 微处理器芯片，具有相同的 32 位系统结构和指令系统。与 R2000/R3000 不同，MIPS R4000 所有内部和外部数据路径和地址、寄存器和 ALU 都是 64 位的，但其指令系统是保持兼容的。本书 2.3.5 节介绍了 MIPS R 的基本指令集和 R4000 的扩展指令。下面简单介绍 R4000 的基本结构和流水线。

1．MIPS R4000 的基本结构

MIPS R4000 有 8 级流水线，是典型的超流水线处理器，如图 3-32 所示。

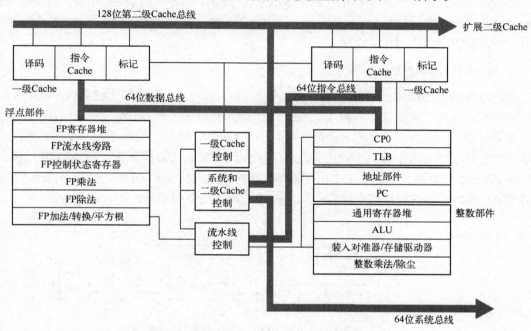

图 3-32　MIPS R4000 超流水线处理器结构

MIPS R4000 处理器内部有 2 个一级 Cache，包括 8 KB 指令 Cache 和 8 KB 数据 Cache。每个 Cache 的数据宽度为 64 位。由于每个时钟周期可以访问 Cache 两次，因此在一个时钟周期内可以从指令 Cache 中读出两条指令，从数据 Cache 中读出或写入两个数据。R4000 还可以支持芯片外的扩展二级 Cache。

整数部件是 MIPS R4000 的核心部件，主要包括：32 个 64 位的通用寄存器，1 个算术逻辑运算部件 ALU，1 个专用乘法/除法部件。通用寄存器堆用作整数操作和地址计算，寄存器堆有两个读出端口和一个写入端口，还设置了专用的数据通路，在 1 个时钟周期可以对每个寄存器读和写两次。ALU 包括一个整数加法器和一个逻辑部件，负责执行算术逻辑运算操作、地址运算和移位操作。乘法/除法部件能够执行 64 位无符号和带符号的乘法或除法操作，可以与 ALU 并行执行指令。

浮点部件包括一个浮点通用寄存器堆和一个执行部件。浮点通用寄存器堆由 32 个 64 位

的通用寄存器组成，也可以设置成 32 个 32 位的浮点寄存器使用。浮点执行部件由浮点乘法部件、浮点除法部件和浮点加法/转换/求平方根部件三个独立部件组成，这三个浮点部件可以并行工作。15 种浮点操作主要包括浮点加法、减法、乘法、除法、求平方根、定点与浮点格式转换、浮点格式转换、浮点比较等。浮点控制状态寄存器主要用于诊断软件、异常事故处理、状态保存与恢复、舍入方式的控制等。

芯片上存储管理部件（MMU）中有两个转换旁路缓冲器（Translation Lookaside Buffer，TLB），即 DTLB（Data TLB）和 ITLB（Instruction TLB）。DTLB 主要实现将数据的虚拟地址转换成物理地址。ITLB 专用于指令地址转换。这两个 TLB 可以并行工作，使访问指令 Cache 与访问数据 Cache 可以在流水线上同时进行。

MIPS 体系结构最多可支持 4 个协处理器（Co-Processor，CP）。协处理器 0（CP0）是体系结构中必须实现的，用于控制 CPU。早期 MIPS 中 CP0 中的寄存器最多 32 个，后来的 MIPS 32/64 架构标准中寄存器数目达到了 256 个。MIPS 的 CPU 配置、Cache 控制、异常/中断控制、MMU 控制等都依赖于 CP0 来实现。

2．MIPS R4000 整数指令流水线

MIPS R4000 的整数指令流水线有 8 级，如图 3-33 所示，采用超流水线结构，取指令和访问数据都要跨越两个流水级。实际上，每个时钟周期包括两个流水级，处理器取第一条指令（IF）取第二条指令（IS）两个流水级都要访问指令 Cache，这两个流水级为一个时钟周期。在寄存器流水级（RF）的开始，指令已经读到了指令寄存器中，因此可以开始译码，并且访问通用寄存器堆。此外，由于指令 Cache 采用直接映像方式，从指令 Cache 中读出的标记要与访问存储器的物理地址中的标记进行比较；如果相等，表示指令在 Cache 中，即命中。

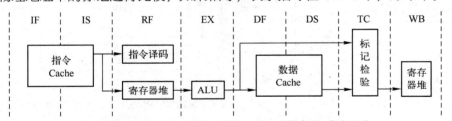

IF：取第一条指令；IS：取第二条指令；RF：读寄存器，指令译码；
EX：执行指令；DF：取第一个数据；DS：取第二个数据；
TC：数据标记检验；ES：写回结果；

图 3-33　MIPS R4000 处理器的整数指令流水线操作

对于非存储器操作指令，若指令 Cache 命中，则指令可以在指令执行（EX）流水级执行，指令的执行结果可以在 EX 流水级的末尾得到。

在正常情况下，MIPS R4000 指令流水线工作时序如图 3-34 所示。一条整数指令的执行过程经历 8 个流水级（流水线周期）。由于一个主时钟周期包含两个流水线周期，因此可以认为每 4 个时钟周期执行完一条整数指令。从流水线的输入端，每个流水线周期启动一条指令；同样，从流水线的输出端，每个流水线周期执行完成一条指令。当流水线被充满时，如图中的黑框内所示，有 8 条指令在同时执行，注意，这 8 条指令处在不同的流水级。如果把两个流水线周期看作一个时钟周期，那么在一个时钟周期内，MIPS R4000 分时发射了两条指令，流水线也执行完成了两条指令。因此，MIPS R4000 是一种典型的超流水线处理器。

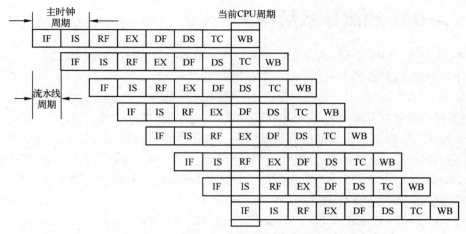

图 3-34　MIPS R4000 正常整数指令流水线工作时序

在取第一个数据（DF）和取第二个数据（DS）流水级期间，MIPS R4000 要访问数据 Cache。首先，由 DTLB 在 DF 和 DS 流水级把数据的虚拟地址转换为主存物理地址，同时从数据 Cache 读出数据块及对应的标记；然后，在标记检测（TC）流水级把读出的标记与转换后的主存物理地址中的标记进行比较；若比较结果相等，则数据 Cache 命中。对于 STORE 指令，若命中，则只要把数据写入缓冲器，由写入缓冲器把数据写到数据 Cache。对于非存储器操作指令，在写回结果（WB）流水级把指令的执行结果写回到通用寄存器堆中。

有关 Cache 原理的内容参见本书 6.4 节。

对于 LOAD 指令，从数据 Cache 读出的数据要在 DS 流水级的末尾才能准备好。因此，如果在 LOAD 指令之后的两条指令中，任何一条要在它的 EX 流水级使用这个数据（即存在数据相关），那么指令流水线要暂停一个时钟周期（两个流水线周期），才能保证 LOAD 其后指令得到正确数据，如图 3-35 所示。

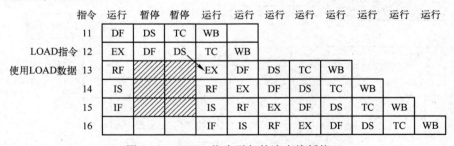

图 3-35　LOAD 指令引起的流水线暂停

在图 3-35 中，指令 I2 是 LOAD 指令，而指令 I3 使用指令 I2 读出的数据，在这种情况下，指令 I3 要在 EX 流水级暂停一个时钟周期（两个流水线周期）。同样，其后的 I4、I5 指令也要暂停一个时钟周期，如图中的阴影部分所示。等到 I2 的 DS 流水级完成后，I2 读出的数据才能使用。这时，指令流水线又可以继续往前流动。在指令流水线暂停期间，流水级 DF、DS、TC 和 WB 要继续往前流动，而流水级 IF、IS、RF 和 EX 要暂停，换句话说，I2 及 I2 之前的指令在流水线继续执行，而 I2 其后的指令要暂停一个时钟周期。如果 LOAD 指令要读出的数据在数据 Cache 中没有命中，那么流水线要暂停更长的时间，直到数据从主存储器中读出后，指令流水线才能继续往前流动。

3.6.2　ARM7 的微体系结构

ARM（Advanced RISC Machine）是一家专门从事芯片 IP 设计与授权业务的英国公司，其产品有 ARM 内核以及各类外围接口。ARM 内核是一种 32 位 RISC 微处理器，ARM 公司提供 CPU 内核的设计，然后授权给芯片厂商进行具体处理器芯片产品的二次设计及生产。ARM 芯片的主要特点就是功耗小（一般为几 mW/MIPS）、代码密度高、性价比高。

ARM 芯片主要适用于移动通信、手持计算、数字多媒体设备以及其他嵌入式应用，在需要低功耗和小体积的应用中占据了较大的市场份额。许多一流的芯片厂商都是 ARM 公司的授权用户（Licensee），如 Intel、Samsung、TI、华为、Freescale、Infineon、ST 等，ARM 已成为业界公认的嵌入式微处理器标准之一。

目前，ARM 处理器主要有七大产品系列：ARM7、ARM9、ARM9E、ARM10E、ARM11、Cortex 和 SecurCore。Cortex-A8 processor 性能可高达 2000 MIPS。

ARM7 是 32 位的嵌入式微处理器，采用 v4 架构。2.3.7 节介绍了 ARM v4 架构的指令系统，下面介绍 ARM7 TDMI 的 Core（即 CPU）结构和流水线。

1．ARM7 TDMI 的 Core 结构

ARM7 TDMI（1997 年发布）采用三级指令流水线，冯·诺依曼架构（指令和数据存放在一个主存储器中，没有设置高速缓冲器 Cache），CPI（Clock Cycles Per Instruction）约为 1.9。TDMI 的基本含义为：T，支持 16 位压缩指令集 Thumb；D，支持片上 Debug；M，内嵌硬件乘法器（Multiplier）；I，嵌入式 ICE, 支持片上辅助调试。

ARM7TDMI 是一个集成微处理器，下面主要介绍其 Core 部分，如图 3-36 所示。

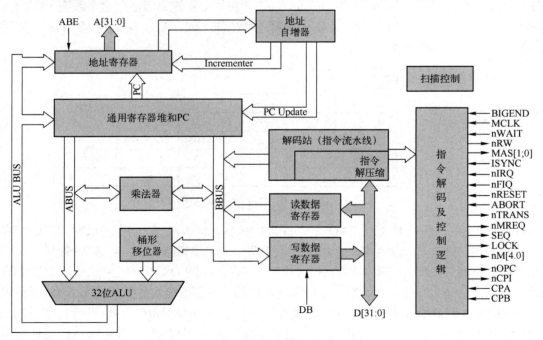

图 3-36　ARM7 TDMI Core 的结构

ARM7 TDMI Core 的通用寄存器堆有 16 个 32 位的寄存器 $r_0 \sim r_{15}$，r_{15} 作为程序计数器 PC

使用，PC 和其他寄存器通过地址自增器完成地址增量的操作（如 PC+4）。算术逻辑运算部件 ALU 一个输入前面有一个桶形移位器，因此 ARM 的移位操作可以内嵌在一条指令中，即一条指令可以在一个指令周期完成一个移位操作和一个 ALU（算术逻辑）操作，还设置了一个专用乘法器，可以快速完成乘法运算。

由 PC 提供指令地址送地址寄存器再通过地址总线 A[31:0]送到存储器，从存储器读出的指令通过数据总线送到指令解码站译码产生该指令对应的控制信号送对应执行部件或外部控制总线。如果读出的是"LDR r0,[r1]"指令，就将 r_1 提供的存储器地址通过地址寄存器送到存储器，根据这个地址从存储器读出数据通过数据总线 D[31:0]读到读数据寄存器再送到 r0 中。

2．ARM7 TDMI Core 的指令流水线

ARM7 TDMI 采用的 3 级流水线，将指令的执行分解为指令预取、指令译码、指令执行三个阶段，如图 3-37 所示。ARM 指令三个流水段的操作如下：

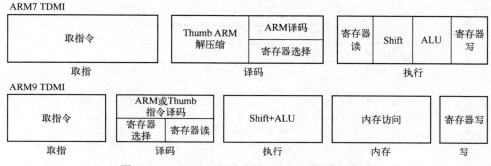

图 3-37　ARM7 三级流水线与 ARM9 五级流水线

① 取指令阶段：完成从主存取到指令。

② 指令译码阶段：完成对取到的指令进行解压译码，选择通用寄存器堆的寄存器。

③ 执行阶段：完成将已选择的寄存器内容送 ALU 或桶形移位器，移位和运算操作，将运算结果写回寄存器堆。

图 3-37 还给出了 ARM9 TDMI（采用 v4 架构）的五级流水线，与 ARM7 TDMI 的三级流水线形成了对比。ARM7 的流水线没有专门的访存流水段，访存时需要增加额外 2 个时钟周期。ARM9 的流水线设置了访存流水段，流水线级数多于 ARM7，其指令执行的效率会更高。

ARM7 的"理想流水线"，是指在指令序列中，没有访问存储器的操作，不存在分支指令和数据相关的情况，图 3-38 给出了 ARM7 的三级流水线的理想情况，用 8 个时钟周期执行了 6 条指令，所有操作都针对寄存器（单周期执行，即执行阶段 E 为一个时钟周期），平均每条指令执行周期数（CPI）为 1.33。

图 3-39 为 ARM7 需要访问存储器的流水线情况，其中 LDR 就是一条访存指令。由于装入指令 LDR 执行访存需要额外 2 个时钟周期，花费 5 个时钟周期，其后 2 条指令执行过程中不得不插入等待周期，从而影响了指令执行并行度。10 个时钟周期执行了 6 条指令，CPI= 1.67。

由图 3-39 可知，ARM7 在执行访存指令时会使访存指令其后的指令产生停顿，从而降低流水线的执行效率。为了解决这个问题，ARM9 的流水线增加到 5 级，其中包括访存阶段，流水线的执行效率高于 ARM7。

时钟周期	1	2	3	4	5	6	7	8
操作								
ADD		F	D	E				
RSB			F	D	E			
AND				F	D	E		
ORR					F	D	E	
ADD						F	D	E
SUB							F	D

图3-38 ARM7 理想的三级流水线时序（无访问存储器的操作）

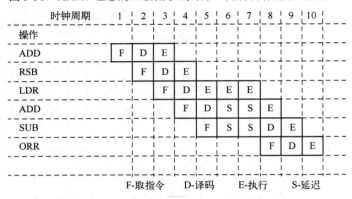

图3-39 ARM7 有 LDR 指令的流水线时序

F-取指令　　D-译码　　E-执行　　S-延迟

习 题 3

3-1 试说明串行进位和并行进位方式的不同之处。

3-2 试用 SN74181 和 SN74182 芯片构成一个 64 位的 ALU，采用分级分组并行进位链。请画出逻辑框图，并注明输入、输出等。

3-3 用变形补码计算 $[X]_{补}+[Y]_{补}$，并指出是否有溢出，是正溢还是负溢？

（1）$[X]_{补}=00,110011B$，　$[Y]_{补}=00,101101B$

（2）$[X]_{补}=00,010110B$，　$[Y]_{补}=00,100101B$

（3）$[X]_{补}=11,110011B$，　$[Y]_{补}=11,101101B$

（4）$[X]_{补}=11,001101B$，　$[Y]_{补}=11,010011B$

3-4 用变形补码计算 $[X]_{补}-[Y]_{补}$，并指出是否有溢出。

（1）$[X]_{补}=00,110011B$，　$[Y]_{补}=00,101101B$

（2）$[X]_{补}=00,010110B$，　$[Y]_{补}=00,100101B$

（3）$[X]_{补}=11,110011B$，　$[Y]_{补}=11,101101B$

（4）$[X]_{补}=11,001101B$，　$[Y]_{补}=11,010011B$

3-5 设两个浮点数，$X=0.110111B\times2^{(-011B)}$，$Y=0.101001B\times2^{(-010B)}$。其浮点格式为：阶码

4 位，尾数 8 位，且均用双符号位补码表示。试按浮点加减运算规则计算 $[X]_补+[Y]_补$ 和 $[X]_补-[Y]_补$。

3-6 用无符号数一位乘法计算 $X \times Y$，写出规范的运算过程。

(1) X=1001，Y=1101   (2) X=1101，Y=1111   (3) X=1010，Y=1001

3-7 用无符号数不恢复余数法求 $X \div Y$？写出运算过程，分别给出求得的商和余数。

(1) X=00001001，Y=0011   (2) X=00000111，Y=0010   (3) X=00001101，Y=0011

3-8 简要解释下列名词术语：

微命令、同步控制方式、指令周期、机器周期、时钟周期、时钟脉冲、指令流程、微指令、微程序、微周期、直接控制编码、分段直接编译法、分段间接编译法、增量方式、断定方式、垂直型微指令、水平型微指令。

3-9 试说明模型机中下列寄存器的作用：通用寄存器、暂存器、IR、PC、SP、MAR、MDR。

3-10 模型机中的脉冲型微命令有哪些？

3-11 何谓组合逻辑控制器？何谓微程序控制器？试比较它们的优缺点。

3-12 拟出下述指令的读取与执行流程：

(1) MOV R_0, R_2 (2) MOV R_1, (PC)+   (3) MOV   (R_1), −(SP)

(4) MOV   (R_0)+, X(R_3)   (5) MOV   (R_0), (PC)+   (6) MOV   (SP)+, DI

3-13 拟出下述指令的读取与执行流程：

(1) ADD R_0, X(R_1)   (2) SUB   (R_1)+, (PC)+   (3) AND   (R_3)+, R_0

(4) OR R_0, DI   (5) EOR   −(R_2), R_1 (6) INC   −(R_2)

(7) DEC   (R_1)   (8) COM   (R_0)+   (9) NEG   DI

(10) SL R_1 (11) SR R_2

3-14 拟出下述指令的读取与执行流程：

(1) JMP R_1;   (2) JMP   (R_0)   (3) JMP   X(PC)

(4) RST   (SP)+   (5) JSR R_0 (6) JSR   (R_3)

(7) JSR   (R_2)+

3-15 简述指令流水线的工作原理。解释数据相关和控制相关的含义。

3-16 为什么 MIPS R4000 是超流水线结构？

3-17 简述 ARM7 TDMI Core 执行指令"SDR   r0, [r1]"从取指操作到写入的过程。

第4章

指令系统层

计算机的基本工作主要体现为执行指令。一台计算机能执行的全部指令称为该机的指令系统或指令集，具体包括指令格式、寻址方式、指令类型和功能。

微体系结构层是具体存在的硬件层次，其特征是 CPU 的结构和功能；指令系统层是位于微体系结构层之上的抽象层次，其主要特征就是指令系统。指令系统层是硬件和软件之间的接口，硬件的任务是执行指令，程序则体现为指令序列。尽管现已广泛应用各种高级语言编程，但需通过编译器或解释器将高级语言程序转换为机器可以识别与执行的指令序列。

指令系统层定义了硬件和编译器之间的接口，是一种硬件和编译器都能理解的语言。一方面，指令系统表明了一台计算机具有哪些硬件功能，是硬件逻辑设计的基础。因此，指令系统层应该定义一套在当前和将来技术条件下应高效率实现的指令集，从而使高效率的设计可用于今后的若干代计算机中。另一方面，指令系统层应为编译器提供明确的编译目标，使编译结果具有规律性和完整性。

指令系统层的另一个重要特性是具有两个模式——内核模式（Kernel Mode）和用户模式（User Mode），大多数 CPU 中都具备。内核模式用于运行操作系统，可以运行所有的指令。用户模式用于运行用户应用程序，不允许运行某些特殊的敏感指令（如 I/O 指令和管理 Cache 的指令）。

在分析 CPU 的微体系结构层时已经在一定程度上涉及它的指令系统层，但那只是一个简化的、原理性的模型机指令层。本章将以 80x86 为背景讨论指令系统层，首先介绍 8086、80386/80486、Pentium、Pentium Pro 和 Pentium II CPU 的结构特点，然后讲解 80x86 的主存储器和寄存器组织，最后讨论 80x86 指令系统（着重于用户模式指令）。

4.1 80x86 CPU

IBM PC 系列微机及兼容机是国内外应用最广泛的微型计算机，其 CPU 采用 Intel 80x86 系列微处理器，如表 4-1 所示。本节主要介绍 8086/8088、80386/80486、Pentium、Pentium Pro 和 Pentium II CPU 的内部结构及特点。

表 4-1　80x86 CPU 概况

型号	发布年份	字长（位）	晶体管数（万个）	主频（MHz）	通用寄存器位数（位）	外部数据总线宽度（位）	地址总线宽度（位）	寻址空间	片内高速缓存
8086	1978	16	2.9	4.77	16	16	20	1MB	无
8088	1979	16	2.9	4.77	16	8	20	1MB	无
80286	1982	16	13.4	6～20	16	16	24	16MB	无
80386	1986	32	27.5	12.5～33	32	32	32	4GB	无
80486	1989	32	120～160	25～50	32	32	32	4GB	8KB
Pentium（586）	1993	32	310～330	60～166	32	64	32	4GB	8KB 数据，8KB 指令
Pentium Pro	1995	32	550	160～200	32	64	36	64GB	8KB 数据，8KB 指令 256KB 二级高速缓存
Pentium II	1997	32	750	233～333	32	64	36	64GB	16KB 数据，16KB 指令 512KB 二级高速缓存
Pentium 4	2001	32	4200	1500	32	64	36	64GB	12KB 踪迹指令，16KB 数据，2MB 二级高速缓冲

4.1.1 8086/8088 CPU

8086 CPU 是 16 位微处理器，即 CPU 的内外数据总线为 16 位，一个总线周期可以传输一个字（16 位）数据。而 8088 是准 16 位微处理器，其 CPU 的内部总线为 16 位，外部数据总线为 8 位，因此一个总线周期只能传送 1 字节。但是两者的内部结构基本上是相同的，其地址引脚均为 20 位，可寻址 1MB 主存空间。8086/8088 的指令系统完全相同，在软件上是完全兼容的。

1．8086/8088 CPU 内部结构

模型机 CPU 的指令之间的衔接采用串行的顺序处理方式，即必须在一条指令执行完毕，才能从主存中读取下一条指令。在 CPU 执行指令时，系统总线与主存可能空闲，因此程序执行效率不高。图 4-1 给出了三条指令的执行过程。

图 4-1　模型机 CPU 指令执行过程

8086/8088 CPU 采用了指令流水线结构，将取指令（或取操作数或写结果）与执行指令的功能分别由两个独立部件实现，即总线接口部件 BIU（Bus Interface Unit）与执行部件 EU（Execute Unit）。因此，当 EU 执行某条指令时，BIU 同时完成从主存中预取后继指令，两个部

件并行地工作，使指令的读取与执行可以部分重叠，从而提高了指令的执行速度。8086/8088 CPU 的指令执行过程如图 4-2 所示。

图 4-2　8086/8088 CPU 指令执行过程

8086 CPU 的内部结构如图 4-3 所示。下面分别讨论 EU 与 BIU 部件。

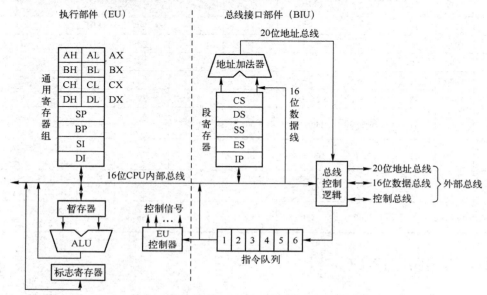

图 4-3　8086 CPU 的内部结构

（1）执行部件 EU

EU 包括一个 16 位算术逻辑运算部件 ALU、一组通用寄存器、暂存器、标志寄存器和 EU 控制器。各寄存器和内部数据通路都是 16 位。EU 的主要任务是执行指令，其功能如下：

① 从指令队列中取出指令代码，由 EU 控制器进行译码后产生对应的控制信号到各部件以完成指令规定的操作。

② 对操作数进行算术和逻辑运算，并将运算结果的特征状态存放在标志寄存器中。

③ 由于 EU 不直接与系统总线连接，因此当需要与主存储器或 I/O 端口传送数据时，EU 向 BIU 发出命令，并提供给 BIU 16 位有效地址与传送的数据。

（2）总线接口部件 BIU

BIU 包括一组段寄存器、指令指针、6 字节的指令队列（8088 是 4 字节）、20 位总线地址形成部件，以及总线控制逻辑。BIU 的主要任务是完成 CPU 与主存储器或 I/O 端口之间的信息传送，其功能为：

① 从主存取出指令送到指令队列中排队。

② 从主存或 I/O 端口取操作数或存放运算结果。

③ 计算并形成访问主存的 20 位物理地址。

2．8086/8088 CPU **主存地址的形成**

8086/8088 CPU 的主存容量为 1 MB，其主存单元地址为 20 位，而 CPU 内部的寄存器和数据通路是 16 位。如何将 16 位地址码扩展到 20 位？8086/8088 CPU 采用这样一种方法：将 1 MB 主存空间划分为若干段，每个段的最大长度为 64 KB。相应地，在 BIU 中设置段寄存器，以存放 20 位段起始地址的高 16 位，称为段基值（Segment Base Value）。由 EU 或指令指针 IP 提供段内的偏移地址（又称偏移量），即一个主存单元与所在段的段基址之间的字节距离。当 CPU 访问某个主存单元时，必须指明由哪个段寄存器提供段基值，同时给出偏移地址。然后由 BIU 将 16 位段基值左移 4 位后与 16 位偏移地址相加，形成 20 位主存单元的物理地址，如图 4-4 所示。段基值左移 4 位后，得到一个 20 位的物理地址称为段基址（Segment Base Address）。显然，段基址为 xxxx0H，其低 4 位二进制数为 0，即能被 16 整除的主存物理地址才可作为段基址。

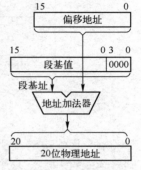

图 4-4　主存物理地址

4.1.2　80386/80486 CPU

1．Intel 80386

1985 年，Intel 公司推出了其第一片 32 位微处理器 80386。它的主要性能如下：

① 32 位地址，可直接寻址的物理存储空间为 4 GB（4×2^{30} B）。

② 具有片内存储管理部件，使虚拟存储空间（逻辑地址空间）可达 64 TB（64×2^{40} B）。

③ 字长 32 位，系统总线的数据通路宽度 32 位。

④ 采用多级流水线结构。

⑤ 平均运算速度约为 4 MIPS。

在前面介绍过，8086/8088 CPU 为提高指令执行速度采用流水重叠处理方式，即将 CPU 分为 EU 与 BIU 两个独立部件，从而使执行一条指令与取下一条指令能并行执行。在 80386 CPU 中，为了进一步提高处理速度，将 CPU 分为更多的独立部件以构成多级流水线结构，让每个独立部件完成指令的一个步骤的操作，这样可使若干条指令能重叠执行。

2．Intel 80486

1989 年，Intel 公司推出了 80486，相当于一个增强型的 80386、一个增强型的 80387 数值协处理器（也称为浮点部件 FPU）、一个 8 KB 的高速缓存（Cache）的集成，基本沿用了 80386 的体系结构。80486 采用了比 80386 更有效的流水线结构，因此指令的执行速度更快，平均运算速度有 20MIPS。80486 仍然保持与早期 80x86 软件的兼容。

80486 CPU 内部结构如图 4-5 所示，下面分别简单介绍各部件的功能。

① 总线接口部件 BIU：包含地址驱动器、数据收发器、总线控制器，是 CPU 与存储器及 I/O 设备之间的高速接口。其功能是：当取指令、取数据或写数据、响应分页部件或分段部件请求时，能有效地满足 CPU 对系统总线的传送要求。

② 指令部件：包含指令预取部件、指令译码部件、产生微命令的控制部件、高速缓存。

指令预取部件的指令队列为 32 字节。每当预取队列一半空时，预取逻辑就需取一个 16 字节的指令块。若所需指令在 Cache 中，则预取逻辑只需一个时钟周期从 Cache 读取一行 16 字

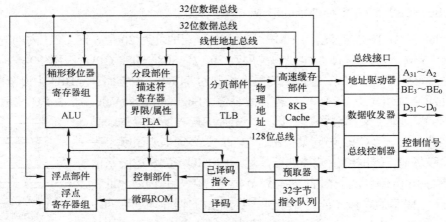

图 4-5 80486 CPU 内部结构

节的指令代码块送入预取队列。若未命中 Cache，预取逻辑向 BIU 请求一个读取周期，从主存储器读取所需指令，并以成组方式（即一次可连续传送 4 字节）取 4 字节指令代码，以填满 Cache 的一行，并送入预取队列。同时，执行部件则执行另一半预取队列中的指令。因此，80486 在使用外部预取时，几乎不影响处理器的性能。

指令译码部件从预取代码队列中取出一条指令的各字节，对其进行译码处理后，再存入译码指令队列中。

控制部件采用微程序控制方式，根据译码队列中的指令信息形成该指令对应的微程序入口地址，通过执行微指令产生微命令控制各部件操作。

8 KB 的高速缓存为指令和数据共用。当 CPU 需要指令和数据时，首先在片内 Cache 检索，这样可有效地减少访问主存所需的时间，以提高指令的执行速度。

③ 执行部件：执行部件包含整数部件和浮点部件 FPU。

整数部件包括通用寄存器、一个有乘除功能的 ALU、一个 64 位的桶形移位器，执行控制部件所指定的数据操作。

由于浮点部件 FPU 和浮点寄存器组集成在 80486 芯片内，缩短了 FPU 与处理器各部件之间的距离，因此 FPU 的执行速度比 80386 和 80387 组成的系统快 3 倍。

④ 存储器管理部件 MMU。存储器管理是操作系统的重要功能之一。在早期的计算机中，存储管理靠操作系统软件来实现；而 80486 在片内集成了存储器管理部件，使存储管理操作得以快速实现。80486 将存储器按段来组织，以适应用户程序的逻辑结构。段的大小可变，最大可达 4 GB。针对主存物理空间的组织，又可将存储器划分为页，每页大小均为 4KB。为此，存储器管理部件设置了分段部件与分页部件，因而可由硬件直接支持段式存储管理、页式存储管理或段页式存储管理方式。

在实模式（当作 8086/8088 使用）下，分段部件将指令部件或执行部件提供的偏移地址加上段基址形成 20 位物理地址。例如，在实模式下，控制部件要求分段部件将代码段寄存器 CS 的内容左移 4 位加上指令指针寄存器 IP 的内容，得到要取的下一条指令地址（20 位物理地址），送到高速缓存部件准备取指令。

在保护模式下，分段部件需要完成将逻辑地址转换成线性地址和进行保护性检查。

在保护模式下，分页部件被允许分页工作时，通过页变换，将来自分段部件的线性地址转换成物理地址送到高速缓存部件。

图 4-5 中的 9 个部件可以独立操作，也能与其他部件并行工作。在取指令和执行指令的过程中，每个部件都完成一部分功能，因此 80486 可以同时对不同指令进行操作。80486 具有 5 级流水线，使不同指令的操作重叠程度更高，从而允许一些常用指令平均在一个时钟周期内完成。尽管这些指令的读取、译码和执行实际上占用了多个时钟周期，但由于这些指令与其他指令的译码和执行相重叠，因此平均每条指令的执行时间只占一个时钟周期。

4.1.3　Pentium 系列 CPU

1．Pentium CPU

（1）概述

Pentium CPU 是 Intel 80x86 系列微处理器的第五代产品，性能比前一代产品有较大的提高，但仍保持与 Intel 8086、80286、80386、80486 兼容。

Pentium CPU 芯片的规模比 80486 芯片更大，除了基本的 CPU 电路，还集成了 16 KB 的高速缓存和浮点协处理器，集成度达 310 万个晶体管。芯片管脚增加到 270 多条，其中外部数据总线为 64 位，在一个总线周期内，数据传输量比 80486 增加了 1 倍。

Pentium CPU 具有比 80486 更快的运算速度和更高的性能。微处理器的工作时钟频率可达 66～200 MHz。在 66 MHz 频率下，指令平均执行速度为 112 MIPS，与相同工作频率下的 80486 相比，整数运算性能提高 1 倍，浮点运算性能提高近 4 倍。常用的整数运算指令与浮点运算指令采用硬件电路实现，不再使用微码解释执行（不常用指令仍用微程序解释执行），使指令的执行进一步加快。

Pentium CPU 是第一个实现系统管理方式的高性能微处理器，能很好地实现微机系统的能耗与安全管理。

Pentium CPU 具有的高性能源于它采用了一系列提高性能的设计技术，如超标量体系结构、集成浮点部件、64 位数据总线、指令动态转移预测、回写数据高速缓存、错误检测与报告等。

（2）Pentium CPU 的功能结构

Pentium CPU 的功能结构如图 4-6 所示。

① 超标量体系结构。Pentium CPU 具有三条指令执行流水线：两条独立的整数指令流水线（U 流水线和 V 流水线）与一条浮点指令流水线。两条整数指令流水线都拥有独立的算术逻辑运算部件、地址生成逻辑和高速数据缓存接口。每一个时钟周期可以同时执行两条简单指令，因而相对同一频率下工作的 80486 来说，其性能几乎提高了 1 倍。通常把这种能一次同时执行 2 条及 2 条以上指令的处理器结构称为超标量体系结构。

Pentium CPU 的整数指令流水线与 80486 相似，也具有指令预取、指令译码、生成地址和取操作数、指令执行、写操作数 5 级。每级处理需要一个时钟周期。当流水线装满时，指令流水线每个时钟周期流出一条指令。

② 浮点指令流水线与浮点指令部件。浮点指令流水线具有 8 级，实际上它是 U 流水线的扩充。U 流水线的前 4 级用来准备一条浮点指令，浮点部件中的后 4 级执行特定的浮点运算操作并报告执行错误。此外在浮点部件中，对常用的浮点指令（加、减、除）采用专用硬件电路执行，而不像其他指令由微码来执行。因此，大多数浮点指令都可以在一个时钟周期内完成，

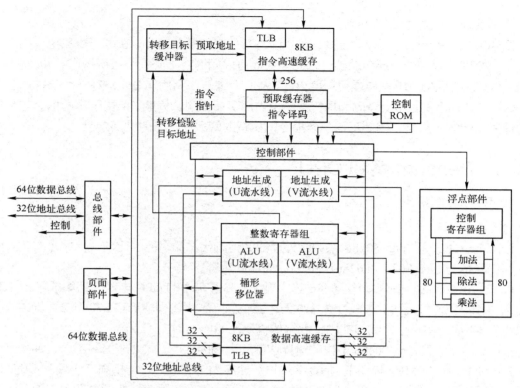

图 4-6　Pentium CPU 的功能结构

这比相同频率下的 80486 浮点处理性能提高了 4 倍。

③ 指令转移预测部件。大多数情况下，程序指令的执行是一条指令接着一条指令顺序执行。指令流水线正是利用了这个特点，在同一时刻，多个部件同时操作并形成流水线，这样可提高指令执行的吞吐量。但是程序中不时也有执行转移的情况，即下一条指令需从转移地址获取，执行转移时会冲掉流水线已有的内容，并重新装载指令流水线，这样会降低流水线效率和指令执行速度。如果微处理器知道何时发生转移和跳转到哪个目标地址，就可不暂停流水线的操作，处理器的执行速度就不会降低。

Pentium CPU 提供了一个小型的 1 KB 高速缓存（称为转移目标缓冲器，Branch Target Buffer，BTB）来预测指令转移，记录正在执行的程序最近所发生的几次转移，这就犹如一张指令运行路线图，指明转移指令很可能引向何处。BTB 将进入流水线的新指令地址与它所存储的有关转移信息进行比较，以确定是否将再次执行转移。如果找到一次匹配（BTB 的特征位命中），就产生一个目标地址，提前指出要发生的转移。如果预测正确，就立即执行程序转移，这样不需要计算下一条指令的地址，防止指令流水线停顿。反之，如果预测错误，将冲掉流水线中的内容，重新取出正确的指令，但这会有 4 个时钟周期的延迟。由于程序局部性原则，指令执行的历史本身会经常重复，因而使转移预测部件在大多数情况下的预测是正确的，这就足以将微处理器的性能提高很多。

④ 数据和指令高速缓存。Pentium 芯片内部有两个超高速缓冲存储器 Cache：8KB 的数据 Cache、8KB 的指令 Cache，它们可以并行操作。这种分离的高速缓存结构可减少指令预取和数据访问操作之间可能发生的冲突，提高微处理器的信息存取速度。

除了具有 80486 数据 Cache 的通写（写直达）方式，数据 Cache 增加了数据回写（写回）方式，即 Cache 数据修改后，不是立即写回主存，而是推迟到以后写入。这种延迟写入主存的方式有一个好处，它可有助于提高微处理器的性能。因为存储器的写周期需要较长的时间，微处理器可以利用这段时间去进行别的操作，只有当必须写入主存时才进行主存数据的修改，这样可让处理器在数据回写方式下，完成更多其他工作。回写方式的另一个好处是减少了片内高速缓存与主存信息交换占用系统总线的时间，这对于多处理器共享一个公共的主存时特别有价值。当然，具有回写方式的数据 Cache 需要有更复杂的 Cache 控制器。

2．Pentium Pro CPU

Pentium Pro CPU 是 Intel 公司继 Pentium 后推出的一种高性能奔腾微处理器。Pentium Pro CPU 的主要特点如下：

① 三路超标量微结构，14 级超流水线，一个时钟周期可同时执行三条简单指令。

② 5 个并行处理单元：两个整数运算部件，一个装入部件，一个存储部件，一个浮点运算部件（FPU）。

③ 8KB 两路组相联指令高速缓存，8KB 四路组相联数据高速缓存。

④ 专用全速总线上的 256 KB SRAM 二级高速缓存与微处理器紧密相联。

⑤ 事务处理 I/O 总线和非封锁高速缓存分级结构。

⑥ 乱序执行，动态分支预测和推测执行。

Pentium Pro CPU 主要用于具有 32 位操作系统的服务器中。Pentium Ⅱ/Ⅲ CPU 核心部分采用 Pentium Pro 结构，因此与 Pentium Pro CPU 的基本一致，只是内部一级 Cache 为两个 16KB，而不是 8KB，二级 Cache 为 512KB/1MB。

3．Pentium Ⅱ CPU

（1）概述

Pentium Ⅱ CPU（以下简称 P Ⅱ）采用与 Pentium Pro CPU 相同的核心结构，继承了原有 Pentium Pro CPU 优秀的 32 位性能，同时增加了对多媒体的支持和对 16 位代码优化的特性，能够同时处理两条 MMX 多媒体指令。

1997 年 5 月，Intel 公司推出了 P Ⅱ，开始采用的是 233 MHz 微处理器，后来推出 266 MHz 和 300 MHz 的 P Ⅱ，其代号为 Klamath，总线速度为 66 MHz。L1（一级）Cache 从 Pentium Pro 的 16 KB 扩展到 32 KB（16 KB 指令 Cache 和 16 KB 数据 Cache），速度与处理器主频同步。内部 L2（二级）Cache 由 Pentium Pro 的 256 KB 增加到 512 KB，由于与 CPU 靠近，其速度远远高于传统的板上二级 Cache。内部 L2 Cache 的速度仅为处理器主频的一半。

P Ⅱ 的显著特点如下。

① 双重独立总线 DIB 体系结构，能同时使用具有纠错功能的 64 位系统总线和具有可选纠错功能的 64 位 Cache 总线。

② 多重跳转分支预测。

③ 数据流分析。分析哪一条指令依赖于其他的结果或数据，由此来优化指令调度。根据分析结果来重排指令，使指令以优化的顺序执行，而与原始程序的顺序无关。

④ 指令推测执行。使用转移预测和数据流分析，让指令在程序实际执行前就"推测执行"，并把结果暂时存储起来。通过执行可能需要的指令，使处理器的执行机制尽可能地保持繁忙。

⑤ 采用 Intel MMX 技术，包括 57 条增强的 MMX 指令，可处理视频、声频及图像数据。
（2）P II 的内部结构
P II 的内部功能结构如图 4-7 所示（MMX 部分未在其中）。

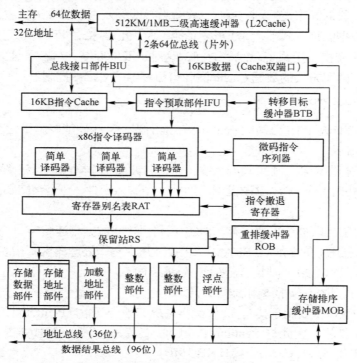

图 4-7 P II 的内部功能结构（MMX 部分未在其中）

除了 Cache，P II 的核心功能部件包括总线接口部件（BIU）、指令预取部件（IFU）、转移目标缓冲器（BTB）、x86 指令译码器、微码指令序列器（Microcode Instruction Sequencer）、寄存器别名表（Register Alias Table，RAT）、保留站（Reservation Station，RS）、指令撤退寄存器、指令重排缓冲器（Re-Order Buffer，ROB）、存储排序缓冲器（Memory Order Buffer，MOB）和

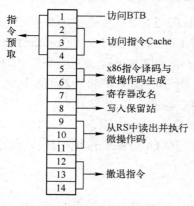

图 4-8 P II 的流水线结构

5 个处理（执行）部件（包括一个完成加载功能的加载地址部件、一个完成存储功能的存储部件、一个浮点部件和两个整数部件）等。其中，x86 指令译码器包括两个简单指令译码器和一个复杂指令译码器，微码指令序列器是 P II 将 x86 的 CISC 指令转换成内部微操作码的关键部件。可见，它有 3 个并行的指令译码器和多个并行处理部件（超标量结构的特征），因此在一个周期内可并发执行 3 条简单指令。

P II 有 3 条指令流水线，每条指令流水线有 14 级（有时被称为 12 级），如图 4-8 所示。

P II 在体系结构上较以前的处理器有很大变化，一个最明显的技术特征就是其核心完全采用 RISC 微结构，为了保持与 80x86 其他处理器兼容，仍继续采用 CISC 指令集，因此内部增加了 RISC 与 CISC 之间的转换硬件。

PⅡ与 Pentium Pro 一样采用 $BE_7 \sim BE_0$ 作为 8 个存储体的选择信号对存储器的访问加以控制。它们在非流水线的地址方式下需要两个时钟周期进行总线操作，在 Pentium Pro 和早期 PⅡ系统中，系统总线的速度为 66 MHz，主频为 250 MHz，以后的 PⅡ系统总线速度提高到 100 MHz。

（3）操作模式

PⅡ具有三种操作模式：实模式、虚拟 8086 模式和保护模式。实际上，80386 及后继机型都具有这三种模式。

① 在实模式下，所有 8088/8086 之后增加的新特性都被关闭，这时 PⅡ就像一台单纯的 8088/8086 一样运行。如果任何一个程序出错，整台计算机就会崩溃。

② 在虚拟 8086 模式下，可以用一种受保护的方式来运行老的 8088/8086 程序。这时，有一个实际的操作系统在控制整个计算机。为了运行老的 8086 程序，操作系统会创建一个特殊的、独立的 8088/8086 环境，与实际的 8088/8086 不同的是，当程序崩溃时，计算机不会崩溃而只是通知操作系统。当一个 Windows 的用户启动一个 MS-DOS 窗口时，就是用虚拟 8086 模式启动的，这样可以保证当 MS-DOS 程序发生错误时 Windows 系统本身不受影响。

③ 在保护模式下，有 4 种可用的特权级别，它们由程序状态字中的对应位控制。第 0 级相当于其他计算机的内核模式，可以完全控制计算机，因而只由操作系统使用。第 3 级用于运行用户程序，阻塞用户程序对某些特殊的关键指令和控制寄存器的访问，以防止某些鲁莽的用户程序搞垮整个计算机。第 1 级和第 2 级很少使用。

4.2　80x86 CPU 的寄存器和主存储器

4.2.1　80x86 CPU 的寄存器

1．80x86 CPU 的寄存器分类

80x86 CPU 的内部寄存器可分为以下三大类。

❖ 基本结构寄存器组：包括通用寄存器、指令指针寄存器、标志寄存器、段寄存器。

❖ 系统级寄存器组：包括系统地址寄存器、控制寄存器、测试寄存器、调试寄存器。

❖ 浮点寄存器组：包括数据寄存器、状态字寄存器、控制字寄存器。

一般应用程序设计只能访问基本结构寄存器组和浮点寄存器组；而系统级寄存器组仅能由系统程序访问，并且它的特权级必须为零级。

本节介绍 80x86 CPU 中基本结构寄存器组，而系统级寄存器组放在 4.3 节说明。浮点寄存器组的介绍，请参阅有关文献。

2．基本结构寄存器组

基本结构寄存器组可以分为通用寄存器、指令指针寄存器、标志寄存器和段寄存器，如图 4-9 所示。

（1）通用寄存器

图 4-9 中除阴影区以外的寄存器是 8086/8088 和 80286 具有的寄存器，它们都是 16 位寄

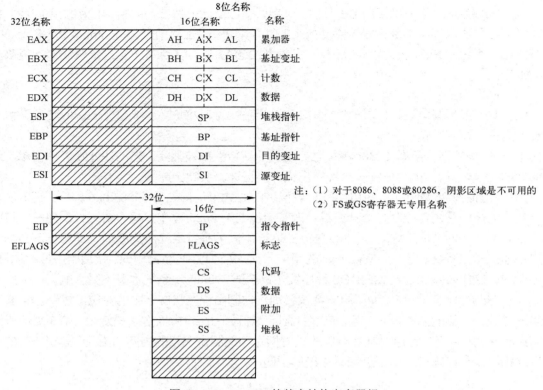

图 4-9　80x86 CPU 的基本结构寄存器组

存器。其中，4 个 16 位的寄存器 AX、BX、CX、DX 可称为数据寄存器，用来存放 16 位的数据；也可以将每个寄存器的高 8 位和低 8 位分开，变成 8 个 8 位寄存器 AH、AL、BH、BL、CH、CL、DH、DL（H 表示高字节，L 表示低字节），以便处理字节数据。这 4 个寄存器都是通用寄存器，又可以用于各自的专用目的。

AX（Accumulator）作为累加器用，所以是算术运算的主要寄存器。在乘、除等指令中指定用来存放操作数。另外，所有 I/O 指令都使用这一寄存器与外部设备传输信息。

BX（Base）可以作为通用寄存器使用。在计算存储器地址时，它也经常用作基址寄存器。

CX（Count）可以作为通用寄存器使用，还常用来保存计数值，如在移位指令、循环（LOOP）和串处理指令中用作隐含的计数器。

DX（Data）可以作为通用寄存器使用，一般在做双字长运算时把 DX 和 AX 组合在一起存放一个双字长数，DX 用来存放高位字。此外，对某些 I/O 操作，DX 可用来存放 I/O 的端口地址。

SP、BP、DI、SI 这 4 个 16 位寄存器可以像数据寄存器一样在运算过程中存放操作数，但它们只能以字（16 位）为单位使用。此外，它们更经常的用途是在存储器寻址时，提供偏移地址。因此，它们可以被称为指针或变址寄存器。其中，SP（Stack Pointer）称为堆栈指针寄存器，BP（Base Pointer）称为基址指针寄存器，它们都可以与堆栈段寄存器 SS 联用来确定堆栈段中的某一存储单元的地址，SP 用来指示栈顶的偏移地址，BP 可作为堆栈区中的一个基地址以便访问堆栈中的信息。SI（Source Index）源变址寄存器和 DI（Destination Index）目的变址寄存器一般与数据段寄存器 DS 联用，用来确定数据段中某一存储单元的地址。这两个变址寄存器有自动增量和自动减量的功能，可以很方便地用于变址。在串处理指令中，当 SI 和 DI 作为隐含的源变址和目的变址寄存器时，SI 和 DS 联用，DI 和附加段寄存器 ES 联用，分别达到在数据段和附加段中寻址的目的。有关段地址和偏移地址以及堆栈段的概念，将在 4.2.2 节详细说明。

对于 80386 及其后继机型则使用图 4-8 所示的完整的寄存器，它们是 32 位的通用寄存器，包括 EAX、EBX、ECX、EDX、ESP、EBP、EDI 和 ESI。在这些机型中，它们可以用来保存不同宽度的数据，如可以用 EAX 保存 32 位数据，用 AX 保存 16 位数据，用 AH 或 AL 保存 8 位数据。在计算机中，8 位二进制数可组成 1 字节，8086/8088 和 80286 的字长为 16 位，因此把 2 字节组成的 16 位数称为字。这样，80386 及其后继的 32 位机就把 32 位数据称为双字，64 位数据称为 4 字。上述 8 个通用寄存器可以以双字的形式或对其低 16 位以字的形式被访问，其中 EAX、EBX、ECX 和 EDX 的低 16 位还可以按字节的形式被访问，这在图 4-8 中已经清楚地表示了。当这些寄存器以字或字节形式被访问时，不被访问的其他部分不受影响，如访问 AX 时，EAX 的高 16 位不受影响。

此外，这 8 个 32 位通用寄存器还可用于其他目的。在 8086/8088 和 80286 中，只有 4 个指针、变址寄存器和 BX 寄存器可以存放偏移地址，用于存储器寻址。在 80386 及其后继机型中，所有 32 位通用寄存器既可以存放数据，也可以存放地址。也就是说，这些寄存器都可以用于存储器寻址。在这 8 个 32 位通用寄存器中，每个寄存器的专用特性与 8086/8088 和 80286 的 AX、BX、CX、DX、SP、BP、DI、SI 是一一对应的。例如，EAX 专用于乘、除法和 I/O 指令，ECX 具有计数特性，EDI 和 ESI 作为串处理指令专用的地址寄存器等。

（2）指令指针寄存器和标志寄存器

指令指针寄存器（Instruction Pointer，IP）用来存放代码段中的偏移地址。IP 作为指令的地址指针，其作用类似于其他计算机中的程序计数器 PC，当现行指令执行完毕时，由 IP 提供下一条指令地址。在指令按顺序执行时，每当 CPU 按 CS、IP 内容合成的指令地址从主存读取一条指令后，就自动修改 IP 中的值，使 IP 内容为下一条指令起始字节所在主存单元的偏移地址。在程序执行过程中，当遇转移、转子指令时，就需要改变程序的执行顺序。CPU 执行这类指令时，若需转移，则将指令提供的转移地址的偏移地址送入 IP，作为下一条指令地址的偏移地址。可见，IP 就是用来控制指令序列的执行流程的。

标志寄存器 FLAGS，又称为 PSW（Program Status Word，程序状态寄存器），是一个存放条件码标志、控制标志和系统标志的寄存器。

80386 及其后继机型的指令指针寄存器 EIP 和标志寄存器 EFLAGS 是 32 位的，其作用与相应的 16 位寄存器相同。

下面介绍标志寄存器。80x86 CPU 的标志寄存器如图 4-10 所示，其中未标明的位暂不用。

① 条件码标志记录程序中运行结果的状态信息，它们是根据有关指令的运行结果由 CPU 自动设置的。由于这些状态信息往往作为后续条件转移指令的转移控制条件，因此称为条件码。它包括以下 6 位。

OF（Over Flow Flag）：溢出标志，将参加算术运算的数看作带符号数，若运算结果超出补码表示数的范围 N，即溢出时，则 OF 置 1；否则 OF 置 0。对于字节运算有 $-128 \leqslant N \leqslant +127$；对于 16 位字运算有 $-32768 \leqslant N \leqslant +32767$。

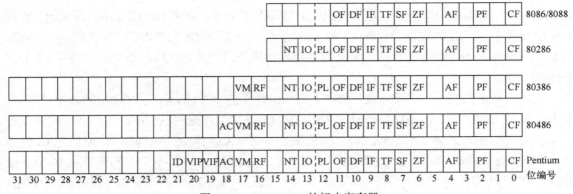

图 4-10　80x86 CPU 的标志寄存器

SF（Sign Flag）：符号标志，把指令执行结果看作带符号数，若结果为负，则 SF 置 1；若为正，则 SF 置 0。事实上，结果最高位就表示该数的正负，因此 SF 与结果的最高位（如第 7 位或第 15 位）是相同的。

ZF（Zero Flag）：零标志，若指令执行结果各位全为 0，则 ZF 置 1；否则 ZF 置 0。

CF（Carry Flag）：进位标志，在进行算术运算时，若最高位（对字操作是第 15 位，对字节操作是第 7 位）产生进位或借位，则 CF 置 1；否则置 0。在移位类指令中，CF 用来存放移出的代码（0 或 1）。

AF（Auxiliary Carry Flag）：辅助进位标志，在进行算术运算时，若低字节中低 4 位（第 3 位）产生进位或借位，则 AF 置 1；否则 AF 置 0。AF 可用于十进制运算的校正。

PF（Parity Flag）：奇偶标志，为机器中传输信息时可能产生的代码出错情况提供检验条件。当运算结果中 1 的个数为偶数时，置 1；否则置 0。

② 控制标志位为 DF（Direction Flag）方向标志，用来在串处理指令中控制处理信息的方向。当 DF=1 时，每次操作后使变址寄存器 SI 和 DI 减小，这样就使串处理从高地址向低地址方向处理。当 DF=0 时，则使 SI 和 DI 增大，使串处理从低地址向高地址方向处理。

③ 系统标志位可以用于输入/输出、可屏蔽中断、程序调试、任务切换和系统工作方式等的控制。一般应用程序不必关心或修改这些位的状态，只有系统程序员或需要编制低层 I/O 设备控制程序时才需要访问其中的有关位。下面将简单介绍这些位的情况。

TF（Trap Flag）：陷阱标志，用于调试时的单步方式操作，为 1 时，每条指令执行完后产生陷阱，由系统控制计算机；为 0 时，CPU 正常工作，不产生陷阱。

IF（Interrupt Flag）：中断标志，为 1 时，允许 CPU 响应可屏蔽中断请求；为 0 时，则禁止 CPU 响应可屏蔽中断。可用开或关中断指令设置或清除 IF 位。

IOPL（I/O Privilege Level）：I/O 特权级标志（2 位），用于保护模式，取值范围为 0、1、2、3，规定了执行 I/O 指令的 4 个特权级。第 0 级相当于计算机中的内核模式，可以完全控制计算机，因而只由操作系统使用。第 3 级用于运行用户程序，阻塞用户程序对某些特殊的关键指令和控制寄存器的访问，以防止某些鲁莽的用户程序搞垮整个计算机。

NT（Nested Task）：嵌套任务标志，表示当前的任务是否嵌套在另一任务内，为 1 时，表明当前任务嵌套在前一个任务中，若执行 IRET 指令，则转换到前一个任务；否则，表明无任务嵌套。

RF（Resume Flag）：恢复标志位，与调试寄存器的断点一起使用，以保证不重复处理断点。

当 RF 为 1 时，即使遇到断点或调试故障均被忽略。一旦成功地执行一条指令，RF 位自动被复位为 0（IRET、POPF、JMP、CALL、INT 指令除外）。

VM（Virtual-8086 Mode）：虚拟 8086 模式位，为 1 时，处理器处于虚拟 8086 模式，此时可模拟 8086 处理器的程序设计环境。

AC（Alignment Check mode）：对准检查方式位。80x86 中为了保证以更少的存储周期数从存储器读写一个数，对存储单元的地址有一定的要求：字节操作数应以任意地址访问，字操作数应以偶地址访问，双字操作数应以 4 的整数倍的地址访问，4 字操作数（如双精度浮点数）应以 8 的整数倍的地址访问等。如对访问的地址不加以限制，操作数可同样存取，只是访问时间较长。若 AC 位为 1，如访问地址不符合要求，则系统将自动实现地址对准，以提高访问速度。若 AC 位为 0，则不进行对准检查。AC 位只适用于特权级为 3 的用户方式下。

VIF（Virtual Interrupt Flag）：虚拟中断标志。

VIP（Virtual Interrupt Pending flag）：虚拟中断未决标志。VIP 和 VIF 组合在一起，允许多任务环境下的应用程序有虚拟的系统 IF 标志，VIF 即为 IF 位的虚拟映像。

ID（IDentification flag）：标识标志，用于 CPUID 指令的检测。如果程序可以设置和清除 ID 位，则表示处理器支持 CPUID 指令。

以上就是 EFLAGS 中各位的含义。计算机提供了设置某些状态信息的指令，必要时，程序员可使用这些指令来建立状态信息。

调试程序 DEBUG 提供了测试标志位的手段，用符号表示某些标志位的值，如表 4-2 所示。

表 4-2　标志位的符号表示

标　志	为 1	为 0	标　志	为 1	为 0
OF 溢出（是/否）	OV	NV	ZF 零（是/否）	ZR	NZ
DF 方向（减量/增量）	DN	UP	AF 辅助进位（是/否）	AC	NA
IF 中断（允许/关闭）	EI	DI	PF 奇偶（偶/奇）	PE	PO
SF 符号（负/正）	NG	PL	CF 进位（是/否）	CY	NC

（3）段寄存器

段寄存器用于存储器寻址，用来直接或间接地存放段地址。段寄存器的长度为 16 位，在 80286 以前的处理器中，只有 CS（Code Segment，代码段）、DS（Data Segment，数据段）、SS（Stack Segment，堆栈段）和 ES（Extra Segment，附加段）4 个寄存器。从 80386 起增加了 FS 和 GS 两个段寄存器，它们也属于附加的数据段。有关段寄存器的使用将在 4.2.2 节中说明。

4.2.2　80x86 的主存储器

1．存储单元的地址和内容

计算机存储信息的基本单位是一个二进制位，一位可存储一个二进制数 0 或 1。每 8 位组成 1 字节，位编号如图 4-11（a）所示。8086、80286 的字长为 16 位，由 2 字节组成，位编号如图 4-11（b）所示。80386 ~ Pentium 机的字长为 32 位，由 2 个字即 4 字节组成，在 80x86 系列中称其为双字，位编号如图 4-11（c）所示。此外，还有一种由 8 字节即字长为 64 位组成的 4 字，位编号如图 4-11（d）所示。

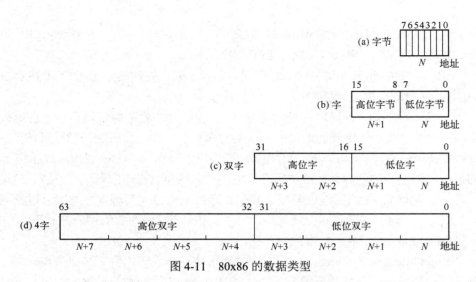

图 4-11 80x86 的数据类型

　　存储器中以字节为单位存储信息。为了正确地存放或取得信息，每个字节单元给予一个唯一的编号即存储器地址，称为物理地址。地址从 0 开始编号，顺序地依次加 1，因此存储器的物理地址空间呈线性增长。在计算机中，地址也是用二进制数来表示的。当然，它是无符号整数，书写格式为十六进制数。

　　既然每个字节单元有一个二进制数表示地址，那么 16 位二进制数可以表示多少个字节单元的地址呢？显然，答案应该是 2^{16} 个，所以它可以表示的地址范围应该是 0 ~ 65535，即 64K，其地址编号的范围用十六进制数表示为 0000H ~ FFFFH。8086/8088 的地址总线为 20 位，那么它可访问的字节单元地址范围为 00000H ~ FFFFFH；80286 的地址总线宽度为 24 位，它可访问的地址范围为 000000H ~ FFFFFFH；80386、80486 和 Pentium 的地址总线宽度为 32 位，相应的地址范围为 00000000H ~ FFFFFFFFH；而 Pentium Pro 和 Pentium II 的地址总线宽度为 36 位，则相应的地址范围为 000000000H ~ FFFFFFFFFH。

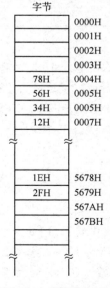

图 4-12　存储单元的地址和内容

　　一个存储单元中存放的信息称为该存储单元的内容，图 4-12 表示了存储器存放信息的情况。可以看出，0004H 号字节单元中存放的信息为 78H。也就是说，0004H 号单元中的内容为 78H，表示为 (0004H)=78H。

　　但当机器字长是 16 位时，大部分数据都是以字为单位表示的。那么一个字怎样存入存储器呢？一个字存入存储器要占有相继的 2 字节，存放时，低位字节存入低地址，高位字节存入高地址（见图 4-11），这种存放数据的方式称为小端模式。这样 2 字节单元就构成了一个字单元，字单元的地址采用它的低地址来表示。在图 4-12 中，0004H 字单元的内容为 5678H，表示为 (0004H) = 5678H。

　　双字单元的存放方式与字单元类似，被存放在相继的 4 字节中，低位字存入低地址区，高位字存入高地址区。双字单元的地址由其最低字节的地址指定，因此 0004H 双字单元的内容为 (0004H)=12345678H。

　　80386 及其后继机型还可处理 4 字。4 字是一个 64 位的数，由 4 个字即 8 字节组成，在存储器中被存放在相继的 8 字节中，其表示方法和存放方式与以上类似，读者可自行推断。

可以看出，同一个地址既可看作字节单元的地址，又可看作字单元、双字单元或四字单元的地址，这要根据使用情况确定。字单元的地址可以是偶数或奇数。但是在 8086 和 80286 中，访问存储器（要求取数或存数）都是以字为单位的，也就是说，计算机是以偶地址访问存储器。这样，对于奇地址的字单元，要取一个字需要访问两次存储器，当然这样做要花费较多的时间。在 80386 及其后继的 32 位处理机中，双字单元地址为 4 的整数倍时，访问存储器的速度较快。同样，4 字单元的地址为 8 的整数倍时，访问速度最快。

如上所述，若用 X 表示某存储单元的地址，则 X 单元的内容可以表示为 (X)；若 X 单元中存放着 Y，而 Y 又是一个地址，则可用 $(Y) = ((X))$ 来表示 Y 单元的内容。在图 4-12 中，如 $(0004H) = 5678H$，而 $(5678H) = 2F1EH$，则也可记作 $((0004H)) = 2F1EH$。

2．实模式存储器寻址

80x86 中，除了 8086/8088 只能在实模式下工作，其他 CPU 均可在实模式或保护模式下工作。

（1）存储器的分段

实模式下允许的最大寻址空间为 1MB。8086/8088 的地址总线宽度为 20 位，由于 $2^{20} =$ 1048576 = 1024K = 1M，因而其最大寻址空间正好是 1MB。在 1MB 的存储器中，每个存储单元都有唯一的 20 位地址，称为物理地址。而对于其他微处理器，在实模式下只能访问前 1MB 的存储器地址。

实际上，实模式就是为 8086/8088 而设计的工作方式，要解决在 16 位字长的计算机中怎么提供 20 位地址的问题，解决办法是：将 1MB 主存空间划分为若干段，每个段的最大长度为 64KB 单元，这样段内地址可以用 16 位表示。如果再提供段的 20 位起始地址，那么通过这两个地址就可以访问段内任何一个存储单元。因此，在 CPU 中设置的段寄存器只有 16 位，只能存放 20 位段起始地址的高 16 位，称为段基值（Segment Base Value），而计算机将段起始地址的低 4 位设置为 0。故将段基值左移 4 位后（即末尾加 4 位二进制数 0），就得到一个 20 位的段起始地址，称为段基地址或段基址（Segment Base Address）。显然，段基址为 xxxx0H，其低 4 位二进制数为 0，即能被 16 整除的主存物理地址才可作为段基址。

段内地址即偏移地址，可以定义为一个主存单元与所在段的段基址之间的字节距离，通常由 CPU 按指令的寻址方式计算得到或由指令指针 IP 提供。当 CPU 访问某个主存单元时，必须指明由哪个段寄存器提供段基值，同时给出偏移地址。然后将 16 位段基值左移 4 位后与 16位偏移地址相加，形成 20 位主存单元的物理地址，如图 4-13 所示。

实模式存储器寻址如图 4-14 所示。显然，每个存储单元只有唯一的物理地址，却可对应不同的段基值和偏移地址合成。

（2）段寄存器

在 8086 ～ 80286 中，有 4 个专门存放段基值的寄存器，称为段寄存器，分别是代码段 CS、数据段 DS、堆栈段 SS 和附加段 ES 寄存器。每个段寄存器可以确定一个段的起始地址，而这些段则各有各的用途。代码段存放当前正在运行的程序。数据段存放当前运行程序所用的数据，如果程序中使用了串处理指令，则其源操作数也存放在数据段中。堆栈段定义了堆栈的所在区域。附加段是附加的数据段，是一个辅助的数据区，也是串处理指令的目的操作数存放区。程序员在编制程序时，应该按照上述规定把程序的各部分放在规定的段区内。

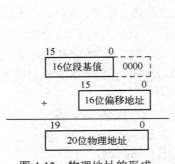

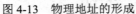

图 4-13　物理地址的形成

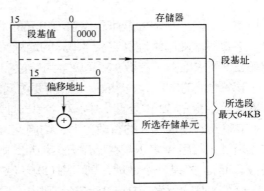

图 4-14　实模式存储器寻址

在 80386 及其后继的 80x86 中，除了上述 4 个段寄存器，又增加了 2 个段寄存器 FS 和 GS，它们也是附加的数据段寄存器，所以 8086~80286 的程序允许 4 个存储段，而其他 80x86 程序可允许 6 个存储段。

除非专门指定，一般情况下，各段在存储器中的分配是由操作系统负责的。各段可以独立地占用小于或等于 64 KB 的存储区，如图 4-15 所示。各段也可以允许重叠，下面的例子就可以说明这种情况。

【例 4-1】　若代码段中的程序占有 8 KB（2000H 字节）存储区，数据段占有 2 KB（800H 字节）存储区，堆栈段只占有 256 B 的存储区，此时段区的分配如图 4-16 所示。可以看出，代码段的区域可以是 02000H~03FFFH，但由于程序区只需要 8 KB，所以程序区结束后的第一个小段的首地址就作为数据段的起始地址。也就是说，代码段和数据段可以重叠在一起。当然，每个存储单元的内容是不允许发生冲突的。这里所谓的重叠只是指每个段区的大小允许根据实际需要来分配，而不一定要占有 64 KB 的最大段空间。实际上，段区的分配工作是由操作系统完成的。但是，系统允许程序员在必要时可指定所需占用的内存区。

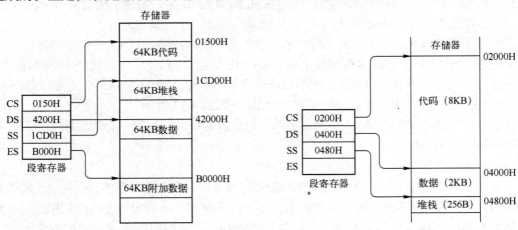

图 4-15　段分配方式之一　　　　　　　　图 4-16　段分配方式之二

在 80x86 中，段寄存器和与其对应存放偏移地址的寄存器之间有一种默认的组合关系，如表 4-3 所示。在这种默认组合下，程序中不必专门指定其组合关系，但程序如用到非默认的组合关系，则必须用段跨越前缀（即指令中必须给出对应的段寄存器名）加以说明。

表 4-3　段寄存器和偏移地址寄存器的组合关系

计算机	段寄存器	偏移地址	计算机	段寄存器	偏移地址
8086/8088 80286	CS	IP	80386 及 后继机型	CS	EIP
	SS	SP 或 BP		SS	ESP 或 EBP
	DS	BX、SI、DI 或一个 16 位数		DS	EAX、EBX、ECX、EDX、EDI、ESI、一个 8 或 32 位数
	ES	DI（用于串指令）		ES	EDI（用于串指令）
				FS	无默认
				GS	无默认

3．保护模式存储器寻址

从 80286 起就引出了保护模式的存储器寻址，其直接原因首先是实模式的寻址空间太小，仅为 1 MB。80286 提供了 16 MB，80386 及其后继机型均提供 4 GB 或更大的地址空间，因此微处理器要解决的首要问题就是如何寻址。除此之外，使用保护模式更重要的原因是能够支持多任务处理。

微机的广泛使用要求系统能提供多任务处理功能，即多个应用程序能在同一台计算机上同时运行，而且它们之间必须相互隔离，使一个应用程序中的缺陷或故障不会破坏系统，也不会影响其他应用程序的运行。为实现这样的要求，从 80286 起就提供了保护模式存储器寻址。

在支持多任务功能的同时，计算机系统也支持虚拟存储器特性。虚拟存储器可提供比主存储器更大的地址空间。这样，即使主存储器能提供的空间不够大，仍能在计算机上运行占有更大空间的程序。实际上，多数不运行的程序存放在外存储器中，程序运行时，由操作系统进行管理，把正在执行的那部分程序调入主存储器。而保护模式寻址对虚拟存储特性有很好的支持。下面讨论保护模式下如何实现存储器寻址。

（1）逻辑地址

在实模式存储器寻址时，只要在程序中给出存放在段寄存器中的段基值，并在指令中给出偏移地址，CPU 执行指令时就会自动用段基值左移 4 位（段基址）再加上偏移地址的方法，求得所选存储单元的物理地址，从而读取对应存储单元的内容。因此，程序员在编程时并未直接指定所选存储单元的物理地址，而是给出了一个逻辑地址（段基值∶偏移地址），由 CPU 执行指令时计算出存储单元的物理地址。

在保护模式存储器寻址中，仍然要求程序员在程序中指定逻辑地址，只是 CPU 采用另一种比较复杂或者说比较间接的方法来求得相应的物理地址而已。因此，对程序员而言，并未增加复杂性。在保护模式下，逻辑地址由段选择器（Selector，也称段选择子）和偏移地址两部分组成，段选择器存放在段寄存器中，但它不能直接确定段基址，而由 CPU 通过一定的方法取得段基址，再与偏移地址相加，从而求得所选存储单元的线性地址，线性地址再通过分页部件转换成物理地址。线性地址转换成物理地址的过程见 6.7.3 节。保护模式存储器寻址如图 4-17 所示，可以看出，它与实模式寻址的另一个区别是∶偏移地址为 32 位，最大段长可从 64 KB 扩大到 4 GB。

（2）描述符

段选择器是通过描述符表取得描述符从而得到段基址的。为了清楚地说明问题，我们先不说明从段选择器取得段基址的过程，而是先介绍描述符。描述符有 8 字节长，用来说明段的起始地址（段基址）、段的大小、段在存储器中的位置及有关的控制和状态信息，如图 4-18 所示。

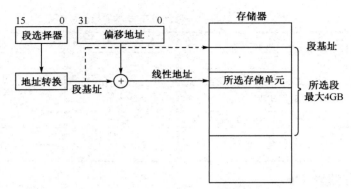

图 4-17　保护模式存储器寻址

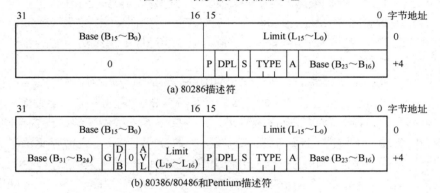

(a) 80286描述符

(b) 80386/80486和Pentium描述符

图 4-18　描述符格式

描述符由段基址、段界限、访问权和附加字段 4 部分组成。

① 段基址（Base）：指定段的起始地址。80286 的段基址为 24 位，所以段可以从 16 MB 存储器的任何地址开始。80386 以上处理器的段基址为 32 位，说明段可以从 4 GB 存储器的任何地址开始。

② 段界限（Limit）：存放该段的段长度。80286 的段界限为 16 位，说明 80286 的段长可为 1 B 到 64 KB。80386 及其后继机型的段界限为 20 位，同时在其描述符中给出了一个粒度位 G（Granularity）。当 G = 0 时，段长的粒度单位为字节，这样 20 位段界限可使段长为 1 B 为 1 MB，步距为 1 B；当 G = 1 时，段长的粒度单位为页，每页为 4 KB，所以 20 位段界限可定义的段长为 1×4 KB 到 1M×4 KB，即 4 KB ~ 4 GB，步距为 4 KB。例如，段起始于 F00000H 单元并结束于 F000FFH 单元，则 80286 的段基址应为 F00000H，界限为 00FFH；而 80386 及其后继机型段基址为 00F00000H，界限为 000FFH，G 位为 0。

③ 访问权（Access Rights）：有 8 位，所以又称为访问权字节，用来说明该段在系统中的功能，并给出访问该段的一些控制信息。应用程序的访问权字节可表示如下：

7	6	5	4	3	2	1	0
P	DPL		S	E	ED/C	W/R	A

P（Present，存在位）：P = 1 说明该段已装入物理存储器，其段基址和段界限值有效；P = 0 则说明该段并未装入物理存储器，段基址和段界限值无用，如访问该段则会引起不存在异常。异常是操作系统管理机器时所用的一种手段。

DPL（Descriptor Privilege Level，描述符特权级字段）：2 位，指定该存储段的特权级 0 ~

3，0级为最高特权级。在保护模式下，当访问某段时，必须进行特权测试，根据其特权级的高低来决定是否允许访问该段。一般系统程序处于0级，用户程序处于3级。

S（Segment Descriptor，段描述符位）：S=0，表示该段为系统段；S=1，表示该段为应用程序的代码段或数据（包括堆栈）段。

访问权字节的1、2、3位组成类型字段TYPE，说明该段的类型。在系统段（S=0）和应用程序代码段或数据段（S=1）两种不同的情况下，对于类型字段的解释并不相同。下面只介绍当S=1时，类型字段的含义。

E（Executable，可执行位）：E=0，说明该段为不可执行段，即数据段；E=1，说明该段为可执行段，即代码段。

当E=0时，即在数据段的情况下，类型字段的第2位为ED（Expansion Direction，扩展方向位）。ED=0，表示该段为向上（地址增大）扩展段，而且是数据段，此时偏移地址必须小于或等于界限值。也就是说，数据开始于段基址，并向段基址加上界限值的方向向上扩展。ED=1，表示该段为向下扩展段，而且是堆栈段，此时偏移地址必须大于界限值。也就是说，堆栈段的界限值指示堆栈段的低界限，而其上界限值是一个全1的地址值。当描述符附加字段中的D/B位为1时，该值为FFFFFFFFH；若D/B位为0，则该值为FFFFH。任何超出规定地址范围的访问将会引起异常。

当E=0时，类型字段的第1位为W（Writeable）可写位。W=0，指示数据段不能写入；W=1，指示数据段可以写入。在堆栈段的情况下，W必须为1。

当E=1时，即在代码段的情况下，类型字段的第2位为C（Conforming，符合位）。在保护模式下，对段的访问要受特权级的限制。一般来说，系统程序的特权级为0，处于高特权级；而用户应用程序的特权级为3，处于低特权级。对特权的管理有一整套严格的规则，一般低特权级程序不允许任意访问或调用高特权级程序，必须在系统管理下，服从一定的规则才允许访问或调用。然而，在某些情况下，这种调用又是必需的。例如，应用程序经常需要使用系统提供的一些标准子程序，如数学库、码制转换程序和一些常用的处理异常情况下的例行程序，如除法错、超出段界限等异常处理。为方便起见，设置了C位。C位为1的代码段称为符合（Conforming）段，允许特权级与它相同或特权级比它低的程序调用或通过JMP指令转入；而C位为0的代码段称为非符合（Non-conforming）段，低特权级的程序对高特权级的非符合段的调用或转入将产生保护异常。这种方法把一些常用的例行程序放在C=1的代码段中，使它们可以方便地为不同特权级的程序所共享。

当E=1时，类型字段的第1位为R（Readable，可读位）。R=0，指示代码段只能执行不能读出；R=1，指示代码段既可执行又可读出，可用于在某些特殊情况下有一些常数可以和指令码放在一起，此时系统可利用这一特性提供读出这些常数的方法。

访问权字节的第0位为A（Accessed，已访问位）。A=0，表示该段尚未被访问过；A=1，表示该段已被访问过。此时的段选择器已装入段寄存器或该段已用于段选择器测试指令。该位的设立便于软件对段使用情况的监控。

④ 附加字段部分在386及其后继机型中存在，包括G、D/B、0和AVL共4位。

G：粒度位，前面已有说明。

D/B位：在代码段里，称为D（Default Operation Size，默认操作长度位）。D=1，表示操作数及有效地址长度均为32位；D=0，则为16位操作数和16位有效地址。在数据段里，这一位称为 B 位，控制了两个有关堆栈的操作。其一控制堆栈指针寄存器 SP 的长度。B = 1，使用 32 位 ESP 寄存器；B = 0，则使用 16 位 SP 寄存器。其二指示向下扩展的堆栈的上界限值，前面已有说明。

0 位：必须为 0，为未来的处理机保留。

AVL（Available，可用位）：只能由系统软件使用。

由此可知，描述符全面地描述了段的大小、段在存储器中的位置及段的各种属性。这里只说明了应用程序所用的描述符，而系统所用的系统段描述符、在特权级控制中所用到的门描述符等不再一一叙述。注意，描述符的内容是由系统设置的，而不是由用户建立的。

（3）段选择器和描述符表

前面曾提到，在保护模式下，程序只要给出逻辑地址就可找到对应的存储单元，而此时的逻辑地址是由段选择器和偏移地址组成的。此外，只要有了描述符，就可以根据其给出的段基址和段界限值，确定所要找的存储单元所在的段，再加上逻辑地址中指定的偏移地址，就可以找到相应的存储单元。剩下的问题是，如何根据段选择器找到描述符呢？

描述符存放在描述符表中，主要有 4 种描述符表。

① GDT（Global Descriptor Table，全局描述符表）：存放操作系统和各任务公用的描述符，如公用的数据和代码段描述符、各个任务的 TSS 描述符和 LDT 描述符等。

② LDT（Local Descriptor Table，局部描述符表）：存放各任务私有的描述符，如本任务的代码段描述符和数据段描述符等。

③ IDT（Interrupt Descriptor Table，中断描述符表）：存放系统中断描述符。

④ TSS（Task State Segment，任务状态段）：存放各任务的私有运行状态信息描述符。

描述符表都存放在存储器中，每个表分别构成一个 64 KB 长的段，表中可存放 8K 个描述符。全局描述符表中的描述符所指定的段可用于所有程序，而局部描述符表中的描述符所指定的段通常只用于一个用户程序（或称一个任务）。整个存储器只有一个全局描述符表和一个中断描述符表，而局部描述符表可以有多个，它们分别对应于不同的任务。

由此可见，只要段选择器提供描述符在描述符表中的位置，就可以得到描述符。段选择器存放在段寄存器中，16 位长，其格式如下：

15	3	2	1	0
INDEX		TI		RPL

INDEX：索引值，即描述符表索引值，给出所选描述符在描述符表中的位置，共 13 位。可从描述符表中 8K 个描述符中选取一个。

$$描述符的地址 = 描述符表的段基址 + INDEX \times 8$$

一个 64 位的描述符占 8 个主存字节单元，INDEX 乘以 8 将得到对应描述符在描述符表中的偏移地址。而描述符表的段基址可从系统地址寄存器如 GDTR/LDTR/TR 中得到。

RPL（Requested Privilege Level，请求特权级）：对该存储段请求访问的特权级，其值可为 0 ~ 3，0 级特权级最高。如 RPL 和该段描述符中的 DPL 相等（同一特权级）或 RPL<DPL（请求特权级高于描述符特权级）则允许对该段的访问。如 RPL = 2，DPL = 3 则允许访问该段。

TI（Table Indicator，选择位）：TI = 0，指示从全局描述符表 GDT 中选择描述符；TI = 1，指示从局部描述符表 LDT 中选择描述符。

现在，读者应该明白了通过逻辑地址的段选择器找到描述符表，再找到描述符，由此确定所选段和存储单元的过程，如图 4-19 所示。

为了提高保护模式存储器寻址的速度，CPU 设置了 6 个 64 位的描述符寄存器，如图 4-20 所示，用来存放对应段的描述符。每当一个段寄存器中段选择器的值确定以后，硬件会自动地根据段选择器的索引值，从系统的描述符表中取出对应的一个 8 字节（64 位）的描述符，装入相应的段描述符寄存器，以后每当出现对该段存储器的访问时，就可直接使用相应的描述符寄存器中的段基址作为线性地址计算的一个元素，而不需在内存中查表得到段基址，因此加快了存储器物理地址的形成。

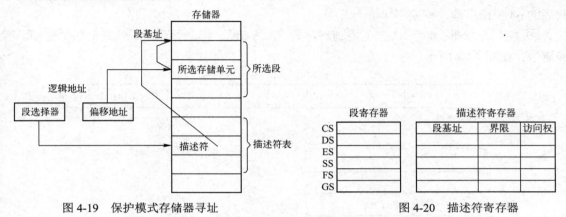

图 4-19 保护模式存储器寻址   图 4-20 描述符寄存器

应当指出，段寄存器是程序可访问的，而描述符寄存器是程序不可访问的。

（4）系统级寄存器组

系统级寄存器组是指不能由用户程序访问而只能由系统管理的寄存器，具体包括系统地址寄存器、控制寄存器、测试寄存器和调试寄存器。

① 系统地址寄存器：有 4 个，用来保存全局描述符表、局部描述符表、中断描述符表和任务状态段这 4 个系统描述符表所在存储段的段基址、界限和段属性信息，如图 4-21 所示。

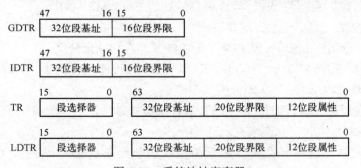

图 4-21 系统地址寄存器

48 位的 GDTR 和 IDTR 寄存器分别用来保存全局描述符表 GDT 和中断描述符表 IDT 所在段的 32 位段基址及 16 位的界限值。GDT 和 IDT 的界限都是 16 位，即表长度最大为 64 KB，每个描述符为 8 字节，故每个表可以存放 8K 个描述符。当使用保护模式工作时，由系统将 GDT 的段基址和界限值填入 GDTR。

16 位 LDTR 寄存器用来存放当前任务的局部描述符表 LDT 所在存储段的段选择器。局部描述符表 LDT 和全局描述符表 GDT 都存放在主存储器里，LDT 的描述符存放在 GDT 中。因此，如果要访问某个 LDT，可利用系统指令将该 LDT 的段选择器装入 LDTR，此时硬件自动从 GDT 中读出该 LDT 描述符并装入到对应的 64 位局部描述符寄存器（图 4-21 中 LDTR 其后的 64 位寄存器，程序不可访问）中。以后再访问该 LDT，就直接由局部描述符寄存器提供 LDT 所在段的段基址，这样可以有效地提高访问速度。

16 位 TR 寄存器用来存放当前任务状态段 TSS 所在存储段的段选择器。TSS 的描述符存放在 GDT 中。如果要访问某个 TSS，可利用系统指令将该 TSS 的段选择器装入 TR，此时硬件自动从 GDT 中读出该 TSS 的描述符并装入对应的 64 位局部描述符寄存器（图 4-21 中 TR 其后的 64 位寄存器，程序不可访问）中。

② 控制寄存器：4 个 32 位的控制寄存器 $CR_0 \sim CR_3$，用来保存全局性的机器状态和设置控制位，如图 4-22 所示。

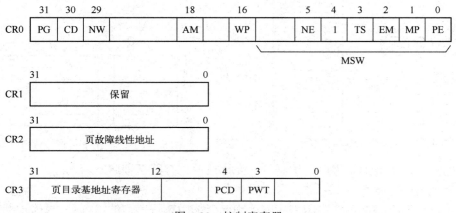

图 4-22　控制寄存器

CR_0 控制寄存器的低 16 位也称为机器的状态字 MSW。CR_0 的所有控制状态位可分为如下 5 类：工作模式控制位 PG、PE，片内高速缓存控制位 CD、NW，任务切换控制位 TS，对准控制位 AM，页的写保护控制位 WP，浮点运算控制位 EM、MP、NE。

下面对这些控制位的功能进行简要说明。

❖ PG（允许分页控制位）：置 1 时，允许分页，否则禁止分页。

❖ PE（保护方式允许位）：置 1 时，CPU 将转移到保护模式工作，允许给段实施保护；若为 0，则 CPU 返回到实地址模式工作。

❖ CD（高速缓存允许控制位）：置 1，高速缓存未命中时，不允许填充高速缓存；否则，高速缓存未命中时，允许填充高速缓存。

❖ NW（写直达（通写）控制位）：清 0 时，表示允许 Cache 写直达，即所有命中 Cache 的写操作不仅要写 Cache，也要写主存储器；否则，禁止 Cache 写直达。

❖ TS（任务转换控制位）：每当进行任务转换时，由 CPU 自动置 1。

❖ AM（对准屏蔽控制位）：置 1 时，且 EFLAGS 的 AC 位有效，将对存储器操作数进行对准检查，否则不进行对准检查。

❖ WP（写保护控制位）：置 1 时，将对系统程序读取的专用页进行写保护。

❖ EM（仿真协处理器控制位）：置 1 时，表示用软件仿真协处理器，而这时 CPU 遇到浮点指令，则产生故障中断 7；若为 0，则浮点指令将被执行。

❖ MP（监视协处理器控制位）：置 1 时，表示有协处理器，否则表示没有协处理器。

❖ NE（数字异常中断控制位）：置 1 时，若执行浮点指令时发生故障，进入异常中断 16 处理；否则，进入外部中断处理。

CR_1 控制存储器保留给将来的 Intel 微处理器使用。CR_2 控制寄存器为页故障线性地址寄存器，保存的是最后出现页故障的 32 位线性地址。CR_3 的高 20 位为页目录表的段基址寄存器，其 PWT 和 PCD 位是与高速缓存有关的控制位，用来确定以页为单位进行高速缓存的有效性。

③ 测试寄存器：有 5 个，其中 $TR_3 \sim TR_5$ 用于高速缓存的测试操作（测试数据、测试状态、测试控制），$TR_6 \sim TR_7$ 则用于页部件的测试操作（测试控制、测试状态）。

④ 调试寄存器：8 个 32 位的调试寄存器 $DR_0 \sim DR_7$，用来支持 80386 及后继机型的调试功能。其中 $DR_0 \sim DR_3$ 用来设置 4 个断点的线性地址，DR_6 用来存放断点的状态，DR_7 用于设置断点控制，而 DR_4 和 DR_5 则是 Intel 公司保留以后使用。

4．80x86 CPU 逻辑地址的来源

从以上内容可知，实模式下的逻辑地址由段基值和偏移地址组成；而保护模式下的逻辑地址由段选择器和偏移地址组成。实际上，段基值和选择器都是由段寄存器提供。在汇编语言程序中，逻辑地址可表示为：段基值（或段选择器）:偏移地址。

在 80x86 CPU 中，逻辑地址的两个分量之间存在一种默认组合关系，可以不在程序中指明。这种默认组合取决于指令所需的操作类型，表 4-4 给出了不同操作类型，获得段基值（或段选择器）和偏移地址的不同来源。

表 4-4　逻辑地址的来源

序号	操作类型	逻辑地址		
		段基值（或段选择器）		偏移地址（OFFSET）
		默认来源	允许替代来源	
1	取指令	CS	无	IP 或 EIP
2	堆栈操作	SS	无	SP 或 ESP
3	取源串	DS	CS、SS、ES	SI 或 ESI
4	存目的串	ES	无	DI 或 EDI
5	以 BP 作基址	SS	CS、DS、ES	有效地址 EA
6	存取存储器操作数（除上述 3，4，5 项）	DS	CS、SS、ES	有效地址 EA

在这种默认组合下，程序中不必专门指定其组合关系，但程序如用到非默认的组合关系（如使用允许替代来源），则必须用段跨越前缀加以说明。

当 CPU 执行从存储器取指令的操作时，必须由代码段寄存器 CS 提供段基值（或段选择器），而偏移地址从指令指针 IP 或 EIP 中获得。如指令执行的是堆栈操作，则必须由 SS 提供当前段段基值（或段选择器），而堆栈指针 SP 或 ESP 给出栈顶单元的偏移地址。如指令执行时，需要存取存储器中的操作数，操作数通常存放在当前数据段中，则隐含由 DS 提供段基值（或段选择器）；如操作数在其他当前段中，则用其他段寄存器（如 CS、SS、ES）来指定操作数所在段，这时指令中必须要给出对应的段寄存器名，即段跨越前缀，而存放操作数单元的偏移地址是由 CPU 根据指令提供的寻址方式计算得到的。按寻址方式计算出来的偏移地址又称

为有效地址 EA（Effective Address）。

4.3 80x86 CPU 指令系统

不同的微处理器有不同的指令系统。80x86 系列微处理器的指令集是在 8086/8088 CPU 的指令系统上发展起来的。8086/8088 CPU 的指令系统是基本指令集，80286、80386、80486 和 Pentium 的指令系统在基本指令集上进行了扩充。扩充指令的一部分是增强的 8086/8088 基本指令和一些专用指令；另一部分是系统控制指令，即特权指令，它们对 80286、80386、80486 和 Pentium 保护模式的多任务、存储器管理和保护机制提供了控制能力。

80x86 系列 CPU 采用了变字长的机器指令格式，由 1～15 字节组成一条指令。一般格式如图 4-23 所示。本节先介绍 80x86 的寻址方式，然后着重介绍用于运行应用程序的 80x86 指令。对系统程序员所用的特权指令未作说明。考虑到极少使用汇编语言编写浮点运算程序，因此也未介绍有关浮点指令的情况。

前缀	操作码	寻址方式	位移量	立即数
0～3 字节	1～2 字节	0～2 字节	0～4 字节	0～4 字节

图 4-23 80x86 CPU 机器指令的一般格式

4.3.1 80x86 寻址方式

指令中的寻址方式用来确定操作数地址从而找到指令所需的操作数。在 80x86 系列中，8086 和 80286 的字长是 16 位，一般情况下只处理 8 位和 16 位操作数，只是在乘、除指令中才会有 32 位操作数；80386 及其后继机型的字长为 32 位，因此它除可处理 8 位和 16 位操作数外，还可处理 32 位操作数，在乘、除法情况下可产生 64 位操作数。本节所述例子中，如处理的是 32 位操作数，则适用于 80386 及其后继机型。

1. 立即寻址方式和寄存器寻址方式

（1）立即寻址方式（Immediate Addressing）

立即寻址是指指令所需的操作数直接在指令代码中，随着取指令一起取到 CPU 中。这种操作数称为立即数。立即数可以是 8 位或 16 位。80386 及其后继机型则可以是 8 位或 32 位。若是 16 位数，则高位字节存放在高地址中，低位字节存放在低地址中；若是 32 位数，则高位字在高地址中，低位字在低地址中，如图 4-24 所示。

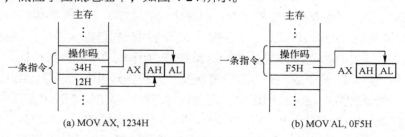

(a) MOV AX, 1234H   (b) MOV AL, 0F5H

图 4-24 立即寻址方式

立即数用来表示常数，经常用于给寄存器赋初值，并且只能用于源操作数字段，不能用于目的操作数字段，且源操作数长度应与目的操作数长度一致。在汇编指令中，立即数若是数值常数可直接书写，若是字符常数则应加上引号。

【例 4-2】 下述汇编指令的源操作数都采用立即寻址方式。

```
MOV    AL, 5H                          ; 将 8 位立即数 05H 送入 AL
MOV    AX, 0B064H
MOV    BX, "AB"
MOV    EAX, 12345678H
```

在汇编指令中，立即数若是以 A~F 开始的十六进制数，则必须在数前面加上 0，如上述第二条指令，否则汇编程序会将立即数当作符号处理。

（2）寄存器寻址方式（Register Addressing）

寄存器寻址是指指令所需的操作数存放在 CPU 的寄存器（通用寄存器或段寄存器）中，通过指令中的寄存器地址去找到操作数。在汇编指令中，寄存器地址直接用寄存器名表示，如用 AX、BX、AL、BH、EAX、EBX、DS、ES 等，这些寄存器可以是 8 位的、16 位的或 32 位的。这种寻址方式如图 4-25 所示。

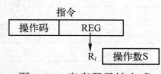

图 4-25　寄存器寻址方式

【例 4-3】 指令"MOV AX, BX"将 BX 中的内容送入 AX，其源操作数和目的操作数都采用寄存器寻址方式。例如，指令执行前（AX）=3064H，（BX）=1234H，指令执行后，则（AX）=1234H，（BX）保持不变。

【例 4-4】 寄存器寻址方式示例。

```
MOV    BL, AL                          ; 将 AL 中的内容送入 BL
MOV    DS, AX
MOV    ECX, EDX
```

2．存储器寻址方式

以下几种寻址方式中，操作数都在除代码段以外的存储区。在汇编语言程序中，一个存储单元的地址采用逻辑地址来表示，其形式为：段基值（或选段择器）：偏移地址。

前面曾介绍，操作数地址（线性/物理地址）是根据段基值（或段选择器）和偏移地址通过一定的方法得到的。段基址在实模式和保护模式下可从不同的途径取得。这里需要解决的问题是如何取得操作数的偏移地址，偏移地址是指存放操作数的存储单元与段起始地址（段基址）之间的字节距离。80x86 把按寻址方式计算出来的操作数的偏移地址称为有效地址（Effective Address，EA），所以下述各种寻址方式即为求得有效地址的不同途径。

存储器操作数的寻址方式不同，则形成有效地址的方法不同。有效地址可以由 4 个地址分量的某种组合求得。

① 位移量：指令代码中的一个 8、16 或 32 位二进制数，但不是立即数，而是一个地址量。在源程序中，位移量通常以符号地址（变量名或标号）的形式出现，也可以是常数，经汇编后，这些符号地址的偏移地址或常数就转换为指令代码中的位移量。

② 基地址：即基址寄存器或基址指针的内容。

③ 变址量：即变址寄存器的内容。

④ 比例因子（Scale Factor）：80386 及其后继机型新增加的寻址方式中的一个术语，其值可为 1、2、4 或 8。在含比例因子的寻址方式中，可用变址寄存器的内容乘以比例因子来取得

变址值。这类寻址方式对访问元素长度为 2、4、8 字节的数组特别有用。

8086/80286 只能使用 16 位寻址，而 80386 及其后继机型既可用 32 位寻址也可用 16 位寻址。在这两种情况下，对以上 4 个地址分量的组成有不同的规定，如表 4-5 所示。**注意**：在选择寻址方式所对应的寄存器时，必须符合这一规定。

对不同的存储器寻址方式，构成其有效地址 EA 的地址分量是不同的：如直接寻址方式的 EA 就只含位移量，基址变址寻址方式的 EA 为基地址、变址量和位移量三者之和。但这些寻址方式的有效地址的计算都可以表示为：EA= 基地址 +（变址量 × 比例因子）+ 位移量。

随寻址方式的不同，上式中的加项可空缺 1 项或 2 项，但至少要保留 1 项。需注意，比例因子只能与变址寄存器同时使用。

表 4-5　16/32 位寻址时有效地址的 4 种分量

地址分量	16 位寻址	32 位寻址
位移量	0、8、16 位	0、8、32 位
基址寄存器	BX，BP	任何 32 位通用寄存器（包括 ESP）
变址寄存器	SI，DI	除 ESP 以外的 32 位通用寄存器
比例因子	无	1、2、4、8

下面具体讨论 6 种存储器寻址方式。寻址方式不同，则构成 EA 的 4 个地址分量的组合就不一样。其中有关比例因子的 2 种组合只能用于 80386 及其后继机型。需要特别指出的是，为了便于教学，本节的例子均采用实模式寻址来计算物理地址。

（1）直接寻址方式（Direct Addressing）

直接寻址是指指令所需的操作数存放在存储单元中，操作数的有效地址 EA 直接由指令代码中的位移量提供，即 EA 只包含位移量这一种地址分量。此时，位移量的值就是操作数的有效地址，如图 4-26 所示。

① 用数值地址表示 EA。在采用直接寻址方式的汇编指令中，如用数值表示操作数的有效地址，则操作数所在段的段寄存器必须指明，不能省略。

例如，传送指令源操作数的有效地址用数值地址表示：

```
MOV    BX, DS:[1000H]
```

这条指令完成将当前数据段偏移 1000H 字节的字单元内容 1234H 送入 BX，如图 4-27 所示，其中源操作数的有效地址 EA 是 1000H。"MOD　R/M"是指令代码中的寻址字段。

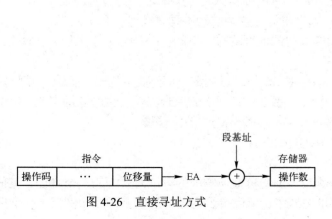

图 4-26　直接寻址方式　　　　图 4-27　数值地址表示的直接寻址方式

② 用符号地址表示 EA。在源程序中，常用符号地址表示存放操作数的存储单元，因此在汇编指令中，可用符号地址表示的直接寻址方式来存取操作数。

操作数若存放在数据段中，则指令中不必给出数据段寄存器名（即默认使用 DS）；若操作数不是存放在数据段中，则必须给出段寄存器名。例如：

```
MOV    BX, VAR              ; 将 VAR 指向的字单元内容送到 BX 中, 如图 4-28 所示
MOV    DA_BYTE, 0FH         ; 将立即数 0FH 置入 DA_BYTE 指向的字节单元
MOV    CL, DA+3             ; 把由 DA 地址偏移 3 字节的字节单元内容送入 CL
```

上述三条指令分别等价于：

```
MOV    BX, DS:VAR
MOV    DS:DA_BYTE, 0FH
MOV    CL, DS:DA+3
```

VALUE 在附加段中，则应指定段跨越前缀如下：

```
MOV    AX, ES:VALUE
或  MOV    AX, ES:[VALUE]
```

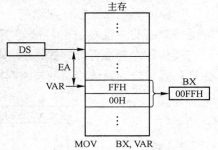

图 4-28　符号地址表示的直接寻址方式

【例 4-5】　直接寻址方式示例。

```
MOV    EAX, DAT ; 将 DAT 指向的双字单元内容（32 位操作数）送入 EAX
```

直接寻址方式适用于处理单个变量，如要处理某个存放在存储器里的变量，可以用直接寻址方式把该变量先取到一个寄存器中，再进一步处理。

80x86 为了使指令字不要过长，规定双操作数指令的两个操作数中，只能有一个使用存储器寻址方式，这就是一个变量通常先要送到寄存器的原因。

（2）寄存器间接寻址方式（Register Indirect Addressing）

寄存器间接寻址是指指令所需的操作数在存储单元中，操作数的有效地址 EA 直接从基址寄存器或变址寄存器中获得，即 EA 只包含基址寄存器内容或变址寄存器内容。这种寻址方式实际上是将有效地址事先放入一个寄存器，因此这个寄存器如同一个地址指针，如图 4-29 所示。根据表 4-5 的规定，在 16 位寻址时，可用的寄存器是 BX、BP、SI 和 DI；在 32 位寻址时，可用 EAX、EBX、ECX、EDX、ESP、EBP、ESI 和 EDI 等 8 个通用寄存器。根据表 4-4 的规定，凡使用 BP、ESP 和 EBP 时，默认段为 SS 段，其他寄存器的默认段为 DS 寄存器。

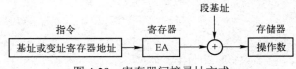

图 4-29　寄存器间接寻址方式

由于用寄存器作为地址指针，因此在程序中只要修改间址寄存器的内容，就可以用同一条指令访问不同的存储单元。这种寻址方式的使用格式如下：

```
MOV    CH, [SI]
MOV    [DI], BX
MOV    AL, [BX]
MOV    CX, [BP]
```

上述指令分别等价于：

```
MOV    CH, DS:[SI]
MOV    DS:[DI], BX
```

```
MOV    AL, DS:[BX]
MOV    CX, SS:[BP]
```

指令中也可指定段跨越前缀来取得其他段中的数据，例如：

```
MOV    AX, ES:[BX]
```

这种寻址方式可以用于表的处理，执行完一条指令后，只需修改寄存器内容就可以取出表的下一项。

（3）寄存器相对寻址方式（Register Relative Addressing，也称变址寻址或基址寻址方式）

指令所需的操作数在存储单元中，操作数的有效地址是两个地址分量之和：基址寄存器或变址寄存器的内容与指令中指定的位移量之和。这种寻址方式如图 4-30 所示，若使用的是变址寄存器称为变址寻址方式；若使用的是基址寄存器称为基址寻址方式。它所允许使用的寄存器及与其对应的默认段情况与寄存器间接寻址方式中所说明的相同，这里不再赘述。

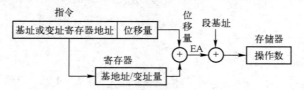

图 4-30　寄存器相对寻址方式

在汇编指令中，位移量部分可用数值表示，也可用符号地址表示（此时用符号地址的偏移地址作为位移量），其寻址方式的使用格式如下：

```
MOV    AX, 10H[SI]         ; 位移量为 8 位常数，EA=10H+(SI)，默认段寄存器是 DS
MOV    TAB1[BP], CL        ; 位移量为符号地址 TAB1 的 16 位偏移地址，默认段寄存器是 SS
```

寄存器相对寻址方式常用来访问顺序存放在主存中的一维数组、表、字符串等。其典型用法是将指令中不能修改的位移量作为基准地址，而将变址或基址寄存器内容作为修改量。例如数组的起始单元位置是固定的，因此由指令中的位移量给出；而被访问的数组元素相对其起始单元的距离由变址或基址寄存器提供，通过修改寄存器的内容就可以访问数组中不同的元素。

【例 4-6】　如图 4-31 所示，一维数组 ARY 存放在主存的数据段中，数组的每个元素长度相同且都占 2 字节单元，从数组的首址起依次存放各数组元素 ARY(0)、ARY(1)、…、ARY(i)、…。

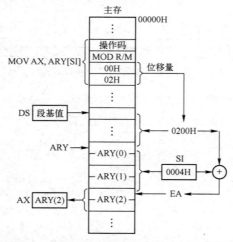

图 4-31　用寄存器相对寻址方式访问一维数组

指令

```
MOV    AX, ARY[SI]
```

可用来访问数组中的元素，指令中的符号地址 ARY 指向该数组的首址；变址寄存器 SI 的内容表示所访问元素与数组首址之间的字节距离，则所访问元素的有效地址：EA= ARY 的偏移地址 +(SI)。当 SI 内容为 0 时，将访问 ARY(0)元素；SI 内容为 1×2 时访问 ARY(1)元素；SI 内容为 $i×2$ 时访问 ARY(i)，即通过修改 SI 的内容可以访问数组中任何一个元素。

【例 4-7】 寄存器相对寻址方式示例。

```
MOV    EAX, TABLE[ESI]                    ; 位移量为 TABLE 的 32 位偏移地址，默认段寄存器是 DS
```

寄存器相对寻址方式也可以使用段跨越前缀。例如：

```
MOV    DL, ES:STRING[SI]
```

（4）基址变址寻址方式（Based Indexed Addressing）

指令所需的操作数在主存单元中，操作数的有效地址是三个地址分量之和：基址寄存器内容、变址寄存器内容与指令中的位移量（0、8、16 或 32 位）之和，称为基址变址寻址方式，如图 4-32 所示。它所允许使用的寄存器及与对应的默认段见表 4-5 和表 4-4。

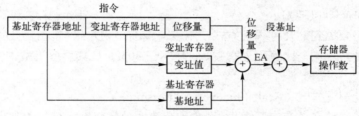

图 4-32　基址变址寻址方式

这种寻址方式的位移量可用数值或符号地址表示，其使用格式如下：

```
MOV    AX, 200H[BX][SI]                   ; 位移量为 16 位常数，EA = 200H+(BX)+(SI)，默认段寄存器为 DS
MOV    AX, ARRAY[BP][SI]                  ; 位移量为符号地址 ARRAY 的 16 位偏移地址，默认段寄存器为 SS
MOV    [BP][DI], DL                       ; 位移量为 0，EA = (BP) +(DI)，默认段寄存器为 SS
```

由于基址变址寻址方式中有两个地址分量可以在程序执行过程中进行修改，因此常用来访问存放在主存中的二维数组。

【例 4-8】 ARRAY 数组是 10 行、10 列的二维数组，按行存放在主存堆栈段，如图 4-33 所示。从数组的首址 ARRAY 起依次存放各数组元素：第 0 行元素为 ARRAY(0, 0) ~ ARRAY(0, 9)，共 10 个，第 1 行元素为 ARRAY(1, 0) ~ ARRAY(1, 9) ……每个元素占用 1 个字节单元。可以用指令：

```
MOV    AL, ARRAY[BP][SI]
```

访问数组的某个元素 ARRAY(i,j)，指令中的位移量 ARRAY 指向数组首址；BP 存放被访问行的起始位置相对数组首址的距离，即 $i×10$；SI 存放被访问数组元素相对本行首址的距离，即 j，则要访问元素的有效地址：EA = ARRAY 的偏移地址+(BP)+(SI)，段基值隐含由 SS 给出。

图 4-33 中给出了访问数组第 1 行第 8 列元素 ARRAY(1,8)的寻址过程，ARRAY 指向数组起始位置，BP 内容为 1×10，以指向该数组中第 1 行起始点，SI 内容为 8 以指向该行第 8 个元素，三者之和即为被访元素 ARRAY(1,8)的有效地址。显然，修改 BP 就可以访问数组的不同行，而修改 SI 可以访问同一行中不同的元素。

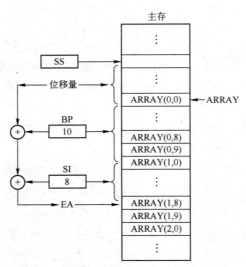

图 4-33　用基址变址寻址方式访问二维数组

类似地，对于 32 位寻址方式有：

```
MOV    EAX, ARRAY[EBX][ECX]
```

这种寻址方式及将要提到的几种寻址方式使用段跨越前缀的方式与以前所述类似，不再赘述。

下面两种寻址方式均与比例因子有关，只能用在 80386 及其后继机型中，8086/80286 不支持这两种寻址方式。

（5）比例变址寻址方式（Scaled Indexed Addressing）

指令所需的操作数在主存单元中，操作数的有效地址是变址寄存器的内容乘以指令中指定的比例因子再加上位移量之和，所以有效地址由三部分组成，如图 4-34 所示，所允许使用的寄存器及相应的默认段见表 4-5 和表 4-4。

与相对寄存器寻址相比，比例变址寻址方式增加了比例因子，好处在于：对于元素大小为 2、4、8 字节的数组，可以在变址寄存器中给出数组元素下标，而由寻址方式通过用比例因子把下标转换为变址值。

【例 4-9】　要求把双字数组 COUNT 中的元素 3 送入 EAX，用比例变址寻址方式可直接在 ESI 中放入 3，选择比例因子 4（数组元素为 4 字节长），就可以达到目的，如图 4-35 所示，而不必像在相对寄存器寻址方式中那样，要把变址值直接装入寄存器。

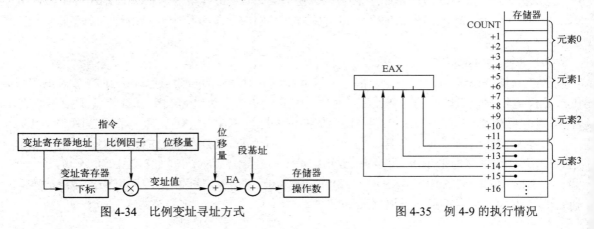

图 4-34　比例变址寻址方式　　　　　图 4-35　例 4-9 的执行情况

```
MOV    EAX, COUNT[ESI*4]
```

（6）基址比例变址寻址方式（Based Scaled Indexed Addressing）

基址比例变址寻址方式中，指令所需的操作数在主存单元中，操作数的有效地址是变址寄存器的内容乘以比例因子，加上基址寄存器的内容，再加上位移量（0、8 或 32 位）之和，所以有效地址由 4 种成分组成，如图 4-36 所示，所允许使用的寄存器及相应的默认段见表 4-5 和表 4-4。

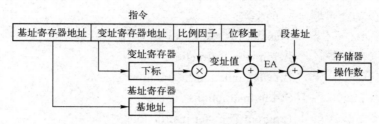

图 4-36　基址比例变址寻址方式

基址比例变址寻址方式比基址变址寻址方式增加了比例因子，便于对元素为 2、4、8 字节的二维数组进行处理。下面给出使用该寻址方式的指令例子。

【例 4-10】　基址比例变址寻址方式示例。

```
MOV    EAX, TABLE[EBP][EDI*4]
```

3．串操作寻址方式（String Addressing）

80x86 提供了专门的串操作指令，这些指令所用的操作数也在存储器中，但它们不能使用上述寻址方式，而是隐含使用变址寄存器 SI、ESI、DI 或 EDI，如图 4-37 所示。串操

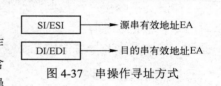

图 4-37　串操作寻址方式

作指令规定，隐含使用 SI 或 ESI 作为在数据段中的源串（即源操作数）的地址指针；隐含使用 DI 或 EDI 作为在附加段中的目的串的地址指针。在完成一次串操作后，指令自动修改 SI 或 ESI、DI 或 EDI 两个地址指针，使 SI 或 ESI、DI 或 EDI 指向下一个串元素的存储单元。由标志寄存器中的方向标志位 DF 的值来确定指针的修改方向，若 DF = 0，则 SI 或 ESI、DI 或 EDI 自动增量；否则 SI 或 ESI、DI 或 EDI 自动减量。若串操作指令处理的是字节串，增量/减量均为 1；若处理的是字串，则增量/减量均为 2；若处理的是双字串，则增量/减量均为 4。

4．I/O 端口寻址

有关 I/O 端口寻址的内容将在 7.1.3 节中介绍。

4.3.2　80x86 CPU 指令分类

80x86 CPU 指令按操作数地址个数可划分为 3 种类型：

① 双操作数指令：　OPR　DEST，SRC

OPR 表示指令操作码。双操作数指令中给出两个操作数地址，SRC 表示源操作数地址，简称源地址；DEST 表示目的操作数地址，简称目的地址。

② 单操作数指令：　OPR　DEST

单操作数指令中只给出一个操作数地址 DEST。若指令只需一个操作数，则该地址既是源

地址又是目的地址。若指令需两个操作数，则另一个操作数地址由指令隐含指定。

③ 无操作数指令：　　　OPR

无操作数指令的一种情况是指令未给出操作数地址，但隐含指定了操作数的存放处。另一种情况是指令本身不需要操作数。

在 80x86 指令系统中，除串操作指令以外，其余所有指令最多只能有一个操作数存放在存储器中。对于双操作数指令（除串操作指令外）而言，两个操作数不能同时是存储器操作数。

80x86 指令按功能可划分为 6 大类：

① 传送类指令　　　　　（Transfer Instructions）
② 算术运算类指令　　　（Arithmetic Instructions）
③ 逻辑类指令　　　　　（Bit Manipulation Instructions）
④ 串操作类指令　　　　（String Instructions）
⑤ 程序转移类指令　　　（Program Transfer Instructions）
⑥ 处理器控制类指令　（Processor Control Instruction）

程序转移类指令将在第 5 章介绍。其他 5 类指令后续介绍，均采用汇编指令格式描述。

4.3.3　传送类指令

传送类指令负责把数据、地址或立即数送到寄存器或存储单元中，又可分为 4 种：数据传送指令、地址传送指令、标志位传送指令和类型转换指令。传送类指令中，除了 SAHF、POPF 指令，其余指令对标志位均无影响。

1．数据传送指令

数据传送指令包括：MOV（MOVe），传送；MOVSX（MOVe with Sign-eXtend），带符号扩展传送；MOVZX（MOVe with Zero-eXtend），带零扩展传送；PUSH（PUSH onto the stack），进栈；POP（POP from the stack），出栈；PUSHA/PUSHAD（PUSH All registers），所有寄存器进栈；POPA/POPAD（POP All registers），所有寄存器出栈；XCHG（eXCHanGe），交换。

（1）MOV 传送指令：MOV　DEST, SRC

指令功能：(SRC) ⇒ DEST，即将源地址 SRC 的内容（源操作数）传送到目的地址 DEST 中。传送指令执行完后源操作数保持不变。

受影响的状态标志位：无。

MOV 指令中的两个操作数可以同时是字节、字或双字，但两者位数必须一致。源操作数可存放在通用寄存器、段寄存器、存储器中，也可以是立即数；目的操作数则不能为立即数；并且两个操作数不能同时为存储器操作数。MOV 指令的数据传送方向如图 4-38 所示。

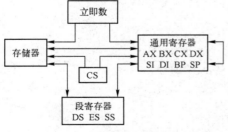

图 4-38　MOV 指令数据传送方向

例如，将立即数传送到通用寄存器或存储单元：

```
MOV   AL, 1FH              ; 将 8 位立即数 1FH 传送到 8 位寄存器 AL 中
MOV   AX, 2345H           ; 字传送
MOV   DA_BYTE, 0FEH       ; 字节传送
```

```
MOV    ARY[BX], 1234H                      ; 字传送
MOV    EBX, 12345678H                      ; 双字传送
```

例如，寄存器之间的传送：

```
MOV    AH, BL                              ; 字节传送
MOV    DX, CX                              ; 字传送
MOV    DS, AX                              ; 字传送
MOV    EDS, EAX                            ; 双字传送
```

例如，寄存器与存储单元之间的传送：

```
MOV    CL, DA_BYTE                         ; 字节传送
MOV    TAB[BX][DI], AX                     ; 字传送
MOV    EAX, 10H [ECX*4]       ; 将 DS 段中 EA 为 10H+(ECX)*4 的 32 位存储单元内容送给 EAX
```

由于指令中只允许一个操作数在存储器中，因此用一条 MOV 指令不能完成两个存储单元之间的数据传送，但可以用两条指令来实现。

【例 4-11】 把 DA_WORD1 字单元内容送到 DA_WORD2 字单元中，可用如下两条指令：

```
MOV    AX, DA_WORD1
MOV    DA_WORD2, AX
```

此外，MOV 指令中立即数不能直接传送给段寄存器，而且段寄存器之间也不能直接传送数据，但可以通过通用寄存器来实现间接传送。

【例 4-12】 把立即数 10A0H 传送给段寄存器 DS、ES，可用以下三条指令：

```
MOV    AX, 10A0H
MOV    DS, AX
MOV    ES, AX
```

MOV 指令可以在 CPU 内或 CPU 和存储器之间传送字或字节，80386 及其后继机型还可以传送双字（80x86 系统中凡 32 位指令均为 80386 及其后继机型可用，以后不再另加说明）。

（2）MOVSX 带符号扩展传送指令（80386 及其后继机型可用）：MOVSX   DEST, SRC

指令功能：符号扩展(SRC) ⇒ DEST。

该指令的源操作数可以是 8 位或 16 位的寄存器或存储单元的内容，而目的操作数必须是 16 位或 32 位寄存器，传送时将源操作数进行符号扩展后送入目的寄存器。8 位数据可以符号扩展到 16 位或 32 位，16 位数据可以符号扩展到 32 位。

受影响的状态标志位：无。

【例 4-13】 指令 "MOVSX   EAX, CL" 把 CL 寄存器中的 8 位数符号扩展为 32 位数，送到 EAX 寄存器中。若 MOVSX 指令执行前(CL)=F0H，则该指令执行后，(EAX)=FFFFFFF0H。

【例 4-14】 指令 "MOVSX   EDX, [EDI]" 把 DS 段中以 EDI 内容为指针所指向的字单元中的 16 位数，符号扩展为 32 位数，送入 EDX 寄存器。

（3）MOVZX 带零扩展传送指令（80386 及其后继机型可用）：MOVZX   DEST, SRC

指令功能：零扩展(SRC) ⇒ DEST。

有关源操作数和目的操作数以及对标志位的影响均与 MOVSX 相同，差别只是 MOVSX 的源操作数是带符号数，所以可作符号扩展；而 MOVZX 的源操作数应是无符号整数，所以可做零扩展（不管源操作数的符号位是否为 1，高位均扩展为零）。MOVSX 和 MOVZX 指令与一般双操作数指令的差别是：一般双操作数指令的源操作数和目的操作数的长度是相同的，但

MOVSX 和 MOVZX 的源操作数长度一定小于目的操作数长度。

【例 4-15】 指令 "MOVZX　DX, AL" 把 AL 寄存器中的 8 位数，零扩展成 16 位数，送入 DX 寄存器。如果 MOVZX 指令执行前 (AL)=F0H，该指令执行后，(DX)=00F0H。

【例 4-16】 指令 "MOVZX　EAX, DATA" 把 DATA 字单元中的 16 位数，零扩展为 32 位数，送入 EAX 寄存器。

（4）PUSH 进栈指令：PUSH　SRC

指令功能：首先修改堆栈指针 SP 或 ESP 的内容，然后将源操作数压入栈顶单元中。源操作数可以是立即数、寄存器（含段寄存器）或存储单元的内容，但 8086 不能使用立即数。具体操作可表示如下：

操作数 16 位：(SP)-2 ⇒ SP，或(ESP)-2 ⇒ ESP；(SRC) ⇒ 栈顶字单元

操作数 32 位：(SP)-4 ⇒ SP，或(ESP)-4 ⇒ ESP；(SRC) ⇒ 栈顶双字单元

受影响的状态标志位：无。

堆栈是以"后进先出"方式工作的一个存储区，必须存在于堆栈段中，因而其段基值或段选择器存放于 SS 寄存器中。堆栈操作只能在栈顶进行，因此使用堆栈指针 SP 或 ESP 来指示栈顶单元的地址，当堆栈地址长度为 16 位时用 SP，当堆栈地址长度为 32 位时用 ESP。

注意，堆栈的存取必须以字或双字为单位（不允许字节堆栈），所以 PUSH 和 POP 指令只能进行字或双字操作。

（5）POP 出栈指令：POP　DEST

指令功能：首先将 SP 或 ESP 指向的栈顶单元的内容弹出到目的寄存器或存储单元中，然后修改 SP 或 ESP 指向栈顶。目的地址可采用寄存器（除 CS 之外）或存储器寻址方式，但不能是立即寻址。具体操作可表示如下：

操作数 16 位：栈顶字单元内容 ⇒ DEST；(SP)+2 ⇒ SP，或(ESP)+2 ⇒ ESP

操作数 32 位：栈顶双字单元内容 ⇒ DEST；(SP)+4 ⇒ SP，或(ESP)+4 ⇒ ESP

受影响的状态标志位：无。

PUSH 和 POP 指令在操作数长度为 16 位时，SP 或 ESP 均为 ±2，进栈或出栈的是字；而操作数长度为 32 位时，SP 或 ESP 均为 ±4，进栈或出栈的是双字。注意，地址长度为 16 位时，使用 SP 作为堆栈指针，进出栈的可以是字，也可以是双字；同样，地址长度为 32 位时，使用 ESP 作为堆栈指针，进出栈的可以是双字，也可以是字，如表 4-6 所示。

表 4-6　PUSH/POP 指令执行的操作

操作数长度	地址长度	执行的操作	操作数长度	地址长度	执行的操作
16 位	16 位	(SP) ±2 ⇔ SP，字出栈或进栈	32 位	16 位	(SP) ±4 ⇔ SP，双字出栈或进栈
16 位	32 位	(ESP) ±2 ⇔ ESP，字出栈或进栈	32 位	32 位	(ESP) ±4 ⇔ ESP，双字出栈或进栈

需要说明的特殊情况是：执行 8086 中的 PUSH　SP 指令，入栈的是该指令已修改了的 SP 新值；而执行 PUSH　ESP 指令，入栈的却是 ESP 在执行该指令之前的旧值。此外，PUSH 和 POP 指令在使用与存储器有关的寻址方式且用 ESP 作为基址寄存器时，PUSH 指令使用该指令执行前的 ESP 内容，POP 指令则使用该指令执行后的 ESP 内容来计算基地址。

【例 4-17】 指令 "PUSH　AX" 的执行情况如图 4-39 所示。

【例 4-18】 指令 "POP　AX" 的执行情况如图 4-40 所示。

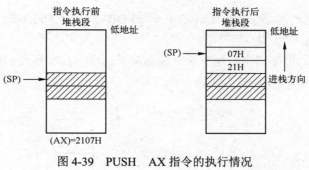

图 4-39　PUSH　AX 指令的执行情况

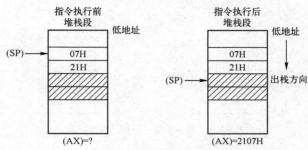

图 4-40　POP　AX 指令的执行情况

【例 4-19】　指令"PUSH　[EAX]"为 386 及其后继机型使用的 32 位指令，执行时，首先修正 ESP 内容，即(ESP)-4 ⇒ ESP，然后将 DS 段中以 EAX 内容为指针所指向的双字存储单元内容压入 ESP 指向的双字栈顶单元。

【例 4-20】　指令"PUSH　1234H"将立即数 1234H 压入堆栈。80286 及其后继机型允许立即数进栈。

（6）PUSHA/PUSHAD 通用寄存器进栈指令：PUSHA 或 PUSHAD

指令功能：将各通用寄存器内容依次压入堆栈栈顶单元。

PUSHA：16 位通用寄存器依次进栈，进栈次序为 AX、CX、DX、BX，以及指令执行前的 SP、BP、SI、DI。指令执行后，(SP)-16 ⇒ (SP)指向新栈顶。

PUSHAD：32 位通用寄存器依次进栈，进栈次序为 EAX、ECX、EDX、EBX，以及指令执行前的 ESP、EBP、ESI 和 EDI。指令执行后，(SP)-32 ⇒ (SP)。

受影响的状态标志位：无。

（7）POPA/POPAD 通用寄存器出栈指令：POPA 或 POPAD

指令功能：将堆栈栈顶单元内容依次弹出到各通用寄存器中。

POPA：16 位通用寄存器依次出栈，出栈次序为 DI、SI、BP、SP、BX、DX、CX、AX，指令执行后，(SP)+16 ⇒ (SP)指向新栈顶。注意，SP 的出栈只是修改了指针使其后的 BX 能顺利出栈，而堆栈中原先由 PUSHA 指令存入的 SP 的原始内容被丢弃，并未真正送到 SP 寄存器中去。

POPAD：32 位通用寄存器依次出栈，出栈次序为 EDI、ESI、EBP、ESP、EBX、EDX、ECX、EAX。指令执行后，(SP)+32 ⇒ (SP)指向新栈顶。与 POPA 相同，堆栈中存放的原 ESP 的内容被丢弃而不装入 ESP 寄存器。

受影响的状态标志位：无。

需要指出，在上述两条堆栈指令中，PUSHA 和 POPA 可用于 80286 及其后继机型；PUSHAD 和 POPAD 可用于 80386 及其后继机型。

在有子程序结构的程序和中断程序中常用这两条指令保存和恢复通用寄存器的内容。

【例 4-21】 指令"PUSHAD"的执行情况如图 4-41 所示。

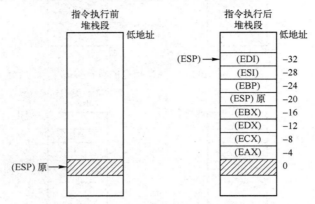

图 4-41　PUSHAD 指令的执行情况

（8）XCHG 交换指令：XCHG　　DEST, SRC

指令功能：(SRC) ⇔ (DEST)，将源地址的内容与目的地址的内容相互交换。数据交换只能在通用寄存器之间或通用寄存器与存储单元之间进行，不允许使用段寄存器。指令允许字或字节操作，80386 及其后继机型还允许双字操作。

受影响的状态标志位：无。

【例 4-22】 指令"XCHG　　BX,[BP+SI]"执行前，设 (BX) = 6F30H，(BP) = 0200H，(SI) = 0046H，(SS) = 2F00H，(2F246H) = 4154H，源操作数的物理地址=2F000+0200+0046=2F246；则该指令执行后，(BX) = 4154H，(2F246H) = 6F30H

又如，指令"XCHG　　EAX, EBX"完成将 EAX 和 EBX 寄存器的内容互换。

2．地址传送指令

地址传送指令完成将存储器操作数的地址传送给指定的寄存器，而不是传送操作数，包括：LEA（Load Effective Address），有效地址送寄存器；LDS（Load DS with pointer），地址指针送寄存器和 DS；LES（Load ES with pointer），地址指针送寄存器和 ES；LFS（Load FS with pointer），地址指针送寄存器和 FS；LGS（Load GS with pointer），地址指针送寄存器和 GS；LSS（Load SS with pointer），地址指针送寄存器和 SS。

（1）LEA 有效地址送寄存器指令：LEA　　DEST, SRC

指令功能：SRC 的 EA ⇒ DEST，即将源操作数的有效地址送到目的地址（16 位或 32 位通用寄存器）。

受影响的状态标志位：无。

LEA 指令的源操作数必须是存储器操作数，而目的地址只能是 16 位或 32 位通用寄存器名，不能使用段寄存器。

由于存在着目的寄存器位数与源操作数有效地址长度的不同，该指令执行的操作如表 4-7 所示。

表 4-7　LEA 指令执行的操作

目的寄存器	源操作数地址	执行的操作
16 位	16 位	计算得 16 位有效地址，存入 16 位目的寄存器
16 位	32 位	计算得 32 位有效地址，截取低 16 位存入 16 位目的寄存器
32 位	16 位	计算得 16 位有效地址，零扩展后存入 32 位目的寄存器
32 位	32 位	计算得 32 位有效地址，存入 32 位目的寄存器

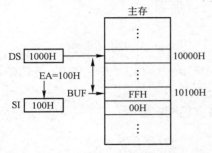

图 4-42　LEA　SI, BUF 指令的执行情况

如图 4-42 所示，设指令"LEA　SI, BUF"中 BUF 的有效地址 EA 是 100H，因此该指令完成将 100H 送入 SI，而不是把 DS:100H 所指向字单元的内容 00FFH 送入 SI。

【例 4-23】　指令"LEA　BX, [BX+SI+0F62H]"执行前，若(BX)＝0400H，(SI)＝003CH，则指令执行后，(BX)＝0400+003C+0F62＝139EH。

注意，在这里 BX 寄存器得到的是有效地址而不是该存储单元的内容。

（2）LDS、LES、LFS、LGS、LSS 地址指针送寄存器和段寄存器指令

一个存储单元的逻辑地址是由 16 位段基值（或段选择器）和 16（或 32）位偏移地址组成，因此可用 4（或 6）字节单元来存放这个逻辑地址。这 4（或 6）字节单元构成 32（或 48）位的地址指针，段基值（或段选择器）存放在 2 个高字节单元中，偏移地址则存放在 2（或 4）个低字节单元中，如图 4-43 所示。

指令 LDS 的功能是从作为地址指针的 4（或 6）个存储单元中，同时取出段基值（或段选择器）与偏移地址，分别送到段寄存器 DS 和指定通用寄存器中。

LDS 指令格式：LDS　DEST, SRC

LDS 指令功能：(SRC) ⇒ DEST；(SRC+2) ⇒ DS，或(SRC+4) ⇒ DS

LES、LFS、LGS、LSS 指令与其格式相同，只是指定的段寄存器不同。

受影响的状态标志位：无。

这组指令是将 SRC 指定的 32（或 48）位地址指针中的偏移地址送入 DEST 所指定的 16（或 32）位通用寄存器，而将地址指针中的段基值（或段选择器）送入指定段寄存器。指令中的源操作数必须是存储器操作数，源地址 SRC 给出 32（或 48）位地址指针的首字节地址；而目的地址 DEST 只能是 16（或 32）位通用寄存器名。

【例 4-24】　指令"LDS　SI, ADR[BX]"的执行情况如图 4-44 所示。由源地址 ADR[BX]可以计算出源操作数在数据段的有效地址 EA。这时 EA 及 EA+2 指向的字单元作为 32 位地址指针。EA 指向的字单元存放的是偏移地址，应送到指令指定的 SI 中；EA+2 字单元存放的是段基值，应送到 DS 中。该指令执行完后，DS 的内容为新的段基值。

【例 4-25】指令"LDS　SI, [10H]"执行前，若(DS)＝C000H，(C0010H)＝0180H，(C0012H)＝2000H，则指令执行后，(SI)＝0180H，(DS)＝2000H。

【例 4-26】　指令"LES　DI, [BX]"执行前，若(DS)＝B000H，(BX)＝080AH，(0B080AH)＝05AEH，(0B080CH)＝4000H，则指令执行后，(DI)＝05AEH，(ES)＝4000H。

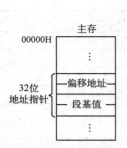

图 4-43　32 位地址指针

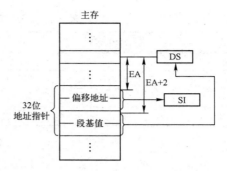

图 4-44　LDS　SI, ADR[BX] 指令

【例 4-27】 指令 "LSS　ESP, MEM" 把 MEM 单元中存放的 48 位地址中的 32 位偏移地址送入 ESP，段基值（或段选择器）送入 SS 寄存器。

需要指出的是，LFS、LGS 和 LSS 只能用于 80386 及其后继机型中。

3．标志位传送指令

标志位传送指令用于对标志寄存器进行存取操作，有 6 条指令且都是无操作数指令：LAHF（Load AH with Flags），标志送 AH；SAHF（Store AH into Flags），AH 送标志寄存器；PUSHF/PUSHFD（PUSH the Flags or eflags），标志进栈；POPF/POPFD（POP the Flags or eflags），标志出栈。

（1）LAHF 标志送 AH 指令：LAHF

指令功能：FLAGS 低字节 ⇒ AH，即将标志寄存器的低 8 位内容传送入 AH 寄存器，也就是把标志位 SF、ZF、AF、PF、CF 送至 AH 中的第 7、6、4、2、0 位。

受影响的状态标志位：无。

（2）SAHF AH 送标志寄存器指令：SAHF

指令功能：(AH) ⇒ FLAGS 低字节，即将 AH 寄存器的内容传送给标志寄存器的低 8 位。

受影响的状态标志位：SF、ZF、AF、PF、CF。

SAHF 指令用以设置或恢复 SF、ZF、AF、PF、CF 这 5 个标志位，只影响标志寄存器的低 8 位，对高 8 位标志无影响。

（3）PUSHF/PUSHFD 标志进栈指令：PUSHF 或 PUSHFD

指令功能：对于 PUSHF，则 (SP)-2 ⇒ SP，(FLAGS) ⇒ 栈顶字单元，不影响任何状态标志位；对于 PUSHFD，(ESP)-4 ⇒ ESP，(EFLAGS AND 0FCFFFFH) ⇒ 栈顶双字单元（清除 VM 和 RF 位）。

（4）POPF/POPFD 标志出栈指令：POPF 或 POPFD

指令功能：对于 POPF，栈顶字单元内容 ⇒ FLAGS，(SP)+2 ⇒ SP；对于 POPFD，栈顶双字单元内容 ⇒ EFLAGS，(ESP)+4 ⇒ ESP。

这组指令中的 LAHF 和 PUSHF/PUSHFD 不影响标志位。SAHF 和 POPF/POPFD 则由装入的值来确定标志位的值，但 POPFD 指令不影响 VM、RF、IOPL、VIF 和 VIP 的值。

4．类型转换指令

类型转换指令可以将字节、字转换为字、双字，有 4 条指令且都是无操作数指令：CBW

168

（Convert Byte to Word），字节转换为字；CWD/CWDE（Convert Word to Double Word），字转换为双字；CDQ（Convert Double to Quad），双字转换为4字；BSWAP（Byte SWAP），字节交换。

（1）CBW 字节转换为字指令：CBW

指令功能：扩展 AL 的符号到 AH，形成 AX 中的字。若（AL）的最高有效位为 0，则（AH）=0；若（AL）的最高有效位为 1，则（AH）=0FFH。

（2）CWD/CWDE 字转换为双字指令：CWD 或 CWDE

CWD 指令功能：扩展 AX 的符号到 DX，形成 DX:AX 中的双字。若（AX）的最高有效位为 0，则（DX）=0；若（AX）的最高有效位为 1，则（DX）=0FFFFH。

CWDE 指令功能：扩展 AX 的符号到 EAX，形成 EAX 中的双字。

（3）CDQ 双字转换为 4 字指令：CDQ

指令功能：扩展 EAX 的符号到 EDX，形成 EDX:EAX 中的 4 字。

（4）BSWAP 字节交换指令：BSWAP   r32

指令功能：使指令指定的 32 位寄存器的字节次序变反。具体操作为：1、4 字节互换，2、3 字节互换。该指令只能用于 80486 及其后继机型。r32 指 32 位寄存器。

【例 4-28】 指令"BSWAP   EAX"执行前，若（EAX）= 11223344H，则该指令执行后，（EAX）= 44332211，字节次序变反。

这组指令均不影响标志位。

4.3.4 算术运算类指令

算术运算类指令包括加、减、乘、除 4 种指令，可以对字节、字或双字数据进行运算，参加运算的数可以是无符号数或带符号数。由于 80x86 提供十进制数运算校正指令，因此参加运算的数也可以是 BCD 码表示的十进制数。这类指令中既有双操作数指令，也有单操作数指令。如前所述，双操作数指令的两个操作数不能同时为存储器操作数，且只有源操作数可为立即数。单操作数指令不允许使用立即数寻址方式。

1．加法运算指令

加法运算指令包括：ADD，加法；ADC（ADD with Carry），带进位加法；INC（INCrement），加 1；XADD（eXchange and ADD），交换并相加。

（1）ADD 加法指令：ADD   DEST, SRC

指令功能：（SRC）+（DEST）⇒ DEST，即源操作数与目的操作数相加，其和送入目的地址，并根据相加结果，设置 FLAGS 的 OF、SF、ZF、AF、PF 和 CF 标志位。ADD 指令执行后，源操作数保持不变。

ADD 指令的操作数可以是字节、字或双字，源操作数可以存放在通用寄存器或存储单元中，也可以是立即数；而目的操作数只能在通用寄存器或存储单元中，不能是立即数；并且两个操作数不能同时为存储器操作数。

【例 4-29】   加法指令的常用格式如下：

```
ADD    BX, SI
ADD    DA_WORD, 0F8CH
```

```
ADD    DL, TAB[BX]
ADD    EAX, EDX
```

下面以指令"ADD   DL, 0A4H"为例,给出该指令的相加及标志位设置过程。设 ADD 指令执行前 DL 的内容为 0E5H:

$$(DL) = E5H = 1\ 1\ 1\ 0\ 0\ 1\ 0\ 1$$
$$+)\quad A4H = 1\ 0\ 1\ 0\ 0\ 1\ 0\ 0$$
$$\text{自动丢失} \leftarrow 1\ 1\ 0\ 0\ 0\ 1\ 0\ 0\ 1 \Rightarrow DL$$

有进位CF=1 ————————— 无进位AF=0
符号位为1,SF=1

结果不为零,则 ZF = 0;结果无溢出,则 OF = 0;结果中有奇数个 1,则 PF = 0。

需要指出,溢出位 OF 表示带符号数的溢出,是根据数的符号及其变化来设置的。而 CF 位可以表示无符号数的溢出。

(2)ADC 带进位加法指令:ADC   DEST, SRC

指令功能:(SRC)+(DEST)+CF⇒DEST,即在完成两个操作数相加的同时,将标志位 CF 的值加上,求出的和数送入目的地址;并根据相加的结果,设置标志位 OF、SF、ZF、AF、PF 和 CF。

【例 4-30】 在 8086/80286 中实现两个双精度数的加法。有一个 32 位无符号数存放在 DX(高 16 位)、AX(低 16 位)中,若要加上常数 76F1A23H,则用以下指令来实现:

```
ADD    AX, 1A23H
ADC    DX, 76FH
```

其中第 1 条指令完成把 16 位常数加在 AX 中,若产生进位,则记录在 CF 中。由 ADC 指令在完成高 16 位相加的同时,将低 16 位的进位也加上。

在 80386 及其后继机型中,因机器字长为 32 位,故可直接用双字指令实现 32 位数的相加。如"ADD   EAX, ECX",不必再用上述两条指令的指令序列来实现,但可以用同样的方法来实现 64 位数的相加。

(3)INC 加 1 指令:INC   DEST

指令功能:(DEST)+1⇒DEST,即目的操作数加 1 后送回目的地址中,并根据执行结果,设置标志位 OF、SF、ZF、AF 和 PF,但不影响 CF。

INC 指令只有一个操作数,操作数可以是字节、字或双字,且被当作无符号数。其操作数只能在通用寄存器或存储单元中,不能是立即数。

INC 指令主要用于计数器的计数或修改地址指针。

(4)XADD 交换并相加指令:XADD   DEST, SRC

指令功能:(SRC)+(DEST) ⇒ TEMP,(DEST) ⇒ SRC,(TEMP) ⇒ DEST

XADD 指令将目的操作数装入源地址,并把源和目的操作数之和送目的地址。其源操作数只能用寄存器寻址方式,目的操作数则可用寄存器或任一种存储器寻址方式。操作数可以是字节、字或双字。XADD 指令对标志位的影响和 ADD 指令相同,且只能用于 80486 及其后继机型。

【例 4-31】 指令"XADD   BL, DL"执行前,若(BL)= 12H,(DL)= 02H,则指令执行后(BL)= 14H,(DL)= 12H。

2．减法运算指令

减法运算指令包括：SUB（SUBtract），减法；SBB（SuBtract with Borrow），带借位减法；DEC（DECrement），减 1；NEG（NEGate），求补；CMP（CoMPare），比较；CMPXCHG（CoMPare and eXCHanGe），比较并交换；CMPXCHG8B（CoMPare and eXCHanGe 8Byte），比较并交换 8 字节。

（1）SUB 减法指令：SUB   DEST, SRC

指令功能：(DEST)-(SRC)⇒DEST，即完成从目的操作数中减去源操作数，其差值送入目的地址中；并按相减结果，设置标志位 OF、SF、ZF、AF、PF 和 CF。

SUB 指令可以进行字节、字或双字运算。其源和目的操作数可以在通用寄存器或存储单元中，但两者不能同时在存储器中。立即数可以作为源操作数，但是不能作为目的操作数。

【例 4-32】 SUB 指令的常用格式如下：

```
SUB    AL, 3FH
SUB    BX, AX
SUB    DA, EDX
```

下面以指令"SUB   AL, DAB"为例，给出该指令的相减及设置标志位过程。设 AL 内容为 B7H，DAB 字节单元内容为 A8H：

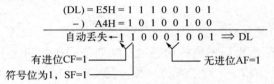

结果不为零，则 ZF = 0；结果无溢出，则 OF = 0；结果中有偶数个 1，则 PF = 1。

【例 4-33】 有两个字节单元 A、B，可用以下指令实现 (A)-(B)⇒A：

```
MOV    AL, B
SUB    A, AL
```

（2）SBB 带借位减法指令：SBB   DEST, SRC

指令功能：(DEST)-(SRC)-CF⇒ DEST，即在完成两个操作数相减的同时，还要减去借位位 CF，相减结果送入目的地址中，并设置标志位 OF、SF、ZF、AF、PF 和 CF。

SBB 指令在使用上与 ADC 指令类似，主要用于高精度数相减运算，将低位部分相减的借位引入高位部分的减法中。

（3）DEC 减 1 指令：DEC   DEST

指令功能：(DEST)-1⇒DEST，即目的操作数减 1 后送回目的地址中；并根据执行结果，设置标志位 OF、SF、ZF、AF 和 PF，但不影响 CF。

DEC 指令属于单操作数指令，操作数可以是字节、字或双字，且被当作无符号数。其操作数只能在通用寄存器或存储器中，不能是立即数。

DEC 指令常用于计数或修改地址指针，但它的计数或修改方向与 INC 指令相反。

（4）NEG 求补指令：NEG   DEST

指令功能：0-(DEST)⇒DEST，即用零减去目的操作数，相减结果送回目的地址中；并按结果设置标志位 OF、SF、ZF、AF、PF 和 CF。

NEG 指令属单操作数指令，操作数可以是字节、字或双字，且被当作补码表示的带符号

171

数。其操作数只能在通用寄存器或存储单元中，不能是立即数。

如果字节操作数是-128、字操作数是-32768，在执行 NEG 指令后，操作数不变，但溢出标志 OF 置 1。这是由于+128 或+32768 超出了 8 位或 16 位带符号数的表示范围，即产生了溢出。如操作数为零，求负的结果仍为零，则标志位 CF 置 0；否则 CF 置 1。

【例 4-34】 设 AL 中存放一正数，(AL)=25H=00100101B，BL 中存放负数-58H 的补码：(BL)=A8H=10101000B。可用以下指令获得 AL、BL 中数的负数：

```
NEG    AL
NEG    BL
```

以上指令执行后，AL 中为负数-25H 的补码：(AL)= DBH=11011011B，BL 中则为正数(BL)=58H=01011000B。

（5）CMP 比较指令：CMP   DEST, SRC

指令功能：(SRC)-(DEST)，两个操作数相减后，仅按相减结果，设置标志位 OF、SF、ZF、AF、PF 和 CF，而不保留两数相减的差。

与 SUB 指令不同，CMP 指令的运算结果不送回目的地址中。因此 CMP 指令执行后，两个操作数都不变，只影响状态标志位。CMP 指令后往往跟着一个条件转移指令，根据比较结果产生不同的程序分支。例如：

```
CMP    AL, BL
JZ     EQL
```

CMP 指令主要是利用所设标志位的状态来反映两个操作数的大小。CMP 指令执行后，若 ZF = 1，则表示(DEST)=(SRC)。对于无符号数，若 CF = 0，则表示(DEST) ≥ (SRC)；若 CF =1，则(DEST)<(SRC)。对于带符号数，若 OF = SF，表示(DEST)>(SRC)；否则表示(DEST) <(SRC)。

（6）CMPXCHG 比较并交换指令：CMPXCHG   DEST, SRC

指令功能：累加器 AC 与(DEST)相比较，若(AC)=(DEST)，则 ZF = 1，(SRC)⇒DEST；否则 ZF = 0，(DEST) ⇒AC。

CMPXCHG 指令只能用于 80486 及其后继机型。累加器可为 AL、AX 或 EAX 寄存器。SRC 只能用 8 位、16 位或 32 位寄存器。DEST 则可用寄存器或任一种存储器寻址方式。CMPXCHG 指令对其他标志位的影响与 CMP 指令相同。

（7）CMPXCHG8B 比较并交换 8 字节指令：CMPXCHG8B   DEST

指令功能：比较 EDX:EAX 与 DEST，若(EDX:EAX)=(DEST)，则 ZF =1，(ECX:EBX)⇒DEST；否则 ZF=0，(DEST)⇒ EDX:EAX。

CMPXCHG8B 指令影响 ZF 位，但不影响其他标志位，只能用于 Pentium 及其后继机型。其操作数均为 64 位数，目的操作数必须采用存储器寻址方式确定一个 64 位数。

3．乘法运算指令

乘法运算指令包括：MUL (unsigned MULtiple)，无符号数乘法；IMUL (sIgned MULtiple)，带符号数乘法。

（1）MUL 无符号数乘法指令：MUL   SRC

指令功能：对于字节操作数，有(AL)×(SRC)⇒ AX；对于字操作数，(AX)×(SRC) ⇒

DX:AX；对于双字操作数，(EAX)×(SRC) ⇒ EDX:EAX

其中，(SRC)是乘法运算的一个操作数，只能在通用寄存器或存储单元中（不能是立即数），另一个操作数隐含在 AL（字节乘）、AX（字乘）或 EAX（双字乘）寄存器中。两个 8 位数相乘得到的 16 位乘积存放在 AX 中，AL 存放低字节，AH 存放高字节。两个 16 位数相乘得到的 32 位乘积，存放在 DX:AX 中，其中 DX 存放高位字，AX 存放低位字。80386 及其后继机型可进行双字运算。两个 32 位数相乘得到 64 位乘积存放于 EDX:EAX 中，EDX 存放高位双字，EAX 存放低位双字。

MUL 指令只影响标志寄存器中 CF、OF 标志位。MUL 指令执行后，若乘积的高一半为 0，即 AH（字节乘）、DX（字乘法）或 EAX（双字乘）全为 0，则 CF = 0 和 OF = 0；否则 CF = 1，OF = 1（表示 AH、DX 或 EDX 中有乘积的有效数字）。

（2）IMUL 带符号数乘法指令：IMUL   SRC

指令功能：与 MUL 相同，但操作数和乘积必须是带符号数且用补码表示，而 MUL 的操作数和乘积均是无符号数。

执行 IMUL 指令后，若乘积的高一半是低一半的符号扩展，则 CF 和 OF 均为 0，否则均为 1。

【例 4-35】 设(AL)=0B4H=-76D，(BL)=11H=17D；执行指令"IMUL   BL"后，乘积为 (AX)=0FAF4H=-1292D，CF=1，OF=1。

【例 4-36】 设(AL)=0AH=10D，(BL)=11H=17D；执行指令"MUL   BL"后，乘积为(AX) = 00AAH=0170D，CF=0，OF=0。

对于 80286 及其后继机型，IMUL 除了有上述单操作数指令（累加器是隐含的）格式，还增加了双操作数和三操作数指令格式。

双操作数指令格式：IMUL   REG, SRC

指令功能：对于字操作数，(REG16)×(SRC)⇒REG16；对于双字操作数，(REG32)×(SRC) ⇒ REG32。

其中，目的操作数必须是 16 位或 32 位寄存器，而源操作数可用任一种寻址方式取得与目的操作数长度相同的数；但当源操作数为立即数时，除了相应地用 16 位或 32 位立即数，指令中也可指定 8 位立即数，在运算时机器会自动把该数符号扩展成与目的操作数长度相同的数。

三操作数指令格式：IMUL   REG, SRC, IMM

指令功能：对于字操作数，(SRC)×IMM⇒(REG16)；对于双字操作数，(SRC)×IMM ⇒(REG32)。

其中，目的操作数必须是 16 位或 32 位寄存器；源操作数可用除立即数之外的任一种寻址方式取得和目的操作数长度相同的数；IMM 表示立即数，可以是 8、16 或 32 位，长度通常和目的操作数一致，当长度为 8 位时，运算时将符号扩展成与目的操作数长度一致的数。

注意，IMUL 的双操作数和三操作数指令执行后，乘积的字长与源及目的操作数的字长是一致的，即字操作数相乘得到的乘积也是字，双字操作数相乘得到的乘积也是双字，这样就可能产生溢出。计算机规定：16 位操作数相乘得到的乘积在 16 位之内或 32 位操作数相乘得到的乘积在 32 位之内时，OF 和 CF 位置 0；否则置 1。这时的 OF 为 1 表明发生溢出，其他标志位则是无定义的，这是与 IMUL 单操作数指令的一个很大区别。

【例 4-37】 指令"IMUL　DX, TWORD"将 DX 中的内容乘以 TWORD 单元中的 16 位字，结果送入 DX 寄存器。

【例 4-38】 指令"IMUL　EBX, ARRAY[ESI*4], 7"根据存储器寻址方式从 ARRAY 数组中取出相应单元的 32 位字乘以常数 7，结果送 EBX 寄存器。

4．除法运算指令

除法运算指令包括：DIV（unsigned DIVide），无符号数除法；IDIV（sIgned DIVide），带符号数除法。

（1）DIV 无符号数除法指令：DIV　SRC

指令功能：将隐含存放在 AX（字节除）、DX:AX（字除）或 EDX:EAX（双字除）中的被除数除以除数（SRC），除后的商和余数送入隐含指定的寄存器中。

对于字节操作：(AX)/(SRC)的商⇒AL，(AX)/(SRC)的余数⇒AH。即 16 位被除数在 AX 中，8 位除数为源操作数；结果的 8 位商在 AL 中，8 位余数在 AH 中。

对于字操作：(DX:AX)/(SRC)的商⇒AX，(DX:AX)/(SRC)的余数⇒DX。即 32 位被除数在 DX:AX 中，其中 DX 为高位字；16 位除数为源操作数；结果的 16 位商在 AX 中，16 位余数在 DX 中。

对于双字操作：(EDX:EAX)/(SRC)的商⇒EAX，(EDX:EAX)/(SRC)的余数⇒EDX。即 64 位被除数在 EDX:EAX 中，其中 EDX 为高位双字；32 位除数为源操作数；结果的 32 位商在 EAX 中，32 位余数在 EDX 中。

DIV 指令中的被除数和除数必须是无符号数，其商和余数也是无符号数，且源操作数（SRC）只能在通用寄存器或存储单元中（不能是立即数）。

DIV 指令对标志寄存器无有效标志结果。但是以下两种情况之一将产生 0 型中断（除法出错中断）转入除法出错中断处理：① 除数为 0，即(SRC)=0；② 商溢出，即(AL)中的商>0FFH，(AX)中的商>0FFFFH 或(EAX)中的商>0FFFFFFFFH。

（2）IDIV 带符号数除法指令：IDIV　SRC

指令功能：与 DIV 相同，但操作数、商和余数必须是带符号数且用补码表示，余数的符号与被除数的符号相同。

在带符号数除法的商中，最大的正数商是+127（7FH）、+32767（7FFFH）或+65535（7FFFFFFFH），最小的负数商是-127（81H）、-32767（8001H）或-65535（80000001H）。同 DIV 指令一样，当除数(SRC)=0 或商超出上述的最大值或最小值时，均产生 0 型中断。

由于除法指令的字节操作要求被除数为 16 位，字操作要求被除数为 32 位，双字操作要求被除数为 64 位，因此往往需要用符号扩展的方法取得除法指令所需要的被除数格式。此类指令的使用方法请参阅"类型转换指令"。

【例 4-39】 两个 8 位带符号数分别放在 BYTE1、BYTE2 字节存储单元中，将 BYTE1 内容除以 BYTE2 内容，商放在 QUOT 字节单元中，可用以下指令实现：

```
MOV    AL, BYTE1
CBW
IDIV   BYTE2
MOV    QUOT, AL
```

5．BCD 码校正指令

80x86 CPU 对用 BCD 码表示的十进制数进行运算所采用的方法是：先用二进制数的加、减、乘、除指令对 BCD 码进行运算，再用 BCD 码校正指令对运算结果进行校正。

80x86 指令系统把 BCD 码分为两种格式：组合型（压缩型、装配型、PACKED）和非组合型（非压缩型、拆散型、UNPACKED）。

组合型：如图 4-45 所示，1 字节表示两个 BCD 码，即两位十进制数。

非组合型：如图 4-46 所示，1 字节的低 4 位表示一个 BCD 码，高 4 位通常为"0000"或"0011"等，对该字节表示的十进制数无影响。

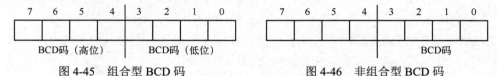

图 4-45　组合型 BCD 码　　　　　　图 4-46　非组合型 BCD 码

80x86 有 6 条 BCD 码校正指令，加、减法校正各 2 条，乘、除法各 1 条（暂不介绍）。

（1）非组合型加法校正指令 AAA（ASCII Adjust for Addition）：AAA

在执行 AAA 指令前，已用 ADD 或 ADC 指令完成一位非组合型 BCD 码加法运算，且加法结果已在 AL 中。执行 AAA 指令，即对 AL 中的数据进行校正，其结果放在 AL 中，向高位的进位放在 AH 和 CF 中。

指令功能：① 若 AL 中低 4 位的值≤9，且 AF = 0，则将 AL 中高 4 位清 0，AF、CF 置 0；② 若 AL 中低 4 位的值>9，或 AF = 1，则(AL)+6⇒AL，(AH)+1⇒AH，且将 AL 中高 4 位清 0，AF、CF 置 1。

例如，从键盘直接输入两个一位十进制数，然后相加，其结果放在 AH、AL 中，实现这个操作的程序段如下：

```
MOV    AH, 1              ; 从键盘输入一位十进制数到 AL 中
INT    21H
MOV    BL, AL
MOV    AH, 1              ; 从键盘输入另一个十进制数到 AL 中
INT    21H
ADD    AL, BL
AAA
```

在执行 ADD 指令前，AL、BL 中都是一位非组合型 BCD 码（实际上是 ASCII 表示的十进制数）。两个非组合型 BCD 码相加后，再用 AAA 指令进行校正。这时 AH、AL 中分别保存十进制和数的高位和低位，且都是非组合型 BCD 码形式。

下面分三种情况说明执行十进制数校正指令后能获得正确结果。

情况一：设(AL)='3'，(BL) = '5'，执行 ADD 指令，则

$$
\begin{array}{r}
00110011 \\
+)\ 00110101 \\
\hline
01101000 \Rightarrow AL
\end{array}
$$

执行 AAA 指令，因为 3+5=8 < 9 且 AF=0，所以 AL 高 4 位清零。

　　　AL 的高 4 位清 0：　　　　　　　　$00001000 \Rightarrow AL$

　　　AL 中为和数 8 的非组合 BCD 码：　　(AL) = 08H

情况二：设(AL)= '8', (BL)= '6', 执行 ADD 指令, 则

```
      00111000
+)    00110110
      01101110 ⇒ AL
```

执行 AAA 指令, 因为 8+6=14＞9, 所以执行校正, 即(AL)+6, 即

```
      01101110
+)    00000110
      01110100 ⇒ AL
```

　　　　AL 的高 4 位清 0：　　　　　　　　00000100⇒AL

　　　　AH 中加 1：　　　　　　　　　　　00000001⇒AH

最后, 在 AH、AL 中获得和数 14 的非组合型 BCD 码：(AH)= 01H, (AL)= 04H。

　　情况三：设(AL)= '8', (BL)= '9', 执行 ADD 指令, 则

```
      00111000
+)    00111001
      01110001 ⇒ AL
```

执行 AAA 指令, 虽然 AL 低 4 位<9, 但是低 4 位向高 4 位有进位, 即 AF=1, 所以两个非组合型 BCD 码相加之和大于 9, 执行校正, 即(AL)+6：

```
      00110001
+)    00000110
      01110111 ⇒ AL
```

　　　　AL 的高 4 位清 0：　　　　　　　　00000111⇒AL

　　　　AH 中加 1：　　　　　　　　　　　00000001⇒AH

最后, 在 AH、AL 中获得和数 17 的非组合型 BCD 码：(AH)= 01H, (AL)= 07H。

　　（2）组合型加法校正指令 DAA（Decimal Adjust for Addition）: DAA

　　假设在执行 DAA 指令前, 已用 ADD 或 ADC 指令完成组合型 BCD 码加法, 且加法结果已在 AL 中, 执行 DAA 指令, 对 AL 中的数据进行校正。校正结果在 AL 中, 向高位的进位仅在 CF 中。

　　指令功能：① 若 AL 中低 4 位>9 或 AF=1, 则(AL)+6⇒AL, AF=1；② 若 AL 中高 4 位>9 或 CF=1, 则(AL)+ 60H⇒AL, CF = 1。

　　上述校正条件中, AF=1 说明 AL 中低 4 位不大于 9, 但已向高 4 位进位, 所以在执行加法指令时, 十进制数的低位结果是大于 9 的。同理, CF=1, 表示在执行加法指令时, 十进制数的高位结果大于 9。

　　例如, 实现两个 4 位十进制数的加法 4678+2556, 结果存放在 DX 中, 可编写如下程序段：

```
MOV    AL, 78H            ; 低字节 BCD 码相加
ADD    AL, 56H
DAA                       ; 低字节和数校正
MOV    DL, AL
MOV    AL, 46H            ; 高字节 BCD 码相加
ADC    AL, 25H
DAA                       ; 高字节和数校正
MOV    DH, AL
```

（3）非组合型减法校正指令 AAS（ASCII Adjust for Subtraction）：AAS

假设执行 AAS 指令前，已用指令 SUB 或 SBB 完成非组合型 BCD 码减法，且结果在 AL 中，执行 AAS 指令对 AL 中数据进行校正，校正结果在 AL 中，向高位的借位在 AH 和 CF 中。

指令功能：① 若 AL 中低 4 位的值≤9 且 AF=0，则将 AL 中高 4 位清 0，AF、CF 置 0；② 若 AL 中低 4 位>9 或 AF =1，则（AL）-6⇒ AL 和（AH）-1⇒AH，且将 AL 中高 4 位清 0，CF、AF 置 1。

（4）组合型减法校正指令 DAS（Decimal Adjust for Subtraction）：DAS

假设在执行 DAS 指令前，已用指令 SUB 或 SBB 完成组合型 BCD 码减法且结果在 AL 中，执行 DAS 指令对 AL 中数据进行校正，校正结果在 AL 中，向高位的借位仅在 CF 中。

指令功能：① 若 AL 中低 4 位>9 或 AF = 1，则（AL）-6⇒AL，AF = 1；② 若 AL 中高 4 位>9 或 CF = 1，则（AL）-60H⇒AL，CF = 1。

4.3.5　逻辑类指令

逻辑类指令包括逻辑运算指令、位测试指令、位扫描指令和移位指令。

1．逻辑运算指令

逻辑运算指令共 5 条，其指令格式及功能分别如下。

（1）AND 逻辑与指令：AND　　DEST, SRC

指令功能：（SRC）∧（DEST）⇒ DEST。

（2）OR 逻辑或指令：OR　　DEST, SRC

指令功能：（SRC）∨（DEST）⇒ DEST。

（3）XOR 逻辑异或指令：XOR　　DEST, SRC

指令功能：（SRC）⊕（DEST）⇒ DEST。

（4）NOT 逻辑非指令：NOT　　DEST

指令功能：$\overline{(DEST)}$ ⇒ DEST。

（5）TEST 测试指令 ：TEST　　DEST, SRC

指令功能：（SRC）∧（DEST）；两个操作数相与的结果不保存，只根据其结果置标志位。

逻辑运算指令对操作数都是按位进行逻辑运算的，操作数可以是字节、字或双字（80386 及其后继机型可执行双字操作）。源操作数可以在通用寄存器或存储单元中，或是立即数；而目的操作数不能是立即数；且源和目的操作数不能同时为存储器操作数。NOT 指令对标志位无影响，其余 4 条指令影响的标志位是 SF、ZF、PF，置 CF、OF 为 0，AF 不确定。注意，与 AND 指令不同，TEST 指令的运算结果不送回目的地址中。因此，TEST 指令执行后，两个操作数都不变，只影响标志位。

例如，设（AL）= 10100101B，指令"AND　AL, 0FH"的逻辑与运算过程如下：10100101B ∧ 00001111B = 00000101B⇒AL。其标志位：SF = 0，ZF = 0，PF = 1。执行结果表明，立即数 0FH 与 AL 内容进行逻辑与运算可将 AL 中的低 4 位分离出来。

逻辑运算指令常用于对操作数的某些位进行分离、组合或设置。例如：

```
AND    AL, 0F0H              ;分离出 AL 中的高 4 位
```

```
OR       AL, 80H            ; 将 AL 中最高位置 1
XOR      AX, AX             ; 将 AX 内容清零
XOR      AL, 01H            ; 将 AL 中最低位变反
```

【例 4-40】 实现将标志寄存器的第 8 位 TF 位置 1。

```
PUSHF
POP    AX
OR     AX, 100H
PUSH   AX
POPF
```

上述程序段中，前两条指令通过堆栈将标志寄存器内容送入 AX。由于 TF 在标志寄存器的第 8 位，因此常数设为 100H（100000000B），用 OR 指令将 AX 中第 8 位置 1，其余位不变。最后两条指令通过堆栈将修改结果送回标志寄存器中。

【例 4-41】 测试 AL 中第 3 位的状态可用指令"TEST   AL,08H"实现。若 AL 第 3 位为 0，则(AL)∧08H 的运算结果为全 0，使 ZF = 1；若 AL 第 3 位为 1，则结果不为 0，使 ZF= 0。

2．位测试指令

80386 及其后继机型增加了位测试指令，包括：BT（Bit Test），位测试；BTS（Bit Test and Set），位测试并置 1；BTR（Bit Test and Reset），位测试并置 0；BTC（Bit Test and Complement），位测试并变反。

（1）BT 位测试指令：BT   DEST, SRC

指令功能：把目的操作数中由源操作数所指定位的值送往标志位 CF。

（2）BTS 位测试并置 1 指令：BTS   DEST, SRC

指令功能：把目的操作数中由源操作数所指定位的值送往标志位 CF，并将目的操作数中的该位置 1。

（3）BTR 位测试并置 0 指令：BTR   DEST, SRC

指令功能：把目的操作数中由源操作数所指定位的值送往标志位 CF，并将目的操作数中的该位置 0。

（4）BTC 位测试并变反指令：BTC   DEST, SRC

指令功能：把目的操作数中由源操作数所指定位的值送往标志位 CF，并将目的操作数中的该位变反。

位测试指令中的 SRC 可以使用立即数寻址方式或寄存器寻址方式，即可以在指令中用 8 位立即数直接指出目的操作数所要测试位的位位置，也可用任一字寄存器或双字寄存器的内容给出同一个值。目的操作数则可用除立即数之外的任一种寻址方式指定一个字或双字。由于目的操作数的字长最大为 32 位，因此位位置的范围应是 0～31。

位测试指令影响 CF 值，其他标志位则无定义。

【例 4-42】 指令"BT   AX, 4"测试 AX 寄存器的位 4。如指令执行前，（AX）= 1234H，则指令执行后，（CF）= 1；如指令执行前，（AX）= 1224H，则指令执行后，（CF）= 0。

3．位扫描指令

80386 及其后继机型增加了位扫描指令，包括：BSF（Bit Scan Forward），正向位扫描；BSR（Bit Scan Reverse），反向位扫描。

（1）BSF 正向位扫描指令：BSF   REG, SRC

指令功能：指令从位 0 开始自右向左扫描源操作数，目的是检索第一个为 1 的位。如遇到第一个为 1 的位，则将 ZF 置 0，并把该位的位置装入目的寄存器中；如源操作数为 0，则将 ZF 置 1，目的寄存器无定义。

BSF 指令的源操作数可以用除立即数以外的任一种寻址方式指定字或双字，目的操作数则必须用字或双字寄存器。该指令只影响 ZF 位，其他标志位无定义。

（2）BSR 反向位扫描指令：BSR   REG, SRC

指令功能：指令从最高位开始自左向右扫描源操作数，目的是检索第一个为 1 的位。该指令除方向与 BSF 相反外，其他规定均与 BSF 相同。

【例 4-43】 位扫描指令示例。

```
BSF    ECX, EAX
BSR    EDX, EAX
```

如指令执行前，（EAX）= 30000000H，可见该数中有两个 1 位并出现于位位置为 29 和 28 处。BSF 执行后，（ECX）= 28D；BSR 执行后，（EDX）= 29D，ZF 位应为 0。

4．移位指令

移位指令可按操作数的个数分为单操作数移位指令（8 条）和双操作数移位指令（2 条）。80386 及其后继机型增加的双精度移位指令就是双操作数移位指令。移位指令包括：SHL（SHift logical Left），逻辑左移；SAL（Shift Arithmetic Left），算术左移；SHR（SHift logical Right），逻辑右移；SAR（Shift Arithmetic Right），算术右移；ROL（ROtate Left），循环左移；ROR（ROtate Right），循环右移；RCL（Rotate Left through Carry），带进位循环左移；RCR（Rotate Right through Carry），带进位循环右移；SHLD（SHift Left Double），双精度左移；SHRD（SHift Right Double），双精度右移。

（1）单操作数移位指令

这种移位指令共 8 条，就是以上列出的前 8 条指令，它们可以对通用寄存器或存储单元中的操作数进行指定移位，即一次可只移 1 位或按 CL 中的内容规定移位次数（位数）。移位指令可分为算术移位指令、逻辑移位指令和循环移位指令。这 8 条指令有如下共同点：

❖ 具有相同的指令格式   OPR   DEST, COUNT。
❖ 每条指令都是单操作数指令，即只需一个操作数 DEST。
❖ DEST 只能是 8、16、32 位通用寄存器或存储器操作数，不能是立即数。但只有 80386 及其后继机型才能使用 32 位操作数。
❖ COUNT 表示移位次数。对于 8086/80286，移位 1 次，COUNT 可用常数 1 替代；移位多次，则必须用 CL 替代，CL 中存放移位次数；对于 80386 及其后继机型，COUNT 还可以是 8 位立即数，可指定 1 ~ 31 的移位次数。

① 算术移位指令

指令格式：算术左移指令   SAL   DEST, COUNT
　　　　　　算术右移指令   SAR   DEST, COUNT

指令功能：算术左移指令将 DEST 指定的 8/16/32 位操作数左移 COUNT 次，最高位移入 CF 中，最低位补 0，移位操作如图 4-47 所示。算术右移指令将 DEST 指定的 8/16/32 位操作数右移 COUNT 次。右移时，最高符号位保持不变，连同符号位依次右移，最低位移入 CF，如图 4-48 所示。

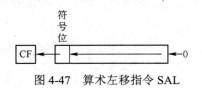

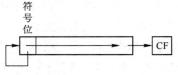

图 4-47　算术左移指令 SAL　　　　图 4-48　算术右移指令 SAR

受影响的状态标志位：OF、SF、ZF、PF、CF，而 AF 不确定。

算术移位指令主要用于对带符号数的移位，左移 1 位相当于乘 2，右移 1 位相当于除 2。算术移位后，应保持该数的符号不变。在算术左移后不发生溢出的情况下，左移到符号位的数位值与原符号位的值是相同的，从而使符号位不变；若 SAL 指令只左移 1 位，且移位前后操作数的符号位发生变化，表明左移后产生了溢出，则置 OF 为 1；否则 OF 不确定。

例如，(AL)=11000001B（-63 的补码），BL 中为(BL)=10111111B（负数-65 的补码）。以下指令将 AL、BL 中的数左移 1 位：

```
SAL    AL, 1
SAL    BL, 1
```

以上指令执行后，(AL)=10000010B 即-126 的补码，不溢出 OF = 0，结果符合倍增关系；而(BL)=01111110B，左移后发生溢出，则 OF = 1，因此 BL 内容不再符合倍增关系。

通常算术移位指令用于实现带符号数的简单乘除运算，其执行时间比用乘除指令短得多。

【例 4-44】 AX 中已存放一个带符号数，若要完成(AX)×3÷2 运算，可用以下程序段实现：

```
MOV    DX, AX
SAL    AX, 1              ; 乘2 ⇒ AX
ADD    AX, DX             ; 乘3 ⇒ AX
SAR    AX, 1              ; 完成(AX)×3÷2
```

② 逻辑移位指令

指令格式：逻辑左移指令　SHL　　DEST, COUNT

　　　　　　逻辑右移指令　SHR　　DEST, COUNT

指令功能：将 DEST 指定的 8、16、32 位寄存器或存储器操作数移位 COUNT 次。

SHL 实现将操作数左移，最高位移入 CF，最低位补 0，如图 4-49 所示。

SHR 实现将操作数右移，最低位移入 CF，最高位补 0，如图 4-50 所示。

图 4-49　逻辑左移指令 SHL　　　　图 4-50　逻辑右移指令 SHR

受影响的状态标志位：OF、SF、ZF、PF、CF，而 AF 不确定。若移位指令只移 1 位，且移位前后操作数的符号位发生变化，则将 OF 置 1；否则 OF 置 0。若移位次数大于 1，则 OF 不确定。

通常逻辑移位指令可用于无符号数的简单乘除运算，还可以用于某些位操作。

【例 4-45】 把由 CL 中的数（0～15）所指定的 AX 中的位分离出来。

```
MOV    BX, 1
```

```
SHL     BX, CL
AND     AX, BX
```

③ 循环移位指令

指令格式：循环左移指令　　　　　ROL　　DEST, COUNT

循环右移指令　　　　　ROR　　DEST, COUNT

带进位循环左移指令　　RCL　　DEST, COUNT

带进位循环右移指令　　RCR　　DEST, COUNT

指令功能：将 DEST 指定的 8、16、32 位寄存器或存储器操作数移位 COUNT 次。

ROL/ROR 将操作数循环左移/右移。RCL/RCR 将操作数和 CF 一起循环左移/右移。

受影响的状态标志位：CF、OF。CF 存放每次移出的位。若移位指令只移 1 位，且移位前后操作数的符号位发生变化，则将 OF 置 1；否则 OF 置 0。若移位次数大于 1，则 OF 不确定。上述循环移位指令的移位操作如图 4-51 所示。

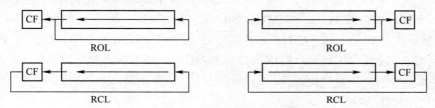

图 4-51　循环移位指令操作

当多字节或多字数据进行移位时，常用到带进位循环移位指令。

【例 4-46】　由 3 个 16 位的字构成的一个无符号数从高位到低位依次存放在 $M+4$、$M+2$、M 字单元中，需要将该数右移 1 位。实现程序段如下：

```
SHR     M+4, 1
RCR     M+2, 1
RCR     M, 1
```

SHR 指令将 $M+4$ 字单元的最低位移至 CF 中。RCR 指令将 CF 与 $M+2$ 字单元构成一个 17 位的数进行一次循环右移，将 $M+4$ 单元右移出的位通过 CF 移至 $M+2$ 单元的最高位，而 $M+2$ 中的最低位又移至 CF。第 3 条指令执行后，就完成了 3 个字的数右移 1 位，如图 4-52 所示。

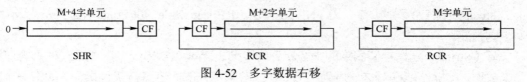

图 4-52　多字数据右移

（2）双操作数移位指令

80386 及其后继机型可以使用双操作数移位指令。

① SHLD 双精度左移指令：SHLD　　DEST, SRC, COUNT

指令功能：如图 4-53 所示。

② SHRD 双精度右移指令：SHRD　　DEST, SRC, COUNT

指令功能：如图 4-54 所示。

这是一组双操作数指令，DEST 可以用除立即数以外的任一种寻址方式指定字或双字操作数，SRC 只能使用寄存器寻址方式指定与目的操作数相同长度的字或双字。COUNT 用来指定

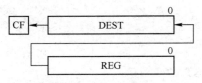

图 4-53　双精度左移指令 SHLD

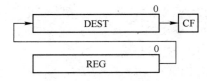

图 4-54　双精度右移指令 SHRD

移位次数，可以是一个 8 位的立即数，也可以是 CL，用其内容存放移位次数。移位次数的范围应为 1～31，对于大于 31 的数，计算机则自动取模 32 的值来取代。

需要指出的是，这组指令可以取两个字进行移位操作而得到的是一个字的结果，也可以取两个双字进行移位操作而得到的是一个双字的结果。在移位中，作为源操作数的寄存器提供移位值，以补目的操作数因移位引起的空缺，而指令执行完后，只取目的操作数作为移位的结果，源操作数寄存器则保持指令执行前的值不变。

当移位次数为 0 时，这组指令不影响标志位；否则，根据移位后的结果设置 SF、ZF、PF 和 CF 值。OF 的设置情况是：当移位次数为 1 时，如移位后引起符号位改变则 OF 位为 1，否则为 0；当移位次数大于 1 时，OF 位无定义。AF 位除移位次数为 0 外，均无定义。

【例 4-47】　如指令执行前，（EDX）=12345678H，则如下指令执行后

```
SHR    EDX, 8
```

（EDX）= 00123456H，CF = 0。

【例 4-48】　如指令执行前，（EBX）=12345678H，（ECX）=13572468H，则如下指令执行后

```
SHLD   EBX, ECX, 16
```

（EBX）= 56781357H，（ECX）= 13572468H，CF=0。

4.3.5　串操作类指令

串操作类指令包括：LODS（LOaD from String），取串；STOS（STOre into String），存串；MOVS（MOVe String），串传送；CMPS（CoMPare String），串比较；SCAS（SCAn String），串搜索；INS（INput from port to String），串输入；OUTS（OUTput String to port），串输出。

与上述基本指令配合使用的前缀有：REP（REPeat），重复；REPE/REPZ（REPeat while Equal/Zero），相等/为零则重复；REPNE/REPNZ（REPeat while Not Equal/Not Zero），不相等/不为零则重复。

"串"（String）是指存储器中的一个序列的字节、字或双字单元，这些单元的内容可能是字符或数据。串操作就是对这一序列字节、字或双字单元的内容进行某种操作，如把一个存储区中的串传送到另一个存储区，两个串进行比较，按指定要求在一个串中进行查找等。所有串指令都可以处理字节或字，80386 及其后继机型还可处理双字。

80x86 指令系统中有 7 条串操作指令，在指令功能上虽有不同，但在寻址方式上均使用串操作所独有的寻址方式，如 16 位寻址时，源串操作数地址由 DS:[SI]表示（DS 可以由其他段寄存器替代），目的串操作数地址由 ES:[DI]表示（ES 不能由其他段寄存器替代）。每次串操作除对字节、字或双字操作数进行相应操作外，同时自动修改变址寄存器的内容，使它们指向下一字节、字或双字单元。修改变址寄存器的规则是：如方向标志位 DF = 0，则变址寄存器加 1（字节串）、加 2（字串）或加 4（双字串）；如方向标志位 DF = 1，则减 1（字节串）、减 2（字

串）或减 4（双字串）。为便于对串中多个字或字节单元操作，指令系统还设置有重复前缀指令，重复次数由 CX 中的内容确定。

对于所有串操作指令，若采用 16 位寻址方式，源变址寄存器只能使用 SI，目的变址寄存器只能使用 DI；若采用 32 位寻址方式，源变址寄存器只能使用 ESI，目的变址寄存器只能使用 EDI。

串输入指令 INS 和串输出指令 OUTS 放在第 7 章的输入/输出系统中介绍。

1．取串指令（Load String）

指令格式： LODS   源串

                LODSB   ; 取字节串

                LODSW   ; 取字串

                LODSD   ; 取双字串（80386 及其后继机型可用）

其中，后 3 种格式明确注明是传送字节、字或双字，第 1 种格式则应在操作数中表明是字节、字还是双字操作。例如：

```
LODS   DS:BYTE PTR [SI]
```

实际上，LODS 的寻址方式是隐含指定的，所以这种格式中的"源串"只提供给汇编程序进行类型检查用，且不允许用其他寻址方式来确定操作数，其他串指令中的"源串"和"目的串"也是如此。

指令功能： 字节操作，则 $(DS:(SI/ESI)) \Rightarrow AL$，$(SI/ESI) \pm 1 \Rightarrow SI/ESI$；

              字操作，则 $(DS:(SI/ESI)) \Rightarrow AX$，$(SI/ESI) \pm 2 \Rightarrow SI/ESI$；

              双字操作，则 $(DS:(SI/ESI)) \Rightarrow EAX$，$(SI/ESI) \pm 4 \Rightarrow SI/ESI$。

LODS 指令把由源变址寄存器指向的数据段中某单元（字节/字/双字）的内容送到 AL、AX 或 EAX 中，并根据方向标志 DF 和数据类型（字节、字或双字）修改源变址寄存器的内容。若 DF = 0，表示串操作按地址递增的方向处理，则修改 SI/ESI 内容用"+"；若 DF = 1，表示串操作按地址递减的方向处理，则修改 SI/ESI 内容用"−"。指令允许使用段跨越前缀来指定非数据段的存储区。该指令也不影响标志位。

LODS 指令如采用 16 位寻址，则源变址寄存器只能使用 SI；如采用 32 位寻址，源变址寄存器只能使用 ESI。有时当缓冲区中的一串字符需要逐次取出来测试时，可使用本指令。

2．存串指令（Store String）

指令格式： STOS   目的串

                STOSB   ; 存字节串

                STOSW   ; 存字串

                STOSD   ; 存双字串（80386 及其后继机型可用）

指令功能： 字节操作，则 $(AL) \Rightarrow ES:(DI/EDI)$，$(DI/EDI) \pm 1 \Rightarrow DI/EDI$；

              字操作，则 $(AX) \Rightarrow ES:(DI/EDI)$，$(DI/EDI) \pm 2 \Rightarrow DI/EDI$；

              双字操作，则 $(EAX) \Rightarrow ES:(DI/EDI)$，$(DI/EDI) \pm 4 \Rightarrow DI/EDI$。

该指令把 AL、AX 或 EAX 的内容存入由目的变址寄存器指向的附加段的某个单元中，并根据 DF 的值及数据类型修改目的变址寄存器的内容。该指令不影响标志位。

3．串传送指令（Move String）

指令格式： MOVS 　　目的串，源串

　　　　　　MOVSB 　　　　　　　　　；字节串传送

　　　　　　MOVSW 　　　　　　　　　；字串传送

　　　　　　MOVSD 　　　　　　　　　；双字串传送（80386 及其后继机型可用）

指令功能：

字节操作，则(DS:(SI/ESI)) ⇒ ES:(DI/EDI)，(SI/ESI) ±1 ⇒SI/ESI，(DI/EDI) ±1 ⇒DI/EDI；

字操作，则(DS:(SI/ESI)) ⇒ES:(DI/EDI)，(SI/ESI) ±2 ⇒ SI/ESI，(DI/EDI) ±2 ⇒DI/EDI；

双字操作，则(DS:(SI/ESI)) ⇒ES:(DI/EDI)，(SI/ESI) ±4 ⇒ SI/ESI，(DI/EDI) ±4 ⇒DI/EDI。

　　MOVS 指令可以把由源变址寄存器指向的数据段中的一字节（或字，或双字）传送到由目的变址寄存器指向的附加段中的一字节（或字，或双字）单元中去，同时根据方向标志 DF 及数据类型对源变址寄存器和目的变址寄存器进行修改。该指令不影响标志位。

4．串比较指令（Compare String）

指令格式： CMPS 　　目的串，源串

　　　　　　CMPSB 　　　　　　　　　；字节串比较

　　　　　　CMPSW 　　　　　　　　　；字串比较

　　　　　　CMPSD 　　　　　　　　　；双字串比较（80386 及其后继机型可用）

指令功能：

字节操作，则(DS:(SI/ESI))-(ES:(DI/EDI))，(SI/ESI) ±1 ⇒SI/ESI，(DI/EDI) ±1 ⇒DI/EDI；

字操作，则(DS:(SI/ESI))-(ES:(DI/EDI))，(SI/ESI) ±2 ⇒ SI/ESI，(DI/EDI) ±2 ⇒ DI/EDI；

双字操作，则(DS:(SI/ESI))-(ES:(DI/EDI))，(SI/ESI) ±4 ⇒ SI/ESI，(DI/EDI) ±4 ⇒ DI/EDI。

　　CMPS 指令比较源串和目的串中的一字节、字或双字。比较的方法是：将源变址寄存器指向数据段中的一字节（或字，或双字）减去目的变址寄存器指向附加段中的一字节（或字，或双字），不保留相减结果，但设置标志位：OF、SF、ZF、AF、PF 和 CF。每比较一次，根据方向标志 DF 及数据类型对源变址寄存器和目的变址寄存器进行修改。

5．串搜索指令（Scan String）

指令格式： SCAS 　　目的串

　　　　　　SCASB 　　　　　　　　　；字节串搜索

　　　　　　SCASW 　　　　　　　　　；字串搜索

　　　　　　SCASD 　　　　　　　　　；双字串搜索

指令功能： 字节操作，则(AL)-(ES:(DI/EDI))，(DI/EDI) ±1 ⇒DI/EDI；

　　　　　　字操作，则(AX)-(ES:(DI/EDI))，(DI/EDI) ±2 ⇒ DI/EDI；

　　　　　　双字操作，则(EAX)-(ES:(DI/EDI))，(DI/EDI) ±4 ⇒ DI/EDI。

　　SCAS 指令在目的串中查找 AL、AX 或 EAX 指定的内容。查找的方法是：用 AL、AX 或 EAX 的内容减去目的变址寄存器指向附加段中的一字节（或字，或双字），不保留相减结果，但设置标志位：OF、SF、ZF、AF、PF 和 CF。每查找一次，根据方向标志 DF 及数据类型对目的变址寄存器进行修改。

6．重复前缀指令（Repeat）

前面 5 条串操作指令，每执行一条指令便对串中的一字节、字或双字进行一次操作，同时修改变址寄存器内容，使它指向下一字节、字或双字单元，如果在串操作指令前加上重复前缀指令，则可以在一个或两个串中对连续的字节、字或双字单元依次进行某种相同的操作，进行重复操作的次数预先放在计数寄存器 CX 或 ECX 中。若采用 16 位寻址，则计数寄存器只能用 CX；如采用 32 位寻址，计数寄存器只能用 ECX。特别指出的是，重复前缀指令只能加在串操作指令前面。

重复前缀指令有如下 3 条。

（1）REP　　string primitive

其中，string primitive 可为 MOVS、STOS、LODS、INS 和 OUTS 指令。

指令功能：① 若(CX/ECX)=0，则退出 REP，否则往下执行；

　　　　　② (CX/ECX)−1⇒(CX/ECX)；

　　　　　③ 执行其后的串指令；

　　　　　④ 重复①～③。

其中，如 16 位寻址，使用 CX 作为计数器；如 32 位寻址，用 ECX 作为计数器。

（2）REPE　　string primitive　或　REPZ　　string primitive

其中，string primitive 可为 CMPS 和 SCAS 指令。

指令功能：① 若(CX/ECX) = 0 或 ZF = 0，则退出，否则往下执行；

　　　　　② (CX/ECX)−1 ⇒ (CX/ECX)；

　　　　　③ 执行其后的串指令；

　　　　　④ 重复①～③。

有关计数寄存器的规定和 REP 相同。REPE 与 REPZ 是完全相同的，只是表达的方式不同而已。与 REP 相比，除满足(CX/ECX)=0 的条件可结束操作外，还增加了 ZF = 0 的条件。也就是说，在每次比较时，只要两数相等（即 ZF = 1）就继续比较，如果遇到两数不相等时（即 ZF = 0），就提前结束操作。

（3）REPNE　　string primitive　或　REPNZ　　string primitive

其中，string primitive 可为 CMPS 和 SCAS 指令。

指令功能：除了退出条件为(CX/ECX) = 0 或 ZF = 1，其他操作与 REPE 完全相同。也就是说，在每次比较时，只要两数比较的结果不相等（即 ZF = 0），就继续执行串处理指令；如果某次两数比较相等或(CX/ECX)=0，就结束操作。

例如：

```
REP    MOVSB
```

在执行这条指令之前，假设 DF= 0，(SI) = 0020H，(DI) = 0100H，(CX) = 0030H。那么，这条带有重复前缀的串传送指令，将把数据段从 0020H 开始的 30H 个字节传送到当前附加段以 0100H 为起始地址的存储区中。如果不用串操作指令，上述传送操作就需编制如下程序段：

```
MOV    SI, 0020H
MOV    DI, 0100H
MOV    CX, 0030H
```

```
LOP: MOV    AL, [SI]
     MOV    ES:[DI], AL
     INC    SI          ⎫
     INC    DI          ⎬ REP    MOVSB
     LOOP   LOP         ⎭
```

【例4-49】 要求从一个字符串中查找一个指定的字符，可用指令 REPNZ SCASB。

下面用图 4-55 来表示预置及找到后的情况。可以看出，（AL）中指定的字符为 space（空格），其 ASCII 值为 20H。开始比较时，因（DI）指定的字符与（AL）不符合而不断往下比较，当（DI）= 1508H 时，比较结果相符，因此 ZF = 1，在修改（DI）值后指令停止比较而提前结束，此时（DI）是相匹配字符的下一个地址；（CX）是剩下还未比较的字符个数。所以，根据（DI）和（CX）的值，可以方便地找到所需查找的字符的位置。

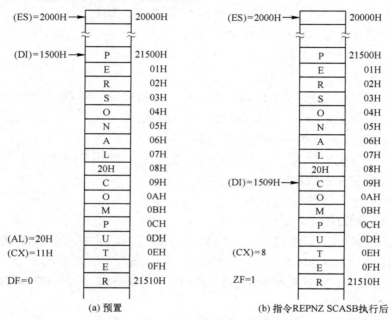

图 4-55 REPNZ SCASB 指令的执行情况

4.3.6 处理机控制类指令

1. 标志位操作指令

80x86 提供了一组设置或清除标志位的指令，它们只影响本指令指定的标志，而不影响其他标志位。这些指令是无操作数指令，指令中未直接给出操作数的地址，但隐含指出操作数在某个标志位上。能直接操作的标志位有 CF、IF、DF。

标志位操作指令如下：

❖ CLC（CLear Carry flag，清除进位标志指令），置 CF = 0。
❖ STC（SeT Carry flag，进位标志置位指令），置 CF = 1。
❖ CMC（CoMplement Carry flag，进位标志取反指令），CF 取反。
❖ CLD（CLear Direction flag，清除方向标志指令），置 DF = 0。

❖ STD（SeT Direction flag，方向标志置位指令），置 DF = 1。

❖ CLI（CLear Interrupt-enable flag，清除中断标志指令），置 IF = 0。

❖ STI（SeT Interrupt-enable flag，中断标志置位指令），置 IF = 1。

上述指令只对指定标志位操作，而不改变其余标志位。

2．其他处理机控制指令

其他处理机控制指令有：NOP（No OPeration），无操作；HLT（HaLT），停机；ESC（ESCape），换码；WAIT（WAIT），等待；LOCK（LOCK），封锁；BOUND（BOUND），界限；ENTER（ENTER），建立堆栈；LEAVE（LEAVE），释放堆栈。

这些指令可以控制处理机状态。它们都不影响条件码。

NOP（无操作）指令不执行任何操作，其机器码占有一个字节单元。在调试程序时，往往用这条指令占有一定的存储单元，以便在正式运行时用其他指令取代。

HLT（停机）指令可使机器暂停工作，使处理机处于停机状态以等待一次外部中断的到来，中断结束后，可继续执行下面的程序。

ESC（换码）指令格式为：ESC   op, reg/mem。ESC 指令在使用协处理机（Coprocessor）时，可以指定由协处理器执行的指令。指令的第 1 个操作数指定其操作码，第 2 个操作数指定其操作数。

协处理机（如 8087、80287、80387 等）是为提高速度可以选配的硬件。自 80486 起，浮点处理部件已装入 CPU 芯片，系统可直接支持协处理器指令，因此 ESC 指令已成为未定义指令，如遇到程序中的 ESC 指令，将引起一次异常处理。

WAIT（等待）指令使处理机处于空转状态，也可以用来等待外部中断发生。但中断结束后，仍返回 WAIT 指令继续等待。WAIT 指令也可与 ESC 指令配合等待协处理机的执行结果。

LOCK（封锁）指令是一种前缀，可与其他指令联合，用来维持总线的锁存信号直到与其联合的指令执行完为止。当 CPU 与其他处理机协同工作时，LOCK 指令可避免破坏有用信息。

BOUND（界限指令，80286 及其后继机型可用）指令检查给出的数组下标是否在规定的上下界之内。如在上下界之内，则执行下一条指令；如超出了上下界范围，则产生中断 5。如发生中断，则中断返回时返回地址仍指向 BOUND 指令，而不是其下一条指令。

ENTER（建立堆栈指令，80286 及其后继机型可用）指令用于过程调用时，为便于过程间传递参数而建立堆栈区所用。

LEAVE（释放堆栈指令，80286 及其后继机型可用）指令在程序中位于退出过程的 RET 指令之前，用来释放由 ENTER 指令建立的堆栈存储区。

习 题 4

4-1   说明 80x86 CPU 的基本结构寄存器组包括哪些寄存器？各有什么用途？

4-2   说明 80x86 CPU 中标志寄存器各标志位的含义。

4-3   说明实模式存储器寻址的过程。

4-4   说明保护模式存储器寻址的过程。

4-5 说明实模式逻辑地址与保护模式逻辑地址有何异同？

4-6 说明描述符由哪几部分组成？各有什么用途？

4-7 如 80386 的段描述符中的段基地址为 B0000000H，界限值为 0FFFFH，G = 0，试求出该段的起始地址和目的地址。

4-8 如 80386 的段描述符中的段基地址为 01000000H，界限值为 00010H，G = 1，试求出该段的起始地址和目的地址。

4-9 80486 中某用户程序的数据段开始于存储单元 02000000H，结束于存储单元 04FFFFFFH，该数据段可写，请写出该段描述符。

4-10 给定 (BX) = 637DH，(SI) = 2A9BH，位移量 D = 7237H，试确定在以下各种寻址方式下的有效地址是什么？

（1）立即寻址   （2）直接寻址

（3）使用 BX 的寄存器寻址   （4）使用 BX 的间接寻址

（5）使用 BX 的寄存器相对寻址   （6）基址变址寻址

4-11 执行下面两条指令后，标志寄存器中 CF、AF、ZF、SF 和 OF 分别是什么状态？

```
MOV   AL, 91
ADD   AL, 0BAH
```

4-12 试分别指出下列各指令语句的语法是否有错，若有错，指明是什么错误。

（1）MOV   AL, 0F5H   （2）ADD   [BX][BP], BX

（3）CMP   AL, 100H   （4）TEST   [BP], DL

（5）ADC   15H, CL   （6）SUB   [DI], DA_WORD

（7）OR   CH, CL   （8）MOV   AL, 1000H

（9）SAR   10H[DI], 2   （10）NOT   AL, BL

（11）DEC   CX, 1   （12）LEA   ES, TAB[BX]

4-13 试根据以下要求写出相应的汇编语言指令：

（1）用寄存器 BX 和 SI 的基址变址寻址方式把存储器中的 1 字节与 AL 寄存器的内容相加，并把结果送到 AL 寄存器中。

（2）用寄存器 BX 和位移量 0B2H 的寄存器相对寻址方式把存储器中的 1 个字与 (CX) 相加，并把结果送回存储器中。

（3）用位移量为 0524H 的直接寻址方式把存储器中的 1 个字与数 2A59H 相加，并把结果送回该存储单元中。

（4）把数 0B5H 与 (AL) 相加，并把结果送回 AL 中。

4-14 写出把首地址为 TABLE 的字数组的第 5 个字送到 DX 寄存器的指令。要求使用以下几种寻址方式：

（1）寄存器间接寻址   （2）寄存器相对寻址

（3）基址变址寻址

4-15 在实模式下，设 (DS) = 091DH，(SS) = 1E4AH，(AX) = 1234H，(BX) = 0024H，(CX) = 5678H，(BP) = 0024H，(SI) = 0012H，(DI) = 0032H，(09226H) = 00F6H，(09228H) = 1E40H，(1E4F6H) = 091DH。试分别给出下列各指令或程序段的执行结果。

（1）MOV   CL, 20H[BX][SI]   （2）MOV   [BP][DI], CX

（3）LEA   BX, 20H[BX][SI]   （4）LDS   SI, [BX][DI]

```
        MOV    AX, 2[BX]                              MOV    [SI], BX
```
（5）
```
        XCHG   CX, 32H[BX]
        XCHG   20H[BX][SI], AX
```

4-16 在实模式下，设（DS）=0100H，（SI）=0400H，（01400）=1234H，试问以下两条指令有什么区别？

```
    MOV    AX, 10H[SI]
    LEA    AX, 10H[SI]
```

4-17 在实模式下，已知堆栈段寄存器 SS 的内容是 0100H，堆栈指针寄存器 SP 的内容是00FEH。试画出执行下述程序段后，堆栈区和 SP 的内容变化过程示意图（标出存储单元的物理地址）。

```
    MOV    AX, 1234H
    MOV    BX, 5678H
    PUSH   AX
    PUSH   BX
    POP    CX
```

4-18 写出执行以下计算的指令序列，其中 X、Y、Z、R、W 均为存放 16 位带符号数单元的地址。

（1）Z←W+(Z–X)   （2）Z←W–(X + 6)–(R + 9)

（3）Z←(W×X)/(Y + 6)，R←余数   （4）Z←(W–X)/(5×Y)×2

4-19 在实模式下，设（DS）=1234H，（SI）=124H，（12464H）=30ABH，（12484H）=464H，有以下程序段：

```
    LEA    SI, [SI]
    MOV    AX, [SI]
    MOV    [SI+22H], 1200H
    LDS    SI, [SI+20H]
    ADD    AX, [SI]
```

上述程序段执行后，(DS)= _____, (SI)= _____, (AX)= _____。

4-20 设（AX）=0A5C6H，（CX）=0F03H，有以下程序段：

```
    STC
    RCL    AX, CL
    AND    AH, CH
    RCR    AX, CL
```

上述程序段执行后，(AX)= _____, CF= _____。

4-21 设（AX）=0FC77H，（CX）=504H，有以下程序段：

```
    CLC
    SAR    AX, CL
    XCHG   CH, CL
    SHL    AX, CL
```

上述程序段执行后，(AX)= _____, CF= _____。

4-22 设（AX）=0FFFFH，有以下程序段：

```
    INC    AX
    NEG    AX
    DEC    AX
    NEG    AX
```

上述程序段执行后，(AX)=_____。

4-23　设(BX)=12FFH，有以下程序段：

```
MOV   CL, 8
ROL   BX, CL
AND   BX, 0FFH
CMP   BX, 0FFH
```

上述程序段执行后，(BX)=_____，ZF=_____，CF=_____。

4-24　设(AX)=0FF60H，有以下程序段：

```
STC
MOV   DX, 96
XOR   DH, 0FFH
SBB   AX, DX
```

上述程序段执行后，(AX)=_____，CF=_____。

4-25　设(AL)=08H，(BL)=07H，有以下程序段：

```
ADD   AL, BL
AAA
```

上述程序段执行后，(AH)=_____，(AL)=_____，CF=_____。

4-26　设DF=0，(DS:0100H)=01A5H，有以下程序段：

```
MOV   SI, 0100H
LODSW
```

上述程序段执行后，(AL)=_____，SI=_____。

4-27　用比较指令 CMP 比较两个带符号数，若目的操作数大于源操作数，则标志位 OF=SF，为什么？

4-28　按下列要求分别编制程序段：

（1）把标志寄存器中符号位 SF 置 1。

（2）寄存器 AL 中高低 4 位互换。

（3）有 3 个字存储单元 A、B、C，在不使用 ADD 和 ADC 指令的情况下，实现(A)+(B)⇒C。

（4）把 DX、AX 中的 32 位无符号数右移 2 位。

（5）用一条指令把 CX 中的整数转变为奇数。

（6）将 AX 中第 1、3 位变反，其余各位保持不变。

（7）根据 AX 中有 0 的位对 BX 中对应位变反，其余各位保持不变。

4-29　设 DAW1 和 DAW2 分别是两个字单元的符号地址，请按下列要求写出指令序列：

（1）DAW1 和 DAW2 两个字数据相乘（用 MUL）。

（2）DAW1 除以 23（用 DIV）。

（3）DAW1 双字除以字 DAW2（用 DIV）。

4-30　试写出程序段把 DX、AX 中的双字右移 4 位。

4-31　在实模式下，设(EAX)=00001000H，(EBX)=00002000H，(DS)=0010H，试问下列指令访问内存的物理地址是什么？

（1）MOV　　ECX, [EAX+EBX]

（2）MOV　　[EAX + 2 * EBX], CL

（3）MOV　　DH, [EBX+4 * EAX + 1000H]

4-32 设（EAX）＝12345678H，（ECX）＝1F23491H，（BX）＝348CH，（SI）＝2000H，（DI）＝4044H。
在 DS 段中从偏移地址 4044H 单元开始的 4 个字节单元中，依次存放的内容为 92H、
6DH、0A2H 和 4CH，试问下列各条指令执行完后目的地址及其中的内容是什么？

（1）MOV   [SI], EAX   （2）MOV   [BX], ECX

（3）MOV   EBX, [DI]

4-33 说明下列指令的操作：

（1）PUSH   AX   （2）POP   ESI

（3）PUSH   [BX]   （4）PUSHAD

（5）POP   DS   （6）PUSH   4

4-34 试给出下列各指令序列执行完后目的寄存器的内容。

（1）MOV   EAX, 299FF94H   （2）MOV   EBX, 40000000
　　　ADD   EAX, 34FFFFH   SUB   EBX, 1500000

（3）MOV   EAX, 39393834H   （4）MOV   EDX, 9FE35DH
　　　AND   EAX, 0F0F0F0FH   XOR   EDX, 0F0F0F0H

4-35 试给出下列各指令序列执行完后目的寄存器的内容。

（1）MOV   BX, −12   （2）MOV   AH, 7
　　　MOVSX   EBX, BX   MOVZX   ECX, AH

（3）MOV   AX, 99H
　　　MOVZX   EBX, AX

4-36 试给出下列指令序列执行完后 EAX 和 EBX 的内容。

```
MOV    ECX, 307F455H
BSF    EAX, ECX
BSR    EBX, ECX
```

4-37 指令"MUL   EDI"的乘积存放在哪里？

4-38 说明"IMUL   BX, DX, 100H"指令的操作。

4-39 编写一程序段，要求不改变 DH 的内容，但要清除其最左边 3 位的值，结果存入 BH 寄存器。

第 5 章

汇编语言层

第 3 章介绍的微体系结构层可看作为指令系统层提供了一个解释器，使指令系统的功能得以实现。但是，直接用机器指令代码编程是非常困难的，而让微体系结构层直接执行高级语言也不是好办法。因此，人们为所有的计算机都设计了一个汇编语言层，位于指令系统层、操作系统层与面向问题语言层之间。这样，每种计算机似乎都有一套自己的汇编语言和解释它的汇编器，以及相应的程序设计及开发方法。

第 4 章指令系统层以 80x86 为背景，介绍了其系列 CPU 的基本结构、编程结构，即汇编语言程序员看到的寄存器组织和主存储器，并着重讨论了其指令系统。本章是关于汇编语言层的，主要介绍 80x86 汇编语言及其程序设计方法。汇编语言中的指令语句与机器指令相对应，因此从汇编语言层讨论程序设计方法，能更深入地剖析计算机内部的工作机理。

本章首先介绍 80x86 宏汇编语言的各种语句及其语法规则，由于指令语句已在第 4 章介绍过，因此主要介绍定义数据、符号、段结构的伪指令语句及宏指令语句等；然后系统地介绍各种基本的程序结构、相应的程序设计方法，特别是分支程序设计、循环程序的控制方法、子程序的调用与返回等；最后简要介绍汇编语言程序的开发方法，即如何编辑、汇编、链接、调试与运行汇编语言程序。

5.1 汇编语言层概述

为了使 CPU 能按照人们的设想去加工处理计算机中的信息，就必须让计算机连续地执行有序的机器指令序列，即运行用 CPU 指令系统中的指令代码（二进制代码）编制的程序。用计算机指令代码编制的程序称为机器语言程序，这种程序是计算机实现各种运算处理功能的最终目标代码。但是用指令代码（机器语言）编制程序是非常困难的，调试或修改机器语言程序更为困难。

汇编语言是一种面向机器结构的低级程序设计语言，把由机器指令组成的机器语言程序"符号化"，也就是说，汇编语言程序中每条指令语句都与机器语言程序的每条机器指令一一对应。从目标代码的长度和程序运行的时间来看，用汇编语言编制的程序与用机器指令编制的机器语言程序是一样的，这正是汇编语言程序的长处所在，也是任何高级程序设计语言程序无法相比的。而且汇编语言程序是用各种字符表达的，因此这样的程序在编写、阅读和维护时都较方便和容易。

汇编语言与具体计算机硬件系统密切相关，通常是以某系列计算机为背景进行汇编语言程序设计。本章讨论的汇编语言级程序设计是以 80x86 CPU 为硬件背景，以 MASM 5.0～6.0 为汇编环境。例如，完成 S=(A+B)×(C-D)运算的汇编语言程序如下：

```
; 设置数据段
DATA      SEGMENT
          A       DB    23H              ; 数据 A
          B       DB    14H              ; 数据 B
          C       DB    43H              ; 数据 C
          D       DB    3DH              ; 数据 D
          S       DW    0                ; 存放结果单元
DATA      ENDS
; 设置堆栈段
STACK1    SEGMENT  PARA  STACK
          DW    20H   DUP(0)
STACK1    ENDS
; 设置代码段
CODE      SEGMENT
          ASSUME  CS:CODE, DS:DATA, SS:STACK1
START:    MOV     AX, DATA               ; 预置段寄存器 DS
          MOV     DS, AX
          MOV     BL, A                  ; 取数据 A
          ADD     BL, B                  ; 计算 (A+B)⇒BL
          MOV     AL, C                  ; 取数据 C
          SUB     AL, D                  ; 计算(C-D)⇒AL
          MUL     BL                     ; 完成乘法运算 (A+B)*(C-D) ⇒AX
          MOV     S, AX                  ; 存放运算结果
          HLT
CODE      ENDS
          END     START
```

汇编语言程序也是一种符号式的程序，用汇编语言编制的程序称为汇编语言源程序，这个源程序仍然不能由计算机直接执行，必须经过汇编程序（Assembler，也称为汇编器）"汇编"（翻译）成目标代码后才能直接由计算机执行。上述汇编语言源程序经过汇编后得到的目标代码（机器语言程序）如图 5-1 所示。从图 5-1 可以看出，汇编语言源程序中一条指令语句对应一组目标代码（机器语言的一条指令）。例如汇编指令语句"MOV DS, AX"对应的目标代码是"8E D8"两个字节代码。汇编语言源程序中除有大量汇编指令语句外，还有许多用于定义数据、分配内存空间、构造源程序框架等功能的伪指令语句。所以，掌握汇编语言程序设计，

除了掌握信息表示、80x86 CPU 及其指令系统知识，还需要学好本章内容。

高级程序设计语言是独立于机器面向用户的语言，因此通用性强、容易接受和掌握。相对来说，汇编语言是面向机器结构的，学习和掌握它要困难些。但是，汇编语言具有一些高级语言不可替代的特点。其一是高性能（程序的运行速度高且代码短）和对计算机的完全控制。对某些应用来说，为了保证高性能必须使用汇编语言编程，如智能卡中的程序、设备驱动程序、BIOS 程序等。某些应用要求完全控制计算机硬件，也必须使用汇编语言，如操作系统中的低级中断和陷阱处理程序，以及嵌入式实时系统中的设备控制程序。其二，掌握汇编语言有助于更好地使用高级语言编程，尽管目前大多数应用使用高级语言，但在开发过程中往往需要将部分可执行代码反汇编。其三，研究汇编语言可以使我们清楚了解实际计算机的结构。对于学习计算机组成与结构的学生来说，编写汇编语言程序能使其从微体系结构层认识、理解计算机的工作原理和过程。

5.2 汇编语言语句格式

语句（Statements）是汇编语言程序的基本组成单位。在汇编语言源程序中有三种语句：指令语句、伪指令语句和宏指令语句（或宏调用语句）。前两种是最常见、最基本的语句，虽然在语句格式上相同，但是在程序中的功能、实现其功能的方式和时间都是不同的。宏指令语句将在 5.5 节详细介绍。

指令语句是 80x86 CPU 指令系统中的各条指令。每条指令语句在源程序汇编时都要产生相应的、可供计算机执行的机器指令代码（目标代码），所以又被称为可执行语句。每条指令语句表示计算机具有的基本操作，如数据传送、两数据相加或相减、移位等，这些操作是在目标程序（指令代码的有序集合）运行时实现的，是依赖于计算机内的中央处理器（CPU）、存储器、I/O 接口等硬设备来完成的。

伪指令语句用于指示（命令）汇编程序对源程序如何汇编，所以又被称为命令语句。例如源程序中的伪指令语句告诉汇编程序：程序如何分段，有哪些逻辑段；在程序几个逻辑段中，哪些是当前段，它们分别由哪个段寄存器指向；定义了哪些数据单元和数据，内存单元是如何分配的，等等。伪指令语句除其所定义的具体数据要生成目标代码外，其他项均没有对应的目标代码。伪指令语句的这些命令功能是由汇编程序在汇编源程序时，通过执行汇编程序中的一段程序来完成的，而不是在运行目标程序时实现的。

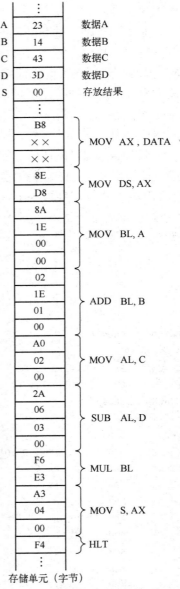

存储单元（字节）

图 5-1 指令语句与机器代码的对应

指令语句和伪指令语句有相同的语句格式，每条语句均由如下 4 个字段（Fields）组成：

| 名字 | 操作符 | 操作数 | ；注释 |

其中，每个字段的意义如下。

（1）名字字段（Name Field）

除了少数伪指令语句必选，其他多数语句是一个任选字段。在指令语句中，这个字段的名字叫标号，且一定是用冒号"："作为名字字段的结束符。标号是一条指令的符号地址，代表该指令代码的第一个字节单元地址。通常在一个程序段的入口指令语句处选用标号。当程序需要转入这个程序时，就可直接引用这个标号。在伪指令语句中，对于不同的伪指令这个字段的名字有所不同，它们可以是常量名、变量名、段名、过程名等。伪指令语句的名字字段后面用空格作为结束符，不得使用"："，这是它与指令语句的一个重要区别。伪指令语句的这些名字，有的代表一个具体常数值，有的作为存储单元的符号地址。它们都可以在指令语句和伪指令语句的操作数字段中直接加以引用。

（2）操作符字段（Operator Field）

操作符字段是一条语句不可缺少的主要字段，反映了该语句的操作要求。在指令语句中，操作符字段就是指令助记符，如 MOV、ADD、SUB 等，表示程序在运行时 CPU 完成的操作功能。在伪指令语句中，操作符字段就是本章后面将要介绍的各种伪指令，如：数据定义伪指令 DB、DW、DD，段定义伪指令 SEGMENT，过程定义伪指令 PROC 等，表示汇编程序如何汇编（翻译）源程序各条语句。这些伪指令的操作要求都是由汇编程序在汇编源程序时完成的。

（3）操作数字段（Operand Field）

在一条语句中，本字段是否需要，需要几个，需要什么形式的操作数等都由该语句的操作符字段（指令助记符/伪指令）确定。如果需要本字段，那么本字段与操作符字段用空格或制表符 Tab 作为分界符。如果本字段要求有两个或两个以上操作数，那么各操作数之间用逗号"，"或空格分隔。

（4）注释字段（Comment Field）

注释字段是一个任选字段。如选用本字段，必须以"；"作为字段的开始符。注释字段可由程序设计人员编写任意字符串，其内容不影响程序和指令的功能，它们也不出现在目标程序中。注释字段为提高程序的可读性和可维护性提供了方便，对某些程序段或指令加以注解，说明它们的功能和意义。当需要进行较多的文字说明时，一条语句可以只有注释字段，这时该语句的第一个有效字符必须是"；"。

名字字段的名字（如标号、常量名、变量名、段名、过程名等）统称为标识符，它们是由若干字符构成的。标识符的组成规则如下：

① 字符个数为 1~31 个。

② 标识符的第一个字符必须是字母、?、@或"_"这 4 种字符中的一个。

③ 从第 2 个字符开始，除了上述 4 种字符，还可以是数字 0~9。

④ 不能使用属于系统专用的保留字（Reserved Word）。保留字主要有 80x86 CPU 中各寄存器名（如 AX、BX、EAX、EDX、CS、FS 等）、指令助记符（MOV、ADD、SUB、MOVSX、CMP、XCHG 等）、伪指令（如 SEGMENT、DB、PROC 等）、表达式的运算符（如 NE、OFFSET、SIZE 等）和其他字符（某些伪指令的操作数字段中指定的选用符号，如 PARA、STACK、FAR、NEAR 等）。

5.3 80x86 宏汇编语言数据、表达式和运算符

在指令语句和伪指令语句中，操作数字段的主要内容是数据。宏汇编语言数据通常包含数值和属性两部分，这两部分对一条语句汇编成目标代码都有直接关系。80x86 宏汇编语言能识别的数据有常数、变量和标号。

5.3.1 常数

常数是没有任何属性的纯数值数据。在汇编源程序期间，它的值已能完全确定，且在程序运行中，它也不会发生变化。常数分为数值常数和字符常数。

1．数值常数

在程序中，可以用不同进制数的形式表示数值常数。

① 二进制数：以字母 B 结尾的 0 和 1 组成的数字序列，如 01011101B。

② 八进制数：以字母 O 或 Q 结尾的 0~7 数字序列组成的数，如 723Q、723O。

③ 十进制数：0~9 数字序列组成的数，可以用字母 D 结尾，也可以没有结尾字母，如 1986D、1986。

④ 十六进制数：以字母 H 结尾的 0~9 和 A~F（或 a~f）数字字母序列组成的数，如 3AD8H、0FFH。为了区别由 A~F（或 a~f）组成的序列是一个十六进制数还是一个符号，凡以字母 A~F（或 a~f）为起始的十六进制数必须在前面冠以数字 0，否则汇编程序当作符号。

2．字符常数

字符常数是用单引号或双引号括起来的一个或多个字符，这些字符用它的 ASCII 值形式存储在存储单元中。例如，字符'A'在存储单元中存储为 41H。

5.3.2 变量

变量代表存放在存储单元中的数据并作为存储数据单元的符号地址。为了便于对变量进行访问，通常变量以变量名的形式出现在程序中。变量应先定义与预置，才能使用。

1．变量的定义与预置

定义变量就是分配存储单元，这些存储单元可以预置数据初值或仅保留若干存储单元。定义与预置变量的语句格式如下：

变量名　　<数据定义伪指令>　　<表达式 1>，<表达式 2>，…

其中，"变量名"是任选的。若选用"变量名"，它就是这些存储单元中首字节单元的符号地址，在程序中访问这些存储单元时，就可以直接引用这个变量名。数据定义伪指令有 DB、DW 和 DD，它们用来定义字节、字和双字数据。可以用 DQ 和 DT 来定义 8 和 10 字节的数据。80386及其以上机型中还可用 DF 来定义 6 字节数据。DW 和 DD 伪指令还可定义存储地址，而 DF

伪指令可定义存储由 16 位段基值和 32 位偏移地址组成的地址指针。例如：

```
DATA      SEGMENT
DA1       DB      12H
DA2       DW      1234H
DA3       DD      12345678H
DATA      ENDS
```

在上述段定义伪指令 SEGMENT/ENDS 定义的逻辑段中，有 3 条数据定义语句，它们分别选用了三个变量名 DA1、DA2 和 DA3。经过这样定义的变量（变量名）均有以下 3 个属性。

① 段属性（SEG）。段属性表示变量存放在哪一个逻辑段中。例如，上面定义的 3 个变量（DA1、DA2 和 DA3）都存放在段名为 DATA 的逻辑段中。段属性是用变量所在段的段基值来表示的。

② 偏移地址属性（OFFSET）。偏移地址属性表示变量在逻辑段中离段起始单元的距离（字节数）。例如，变量 DA1 的偏移地址属性为 0，变量 DA2 的偏移地址属性为 1，而变量 DA3 的偏移地址属性为 3。

上述段和偏移地址两个属性就构成一个变量的逻辑地址。

③ 类型属性（TYPE）。类型属性表示一个变量的数据大小，是字节（8 位二进制数）、字（16 位二进制数）、双字（32 位二进制数）数据，或是 6 字节、8 字节、10 字节数据。类型属性是由数据定义伪指令 DB、DW、DD、DF、DQ、DT 来确定的。例如，DA1 是用 DB 定义的，就是字节数据，DA2 是用 DW 定义的，就是字数据，DA3 是用 DD 定义的，就是双字数据等。

数据定义伪指令（DB、DW 等）在为数据分配存储单元的同时，还可以给这些存储单元预置初值，每个初值由相应的表达式确定。定义变量语句中表达式可以有如下 4 种情况。

（1）数值表达式

伪指令 DB、DW、DD、DF、DQ 和 DT 可以在单一的存储单元（字节、字、双字、6 字节、8 字节和 10 字节，以下同）中设置一个数据，也可以在连续的若干存储单元中设置数据。例如：

```
DA_BYTE1  DB      50H
DA_BYTE2  DB      10H, 20H, 30H, 40H
DA_WORD1  DW      0A34H
DA_WORD2  DW      1234H, 5678H, 0ABCDH
DA_DWORD  DD      12345678H, 90ABCDEFH
```

在上述数据定义语句中，DA_BYTE1 和 DA_WORD1 分别在一个存储单元（字节和字）中预置数据，其余变量是在连续的存储单元中预置多个数据。例如，在 DA_BYTE2 的字节存储单元中预置的数据为 10H，它的下一个字节存储单元（地址为 DA_BYTE2+1）中预置的数据为 20H，地址为 DA_BYTE2+2 和 DA_BYTE2+3 的字节存储单元中预置的数据分别为 30H 和 40H。DA_WORD2 字存储单元中预置的数据为 1234H（低字节存储单元为 34H，高字节存储单元为 12H），它的下一个字单元（地址为 DA_WORD2+2）中预置的数据为 5678H，数据 0ABCDH 预置在 DA_WORD2+4 的字存储单元中。数据 90ABCDEFH 预置在 DA_DWORD+4 的双字存储单元中。

（2）字符串表达式

字符串表达式中的字符串必须用引号（"'"或""""）括起来，字符串中的各字符均以 ASCII 值形式存放在相应的存储单元中。字符串表达式的表示方法和存储顺序，对 DB、DW、DD 伪指令是有差异的。

在 DB 伪指令中，一个字符串表达式可以连续书写少于 255 个的字符，每个字符分配一个字节存储单元，按地址递增的排列顺序依次存放字符串自左至右的每一个字符。例如：

```
STRING1   DB    'STRING'
```

其在存储单元中存放的情况如图 5-2 所示。

在 DW 伪指令中，每个字符串表达式只能由 1~2 个字符组成，DW 伪指令为每个字符串表达式分配两个字节存储单元。例如：

```
STRING2   DW    'ST', 'RI', 'NG'
```

如果表达式由两个字符组成，那么这两个字符的存储顺序是：前一个字符的 ASCII 值（如字符'S'）存放在高字节中，后一个字符的 ASCII 值存放在低字节中。如果表达式由一个字符组成，那么该字存储单元的高字节存放 00，而唯一字符的 ASCII 值存放在低字节存储单元中。上面 DW 伪指令语句的字符串在存储单元中存放的情况如图 5-3 所示。

在 DD 伪指令中，每个字符串表达式也只能由 1~2 个字符组成，且为每个表达式分配 4 字节的存储单元，其中 2 个低字节存储单元存放这 1~2 个字符的 ASCII 值（存储的顺序与 DW 伪指令相同），另外 2 个高字节存储单元均自动存放 00。例如：

```
STRING3   DD    'ST', 'RI', 'NG'
```

它们在存储单元中的存放情况如图 5-4 所示。

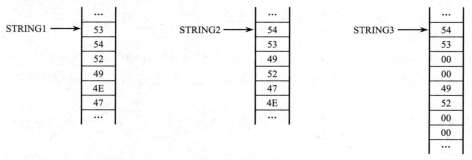

图 5-2　DB 伪指令的存储情况　　图 5-3　DW 伪指令的存储情况　　图 5-4　DD 伪指令的存储情况

（3）?表达式

符号"?"表示仅分配相应数量的存储单元，这些存储单元为任意内容。例如：

```
DA_BYTE3   DB    ?, ?
DA_WORD3   DW    ?, ?
```

上述第 1 条语句要求汇编程序分配 2 个字节存储单元，第 2 条语句要求分配 2 个字存储单元（即 4 个字节存储单元），这些存储单元中可为任意值。

（4）带 DUP 表达

表达式中可使用重复数据操作符 DUP（Duplication），能较方便地在一个连续存储单元中重复预置一组数据。使用重复数据操作符 DUP 的语句格式如下：

```
变量名     <数据定义伪指令>    <表达式 1>  DUP(<表达式 2>)
```

其中，表达式 1 是重复的次数，表达式 2 是重复数据的内容。例如：

```
DA_B1      DB      10H DUP(?)
DA_B2      DB      20H DUP('ABCD')
DA_W1      DW      10 DUP(4)
DA_W2      DW      20 DUP(-1, 1)
```

上述第 1 条语句表示分配以 DA_B1 为首字节 10H 个字节存储单元，每个字节存储单元中可为任意值。第 2 条语句是把字符串'ABCD'重复 20H 次，共分配 4×20H = 80H 个字节存储单元。第 3 个语句是重复 10 个字单元，每个字单元预置数据 4，共分配 10×2 = 20（14H）个字节存储单元。第 4 个语句指定每次重复的内容是–1 和 1 两个数据，重复 20 次，共分配 20×4 = 80（50H）个字节存储单元。变量名 DA_B1、DA_B2、DA_W1、DA_W2 分别是各重复存储区首字节存储单元的符号地址。

　　DUP 操作符可以嵌套使用，即重复内容"<表达式 2>"可以又是一个带 DUP 的表达式。例如：

```
DA_B3      DB      10H DUP(4 DUP(3), 8)
```

上述语句表示数据序列"3, 3, 3, 3, 8"重复 10H 次，共分配 10H×5 = 50H 个字节存储单元。

2．变量的使用

　　变量定义和预置后才可以使用。对变量的使用就是对变量名的引用。在程序的其他语句中，对变量名的使用通常分两种情况。

　　在指令语句的操作数字段中，引用的变量名作为地址表达式的组成部分之一。在存储器操作数的几种寻址方式中，除了寄存器间接寻址方式不使用变量名，其他各种寻址方式均可使用变量名。例如，在某数据段中已定义一个变量：

```
DATA_VAR DB     40H DUP(?)
```

那么几种含有变量名的地址表达式如下。

- ❖ 直接寻址：DATA_VAR，DATA_VAR+08H。
- ❖ 变址寻址：DATA_VAR [SI]，DATA_VAR+5[DI]。
- ❖ 基址寻址：DATA_VAR [BX]，DATA_VAR+10H[BP]。
- ❖ 基址变址寻址：DATA_VAR [BX][DI]，DATA_VAR+06H [BP][SI]。

　　在 DW 或 DD 数据定义语句的操作数字段上引用了变量名，那么在为 DW 或 DD 伪指令分配的存储单元中，将预置被引用变量名的地址部分（段基值和偏移地址）。如是 DW，则仅有被引用变量名的偏移地址；如是 DD，则前 2 字节存放偏移地址，后 2 字节存放段基值。例如，某数据段有如下数据定义语句：

```
NUM1       DB      10H DUP(?)
NUM2       DW      10H DUP(?)
ARRAY      DB      10H DUP('ABCD')
ADR1       DW      ARRAY
ADR2       DD      ARRAY
```

上述变量 ADR1 的内容（存储单元的内容）是变量 ARRAY 的偏移地址，而变量 ADR2 双字存储单元的内容存放的是变量 ARRAY 的偏移地址和段基值。所以，在数据定义语句（注意：只能用 DW 或 DD 伪指令，不能用 DB 伪指令）的操作数字段上，通过引用变量名的办法，可以方便地构造存放地址指针的变量。这在程序设计中是很有用的。

5.3.3 标号

标号是一条指令的符号地址。在无条件转移指令、条件转移指令和循环指令的操作数位置上，通常用标号作为程序转移指令的目标地址。在程序中引入标号后，编写程序更加方便，程序的阅读和修改也更加容易。与变量一样，每个标号也具有如下 3 个属性。

① 段属性（SEG）：表示指令在哪个逻辑段中。

② 偏移地址属性（OFFSET）：表示这条指令离段起始单元之间的字节数（准确地讲，是这条指令目标代码的首字节单元与段起始单元之间的字节数）。

同样，上述两个属性构成了这条指令的逻辑地址。

③ 类型属性（TYPE）：表示它的转移特性，即该标号是作为段内转移指令还是段间转移指令的目标地址。标号的类型属性有两种：NEAR（近），表示段内转移，本标号只能作为标号所在段的转移指令的目标地址；FAR（远），表示段间转移，本标号可作为其他段（不是标号所在段）的转移指令的目标地址。

标号的类型属性可以用下面两种方法来设置。

① 隐含方式。当某指令语句选用一个标号后，该标号就隐含为 NEAR 属性。例如：

```
NEXT:   MOV    AX, 3000H
```

这时标号 NEXT 的类型属性为 NEAR。隐含方式不可能设置 FAR 属性。

② 用 LABEL 伪指令设置类型属性。LABEL 伪指令语句格式如下：

```
名字       LABEL   类型
```

LABEL 伪指令语句通常与指令语句或数据定义语句配合使用，以便补充设置类型属性。当与指令语句连用时，LABEL 语句中的名字就是一个新的标号，其类型可选择 NEAR 或 FAR。当与数据定义语句连用时，LABEL 语句中的名字就是一个新的变量名，其类型可选择 BYTE，WORD 或 DWORD。这个新的标号或变量名，与它们连用的指令语句的标号或数据定义语句的变量名有相同的段和偏移地址属性，即与它连用的语句有相同的逻辑地址。所以，LABEL 语句所指定的类型，就是对与它同地址的指令语句或数据定义语句类型属性的补充设置。现分两种情况说明它的使用方法。

① LABEL 语句与指令语句配合使用。例如：

```
SUB1_FAR LABEL  FAR
SUB1:   MOV    AX, 1234H
```

那么语句"MOV AX, 1234H"有两个具有相同段和偏移地址属性的标号：SUB1 和 SUB1_FAR，但它们有不同的类型属性，标号 SUB1 是 NEAR 属性，而标号 SUB1_FAR 是 FAR 属性。假设该指令语句是某一程序段的入口处，那么当段内程序要转移到此程序段时，可使用 SUB1 作为程序段的入口（SUB1 作为转移指令的目标地址）；当其他段的程序要转移到此程序段时，就用 SUB1_FAR 作为程序段的入口（SUB1_FAR 作为转移指令的目标地址）。

② LABEL 语句与数据定义语句配合使用。例如：

```
DATA_BYTE LABEL    BYTE
DATA_WORD DW       20H  DUP(567H)
```

上述变量 DATA_WORD 的数据定义为字，因此每次对它的存取按字（2 字节）进行。例如：

```
MOV    AX, DATA_WORD+4
```

就是把数据区中第 3 个字（由数据区中第 5、6 字节单元组成的字）的内容送入 AX。要想只取出数据区中第 5 个字节单元的内容，可使用变量 DATA_BYTE（它有 BYTE 的类型属性）：

```
MOV    AL, DATA_BYTE+4
```

这样就能实现对这一数据区按字节单元存取数据。

5.3.4　表达式与运算符

在语句行的操作数字段中，除了上述三种单一数据形式（常数、变量和标号），还有常见的表达式形式，是由常数、变量和标号通过某些运算符连接而成的。任一表达式的数据计算或操作类型（指数据的大小、转移特性等）的确定是在汇编源程序过程中完成的，不是在程序运行时获得的。

80x86 宏汇编语言程序设计可使用的表达式有两种：数值表达式和地址表达式。表达式中的运算符有：算术运算符、逻辑运算符、关系运算符、数值返回运算符和属性修改运算符。

1．算术运算符

算术运算符有：+（加）、−（减）、*（乘）、/（除）、MOD（模除）、SHL（左移）和 SHR（右移）。+、−、*、/ 运算是最常用的运算符，参加运算的数和运算的结果均是整数。除法运算只取商的整数部分，而 MOD 运算符是进行整数除法，运算结果只取它的余数部分。减法可用于同段两个操作数地址（以变量名表示）的运算，其结果是一个常数，表示这两个地址之间的相距字节数。除了加减运算符外，其他的运算符只适用于常数运算。例如：

```
NUM    15*5                      ; NUM = 75
NUM    NUM/8                     ; NUM = 9
NUM    NUM MOD 5                 ; NUM = 4
NUM    NUM+4                     ; NUM = 8
```

2．逻辑运算符

逻辑运算符有 AND（逻辑与）、OR（逻辑或）、NOT（逻辑非）、XOR（逻辑异或）。
AND、OR 和 XOR 运算符的格式如下：

```
<表达式 1>   <逻辑运算符>    <表达式 2>
```

NOT 运算符的格式如下：

```
NOT    <表达式>
```

上述格式的表达式和运算的结果均是整数，它们都是按位进行逻辑运算的。逻辑运算符与逻辑运算指令是有区别的。逻辑运算符是在汇编源程序时，对一个具体数据进行逻辑运算，不能对一个寄存器操作数或存储器操作数进行逻辑运算。逻辑运算符一定是出现在一个语句的操作数字段中。在指令语句的助记符上出现的一定是逻辑运算指令，是在程序运行时对一个寄存器操作数或存储器操作数进行按位逻辑运算。例如：

```
MOV    AL, NOT 0F0H
MOV    DX, NOT 0F0H
```

```
        MOV     BL, 55H OR 0F0H
        AND     BH, 55H AND 0F0H
        XOR     CX, 55H XOR 50H
```

在汇编源程序期间，上述各条指令的操作数字段经过逻辑运算后，与下面的指令一一对应且等效。

```
        MOV     AL, 0FH
        MOV     DX, 0FF0FH
        MOV     BL, 0F5H
        AND     BH, 50H
        XOR     CX, 5H
```

3．关系运算符

关系运算符有 6 个：EQ（相等）、NE（不等）、LT（小于）、LE（小于等于）、GT（大于）、GE（大于等于）。关系运算符的格式如下：

<表达式 1>　<关系运算符>　<表达式 2>

这些关系运算符用于对两个表达式值的大小进行比较。如果比较关系成立，就用全 1 表示真；否则用全 0 表示假。如果比较的是数值表达式，就按无符号数比较；如果比较的是同段内的地址表达式，就比较它们的偏移地址。

4．数值返回运算符

数值返回运算符的运算对象必须是存储器操作数，即由变量名或标号组成的地址表达式。运算的结果是一个纯数值，这个数值表示该存储器操作数地址的组成部分及其某些特征。数值返回运算符的格式如下：

<数值返回运算符>　<地址表达式>

数值返回运算符共 5 个，其中反映地址构成的运算符有 SEG、OFFSET，而反映存储器操作数的特征的运算符有 TYPE、LENGTH、SIZE。

（1）SEG 和 OFFSET 运算符

在一个变量名或标号前出现 SEG 或 OFFSET 运算符时，其运算符结果分别是这个变量名或标号所在段的段基值或它在段内的偏移地址。这是获得存储单元逻辑地址很有用的两个运算符，为某些寄存器初始化地址指针提供了方便。

```
        ORG     30H                    ; 下面存储单元的起始偏移地址为 30H
DA1     DB      20H DUP(12H)
DA2     DW      DA1
        ⋮
        MOV     AX, SEG DA1
        MOV     BX, SEG DA2
        MOV     SI, OFFSET DA1
        MOV     CX, DA2
        LEA     DI, DA1
```

上述第 1 条 ORG 伪指令语句指定变量 DA1 的起始偏移地址为 30H（ORG 伪指令将在 5.4 节介绍）。后面指令语句中的前两条 MOV 指令语句是获取 DA1 和 DA2 所在段的段基值（这两条指令的效果是相同的），后 3 条指令语句给出了获取一个变量偏移地址的 3 个途径：① 在

MOV 指令语句中使用 OFFSET 运算符；② 事先在数据段内用数据定义伪指令 DW 存储变量的偏移地址，再用 MOV 指令取出变量的偏移地址；③ 使用装入有效地址指令 LEA。用类似的 3 个途径同样可以获取变量的段基值。

（2）TYPE 运算符

TYPE 运算符是用数值形式表示变量和标号的类型属性，如表 5-1 所示。

表 5-1 TYPE 运算符

	类型属性	运算结果
变量	BYTE	1
	WORD	2
	DWORD	4
标号	NEAR	-1
	FAR	-2

对于变量，TYPE 运算结果表示所定义的数据的一个数据项所占有的字节数。用 DB、DW、DD 定义的数据，对应每个数据项所占的字节数分别是 1、2、4。所以，TYPE 运算结果分别是 1、2、4。对于标号，若 TYPE 运算的结果是-1、-2，则它们没有什么物理意义，仅作为在程序中对标号类型属性的测试依据。

（3）LENGTH 和 SIZE 运算符

LENGTH 和 SIZE 运算符仅加在变量名的前面。如果变量是用重复数据操作符 DUP 定义的，那么 LENGTH 运算符的运算结果是外层 DUP 的重复次数；如果没有用 DUP 定义的变量，运算结果总是 1。而 SIZE 运算符是 LENGTH 和 TYPE 两个运算结果的乘积。例如：

```
VAR1      DB       10H DUP(0)
VAR2      DB       'COMPUTER'
VAR3      DW       1234H, 5678H
VAR4      DW       10H DUP('A', 4 DUP(3))
          ...
          MOV      AL, LENGTH VAR1          ; (AL)=10H
          MOV      AH, SIZE VAR1            ; (AH)=10H
          MOV      BL, LENGTH VAR2          ; (BL)=1
          MOV      BH, SIZE VAR2            ; (BH)=1
          MOV      CL, LENGTH VAR3          ; (CL)=1
          MOV      CH, SIZE VAR3            ; (CH)=2
          MOV      DL, LENGTH VAR4          ; (DL)=10H
          MOV      DH, SIZE VAR4            ; (DH)=20H
```

5．属性修改运算符

属性修改运算符 PTR 用来对变量、标号或存储器操作数的类型属性进行说明和设定。PTR 运算符的格式如下：

```
类型   PTR   <地址表达式>
```

把 PTR 运算符右边地址表达式所确定的存储单元临时设定为 PTR 运算符左边的"类型"（BYTE、WORD、DWORD 或 NEAR、FAR）。这种设定仅仅在含有这些运算符的语句内有效，是一种对"类型"属性进行临时性设定和说明的方法。地址表达式是指由变量名、标号或用作地址指针的寄存器构成的存储单元地址。例如：

```
DA_BYTE   DB       20H DUP(0)
DA_WORD   DW       30H DUP(0)
          ⋮
          MOV      WORD PTR DA_BYTE[10], AX
          MOV      BYTE PTR DA_WORD[DI], BL
          INC      BYTE PTR[SI]
```

```
SUB     WORD PTR[BX], 30H
JMP     FAR PTR SUB1
```

前 2 条 MOV 指令语句中，如果不用 PTR 运算符，那么 DA_BYTE+10 和 DA_WORD[DI] 的存储单元应分别为字节存储单元和字存储单元。现用 PTR 运算符临时修改和指定 DA_BYTE+10 和 DA_WORD[DI]的存储单元分别为字存储单元和字节存储单元，以便使它们 与另一个源操作数（AX 和 BL）的大小相同。第 3 条 INC 指令语句是单操作数指令，应指明 由地址指针 SI 指向的存储单元是字节单元还是字单元，所以用 PTR 运算符说明它的类型。第 4 条 SUB 指令语句是一个存储器操作数减去一个常数 30H。由于 30H 可以是一个字常数 0030H， 也可能是字节常数 30H，因此用 PTR 运算符来说明是字存储单元内容减去 30H。最后一条语 句是无条件转移指令 JMP，用 PTR 运算符说明它按段间转移来执行。

表 5-2　运算符的优先级

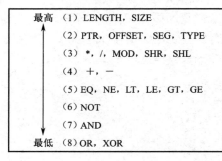

6．运算符的优先级

在同一个表达式中，如果同时有几个运算符，将按 运算符的优先级顺序执行。在汇编源程序时，一个表达 式的运算规则是：先执行优先级别高的运算，如有优先 级别相同的多个运算符，便按照从左到右的顺序进行； 必要时可以用"（）"改变运算的先后顺序，"（）"中的 运算优先进行。运算符（本书未讲的运算符除外）的优 先级别如表 5-2 所示。

5.4　80x86 宏汇编语言伪指令

5.4.1　符号定义语句

在编制源程序时，程序设计人员常把某些常数或表达式用一个特定符号表示，可为编写程 序带来许多方便。为此就要用到符号定义语句，这种伪指令语句有以下两种。

1．等值语句

语句格式：

```
符号     EQU    〈表达式〉
```

其中，EQU 是等值伪指令，把表达式的值或符号赋给 EQU 左边的符号。表达式可以是以下三 种之一：

① 常数或数值表达式　例如：

```
COUNT   EQU    5
NUM     EQU    8*13+5-2
```

② 地址表达式　例如：

```
ADR1    EQU    DS:[BP+14]
ADR2    EQU    VAR2+10H
```

③ 变量、标号或指令助记符　例如：

```
CREG       EQU      CX
CBD        EQU      DAA
L1         EQU      SUBSTART
WR         EQU      WORD PTR DA_BYTE
```

等值伪指令语句定义的符号仅在汇编源程序时作为替代符号使用，不产生任何目标代码，也不占有存储单元。在同一源程序中，同一符号不能用 EQU 伪指令重新定义。例如：

```
CBD        EQU      DAA
CONT       EQU      20H
...
CBD        EQU      ADD
CONT       EQU      30H
```

后 2 条 EQU 伪指令因符号重新定义而出现语法错误。

2．等号语句

等号语句的格式如下：

```
符号 = 表达式
```

等号语句的含义和表达式的内容都与等值语句相同，不同的是，等号语句可以重新定义符号，但不能为指令助记符定义别名。例如：

```
NUM = 15H
...
NUM = NUM + 20H
```

5.4.2　处理器选择伪指令

8086/8088 指令系统是 80286 及其后续所有处理器指令系统的基础。虽然 80286 及其后续所有处理器指令都是向后兼容的，但也增加了一些新功能的指令（详见第 4 章中 80x86 指令系统部分）。因此，在编写程序时首先要确定使用哪一种指令系统，这时可用处理器选择伪指令给予说明。在程序中，如果省略处理器选择伪指令，那么默认只使用 8086/8088 指令系统和 8087 协处理器指令集。处理器选择伪指令主要如下。

❖ .8086：允许使用 8086/8088 指令系统和 8087 专用指令。
❖ .286：允许使用实模式下的 80286 和 80287 指令系统。
❖ .286P：允许使用保护模式下的 80286 和 80287 指令系统。
❖ .386：允许使用实模式下的 80386 和 80387 指令系统。
❖ .386P：允许使用保护模式下的 80386 和 80387 指令系统。
❖ .486：允许使用实模式下的 80486 和 80487 指令系统。
❖ .486P：允许使用保护模式下的 80486 和 80487 指令系统。
❖ .586：允许使用实模式下的 Pentium 指令系统。
❖ .586P：允许使用保护模式下的 Pentium 指令系统。

保护模式和实模式的差异是：前者可使用特权指令，而后者不能。处理器选择伪指令通常是放在源程序的开头位置。如果源程序的开头没有使用这种伪指令（默认只使用 8086/8088 指令），而在程序中某处要使用一条 286、386、486 或 586 所增加的指令，那么可以在这条指令语句前加上处理器选择伪指令。

5.4.3 段结构伪指令

在编制一个 80x86 汇编语言源程序时，段是基础。这有两方面的含义：一是必须按段来构造程序；二是在程序执行时，要凭借几个段寄存器对各段的存储单元进行访问。这里首先讨论如何构造段、对段寄存器的某些初始操作。

1．段定义伪指令

当程序需要设置一个段（逻辑段）时，就必须首先使用段定义伪指令，其格式如下：

```
段名     SEGMENT  [定位类型] [组合类型] [使用类型] ['类别名']
         ...                ; 本段语句序列（程序或数据）
段名     ENDS
```

每个段都以 SEGMENT 伪指令开始，以 ENDS 伪指令结束，在这两个伪指令之间可以编写各种语句序列。在 SEGMENT 伪指令中有几个参数可供选择。

（1）段名

段名由用户自己选定，通常使用与本段用途相关的名字，如第 1 数据段 DATA1、第 2 数据段 DATA2、代码段 CODE 等。段名必须选用，且开始与结尾的段名应一致。

（2）定位类型（Align Type）

定位类型表示该段装入内存时，对段起始边界的要求。定位类型有下列 4 种选择。

① PAGE（页）。表示本段从一个页的边界开始。从存储器 0 号单元开始，每 256 字节为一页。所以，段的起始地址一定能被 256 整除。这样段的起始地址（段基址）的最后 8 位二进制数一定为 0（即以 00H 结尾），如 0AB00H、79200H 等。

② PARA（节）。如果用户未选择定位类型，那么隐含为 PARA，表示本段从一个小节的边界开始（一个小节为 16 字节）。所以，段的起始地址一定能被 16 整除，最后 4 位二进制数一定为 0，如 09150H、0AB30H 等。

③ WORD（字）。表示本段从一个偶字节地址开始。段起始地址的最后一位二进制数一定是 0（即以 0、2、4、6、8、A、C、E 结尾的字节单元）。前一个段结束最多空留一个字节单元就可设置本段。

④ BYTE（字节）。表示本段起始地址可从任意地址开始。即前一个段结束就可设置本段，在两个段之间不留空单元。

（3）组合类型（Combine Type）

组合类型指定段与段之间是怎样连接和定位的，有 6 种可供选择。

① NONE，隐含选择。表示本段与其他段无连接关系，按照源程序中各逻辑段的自然顺序依次在存储器中分配各段存储单元。

② PUBLIC，在满足定位类型的前提下，本段与其他有相同段名且也用 PUBLIC 说明的段在存储单元分配时邻接在一起，形成一个新的逻辑段，公用一个段基址。所有存储单元的偏移地址都调整为相对于新逻辑段的起始地址。

③ COMMON，产生一个覆盖段。表示本段与其他有相同段名且用 COMMON 说明的段设置相同的起始地址，共享相同的存储区。共享存储区的长度由同名段中最大的段确定。

④ STACK，自动产生一个堆栈段，所有相同段名的段连接在一起，形成一个新的逻辑段。系统自动对段寄存器 SS 初始化为新逻辑段的起始地址，并同时初始化堆栈指针 SP。通常，用户程序中至少有一个段是用 STACK 说明的，否则需在程序运行中对 SS 和 SP 进行初始化。

⑤ AT 表达式，表示本段可定位在表达式所指定的小节边界上。如"AT 0930H"，那么本段的起始单元地址为 09300H。

⑥ MEMORY，表示本段在存储器中应定位在所有其他段的最高地址。

（4）使用类型（Use Type）

使用类型是用于 80386，80486 和 Pentium 处理器机型的两种段模式选择。

① USE 16：段基值为 16 位，偏移地址为 16 位。一个段的最大寻址空间为 64 KB。

② USE 32：段基值为 16 位，偏移地址为 32 位。一个段的最大寻址空间为 4 GB。

（5）类别名（Type）

类别名必须用单引号"'"括起来，并由用户自己选用。在程序连接处理时，连接程序 LINK 把类别名相同的所有段存放在连续的存储区内，如在组合类型中没有选择 PUBLIC、COMMON、MEMORY 时，这些类别名相同的段仍然是各自独立的段。

以上 4 个参数项（定位类型、组合类型、使用类型、类别名）是任选的，各参数项之间用空格分隔。任选时，可只选其中 1～3 个参数项，但不能改变 4 个参数项之间的顺序。

2．段寻址伪指令

当 80x86 CPU 执行一条需要访问存储单元的指令时，就要把逻辑地址转换为物理地址。我们知道，由段寄存器指向的段是当前段，在任何时刻，只有当前段内的存储单元才可访问。在汇编源程序时，汇编程序必须知道哪些段是当前段，且它们分别由哪个段寄存器指向。ASSUME 伪指令就是告诉汇编程序，在下面程序中哪些段是当前段，它们分别由哪个段寄存器指向。ASSUME 伪指令只影响汇编源程序时的设定，而不影响程序运行时段寄存器的设置。ASSUME 伪指令格式如下：

```
ASSUME    段寄存器名:段名，段寄存器名:段名，…
```

其中，段寄存器名是指 CS、SS、DS 和 ES（对于 80386 及其后续机型还有 FS 和 GS）中的一个，段名是指在 SEGMENT/ENDS 伪指令语句中定义的段名。段寄存器名和段名之间必须用冒号"："分隔。例如，现有如下源程序：

```
DS_DATA   SEGMENT
VAR1      DB      12H
DS_DATA   ENDS
ES_DATA   SEGMENT
VAR2      DB      34H
ES_DATA   ENDS
CODE      SEGMENT
VAR3      DB      56H
          ASSUME  CS:CODE, DS:DS_DATA, ES:ES_DATA
START:    …
          …
          INC     VAR1
          INC     VAR2
```

```
        INC     VAR3
        ...
CODE    ENDS
        END     START
```

上述程序的 CODE 段中有 3 条 INC 指令。当汇编程序扫描第 1 条 INC 指令时，变量 VAR1 是在 DS_DATA 段中，ASSUME 伪指令已告诉汇编程序，DS_DATA 是当前段，且由段寄存器 DS 指向。操作数的直接寻址是隐含使用 DS 的，所以第 1 条 INC 指令就能正确汇编。接着扫描第 2、3 条 INC 指令，变量 VAR2 和 VAR3 分别在 ES_DATA 和 CODE 段中，它们是由 ES 和 CS 两个段寄存器指向的当前段。ES 和 CS 不是直接寻址方式所隐含使用的段寄存器，但可以用 ES 和 CS 段寄存器替代。这时，汇编程序对第 2、3 条指令按照"INC   ES:VAR2"和"INC CS:VAR3"汇编目标代码，即每条指令增加一个段前缀标记代码。

汇编程序在汇编任何含有存储器操作数的指令时，必须确定该操作数的逻辑地址：段基值和偏移地址。其中，段基值部分用一个段寄存器来表示。这时汇编程序查看 ASSUME 伪指令语句，看是否有一个段寄存器指向这个存储器操作数所在的段。如果有，这个操作数地址就可完全确定；否则，操作数地址无法确定，出现语法错误。所以，任何一个代码段（即含有指令语句的段）中至少有一个段寻址伪指令 ASSUME 语句。在一个代码段中，如果没有另外的 ASSUME 语句重新设置，原有 ASSUME 语句的设置一直有效。我们也可以根据操作数的变化，随时使用 ASSUME 伪指令语句修改"段寄存器名:段名"的关联，也可以用关键字 NOTHING 将前面的某些设置取消。例如：

```
        ASSUME  ES:NOTHING              ; 取消对 ES 的设置
        ASSUME  NOTHING                 ; 取消前面所有段寄存器的设置
```

ASSUME 伪指令语句不产生任何目标代码，仅仅告诉汇编程序，在这个伪指令语句后的各指令语句按照它的设置来汇编。ASSUME 伪指令语句只反映汇编源程序时的设定，而不表示目标程序运行时对段寄存器内容的设置。目标程序运行期间段寄存器的内容是否与 ASSUME 语句的设置一致，取决于目标程序运行中对段寄存器内容的装载，因为各段寄存器的内容是通过运行目标程序中的一个指令序列的方法来载入的。

3．段寄存器的装载

段寄存器用于存放一个段的段基值，通常是执行几条指令把段基值送入段寄存器。几个段寄存器装载的具体实施略有不同。下面介绍 DS、ES、SS 和 CS 段寄存器中段基值的装载。

（1）DS 和 ES 的装载

如在指令的操作数字段上引用段名，就是将该段的段基值以立即数形式出现在操作数字段中。MOV 传送指令不能把立即数直接传送给段寄存器，所以只能把段基值先送给一个通用寄存器，再转送给段寄存器 DS 或 ES。例如：

```
DATA_DS SEGMENT
DB1     DB      10H DUP(0)
DATA_DS ENDS
DATA_ES SEGMENT
DB2     DB      20H DUP(0)
DATA_ES ENDS
CODE    SEGMENT
```

```
          ASSUME  CS:CODE, DS:DATA_DA, ES:DATA_ES
START:    MOV     AX, DATA_DS                    ; 设置 DS
          MOV     DS, AX
          MOV     AX, DATA_ES                    ; 设置 ES
          MOV     ES, AX
          …
CODE      ENDS
```

在上述程序的代码段中，第 1、2 条 MOV 指令是通过通用寄存器 AX 把 DATA_DS 段的段基值传送给 DS；同样，第 3、4 条 MOV 指令是通过通用寄存器 AX 把 DATA_ES 段的段基值送给 ES。如果在程序的其他地方要重新载入其他段的段基值，仍可用上述类同的两条指令完成 DS 或 ES 的装载。

（2）SS 的装载

SS 是堆栈段寄存器，它的装载就是对堆栈的设置。堆栈的使用离不开堆栈指针 SP，所以在完成 SS 的装入的同时要实现对 SP 的设置。对 SS 的装载有如下两种方法。

① 自动装载。在段定义伪指令（SEGMENT）的组合类型中选择 "STACK" 参数，指示这个段是堆栈段。例如：

```
STACK1    SEGMENT PARA STACK
          DW      20H   DUP(0)
STACK1    ENDS
```

当含有这个段的目标代码载入内存后，SS 已自动装载 STACK1 段的段基值，同时堆栈指针 SP 也自动指向这个段最大地址+1 单元（堆栈底部+1 的存储单元）。在上述例子中，(SP)=40H。

② 用执行指令的方法装载。在程序执行过程中，要调换另一个堆栈段，可用类似 DS、ES 的装载方法，对 SS 和 SP 进行修改、设置。例如：

```
STACK2    SEGMENT
          DW      30H   DUP(0)
          TOP     LABEL  WORD
STACK2    ENDS
CODE      SEGMENT
          …
          MOV     AX, STACK2                     ; 设置 SS
          MOV     SS, AX
          MOV     SP, OFFSET TOP                 ; 设置 SP
          …
```

在上述程序代码段中，前 2 条 MOV 指令是把 STACK2 段的段基值装载到 SS，而第 3 条 MOV 指令是设置堆栈指针 SP（本例中，(SP)=60H）。凡是用程序方法装载 SS 后，要求紧接着用一条指令初始化堆栈指针 SP，中间不要插入其他指令。

（3）CS 的装载

CS 和 IP 提供了当前执行目标代码的段基值和偏移地址。为保证程序的正确执行，CS 和 IP 载入新值必须一起完成。如采用 DS、ES 的装载方法，为载入 CS、IP 的新值需要执行几条指令，而执行指令必须按照 CS 和 IP 来寻找指令，这是一个不可解决的矛盾，也不能用指令传送数据给 IP。因此，用执行几条指令来完成 CS 的装载是行不通的。对 CS 和 IP 的设置、修改通常有两个途径。

① 使用结束伪指令。任何一个源程序都必须用结束伪指令 END 作为源程序的最后一个语句。结束伪指令语句格式如下：

```
        END    <地址表达式>
```

其中，地址表达式一般是一个已定义的标号，也可以是一个标号加或减一个常数。地址表达式的值是这个程序要执行的第 1 条指令语句的地址。例如：

```
        …
CODE    SEGMENT
        ASSUME  CS:CODE, …
        …
START:  …
        …
CODE    ENDS
        END    START
```

END 伪指令语句一方面告诉汇编程序，源程序到此结束，在 END 语句后面的任何语句均被汇编程序略去；另一方面，待程序目标代码装入内存储器时，系统用 END 语句中的地址表达式所示单元的段基值和偏移地址分别自动载入 CS 和 IP 中。上述示例程序就是从标号 START 处开始执行。

② 执行段间程序转移指令时，CPU 将自动修改 CS 和 IP 的内容。在程序运行期间，如执行段间调用指令 CALL、段间返回指令 RETF、段间无条件转移指令 JMP、响应中断或中断返回指令 IRET 等，由于这类指令是实现从一个段转移到另一个段，因此在完成指令功能时，直接修改 CS 和 IP 的值。如执行的程序转移仅是段内转移，那么在执行转移指令时仅仅修改 IP 的值。

5.4.4 段组伪指令

段组伪指令 GROUP 是把程序中若干不同段名的段组成一个段组，在目标程序装入内存时，段组的若干段都装在一个不超过 64KB 的物理段中。段组伪指令 GROUP 的格式如下：

```
        <段组名>   GROUP   <段名 1, 段名 2, …>
```

其中，<段组名>由程序设计人员选用，对段组的引用就是使用段组名。段组除了直接引用段名，也可用段属性的运算符（SEG），如用 SEG<变量名>或 SEG<标号>表示对该变量名或标号所在段的引用。段组内各段之间的程序跳转可按段内转移处理。段组内对各段的数据的存取操作，也可使用同一个段寄存器(如 DS)，这样为编制程序带来许多方便。使用段组伪指令 GROUP 示例如下：

```
DATA1   SEGMENT
        …
DATA1   ENDS
DATA2   SEGMENT  BYTE
        …
DATA2   ENDS
DAGRP   GROUP  DATA1, DATA2
```

```
CODE        SEGMENT
            ASSUME  CS:CODE, DS:DAGRP
BEING:      MOV     AX, DAGRP
            MOV     DS, AX
            ...
CODE        ENDS
            END     BEING
```

5.4.5 内存模式和简化段定义伪指令

1．内存模式伪指令

内存模式伪指令 MODEL 用于确定用户程序中代码和数据如何安排和存放，以及其占用内存的大小。内存模式伪指令 MODEL 的格式如下：

```
. MODEL  <内存模式>
```

内存模式有以下 6 种。

① Tiny（最小型模式）：程序的代码和数据都放在同一个 64 KB 的段内，就是扩展名为 .com 的程序形式。程序的转移仅是段内转移，对数据的存取是在一个段内进行。

② Small（小型模式）：程序的代码放在一个 64 KB 的段内，数据放在另一个 64 KB 的段内。程序的转移仅是段内转移，对数据的存取也是在一个段内进行。这是最常用的内存模式。

③ Medium（中型模式）：程序的代码可以放在多个段中，但数据则放在一个 64 KB 的段内。这样，程序的转移有可能是段间转移，而对数据的存取仍是在一个段内进行。

④ Compact（压缩型模式）：程序的代码放在一个 64 KB 的段内，而数据可存放在多个段中。这样，程序的转移是段内转移，而对数据的存取要在不同段中进行。

⑤ Large（大型模式）：程序中代码和数据都可以分别放在多个段中。因此，程序的转移有可能是段间转移，而对数据的存取可能要在不同段中进行。

⑥ Huge（巨型模式）：与大型模式（Large）类同，不同的是数据段可以超过 64 KB。

例如：

```
.MODEL    SMALL   ; 指定内存模式为小型模式
```

2．简化段定义伪指令

使用简化段定义伪指令之前必须使用内存模式伪指令 MODEL。简化段定义伪指令如下：

```
.CODE [段名]      ; 代码段。若只有一个代码段，段名可任选；若是多个代码段，则应为每个代码段选定段名
.DATA             ; 数据段，已初始化数据
.DATA?            ; 数据段，未初始化数据
.CONST            ; 常数段
.FARDATA [段名]   ; 远数据段，已初始化远数据
.FARDATA?[段名]   ; 远数据段，未初始化远数据
.STACK [长度]     ; 堆栈段，可指定堆栈的大小，若未指定，默认值为 1KB
```

上述简化段定义伪指令中，"已（未）初始化数据"是指在程序的数据段中已（未）设置初始值数据。如"DA1 DB 200H DUP(?)"就是未设置初始值数据。若 FARDATA 未指定段名，默认段名是 FAR_DATA；而 FARDATA?的默认段名是 FAR_BSS。远数据段的设置主要是为了与高级语言接口连接。在通常情况下，一般程序使用.CODE、.DATA 和.STACK 三个段

就行了。一个简化段定义的开始也就是前一个段的结束，而不必使用 ENDS 伪指令，仅在最后一个段用结束伪指令 END 表示全部程序的结束。例如：

```
        .MODEL  SMALL            ; 设置小型内存模式
        .STACK  20H              ; 定义一个堆栈段
        .DATA                    ; 定义数据段
        ...                      ; 数据定义语句序列
        .CODE                    ; 定义代码段
BEING:  ...
        ...                      ; 指令语句序列
        MOV     AH, 4CH
        INT     21H
        END     BEING            ; 源程序结束
```

3．预定义符号

MASM 提供一些在程序中使用的预定义符号，类似 EQU 伪指令定义的等价符号，当汇编源程序时，遇到预定义符号就用该预定义符号的当前值来取代。例如：

❖ @Model：内存模式用数值形式表示，即 Tiny = 1，Small = 2，Compact = 3，Medium = 4，Large = 5，Huge = 6。

❖ @Code：简化段定义 .CODE 的等价别名，即代码段段名。

❖ @Data：简化段定义 .DATA 的等价别名，即近数据段段名。

❖ @Fardata：简化段定义 .FARDATA 的等价别名，即远数据段段名。

❖ @Stack：简化段定义 .STACK 的等价别名，即堆栈段段名。

❖ @Codesize：用数值表示代码段的情况。当内存模式为 Tiny、Small、Compact 时，只有一个代码段，此值为 0；当内存模式为 Medium、Large、Huge 时，有多个代码段，此值为 1。

❖ @Datasize：用数值表示数据段的情况。当内存模式为 Tiny、Small、Medium 时，只有一个数据段，此值为 0；当内存模式为 Compact、Large 时，有多个数据段，此值为 1；当内存模式为 Huge 时，有多个数据段且有超过 64 KB 的大数据段，此值为 2。

5.4.6　定位和对准伪指令

1．定位伪指令和位置计数器

汇编程序有一个位置计数器，用来记载正在汇编的数据或指令的目标代码在当前段内的偏移地址，符号"$"表示位置计数器的当前值。定位伪指令 ORG 是对位置计数器设置、修改的控制命令。ORG 伪指令语句格式如下：

```
ORG    <表达式>
```

ORG 伪指令语句把表达式的值赋给位置计数器，即 ORG 语句后面的目标代码（指令代码或数据）由表达式给定的值作为起始偏移地址。表达式是以 65536 为模进行计算的无符号整数，且表达式中可以包含位置计数器的现行值$。例如：

```
DATA    SEGMENT
        ORG    30H
```

```
DB1      DB      12H, 34H
         ORG     $+20H
STRING   DB      'STRING'
         ...
DATA     ENDS
```

在上述数据段内，第 1 个 ORG 语句使变量 DB1 在 DATA 段内的偏移地址为 30H（不是 0H），第 2 个 ORG 语句表示存放下面数据的偏移地址是位置计数器当前值加上 20H。也就是说，在变量 STRING 前面留空 20H 个字节单元。

2．对准伪指令（EVEN）

对准伪指令 EVEN 也是对位置计数器的一个控制命令，把位置计数器的值调整为偶数。对准伪指令 EVEN 语句格式如下：

```
         EVEN
```

在存储器中，对字单元（包括双字等多字单元）进行存取操作时，如是偶地址，那么存取速度较快。所以，对准伪指令 EVEN 主要应用在定义字数据（包括多字数据）前，用于对位置计数器进行调整。

5.4.7 过程定义伪指令

在程序设计中，我们常把具有一定功能的程序段组织成一个子程序。MASM 宏汇编程序用"过程"来构造子程序。过程定义伪指令语句的格式如下：

```
过程名    PROC   [NEAR / FAR]
         ...                          ；指令序列
过程名    ENDP
```

其中，过程名不能省略，且过程的开始（PROC）和结尾（ENDP）应使用同一过程名，它是这个子程序的程序名，也是子程序调用指令 CALL 的目标操作数。

定义过程必须在一个逻辑段内，过程名相当于标号，也有三个属性：段、偏移地址和类型属性。过程的类型属性仍分为 NEAR 和 FAR 两种。在定义过程时，如没有选择类型属性，则隐含为 NEAR。对过程的调用就是一种程序转移，具有 NEAR 类型属性的过程，仅供过程所在段的其他程序调用，即段内转移，因此过程调用时仅需要修改 IP；具有 FAR 类型属性的过程，是供其他段（不是过程所在段）调用的，即段间转移，这时过程调用时需要同时修改 CS 和 IP。当然，具有 FAR 类型的过程也可被本段其他程序调用，但这时必须按段间的程序转移来处理。

过程（子程序）中至少有一条子程序返回指令 RET，可以在过程中的任何位置，但过程执行的最后一条指令一定是返回指令 RET。子程序的返回与调用一样，有段内、段间的区别，而且它们必须一致，即段内调用一定是段内返回，段间调用一定是段间返回。调用与返回在段内、段间的一致性是靠定义过程的类型属性设置来保证的。类型属性为 NEAR 的过程，其过程内的返回指令一定是段内返回指令；类型属性为 FAR 的过程，其过程内的返回指令一定是段间返回指令。

5.4.8　包含伪指令

包含伪指令 INCLUDE 的格式如下：

```
INCLUDE   <文件名>
```

INCLUDE 伪指令把指定的文件插入到现在正在汇编的源程序中，作为源程序的一个组成部分。通常，INCLUDE 伪指令指定的文件是一个不含有结束伪指令 END 语句的汇编语言源程序，它把指定的文件读入并汇编。在把指定文件汇编完成后，继续对后面的语句进行扫描、汇编。INCLUDE 伪指令常常用来插入一个宏库文件，指定的文件中可以指定路径和驱动器等。例如：

```
INCLUDE   FILE.MAC
INCLUDE   A:\MASM\ABC.ASM
```

5.4.9　标题伪指令

标题伪指令 TITLE 的格式如下：

```
TITLE   <文本>
```

标题伪指令 TITLE 是给程序指定一个标题，以便在列表文件中每一页的第一行都显示这个标题文本。文本内容可以由程序设计人员任选名字或字符串，但字符个数不得超过 80。标题伪指令语句应在源程序开始处使用，如

```
TITLE   EXAMPLE  PROGRAM
```

5.5　宏指令

在编写程序时，常常有某种功能的程序段在整个程序中多次重复出现。当它每次出现时，都要重复编写，这种编写可能是完全不加修改的"照写"，有时可能需要修改某些操作数或操作码，但其功能无大的变化。例如某源程序多次需要对 AX 中数据乘以 10，这时我们可以事先编写如下语句序列：

```
MULTAX10  MACRO
          PUSH    BX
          SAL     AX, 1
          MOV     BX, AX
          SAL     AX, 1
          SAL     AX, 1
          ADD     AX, BX
          POP     BX
          ENDM
```

在后面的程序中，如需对 AX 乘以 10，只需书写 MULTAX10（宏名）就可以了，而不必重复编写上述 7 条指令。上述语句序列定义了一个宏指令。

宏指令可以看作指令系统的扩展指令，只不过这些扩展的宏指令功能是由用户自己定义的，它的目标代码是若干指令目标代码的有序组合。宏指令不仅可以提高编程效率，还可以提

高程序的可读性。具有处理宏指令功能的汇编程序被称为宏汇编程序。

1．宏指令的使用过程

使用宏指令必须按照宏定义、宏调用和宏展开三步依次进行。

（1）宏定义

使用宏指令，必须先用 MACRO/ENDM 进行宏定义。宏定义有两种格式。

① 无参数的宏定义：

```
宏名    MACRO
        …                          ；宏体
        ENDM
```

② 带参数的宏定义：

```
宏名    MACRO  形参1，形参2，…
        …                          ；宏体
        ENDM
```

宏定义包含三部分：宏名、宏伪指令（MACRO/ENDM）和宏体。宏名是宏定义中不可省略的，是在宏指令语句（即宏调用）中引用宏体时使用的符号，且在整个程序中宏名应是唯一的，不得与其他的标号、变量名、常量名等符号重名。宏体由一个指令语句序列组成。

无参数的宏定义：在宏调用中只需引用宏名，在宏展开时宏体内的语句序列均不做任何修改。例如，前面寄存器 AX 乘以 10 的宏定义就是无参数的宏定义。

带参数的宏定义：在宏调用时，宏体中语句序列的某些部分允许进行适当修改。在宏定义时，把允许修改的部分用形式参数（简称形参）来表示，在宏调用中用实际参数（简称实参）来替代相对应的形参。如有多个形参，形参之间用逗号","间隔。例如，对两个存储单元（字节/字）的内容相互交换的程序功能进行宏定义：

```
EXCHANGE MACRO    MEM1, MEM2, REG
        MOV     REG, MEM1
        XCHG    REG, MEM2
        MOV     MEM1, REG
        ENDM
```

上述宏定义中有三个形参：MEM1、MEM2 和 REG，其中前两个表示要进行数据交换的两个存储单元，最后一个是实现数据交换时借用的寄存器。在宏调用时，应按照需要指定相应的实参。当然，指定的三个实参在类型属性（字节/字）上必须一致。

宏定义不出现在程序的目标代码中，因此宏定义可以在源程序的任何位置上。可以在逻辑段内，也可以在逻辑段外。为便于宏调用语句的使用，通常在源程序的开始处进行宏定义。

（2）宏调用

宏定义后，在源程序的任意位置上可以使用宏指令语句（宏调用语句）。同宏定义一样，宏调用也有两种格式。

① 无参数宏调用：

```
    宏名
```

② 带参数宏调用：

```
    宏名   实参1，实参2，…
```

例如，对前面两个宏定义的宏调用：

```
MULTAX10
EXCHANGE   DA_BY1, DA_BY2, AL
```

带参数的宏调用中，实参可以是数字、符号名等。多个实参的排列顺序要与形参一致，且每个实参要满足对应形参的如下要求：是字节还是字存储单元，是 8 位还是 16 位寄存器，是常数还是变量名等。通常，实参与形参的个数相同，如实参个数比形参个数多，那么多余的实参自动被略去；如实参个数比形参个数少，那么在宏展开时，没有实参替代的形参自动用空白串替代。

（3）宏展开

当宏汇编程序扫描到宏指令语句（宏调用）时，就把宏定义中宏体的目标代码插入在宏调用的位置上，这就是宏展开。

如果是带参数的宏调用，同时把相应实参一一替代宏体中对应形参的位置，对原有宏体目标代码做相应修改。这样，在程序的目标代码中，每个宏调用位置上都包含有相应宏体的目标代码。

下面是一个源程序的列表文件（略去列表文件中指令目标代码及其地址部分），展示了宏指令使用的全过程：宏定义、宏调用和宏展开。在列表文件中，左边带"1"（在 MASM 较早版本中是用"+"表示）的指令是宏汇编程序在宏展开时自动用宏体中程序段替代的指令。例如，宏调用是带参数的，那么左边带"1"的这些指令都已用实参替代过。宏调用本身不生成目标代码，仅表示调用宏定义的位置。列表文件如下：

```
; 宏定义
MULTAX10  MACRO
          PUSH    BX
          SAL     AX, 1
          MOV     BX, AX
          SAL     AX, 1
          SAL     AX, 1
          ADD     AX, BX
          POP     BX
          ENDM
; ────────────────────────────────────
EXCHANGE  MACRO   MEM1, MEM2, REG
          MOV     REG, MEM1
          XCHG    REG, MEM2
          MOV     MEM1, REG
          ENDM
; ────────────────────────────────────
; 设置数据段
DATA      SEGMENT
DA_W1     DW      1234H
DA_W2     DW      5678H
DATA      ENDS
; 设置堆栈段
STACK1    SEGMENT  PARA  STACK
```

```
          DW      20H DUP(?)
STACK1    ENDS
; 设置代码段
CODE      SEGMENT
          ASSUME  CS:CODE, DS:DATA, SS:STACK1
START:    MOV     AX, DATA
          MOV     DS, AX
          ...
          MULTAX10                          ; 宏调用
1         PUSH    BX
1         SAL     AX, 1
1         MOV     BX, AX
1         SAL     AX, 1
1         SAL     AX, 1
1         ADD     AX, BX
1         POP     BX
          ...
          EXCHANGE   DA_W1, DA_W2, CX        ; 宏调用
1         MOV     CX, DA_W1
1         XCHG    CX, DA_W2
1         MOV     DA_W1, CX
          ...
CODE      ENDS
          END     START
```

2．宏操作符

在宏定义和宏调用中有几个常用的宏操作符。

（1）连接操作符&

在宏定义中使用连接操作符&时，可以在形参的前面，也可以在形参的后面。在宏展开时，对应形参的实参与它后面或前面的符号连接在一起构成一个新的符号。这个连接功能对修改某些符号是很有用的，如修改移位指令和条件分支指令的助记符。例如：

```
SHIFT_VAR MACRO  R_M, DIRECT, COUNT
          MOV     CL, COUNT
          S&DIRECT   R_M, CL
          ENDM
```

上面宏定义 SHIFT_VAR 的功能是：某寄存器或存储单元 R_M，进行由 DIRECT 指定的逻辑或算术左/右移位，移位次数由 COUNT 确定。例如，宏调用

```
          SHIFT_VAR  AX, HL, 2              ; AX 逻辑左移两位
          SHIFT_VAR  DA_BYTE, AR, 3         ; DA_BYTE 单元算术右移 3 位
```

在宏展开时，实参 HR、HL、AR 或 AL 同连接操作符&前的"S"一起构成移位指令助记符。

（2）表达式操作符%

表达式操作符的格式：

```
          %表达式
```

表达式操作符%告诉宏汇编程序获取表达式的值，而不是获取表达式文本本身。这个操作

符一般出现在宏调用中，且不允许出现在形参的前面。操作符%应用示例如下：

```
; 宏定义
SHIF0     MACRO   CNT
          MOV     CL, CNT
          ENDM
SHIF1     MACRO   REG, DIRECT, NUM
          COUNT = NUM
          SHIF0  %COUNT
          S&DIRECT   REG, CL
          ENDM
          ...
          ; 宏调用和宏展开
          SHIF1   AX, HL, 2
2         MOV     CL, 2
1         SHL     AX, CL
          SHIF1   BL, AR, 3
2         MOV     CL, 3
1         SAR     BL, CL
```

在上述宏定义 SHIF1 中，"SHIF0 %COUNT" 是一个宏调用，且实参是用 COUNT 的值来替代形参 CNT。当宏调用时，形参 NUM 的实参是 2，表达式 COUNT 的值就是 2，这样宏展开得到的是 "MOV CL, 2" 指令。上述指令前的 "2" 表示第 2 层宏展开时得到的指令。

（3）文本操作符< >

在宏调用时，有时实参是由一串字符、逗号或空格构成的，如 "BYTE PTR DA_WORD"。这时可以用文本操作符< >把一个完整的实参括起来，作为一个单一的实参。例如，在前面两个存储单元的内容相互交换的宏定义中，在宏调用时可以使用文本操作符：

```
          EXCHANGE  <BYTE PTR DA_WORD1>, <BYTE PTR DA_WORD2>, AL
```

宏展开时所获得的 3 条指令是：

```
          MOV     AL, BYTE PTR DA_WORD1
          XCHG    AL, BYTE PTR DA_WORD2
          MOV     BYTE PTR DA_WORD1, AL
```

文本操作符还可以用来处理某些特殊字符，如 ";" 和 "&"。例如，在宏调用中，使用 "<;>" 表示一个 ";" 的实参，而不是注解符。

（4）字符操作符!

字符操作符的格式：

```
          ! 字符
```

字符操作符 "!" 告诉宏汇编程序，"!" 后的字符不作为特别的操作符使用，而是字符本身。如 "!&" 表示&不是连接操作符，只作为符号&使用。例如，产生提示符的宏定义：

```
PROMPT    MACRO   NUM, TEXT
          PROMP&NUM   DB   '&TEXT&'
          ENDM
```

宏调用：

```
          PROMPT   23, <Expression!>255>
```

宏展开：

```
        PROMP23  DB  'Expression>255'
```

其中，宏调用的实参中有"!>"，表示"!"后的">"不是文本操作符的结束符，而是大于符号。

3．LOCAL 伪指令

宏定义中如含有变量名或标号且在同一源程序中又多次被宏调用，那么宏汇编程序在宏展开时，要产生多个相同的变量名或标号，就不能满足变量名或标号在同一程序中必须唯一的要求，从而产生汇编出错。为避免这个错误又要在宏定义中能使用变量名或标号，应使用局部符号伪指令 LOCAL。这个伪指令的格式如下：

```
        LOCAL   <符号表>
```

局部符号伪指令 LOCAL 仅在宏定义中使用，且是宏体中的第 1 条语句。符号表是在宏定义中定义的用逗号分隔的变量名和标号。宏汇编程序在宏展开时，对 LOCAL 伪指令指定的变量名和标号自动生成格式为 "??xxxx" 的符号，其中后 4 位顺序使用 0000～FFFF 的十六进制数字。例如，用连续相加的方法可实现无符号数乘法运算，现编制一个宏定义 MULTIP。

```
MULTIP   MACRO  MULT1, MULT2, MULT3
         LOCAL  LOP, EXIT0
         MOV    DX, MULT1
         MOV    CX, MULT2
         XOR    BX, BX
         XOR    AX, AX
         JCXZ   EXIT0
LOP:     ADD    BX, DX
         ADC    AX, 0
         LOOP   LOP
EXIT0:   MOV    MULT3, BX
         MOV    MULT3+2, AX
         ENDM
```

设某数据段有如下定义的变量：

```
DA1      DW     1234H, 5678H
DA2      DW     1200H, 0ABCDH
DA3      DW     4  DUP(0)
```

在代码段中如两次宏调用 MULTIP，那么这两次的宏展开如下：

```
         ...
         MULTIP DA1, DA2, DA3
1        MOV    DX, DA1
1        MOV    CX, DA2
1        XOR    BX, BX
1        XOR    AX, AX
1        JCXZ   ??0001
1 ??0000: ADD   BX, DX
1        ADC    AX, 0
1        LOOP   ??0000
1 ??0001: MOV   DA3, BX
```

```
1         MOV    DA3+2, AX
          ...
          MULTIP  DA1+2, DA2+2, DA3+4
1         MOV    DX, DA1+2
1         MOV    CX, DA2+2
1         XOR    BX, BX
1         XOR    AX, AX
1         JCXZ   ??0003
1 ??0002: ADD    BX, DX
1         ADC    AX, 0
1         LOOP   ??0002
1 ??0003: MOV    DA3+4, BX
1         MOV    DA3+6, AX
          ...
```

　　上述宏定义中有两个标号，第一次宏调用和宏展开时，宏汇编程序分别用??0000 和??0001 特殊形式的符号替代局部符号 LOP 和 EXIT0。第二次宏调用和宏展开时，分别用??0002 和??0003 来替代 LOP 和 EXIT0。如再有宏调用，就继续顺序使用。对不同宏定义的宏调用，宏汇编程序总是按照宏调用的顺序来排列特殊形式符号的序号。

4．宏库

　　程序编制人员常常希望编得较好的宏定义能为较多的程序采用，且希望减少重复编写时的错误。这时可以把若干宏定义以文件形式组成一个宏库，供其他程序使用。当需要宏库文件中的宏定义（其中的一个或全部）时，可以在新编制的源程序中使用 INCLUDE 包含伪指令。宏汇编程序在对源程序进行扫描、汇编时遇到包含伪指令 INCLUDE，就把伪指令指定的宏库文件扫描一遍，如同在这个程序中自己定义的宏一样，在后面的程序中可以对宏库中的宏定义直接进行宏调用。

5.6　汇编语言程序设计基本技术

5.6.1　程序设计步骤

　　80x86 系列微机的汇编语言程序建立在段的基础上，一个段是若干指令和数据的集合，是一个可独立寻址的逻辑单位。因此，汇编语言程序设计通常按照用途在程序中设置若干个段，如存放数据的段、堆栈使用的段、存放程序代码的段等。对于汇编语言程序设计的初学者来说，构造一个汇编语言源程序的基本格式如下（下面 4 个段排列的顺序是任意的）：

```
DATA     SEGMENT                    ; 数据段
         ...                        ; 数据
DATA     ENDS
EXTRA    SEGMENT                    ; 附加段
         ...                        ; 数据
EXTRA    ENDS
STACK1   SEGMENT  PARA  STACK       ; 堆栈段
```

```
          DW   20H  DUP(0)
STACK1    ENDS
CODE      SEGMENT                        ; 代码段
          ASSUME   CS:CODE, DS:DATA, ES:EXTRA
BEING:    ...
          ...                            ; 指令序列
CODE      ENDS
          END    BEING
```

与其他高级程序设计语言类同，用计算机通过程序设计解决某问题时，大家都必须按以下步骤进行：

（1）分析问题，建立数学模型

根据对问题的分析，把要解决的问题用一定的数学表达式描述出来，或者制定解决问题的规则。

（2）确定算法

确定解决问题的方法和步骤。

（3）编制程序流程图

把解题的方法和步骤用框图形式表示。如果要解决的问题比较复杂，可以逐步细化，直到每个框图可以容易编制程序为止。流程图不仅便于程序的编制，还对程序逻辑上的正确性也比较容易查找和修改。图 5-5 给出了流程图中几种主要的图形框。

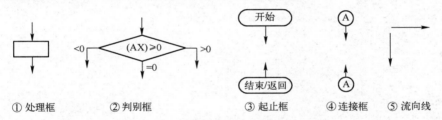

① 处理框　　② 判别框　　　　　③ 起止框　　④ 连接框　⑤ 流向线

图 5-5　程序流程图的框图符号

① 处理框：用于说明一个程序段（或一条指令）所完成的功能。

② 判别框：表示进行程序的分支流向判断，框内记入判断条件。

③ 起止框：表示一个程序或一个程序模块的开始和结束。

④ 连接框：当一个程序比较复杂时，需要分布在几张纸上或者虽然在一张纸上，但是流程图中连线较多，且常常纵横交错，这时可用连接框表示两根流向线的连接关系。连接框中常使用字母或数字，框内有相同字母或数字就表示它们有连线关系。

⑤ 流向线：表示程序的流向，即程序执行的顺序关系。如程序的流向是从上向下或从左向右，通常可以不画箭头。其他情况需用箭头指明程序的流向。

（4）编写程序

根据程序流程框图，用 80x86 指令系统中的指令编制源程序。首先把整个程序分成若干独立的逻辑段，然后在各段内正确地编写各条语句。

（5）调试程序

上述步骤只是完成程序的编写。编写的程序是否正确，能否完全满足实际问题的要求取决于程序的调试与运行。程序调试是程序设计很重要的一步。在计算机上调试程序的过程如下：

① 使用编辑程序，送入已编写好的源程序，构造一个扩展名为 .asm 的源程序文件。

② 使用宏汇编程序 MASM，把源程序（.asm）汇编成扩展名为 .obj 的目标程序文件。

③ 使用连接程序 LINK，把目标程序（.obj）连接装配成扩展名为 .exe 的可执行文件。

④ 使用调试程序 DEBUG，调试并运行可执行文件（.exe）。

程序的基本结构形式有顺序程序、分支程序、循环程序和子程序。

5.6.2 顺序程序设计

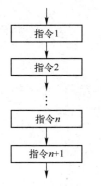

图 5-6 顺序程序结构

顺序程序结构是最简单的也是最基本的结构形式，如图 5-6 所示，其最大特点是：程序运行从开始到结束一直是按照编写指令的顺序执行，且每条指令仅执行一次。

【例 5-1】 试编制一程序，计算下列公式的值，并存放在 FUN 存储单元中。

$$F = \frac{10 \times (X + Y) - 3 \times (Z - 1)}{2}$$

其中，X、Y、Z 的值分别存放在 VARX、VARY、VARZ 三个字存储单元中，且计算过程的中间值和最后结果仍在 16 位二进制数的范围内。编制源程序如下：

```
TITLE    EXAMPLE  PROGRAM
DATA     SEGMENT                         ; 设置数据段
VARX     DW      123H                    ; 变量 X
VARY     DW      456H                    ; 变量 Y
VARZ     DW      789H                    ; 变量 Z
FUN      DW      ?
DATA     ENDS
STACK1   SEGMENT  PARA STACK             ; 设置堆栈段
         DW      20H  DUP(0)
STACK1   ENDS
CODE     SEGMENT                         ; 设置代码段
         ASSUME  CS:CODE, DS:DATA, SS:STACK1
START:   MOV     AX, DATA                ; 置段基值于 DS
         MOV     DS, AX
         MOV     AX VARX                 ; 取变量 X
         ADD     AX, VARY                ; (X+Y) ⇒ AX
         MOV     BX, AX                  ; (X+Y) ⇒ BX
         SAL     AX, 1                   ; 2*(X+Y) ⇒ AX
         SAL     AX, 1                   ; 4*(X+Y) ⇒ AX
         ADD     AX, BX                  ; 5*(X+Y) ⇒ AX
         SAL     AX, 1                   ; 10*(X+Y) ⇒ AX
         MOV     BX, VARZ                ; 取变量 Z
         DEC     BX                      ; (Z-1) ⇒ BX
         MOV     CX, BX                  ; (Z-1) ⇒ CX
         SAL     BX, 1                   ; 2*(Z-1) ⇒ BX
         ADD     BX, CX                  ; 3*(Z-1) ⇒ BX
         SUB     AX, BX                  ; 10*(X+Y)-3*(Z-1) ⇒ AX
```

```
          SAR    AX, 1                    ; {10*(X+Y)-3*(Z-1)}/2 ⇒ AX
          MOV    FUN, AX                  ; 存放计算结果
          MOV    AH, 4CH                  ; 终止用户程序，返回 DOS
          INT    21H
CODE      ENDS
          END    START
```

从第 3 条指令"MOV AX, VARX"起至倒数第 3 条指令"MOV FUN, AX"止的程序段是直接进行公式计算的。第 1、2 条指令是把数据段 DATA 的段基值装入 DS。代码段最后两条指令"MOV AH, 4CH"和"INT 21H"是终止用户程序，并返回操作系统 DOS 使用的软中断指令"INT 21H"，在使用软中断指令之前，把系统功能调用号 4CH 送入寄存器 AH 中。

【例5-2】 用查表方法将一位十六进制数转换成它对应的 ASCII 值。

首先建立一个表 TABLE，按照十六进制数从小到大（即从 0~9 和 A~F）的顺序，在表中存入它们对应的 ASCII 值（十六进制数用大写英文字母 A~F）。编制源程序如下：

```
          .MODEL  SMALL                              ; 设置内存模式
          .DATA                                      ; 设置数据段
TABLE     DB      30H, 31H, 32H, 33H, 34H, 35H, 36H, 37H
          DB      38H, 39H, 41H, 42H, 43H, 44H, 45H, 46H
HEX       DB      4
ASCI      DB      ?
          .STACK  100H                               ; 设置堆栈段
          .CODE                                      ; 设置代码段
START:    MOV     AX, @DATA                          ; 置段基值于 DS
          MOV     DS, AX
          LEA     BX, TABLE                          ; 取表首址
          XOR     AH, AH                             ; AH 清零
          MOV     AL, HEX                            ; 取 1 位十六进制数
          ADD     BX, AX                             ; 确定查表位置
          MOV     AL, [BX]                           ; 查表
          MOV     ASCI, AL                           ; 存结果
          MOV     AH, 4CH                            ; 终止用户程序，返回 DOS
          INT     21H
          END     START
```

仔细阅读上述程序，便可看出程序的查表过程。这里需要说明的是：在确定查表位置后，查表指令"MOV AL, [BX]"使用的是寄存器间接寻址方式。如果改用基址寻址方式，那么代码段中与查表有关的 6 条指令可以用下面 4 条指令来实现：

```
          XOR     BX, BX
          MOV     BL, HEX
          MOV     AL, TABLE [BX]
          MOV     ASCI, AL
```

类似这种查表，还可以使用换码指令 XLAT。

指令格式：

```
          XLAT    表变量名
```

指令功能：((BX)+AL) ⇒ AL

在使用换码指令前，把表首单元的偏移地址送入 BX，把要查找元素在表内的相对偏移距

离（0~255）放在 AL 中，这样通过 XLAT 指令就可把表内对应的内容取出，并送入 AL。改用换码指令，上述查表程序段可修改为：

```
LEA    BX, TABLE
MOV    AL, HEX
XLAT   TABLE
MOV    ASCI, AL
```

换码指令 XLAT 的操作数部分所指示的表变量名对指令功能没有影响，主要是提高程序的可读性，表示现在正在查找的是哪个表。

5.6.3 分支程序设计

在实际应用程序中，许多问题的处理仅有顺序程序是不行的，常常需要计算机根据程序运行过程中的不同情况，进行自动判断，在不同的程序段进行选择，这样的程序称为分支程序。为实现分支结构的程序设计，CPU 的指令系统中必须提供对程序流向的控制指令，以便在程序执行过程中，根据不同情况进行程序的转移。在 80x86 系列微机中，执行指令的地址是由 CS 和 IP 来决定的。当在同一段内进行程序转移时，只需修改 IP；当在两个段之间进行程序转移时，CS 和 IP 都需要修改。程序转移指令是实现分支程序设计的必要条件，所以首先必须仔细了解各种转移指令的功能和用法，再学习如何编制分支结构程序。

1．转移指令

转移指令分为无条件转移指令和条件转移指令两种。

（1）无条件转移指令

指令格式：

```
JMP    目标地址
```

指令功能：程序无条件地转移到"目标地址"处。在执行 JMP 指令后，程序就从"目标地址"指向的指令开始继续执行指令。JMP 指令的执行对标志寄存器无影响。

"目标地址"指向的指令可能与这条 JMP 指令同在一个段内（段内转移），也可能在两个不同段内（段间转移）。无论是段内转移还是段间转移，"目标地址"都有两种表达方式：

① 直接寻址方式。在 JMP 指令的"目标地址"处直接给出目标地址。通常是以标号形式给出。例如：

```
JMP    TARGET
```

如果是段内转移，有如图 5-7 所示的两种情况的转移。

(a) 正向转移   (b) 负向转移

图 5-7 段内转移的直接寻址方式

这两种转移都是相对转移，即转移的"目标地址"指向的指令与当前 JMP 指令相对偏移一个位移量。这种位移量称为相对位移量 DISP，它是以 JMP 指令的下一条指令与"目标地址"

指向的指令之间相距字节数来计算的。如果目标处指令地址高于 JMP 指令地址，这种转移是正向转移（如 RD1）；如果目标处指令地址低于 JMP 指令地址，这种转移是负向转移（如 RD2）。相对位移量 DISP 是一个以补码表示的带符号数，如图 5-7 中 RD1 是正数，RD2 是负数。在执行 JMP 指令时，由于 IP 已指向它的下一条指令，所以对 IP 的修改就是把相对位移量加在 IP 上，即 IP + DISP⇒IP。

如果 RD1≤127 或 RD2≥-128，称为短转移，在汇编指令格式上可以加 SHORT。例如：

```
     JMP    SHORT  TARGET
```

这种短转移的 JMP 指令将生成 2 字节长的目标代码，其中 1 字节存放补码表示的相对位移量。如果 RD1>127 或 RD2<-128，那么相对位移量就是 2 字节长补码表示的带符号数，所以指令的目标代码是 3 字节长。

如果是段间转移，JMP 指令的"目标地址"前面应加上"FAR PTR"，如图 5-8 所示。在执行段间转移的 JMP 指令时，就把"目标地址"处指令地址的段基值和偏移地址直接送入 CS 和 IP，以实现段间的程序转移。

```
CODE1    SEGMENT          CODE2    SEGMENT
         ...                       ...
TARGET1: ...                       JMP    FAR PTR TARGET1
         ...                       ...
CODE1    ENDS             CODE2    ENDS
```

图 5-8 段间转移的直接寻址方式

② 间接寻址方式。JMP 指令目标地址在一个通用寄存器/存储器字单元内（段内转移）或在存储器的一个双字单元内（段间转移）。例如：

段内转移：

```
     JMP    CX                    ; 目标地址的偏移地址在 CX 中
     JMP    WORD PTR [BX]         ; 目标地址的偏移地址在一个字单元中
或   JMP    [BX]
```

段间转移：

```
     JMP  DWORD PTR [BX]          ; 目标地址在一个双字单元中
```

在执行段内转移的 JMP 指令时，把存放在通用寄存器/存储器字单元中的偏移地址送入 IP；而在执行段间转移的 JMP 指令时，把存放在存储器双字单元中的段基值和偏移地址分别送入 CS 和 IP。

（2）条件转移指令

条件转移指令格式：

```
     Jxx    目标地址
```

其中，"J"后的 xx 是由 1～3 个字母表示的转移条件。如"条件"成立，则转移到"目标地址"指向的指令，否则顺序执行。所有的条件转移指令的执行对标志寄存器无影响。

条件转移指令只能在段内转移，而且都是相对转移。条件转移的两种可能情况如图 5-9 所示。目标地址与条件转移指令的下一条指令地址之间的距离（以字节计）就是条件转移指令的相对位移量，它是一个以补码形式表示的 8 位二进制带符号数，所以条件转移指令的相对位移量（图 5-9 中的 RD3 和 RD4）只能在-128～+127 范围内。

图 5-9　条件转移指令的转移情况

条件转移指令都是以标志寄存器中某一个或几个标志位（除 AF 外）的状态作为判断条件。表 5-3 给出了条件转移指令及其判断条件，按其判断功能划分，可分为 3 种：① 简单条件转移指令；② 无符号数条件转移指令；③ 带符号数条件转移指令。

表 5-3　条件转移指令及其判断条件

种类	指　令	转移条件	意　义	种类	指　令	转移条件	意　义
简单条件转移指令	JC	CF = 1	有进位/有借位	无符号数条件转移指令	JA/JNBE	CF = 0 AND ZF = 0	A>B
	JNC	CF = 0	无进位/无借位		JAE/JNB	CF = 0 OR ZF = 1	A≥B
	JE/JZ	ZF = 1	相等/等于 0		JB/JNAE	CF = 1 AND ZF = 0	A<B
	JNE/JNZ	ZF = 0	不相等/不等于 0		JBE/JNA	CF = 1 OR ZF = 1	A≤B
	JS	SF = 1	负数				
	JNS	SF = 0	正数	带符号数条件转移指令	JG/JNLE	SF = OF AND ZF = 0	A>B
	JO	OF = 1	有溢出		JGE/JNL	SF = OF OR ZF = 1	A≥B
	JNO	OF = 0	无溢出		JL/JNGE	SF≠OF AND ZF = 0	A<B
	JP/JPE	PF = 1	有偶数个 1		JLE/JNG	SF≠OF OR ZF = 1	A≤B
	JNP/JPO	PF = 0	有奇数个 1				

注意：若在无符号数和带符号数条件转移指令前使用比较指令，则比较指令 CMP 进行的操作是 A–B。

2．分支程序设计举例

分支程序有两种常用的程序结构形式：比较/测试分支结构、分支表（跳转表）结构。

（1）用比较/测试分支结构实现分支程序设计

比较/测试分支结构的程序设计要点是：首先根据待处理的问题，进行某种比较或测试，以产生标志寄存器能表达的"条件"，然后再选择适当的条件转移指令，以实现不同情况的程序转移。这种分支结构有如图 5-10 和图 5-11 所示的两种程序流程形式，图中的两种程序流程都是两路分支。当然流程中的程序段可以是另一分支结构程序。图 5-10 的流程实际是一个 IF-THEN-ELSE 程序结构，以是否满足某种条件为依据，执行不同的程序段（程序段 1 或程序段 2）。图 5-11 是 IF-THEN 程序结构，即满足某种条件就执行给定的程序段，否则就"跳过"它。

【例 5-3】 试编制一个程序段，把 DA1 字节单元中数据变为偶数。

如果一个二进制数最低二进制数位为 0，那么该数必定是偶数，否则是奇数。按照编程要求，若是奇数，则可用加 1 或减 1 形成偶数。按照图 5-12 所示的流程编制程序段如下：

```
        TEST    DA1, 01H
        JE      NEXT
        INC     DA1
NEXT:   ...
```

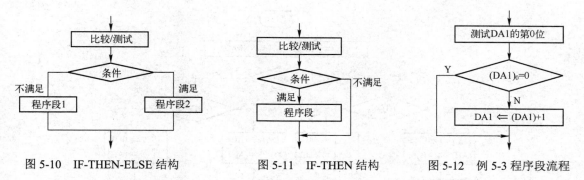

图 5-10　IF-THEN-ELSE 结构　　　　　图 5-11　IF-THEN 结构　　　　图 5-12　例 5-3 程序段流程

【例 5-4】　设数据段中 NUM1、NUM2 两字节单元有无符号整数，试编制一个程序完成下述操作：

❖ 如果两个数均是偶数，两个数加 1 后，分别送入 DA1、DA2 字节单元。

❖ 如果两个数均是奇数，两个数分别直接送入 DA1、DA2 字节单元。

❖ 如果一个数是奇数、一个数是偶数，那么把奇数直接送入 DA1 字节单元，把偶数直接送入 DA2 字节单元。

按照编程要求，应依次测试 NUM1 和 NUM2 两数的奇偶性。如先测试 NUM1，再按 NUM1 为奇数和偶数分两路测试 NUM2 的奇偶性，根据测试结果进行处理和传送。依照上述设计思想，可绘制如图 5-13（a）所示的程序流程。对这一程序流程仔细分析可知，一旦 NUM1 是奇数后，无论 NUM2 是奇数还是偶数，程序的处理是相同的，所以可把对 NUM2 的奇偶判别略去；另一方面，对程序的流程略加优化后，最后可得到如图 5-13（b）所示的程序流程。

按照图 5-13（b）的程序流程编制源程序如下：

```
DATA      SEGMENT
NUM1      DB      45H
NUM2      DB      0AEH
DA1       DB      ?
DA2       DB      ?
DATA      ENDS
STAK1     SEGMENT  PARA  STACK
          DW      20H DUP(0)
STAK1     ENDS
CODE      SEGMENT
          ASSUME  CS:CODE, DS:DATA, SS:STAK1
BEING:    MOV     AX, DATA                    ; 置段基值于 DS
          MOV     DS, AX
          MOV     AL, NUM1
          MOV     AH, NUM2
          TEST    AL, 01                      ; 测试 NUM1 的奇偶性
          JNE     END0                        ; NUM1 为奇数, 转移
          TEST    AH, 01                      ; NUM1 为偶数, 再测试 NUM2
          JNE     L1                          ; NUM2 为奇数, 转移
          INC     AL                          ; NUM2 为偶数; 两数分别加 1
          INC     AH
          JMP     END0
L1:       XCHG    AH, AL                      ; NUM2 为奇数; 两数交换
```

227

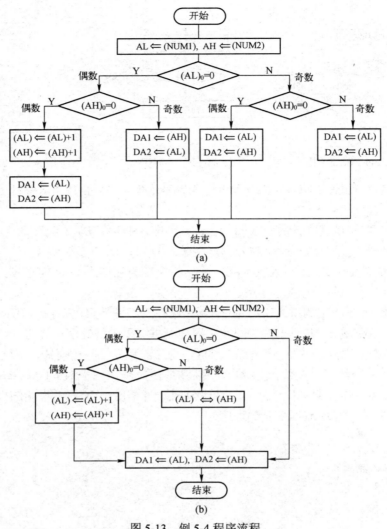

图 5-13　例 5-4 程序流程

```
END0:       MOV     DA1, AL                 ; 送结果
            MOV     DA2, AH
            MOV     AH, 4CH                 ; 结束用户程序，返回 DOS
            INT     21H
CODE        ENDS
            END     BEING
```

（2）用跳转表形成多路分支的程序设计

比较/测试分支结构适用于一些分支较简单的程序，因为一条条件转移指令只能实现两路分支，通常 n 条条件转移指令可实现 $n+1$ 路分支。如果用这种结构实现多路分支，一方面程序显得非常冗长烦琐，另一方面进入各支路的等待时间也不一致。用跳转表形成多路分支就可以克服以上不足。

假设某应用程序根据不同情况在 5 个计算公式中选择一个，这样可以编制 5 个程序段（它们的入口地址分别为 SUB1、SUB2、SUB3、SUB4 和 SUB5），每个程序段完成一个计算公式的运算。如何根据选择要求转入相应程序段呢？在程序中，首先构造一个跳转表，这个表可以由转移的入口地址或无条件转移指令组成，如图 5-14 所示。程序根据指定参数，找到表内相应的入口地址或转移指令，以实现多路分支的转移。例如，当参数为 1 时，转移到 SUB1；当参数为 2 时，转移到 SUB2；以此类推。

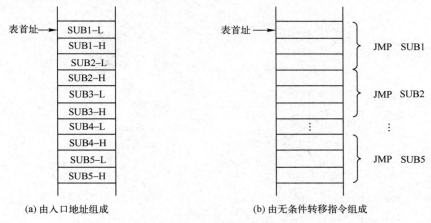

图 5-14　跳转表

如果跳转表是用入口地址构造的，那么表内每 2 字节存放一个入口地址的偏移地址，以实现同一段的多路分支转移。如在不同段之间进行多路分支转移，跳转表应每 4 字节单元存放一个入口地址的偏移地址和段基值。如跳转表是用无条件转移指令构造，这时表内的每条 JMP 指令的代码长度要一致，否则会给程序设计带来许多麻烦。

【例 5-5】　由入口地址构造跳转表的多路分支程序设计。

```
                TITLE  EXAMPLE OF JUMP TABLE-1
DATA        SEGMENT
JUMP_TABLE  DW     SUB1, SUB2, SUB3, SUB4, SUB5    ; 设置跳转表
PARAM       DB     3                               ; 1~5 之间整数
DATA        ENDS
STACK1      SEGMENT PARA STACK
            DW     20H  DUP(0)
STACK1      ENDS
CODE        SEGMENT
            ASSUME CS:CODE, DS:DATA, SS:STACK1
BEING:      MOV    AX, DATA
            MOV    DS, AX
            ...
            XOR    AX, AX                          ; 实现多路分支的程序段
            MOV    AL, PARAM                       ; 取参数
            DEC    AL                              ; 参数减 1
            SHL    AL, 1                           ; 再乘 2
            MOV    BX, OFFSET  JUMP_TABLE
            ADD    BX, AX
            MOV    AX, [BX]                         ; 取转移的入口地址
            JMP    AX
SUB1:       ...                                     ; 计算第一公式的程序段
            ...
```

```
          JMP     END0
SUB2:     …                                    ; 计算第二公式的程序段
          …
          JMP     END0
SUB3:     …                                    ; 计算第三公式的程序段
          …
          JMP     END0
SUB4:     …                                    ; 计算第四公式的程序段
          …
          JMP     END0
SUB5:     …                                    ; 计算第五公式的程序段
          …
END0:     MOV     AH, 4CH                       ; 结束用户程序，返回 DOS
          INT     21H
CODE      ENDS
          END     BEING
```

【例 5-6】 由无条件转移指令构造跳转表的多路分支程序设计。

在这种情况下，跳转表的内容不是"地址"，而是 JMP 指令代码。因此不能把相应的内容取出来实现分支转移，而只能按照参数指定的位置，首先转移到跳转表中对应的指令上，然后再从这里转移到所要求的程序段。由于跳转表中是若干条要执行的 JMP 指令，所以跳转表不能安排在数据段内，而必须放在代码段内（设每条 JMP 指令代码都是 3 字节长）。这样，例 5-5 的源程序可改写为：

```
                    TITLE  EXAMPLE OF JUMP TABLE-2
DATA        SEGMENT
PARAM       DB     4                            ; 1~5之间的整数
DATA        ENDS
STACK1      SEGMENT  PARA STACK
            DW     20H DUP(0)
STACK1      ENDS
CODE        SEGMENT
            ASSUME  CS:CODE, DS:DATA, SS:STACK1
BEING:      MOV     AX, DATA
            MOV     DS, AX
            …
            XOR     BX, BX                      ; 实现多路分支程序段
            MOV     BL, PARAM                   ; 取参数
            DEC     BL                          ; 参数减1
            MOV     AL, BL                      ; 再乘3
            SHL     BL, 1
            ADD     BL, AL
            ADD     BX, OFFSET JUMP_TABLE
            JMP     BX                          ; 转移至跳转表中
JUMP_TABLE: JMP     SUB1                        ; 跳转表
            JMP     SUB2
            JMP     SUB3
            JMP     SUB4
```

```
          JMP     SUB5
SUB1:     …                                    ; 计算第一公式的程序段
          …
          JMP     END0
SUB2:     …                                    ; 计算第二公式的程序段
          …
          JMP     END0
SUB3:     …                                    ; 计算第三公式的程序段
          …
          JMP     END0
SUB4:     …                                    ; 计算第四公式的程序段
          …
          JMP     END0
SUB5:     …                                    ; 计算第五公式的程序段
          …
END0:     MOV     AH, 4CH                       ; 结束用户程序，返回 DOS
          INT     21H
CODE      ENDS
          END     BEING
```

5.6.4 循环程序设计

1．循环控制指令

80x86 微处理器的指令系统中有 3 条专门的循环控制指令，为编制程序提供了多种循环控制功能。循环控制指令是程序转移类指令，而且也是相对转移。相对位移量是 8 位以补码表示的二进制带符号整数，即循环控制指令的下一条指令与目标指令之间的字节距离数为-128～+127。这三条循环控制指令都隐含使用寄存器 CX，用作循环次数计数器，且要求在进入循环前，把循环次数送入 CX，在执行循环控制指令时，对 CX 进行递减的逆向计数。其中有 2 条循环控制指令还隐含使用标志寄存器的 ZF 标志位作为循环是否结束的控制条件之一。另有一条件转移指令 JCXZ，主要应用在循环程序中，所以常常被看作循环控制指令。以上几条指令的执行对标志寄存器各位均无影响。

（1）LOOP 指令

指令格式：

```
     LOOP     目标地址
```

指令功能：在进行循环次数计数（即(CX)-1⇒CX）后，判断循环是否结束：若(CX)≠ 0则继续循环，转移到目标地址所在的指令；若(CX)= 0 则退出循环顺序执行。

【例 5-7】 试编制一程序，产生斐波那契数列（Fibonacci Series）。

斐波那契数列的第 1、2 个数分别是 0、1；从第 3 个数开始，每一个数是前两个数之和，因此数列为 0，1，1，2，3，5，8，13，21，34，…。假设数列的第 1、2 个数 0、1 分别存放在 AX、BX 中，用(AX)+(BX)⇒AX 运算产生第 3 个数。为了在一个循环程序中都能用(AX)+(BX)⇒AX 产生数列中新的数，在进行加法运算前应交换 AX 和 BX 中的内容，以使 AX 在加法运算前总是保存前两个数中较前的一个数。按照上述想法，可编制如图 5-15 所示程序流

程的源程序如下:

```
                   TITLE  FIBONACCI  SERIES
DATA      SEGMENT
FIBONA    DW      100H DUP(0)
NUM       DB      20H              ; 指定数列的数据个数 n
DATA      ENDS
STACK1    SEGMENT   PARA STACK
          DW      20H  DUP(0)
STACK1    ENDS
CODE      SEGMENT
          ASSUME  CS:CODE, DS:DATA, SS:STACK1
START:    MOV     AX, DATA
          MOV     DS, AX
          XOR     CX, CX
          MOV     CL, NUM
          LEA     DI, FIBONA
          MOV     AX, 0
          MOV     BX, 1
LOP:      MOV     [DI], AX
          XCHG    AX,BX
          ADD     AX, BX
          ADD     DI, TYPE FIBONA
          LOOP    LOP
          MOV     AH, 4CH
          INT     21H
CODE      ENDS
          END     START
```

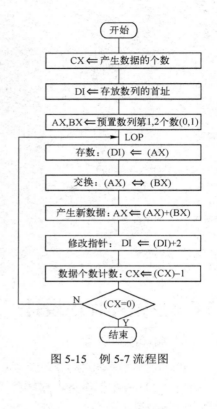

图 5-15　例 5-7 流程图

（2）LOOPE/LOOPZ 指令

指令格式:

	LOOPE	目标地址
或	**LOOPZ**	目标地址

指令功能: 在进行循环次数计数（即$(CX)-1 \Rightarrow CX$）后,判断循环是否结束: 若$(CX) \neq 0$且 ZF = 1,则继续循环,转移到目标地址所在的指令; 若$(CX) = 0$或 ZF = 0,则退出循环顺序执行。

【例 5-8】 试编制一程序,寻找一字符串中第一个非空格字符。第一个非空格字符在字符串中的相对偏移位置（$1 \sim n$）送入 INDEX 单元,如无非空格字符,全 1 送入 INDEX 单元。

```
          .MODEL   SMALL                    ; 设置内存模式
          .286
          .DATA                             ; 设置数据段
STRING    DB      'CHECK STRING'
COUNT     EQU     $-STRING
INDEX     DB      ?
          .STACK   100H                     ; 设置堆栈段
          .CODE                             ; 设置代码段
START:    MOV     AX, @DATA
```

```
           MOV    DS, AX
           MOV    CX, COUNT
           MOV    BX, -1
NEXT:      INC    BX
           CMP    STRING[BX], 20H          ; 查找第一个非空格字符
           LOOPE  NEXT
           JNE    OK                       ; 有非空格字符，转移
           MOV    BL, 0FEH                 ; 没有非空格字符
OK:        INC    BX
           MOV    INDEX, BL                ; 存结果
           MOV    AH, 4CH
           INT    21H
           END    START
```

在上述 NEXT 的循环程序段中，对字符串中每个字符逐个与空格字符（它的 ASCII 值为 20H）进行比较，比较结果记录在标志位 ZF 上。接着执行 LOOPE 指令，在进行循环次数计数后，判断是否满足结束循环的控制条件：如果字符串中字符比较完毕（即(CX)=0）或遇上一个非空格字符（即 ZF=0），就结束循环。因此，当从循环中退出时有 3 种可能：① 查找的字符串结束，但有一个非空格字符；② 查找的字符串结束，没有非空格字符；③ 查找的字符串没有结束就有一个非空格字符。为此必须再做判断。如果用(CX)=0 作为有无非空格字符的条件，那么，若字符串最后一个是非空格字符，这时(CX)=0。因此不能用 CX 是否为 0 来判断字符串中有无非空格字符。但是，退出循环后，ZF 的状态可以完全表明有无非空格字符：如 ZF=0，有非空格字符；如 ZF=1，没有非空格字符。所以在退出循环后，再用 JNE 指令（以 ZF=0 为转移条件）判定有无非空格字符。

为什么在标号 OK 处有 "INC BX" 指令呢？因为 BX 作为地址指针，当遇到第一个非空格字符时，BX 的内容正好是这一非空格字符在字符串中的相对偏移 $0 \sim n-1$，而编程要求最后给出的相对偏移是 $1 \sim n$，所以在处理最后结果时加 1。由于这里要加 1，在未找到非空格字符时，BL 中送入的立即数只能是 0FEH，而不是 0FFH。

（3）LOOPNE/LOOPNZ 指令

指令格式：

	LOOPNE	目标地址
或	LOOPNZ	目标地址

指令功能：在进行循环次数计数（即(CX)-1⇒CX）后，判断循环是否结束：若(CX)≠0 且 ZF=0，则继续循环，转移到目标地址所在的指令；若(CX)=0 或 ZF=1，则退出循环顺序执行。

【例 5-9】 设数据段中有一个以 ARRAY 为首地址的字节数组。现要求编制一程序，对数组中每个数据除以 0FH，用它的余数构造一个新数组 YUSHU。当 ARRAY 数组中数据处理完毕，或某次相除时余数为 0，便停止构造新数组。程序最后将新数组的数据个数存放在 LEN 单元中。根据题意编制源程序如下：

```
           .MODEL    SMALL                ; 设置内存模式
           .386
           .DATA                          ; 设置数据段
ARRAY      DB    12H, 34H, 56H, 78H, 0ABH, 0CDH, …
```

```
NUM        EQU      $-ARRAY
YUSHU      DB       NUM   DUP(0)
LEN        DB       ?
           .STACK   100H                                    ; 设置堆栈段
           .CODE                                            ; 设置代码段
START:     MOV      AX, @DATA
           MOV      DS, AX
           MOV      CX NUM
           XOR      BX, BX
           MOV      DL, 0FH
NO_ZERO:   MOV      AL, ARRAY [BX]                           ; 从数组中取一数据
           XOR      AH, AH
           DIV      DL                                       ; 除以 0FH
           MOV      YUSHU[BX], AH                            ; 存放余数在新数组中
           INC      BX                                       ; 修改指针
           CMP      AH, 0                                    ; 余数为 0?
           LOOPNE   NO_ZERO                                  ; 不为 0, 继续
           JNE      END0                                     ; 有余数为 0 吗?
           DEC      BL                                       ; 有, 修改指针
END0:      MOV      LEN, BL                                  ; 保存新数组数据个数
           MOV      AH, 4CH
           INT      21H
           END      START
```

在上述 NO_ZERO 的循环程序段中, 用除法指令 DIV 作字节除法, 求得的余数在 AH 中。然后对每个余数用比较指令 CMP 检查它是否为 0, 再由循环控制指令 LOOPNE 判断循环是否结束。退出循环后, 作为数组的地址指针 BX 正好指向新数组最后一个数据单元的下一个字节单元。如果余数不为 0, 那么 BX 正好是新数组中的数据个数; 如果最后一次相除余数为 0, 因数据 0 不作为新数组的数据元素, 故应把 BL 减 1 后, 再作为数据个数存放入 LEN 单元。

（4）JCXZ 指令

指令格式:

```
JCXZ    目标地址
```

指令功能: JCXZ 指令仅仅是测试现有寄存器 CX 的内容。若(CX)= 0, 则转移到目标地址所指向的指令处, 否则顺序执行 (80386 CPU 有指令 JECXZ, 它是测试寄存器 ECX 的内容, 余下功能相同)。当某循环程序的循环次数 (在 CX 中) 初值为 0 时 (如循环次数是从前面某些运算结果获得的, 它有可能为 0), 就不应该执行循环; 否则产生次数非常大的循环 (因为第 1 次循环计数是(CX)-1 = 0-1 = 0FFFFH), 从而产生错误结果。为避免这种特殊情况发生, 在进入循环前, 对在 CX 中的循环次数进行一次测试是非常必要的。使用 JCXZ 指令的程序结构框架为:

```
           ...
           MOV     CX, COUNT                                ; 取循环次数
           JCXZ    EXIT
LOP:       ...
           ...                                              ; 循环程序段指令序列
           LOOP    LOP
```

2．循环程序结构

循环程序通常由以下 5 部分构成，如图 5-16 所示。

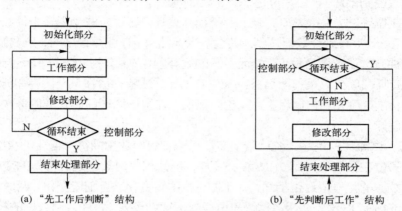

(a) "先工作后判断" 结构　　　　　　　　　(b) "先判断后工作" 结构

图 5-16　循环程序结构

（1）初始化部分

设置循环的初始值，如设置地址指针、计数器初值、其他循环参数的起始值等。虽然这一部分在整个循环程序中只执行一遍，但它决定了循环的起始点。

（2）工作部分

工作部分是循环程序完成具体操作、运算的主要部分，也是设计循环程序的目的体现。对于不同的程序要求，这部分差异是很大的。它可以是一个顺序程序、分支程序或另一个循环程序。如这部分是另一个循环程序，则称其为多重循环程序。

（3）修改部分

在修改部分中，为执行下一个循环而修改某些参数，如修改地址指针、计数器、其他循环参数等。要修改的参数通常都是有一定变化规律的，如±1、±2 等。

（4）控制部分

控制部分判断并控制循环是继续还是结束。这部分体现了循环的次数，循环不能多一次，也不能少一次，更不能出现无限制的 "死循环"。这部分是设计一个循环程序的关键之一。控制循环有两种方法：① 用计数控制循环，测试并判断循环是否已进行预定的次数；② 用条件控制循环，测试并判断循环终止条件是否成立。

（5）结束处理部分

在循环结束后进行适当的处理。如有的程序结束循环有几种可能性，在退出循环后需要判断是哪种情况结束了循环，再分别处理，并存储结果等。根据程序设计的需要，可能有这部分，也可能没有这部分。

图 5-16 给出了两种循环程序结构形式。一种是 "先工作后判断" 结构形式，另一种是 "先判断后工作" 结构形式。这两种结构形式仅是中间三部分的顺序不一样。这两种结构形式有各自的特点： "先工作后判断" 形式比较符合一般程序设计人员的思维过程，也比较便于进行程序设计；而 "先判断后工作" 形式虽然给程序设计增加了一些麻烦，但可实现循环次数为零的

循环，而"先工作后判断"结构形式至少要执行一次循环。所以，这两种结构形式应根据具体要求进行选择。

3．循环控制方法

（1）用计数控制循环

用计数控制循环的方法直观、方便，便于程序设计。这种方法使用一个计数器，每循环一次，计数器计数一次，直到计数器达到预定值，循环结束。在编写程序时，只要循环次数已知，就可以使用这种方法设计循环程序。然而更多的循环程序在编写程序时，并不能确切知道循环次数，但是知道其循环次数是前面运算或操作的结果，或者存放在某个内存单元中。因此，在循环程序初始化时，可先获得循环次数。也就是说，在执行循环前已知道循环次数。这种情况也叫循环次数已知。

【例 5-10】 试编写一程序，统计某字节数组中相邻两数据间符号变化的次数。

数据的符号位在最高位（第 7 位/第 15 位），统计相邻两数据之间符号的变化，就是检测数组中相邻两数据的符号位是否相同，如不同，就是有变化，否则无变化。两数据对应位的检测，可选用异或指令 XOR。如两数据符号位异或运算结果为 1，那么两数据的符号位不相同，否则符号位相同。按照这样的想法，可编制如图 5-17 所示的程序流程，编制的源程序如下：

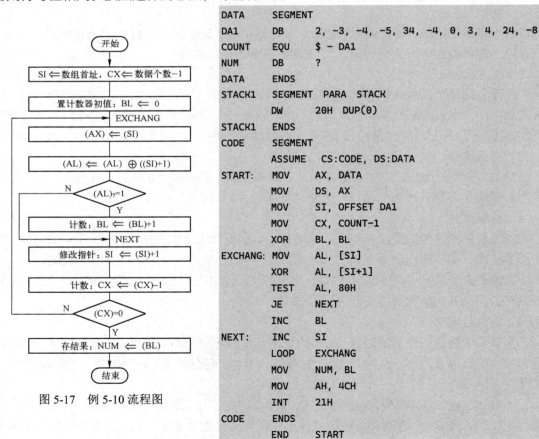

图 5-17 例 5-10 流程图

```
DATA      SEGMENT
DA1       DB       2, -3, -4, -5, 34, -4, 0, 3, 4, 24, -8
COUNT     EQU      $ - DA1
NUM       DB       ?
DATA      ENDS
STACK1    SEGMENT  PARA STACK
          DW       20H DUP(0)
STACK1    ENDS
CODE      SEGMENT
          ASSUME   CS:CODE, DS:DATA
START:    MOV      AX, DATA
          MOV      DS, AX
          MOV      SI, OFFSET DA1
          MOV      CX, COUNT-1
          XOR      BL, BL
EXCHANG:  MOV      AL, [SI]
          XOR      AL, [SI+1]
          TEST     AL, 80H
          JE       NEXT
          INC      BL
NEXT:     INC      SI
          LOOP     EXCHANG
          MOV      NUM, BL
          MOV      AH, 4CH
          INT      21H
CODE      ENDS
          END      START
```

（2）用条件控制循环

有许多问题的求解虽然需要编制循环程序，但它的循环次数事先无法确定，这时可选用

236

"条件"来控制循环。在问题的求解过程中，找出一个终止循环的条件。每循环一次，便对条件进行一次检测，如满足终止循环的条件，便退出循环，否则继续循环。在这种情况下编制的循环程序，通常是选用条件转移指令来判断、控制循环的结束。

【例 5-11】 试编写一程序，产生给定数以内的斐波那契数列，并把数列的数据个数存入 LEN 单元中。

例 5-7 的程序是指定产生斐波那契数列的数据个数，因此可用数据个数作为循环次数。而本例是给定一个数，数列中最大数应在这个数以内。在这种情况下，产生数列的数据个数事先是无法知道的，只有当程序运行结束后才能获得，所以不能用计数方法控制循环，应改用条件控制循环。本程序选择的条件可以是：每次产生新的斐波那契数列的数据与给定数比较，如果大于给定数，就终止循环，否则继续产生下一个新的斐波那契数。由于本程序流程与图 5-15 非常相似，差异仅在控制部分，所以不再编制程序流程图。编制源程序如下：

```
        .MODEL   SMALL              ; 设置内存模式
        .386
        .DATA                       ; 设置数据段
FIBONA  DW       40H DUP(0)         ; 存放数列数据
NUM     DB       500                ; 给定数
LEN     DB       ?                  ; 存放数列的数据个数
        .STACK   100H               ; 设置堆栈段
        .CODE                       ; 设置代码段
START:  MOV      AX, @DATA
        MOV      DS, AX
        LEA      DI, FIBONA
        XOR      CL, CL             ; 数据个数计数器初值
        MOV      AX, 0              ; 置数列的第 1、2 个数
        MOV      BX, 1
LOP:    MOV      [DI], AX           ; 存放数列的一个数据
        XCHG     AX, BX             ; (AX)⇔(BX)
        ADD      AX, BX             ; 产生一个新数据
        ADD      DI, TYPE FIBONA    ; 修改指针
        INC      CL                 ; 数据个数计数
        CMP      AX, NUM            ; 产生的新数据 > 给定数?
        JA       END0               ; 大于, 退出循环
        JMP      LOP                ; 小于, 继续循环
END0:   MOV      LEN, CL            ; 存结果
        MOV      AH, 4CH
        INT      21H
        END      START
```

5.6.5　子程序设计

当一个程序的不同位置上多次需要使用某一给定功能的指令序列时，为了避免重复编写程序，缩短目标代码，节约内存空间，常把这一给定功能的指令序列组成一个相对独立的程序段。在程序运行时，如需要完成这个给定功能，就转移到这个独立的程序段，待这个独立的程序段执行完后，再返回到原来位置继续运行程序。我们把这个相对独立的程序段（指令序列），再

加上一些必要的语句构造一个过程，即子程序。从程序（调用程序）的某处转移到子程序称为调用子程序，待子程序执行完毕，重新回到原来程序的位置称为子程序返回。调用子程序和子程序返回是一种程序转移形式，用专门的指令（CALL 和 RET）来实现这种特有的程序转移。

1．调用与返回

在 80x86 的宏汇编语言 MASM 中，子程序是以"过程"形式表示的。例如：

```
CODEA     SEGMENT
          ...
          CALL    PROCA
ABC:      ...
          ...
PROCA     PROC
          ...
          RET
          ...
PROCA     ENDP
          ...
PROCB     PROC  FAR
          ...
          RET
          ...
PROCB     ENDP
          ...
CODEA     ENDS
CODEB     SEGMENT
          ...
          CALL    PROCB
DEF:      ...
          ...
CODEB     ENDS
```

在上述程序框架中有两个子程序：PROCA 和 PROCB。每个子程序在过程定义时，同时定义了它的类型属性：NEAR（近）和 FAR（远）。

调用子程序除了无条件地转移到目标（子程序），还要为从子程序返回做准备，即把调用程序的返回地址保留起来。返回地址是指调用子程序指令 CALL 的下一指令的首字节地址（已在 IP 中），例如上述程序框架中的 ABC 和 DEF 就分别是两条调用指令的返回地址。调用指令 CALL 本身的功能之一就是把返回地址保留在堆栈中。所以在子程序运行结束时，就直接从堆栈中取出返回地址，转移到原来调用子程序的位置上。调用与返回指令格式如下：

① 调用指令格式：

```
CALL    过程名/子程序名
```

② 返回指令格式：

```
RET
```

③ 带弹出值的返回指令格式：

```
RET   n
```

其中，n 总是偶数。与过程定义的类型属性相对应，对子程序的调用与返回有两种情况：段内调用与段内返回，段间调用与段间返回。而且某次的调用与返回，在类型属性上必须一致。

（1）段内调用与段内返回

调用指令 CALL 和子程序同在一个逻辑段中，就是段内调用与段内返回。例如，调用指令"CALL PROCA"与子程序 PROCA 同在 CODEA 段中。段内调用时，仅在堆栈中保留返回地址的偏移地址部分，然后按寻址方式获得子程序入口地址的偏移地址送入 IP 中。从子程序返回时，只需从堆栈中取出返回地址（偏移地址）送入 IP，实现子程序返回的程序转移。

段内调用指令在表达子程序入口地址方式上，有直接调用和间接调用两种方式。

① 段内直接调用。在调用指令后面直接书写过程名/子程序名，子程序的入口地址采用相对寻址方式。对于 8086~80286 微处理器，这种情况的 CALL 指令有 3 个字节，第 1 个字节包含操作码，第 2、3 字节包含 16 位带符号的相对位移量，这个位移量是 CALL 指令的下一条指令首字节地址与子程序入口地址之间相距的字节数（类似于转移指令的相对位移量）。例如：

```
        CALL    PROCA
```

执行 CALL 指令时，首先把现行 IP 值（子程序的返回地址）压入堆栈，然后在现行 IP 值上加上指令中第 2 和第 3 字节相对位移量，形成子程序入口地址（偏移地址）送入 IP 中。

② 段内间接调用。调用指令要转移到的子程序入口地址（偏移地址）在一个通用寄存器或一个字存储单元中，这时调用指令的格式如下：

```
        CALL    CX
        CALL    WORD PTR [BX]
```

执行 CALL 指令时，首先把现行 IP 值（返回地址）暂存在堆栈中，然后把指令指定的通用寄存器或字存储单元的内容送入 IP 中。

③ 段内返回。子程序执行的最后一条指令一定是返回指令 RET。在类型属性定义为 NEAR 的过程中，RET 必定是段内返回。执行段内返回指令 RET 时，从堆栈顶部弹出一个字的内容（返回地址），并送入 IP 中。如果是带弹出值 n 的返回指令，那么从堆栈顶部取出返回地址后，再用 n 修改 SP，即 $(SP)+n \Rightarrow SP$。

（2）段间调用与段间返回

子程序与调用指令 CALL 分别在不同的逻辑段中，或者虽然同在一个段内，但被调用的子程序的类型属性是 FAR，这两种情况都应该按段间调用和段间返回来处理。例如，前面的子程序框架中的调用指令 CALL PROCB 与子程序 PROCB 分别在 CODEB 和 CODEA 两个不同的逻辑段中。当段间调用类型属性为 FAR 的子程序时，首先在堆栈中保留返回地址的段基值和偏移地址两部分，然后将子程序入口地址的段基值和偏移地址分别送入 CS 和 IP 中。段间调用指令在表达子程序入口地址方式上，也有直接调用和间接调用两种方式。

① 段间直接调用。在调用指令后面直接书写过程名/子程序名。对于 8086~80286 微处理器，这种情况的 CALL 指令有 5 个字节，第 1 字节包含操作码，第 2 和第 3 字节包含子程序入口地址的偏移地址，第 4 和第 5 字节包含子程序入口地址的段基址，也就是说，在指令中直接给出子程序的入口地址。例如：

```
        CALL  PROC_NAME
或      CALL  FAR PTR PROC_NAME
```

当调用指令与子程序不在同一个逻辑段时，可用上述两种任一指令形式；如果调用指令与子程序同在一个逻辑段内，而子程序的类型属性为 FAR 时，书写调用指令必须采用上面的后一种指令形式，即带有"FAR PTR"运算符，否则作为段内调用处理。

② 段间间接调用。子程序入口地址的段基值和偏移地址两部分都存放在一个双字存储单元中。这时调用指令格式如下：

```
CALL  DWORD  PTR  [BX]
```

③ 段间返回。子程序执行的最后一条指令一定是返回指令 RET。在类型属性定义为 FAR 的过程中，RET 必定是段间返回。执行段间返回指令 RET 时，从堆栈顶部弹出两个字的返回地址，分别送入 IP 和 CS 中。如果是带弹出值 n 的返回指令，那么从堆栈顶部取出返回地址后，再用 n 修改 SP，即 $(SP)+n \Rightarrow SP$。

2．子程序设计方法

子程序的设计，除了与一般程序的设计要求、方法和技巧相同，根据子程序的应用特点，也有一些较为特殊的要求。

（1）适度地划分并确定子程序功能

在一些实际应用的程序设计中，如何划分子程序功能，是首先需要考虑的问题。通常有两种情况需要建立子程序：① 在模块化程序设计中，把某些具有独立功能的程序作为一个模块（如查询模块、修改模块、打印报表模块等），必要时还可对这些模块再细分；② 把程序中需要多次出现的程序段独立出来，以子程序结构形式出现。

在构造子程序时，子程序功能的通用性应是考虑的重要因素。因为有了功能的通用性，子程序的使用次数就会增加，也就可以更好地简化程序设计。为使子程序有较好的通用性，子程序中必然有某些可以变化的数据、地址，而子程序运行结束后，它又会得到一些结果（数据、地址）。这些可变的数据、地址被称为参量。调用子程序时，调用程序传送给子程序的参量被称为入口参量；子程序运行结束后，返回给调用程序的参量叫出口参量。在设计子程序时，一个重要的问题就是首先确定每个子程序有哪些入口参量和出口参量。

（2）选择适当的参量传递途径

入口参量和出口参量可以通过以下途径进行传递。

① 使用通用寄存器。把入口参量和出口参量放在约定的通用寄存器中。这种传递途径简单、方便，但是传递参量的多少显然受 CPU 中可以使用的寄存器数量的限制。

② 使用存储单元。这种传递途径对参量多少几乎不受限制，但是在具体实施时较为麻烦。因为参量传递要使用存储单元，尤其是调用程序与子程序使用的是不同数据段时，在调用子程序前后就要调换当前数据段。

③ 使用堆栈。使用堆栈传递参量，既不受参量多少的限制，也没有寻找存储单元地址的麻烦，且还适用于子程序的嵌套和递归调用。不足之处是入口参量总是存放在返回地址的下面，而出口参量存入堆栈时，又不能压入堆栈顶部。可采用一些程序设计的方法和技巧正确地处理堆栈中的入口参量和出口参量问题。

（3）信息的保存

子程序是一个相对独立的程序段，它一定要使用某些寄存器来进行运算和操作。同样，调用程序在调用子程序前可能也正在使用这些寄存器，且从子程序返回后还要继续使用这些寄存器的原有内容。因此在调用子程序时，要用一定的方法保存寄存器信息。通常保存信息的方法是：① 在调用子程序前先保存，从子程序返回后再恢复；② 在进入子程序后先保存，执行返回指令前再恢复。

（4）编写子程序的文字说明

一个子程序尤其是比较好的子程序（如标准子程序），不仅子程序的设计者要使用，还要提供给更多的用户使用，所以，设计子程序时应给出使用该子程序的文字说明，让使用者不查看子程序的内部结构或程序本身，就可以正确使用它。子程序的文字说明可视具体情况有详略之分。通常一个较完整的子程序文字说明包括：子程序名，子程序功能描述，子程序的入口参量和出口参量，子程序使用哪些寄存器和存储单元，参量传递途径，子程序是否又调用其他子程序，该子程序的调用形式并举例说明。

3．子程序设计举例

下面根据不同参量传递途径和方法，举例说明子程序设计的一些方法和技巧。

（1）使用寄存器传递参量

【例 5-12】 试编制一程序，对数据段中一组字数据用减奇数法求平方根，并把结果（平方根）依次存入 PFG 的字节数组中。

根据题意，把求平方根的运算作为一个子程序。调用程序逐个取出被开方数（入口参量），并通过寄存器 AX 传送给子程序，待子程序运算结束时，平方根在 CL 中（出口参量）。

程序用减奇数法求平方根。因为 N 个从 1 开始的连续自然数的奇数之和等于 N^2，即

$$\sum_{K=1}^{N}(2K-1) = N^2$$

例如，$1+3+5+7 = 16 = 4^2$，$1+3+5+7+9+11+13+15 = 64 = 8^2$。

如果进行 $\sqrt{S}$ 运算，就可以从 S 中逐个减去从 1 开始的连续自然数的奇数 1，3，5，7，…，一直进行到相减结果等于 0，或不够减下一个自然数的奇数为止。够减的次数就是 S 的近似平方根（平方根的整数部分）。按照上述方法，求平方根子程序的流程如图 5-18 所示，完整的源程序如下。

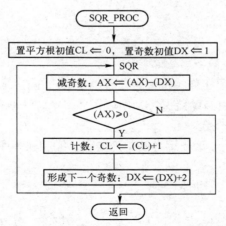

图 5-18 用减奇数法求平方根子程序流程

```
DATA      SEGMENT
DA1       DW     1234H, 5678H, 3456H, 0A53H      ; 被开方数
COUNT     EQU    ($ - DA1)/2
PFG       DB     COUNT DUP(0)                    ; 存平方根
```

```
DATA        ENDS
STACK1      SEGMENT  PARA  STACK
            DW       20H  DUP(0)
STACK1      ENDS
CODE        SEGMENT
            ASSUME   CS:CODE, DS:DATA, SS:STACK1
BEING:      MOV      AX, DATA
            MOV      DS, AX
            MOV      CX, COUNT
            LEA      SI, DA1
            LEA      DI, PFG
LOP:        MOV      AX, [SI]              ; 取被开方数
            PUSH     CX                    ; 保存信息
            CALL     SQR_PROC              ; 调用子程序
            MOV      [DI], CL              ; 存平方根
            POP      CX                    ; 恢复信息
            ADD      SI, 2                 ; 修改指针
            INC      DI
            LOOP     LOP
            MOV      AH, 4CH
            INT      21H
SQR_PROC    PROC                           ; 开平方子程序
            XOR      CL, CL                ; 0⇒平方根
            MOV      DX, 1                 ; 1⇒奇数
SQR:        SUB      AX, DX                ; 减奇数
            JB       EXIT                  ; 够减?
            INC      CL                    ; 够减, 计数
            ADD      DX, 2                 ; 形成下一个奇数
            JMP      SQR
EXIT:       RET                            ; 返回
SQR_PROC    ENDP
CODE        ENDS
            END      BEING
```

在上述程序中，保存信息工作（仅保留寄存器 CX 的内容）由调用程序完成。在数据段 DATA 中，因为被开方数是由 DW 定义的，所以用($-DA1)/2 获得被开方数据的个数。

（2）使用存储单元传递参量

【例 5-13】 将例 5-12 的参量改用存储单元传递。编制源程序如下：

```
DATA        SEGMENT
DA1         DW       1234H, 5678H, 3456H, 0A53H      ; 被开方数
COUNT       EQU      ($-DA1)/2
PFG         DB       COUNT  DUP(0)                   ; 存平方根
KFS         DW       ?                               ; 存放入口参量
SQRT        DB       ?                               ; 存放出口参量
DATA        ENDS
STACK1      SEGMENT  PARA  STACK
            DW       20H  DUP(0)
```

```
STACK1      ENDS
CODE        SEGMENT
            ASSUME  CS:CODE, DS:DATA, SS:STACK1
BEING:      MOV     AX, DATA
            MOV     DS, AX
            MOV     CX, COUNT
            LEA     SI, DA1
            LEA     DI, PFG
LOP:        MOV     AX, [SI]            ; 取被开方数
            MOV     KFS, AX             ; 传递入口参量
            CALL    SQR_PROC            ; 调用子程序
            MOV     AL, SQRT            ; 取出口参量
            MOV     [DI], AL            ; 存平方根
            ADD     SI, 2               ; 修改指针
            INC     DI
            LOOP    LOP
            MOV     AH, 4CH
            INT     21H
SQR_PROC    PROC                        ; 开平方根子程序
            PUSH    AX                  ; 保存信息
            PUSH    DX
            MOV     AX, KFS             ; 取入口参量
            MOV     SQRT, 0             ; 0⇒平方根
            MOV     DX, 1               ; 1⇒奇数
SQR:        SUB     AX, DX              ; 减奇数
            JB      EXIT                ; 够减?
            INC     SQRT                ; 够减，计数
            ADD     DX, 2               ; 形成下一个奇数
            JMP     SQR
EXIT:       POP     DX                  ; 恢复信息
            POP     AX
            RET                         ; 返回
SQR_PROC    ENDP
CODE        ENDS
            END     BEING
```

在这个程序中，保存信息工作（保留寄存器 AX 和 DX 的内容）由子程序完成。入口参量和出口参量（被开方数 KFS 和平方根 SQRT）通过存储单元传递。

（3）使用地址表传递参量

调用程序与子程序之间传递的参量，可以是参量本身（数据、地址），也可以是参量的地址。如传递的参量较多时，可以把这些参量所在的地址组成一个地址表。在调用子程序前，先把所有参量的地址依次送入地址表，然后将地址表的首址传送给子程序。在子程序中，按照地址表中给出的参量地址，逐个取出入口参量（数据、地址）。

【例 5-14】 试编制一段程序，将两个 8 位和 16 位二进制数分别转换为相应二进制数的 ASCII 码。

程序采用主程序和子程序结构形式。主程序的任务是提供待转换数据、数据位数（8 位/16

位）和转换后存放 ASCII 值的首址 3 个参数的地址。用这 3 个地址组成地址表，将地址表首址作为入口参量传递给子程序。子程序的任务是实现二进制数的 ASCII 值转换。

转换子程序的流程如图 5-19 所示，编制源程序如下。

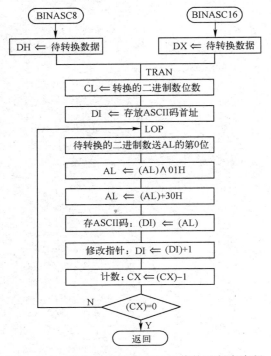

图 5-19　二进制数转换为 ASCII 值的子程序流程

```
DATA      SEGMENT
BIN8      DB      35H                              ; 待转换 8 位二进制数
BIN16     DW      0AB48H                           ; 待转换 16 位二进制数
NUM       DB      8, 16                            ; 待转换二进制数的位数
ASCBUF    DB      20H DUP(0)                       ; 存放 ASCII 值
ADR_TAB   DW      3, DUP(0)                        ; 暂存参量地址
DATA      ENDS
STACK1    STACK   PARA  STACK
          DW      20H DUP(0)
STACK1    ENDS
CODE      SEGMENT
          ASSUME  CS:CODE, DS:DATA, SS:SATCK1
BEING:    MOV     AX, DATA
          MOV     DS, AX
          MOV     ADR_TAB, OFFSET  BIN8            ; 存待转换数地址
          MOV     ADR_TAB+2, OFFSET NUM            ; 保存待转换位数地址
          MOV     ADR_TAB+4, OFFSET ASCBUF         ; 保存 ASCII 值地址
          MOV     BX, OFFSET ADR_TAB              ; 传递地址表首址
          CALL    BINASC8                          ; 调用子程序
          MOV     ADR_TAB, OFFSET BIN16
          MOV     ADR_TAB+2, OFFSET NUM+1
```

```
            MOV     ADR_TAB+4, OFFSET ASCBUF+10H
            MOV     BX, OFFSET ADR_TAB
            CALL    BINASC16                        ; 调用子程序
            MOV     AH, 4CH
            INT     21H
BINASC      PROC                                    ; 转换 ASCII 子程序
BINASC8:    MOV     DI, [BX]                        ; 转换 8 位二进制数入口
            MOV     DH, [DI]                        ; 取待转换 8 位二进制数
            JMP     TRAN
BINASC16:   MOV     DI, [BX]                        ; 转换 16 位二进制数入口
            MOV     DX, [DI]                        ; 取待转换 16 位二进制数
TRAN:       MOV     DI, [BX+2]
            MOV     CL, [DI]                        ; 取转换位数
            XOR     CH, CH
            MOV     DI, [BX+4]                      ; 取存放 ASCII 值首址
LOP:        ROL     DX, 1                           ; 获取 1 位二进制数
            MOV     AL, DL
            AND     AL, 01H
            OR      AL, 30H                         ; 转换 1 位 ASCII 值
            MOV     [DI], AL                        ; 保存 ASCII 值
            INC     DI                              ; 修改指针
            LOOP    LOP
            RET
BINASC      ENDP
CODE        ENDS
            END     BEING
```

为使子程序对 8 位和 16 位都能进行代码转换处理，子程序设置两个入口：① BINASC8，转换 8 位二进制数；② BINASC16，转换 16 位二进制数。由于转换代码是从二进制数高位到低位，所以待转换数据为 8 位时，在子程序中把待转换数据送入 DH；如为 16 位时，把待转换数据送入 DX。

（4）使用堆栈传递参量

【例 5-15】 将例 5-14 修改为用堆栈传递参量。在调用子程序前，把待转换的数据、存放 ASCII 码的首址和转换位数三个入口参量先后压入堆栈中，且保存信息的工作由子程序完成。调用程序和子程序修改如下：

```
DATA        SEGMENT
BIN8        DB      35H                             ; 待转换 8 位二进制数
BIN16       DW      0AB48H                          ; 待转换 16 位二进制数
ASCBUF      DB      20H DUP(0)                      ; 存放 ASCII 值
DATA        ENDS
            ...
CODE        SEGMENT
            ASSUME  CS:CODE, DS:DATA
            ...
            ; 调用程序
            MOV     AH, BIN8                        ; 转换 8 位数据
```

```
            XOR     AL, AL
            PUSH    AX                          ; 待转换数据压入堆栈
            LEA     AX, ASCBUF
            PUSH    AX                          ; 存 ASCII 值首址压入堆栈
            MOV     AX, 8
            PUSH    AX                          ; 待转换数据位数压入堆栈
            CALL    BINASC                      ; 调用子程序
            MOV     AX, BIN16                   ; 转换 16 位数据
            PUSH    AX
            LEA     AX, ASCBUF+10H
            PUSH    AX
            MOV     AX, 16
            PUSH    AX
            CALL    BINASC                      ; 调用子程序
            ...
            ; 代码转换子程序
BINASC      PROC
            PUSH    CX                          ; 保存信息
            PUSH    DX
            PUSH    DI
            PUSH    BP
            MOV     BP, SP
            MOV     DX, [BP+14]                 ; 取入口参量, 待转换数据
            MOV     DI, [BP+12]                 ; 取存 ASCII 值首址
            MOV     CX, [BP+10]                 ; 取转换位数
LOP:        ROL     DX, 1                       ; 取 1 位二进制数
            MOV     AL, DL
            AND     AL, 01H
            OR      AL, 30H                     ; 转换 1 位数的 ASCII 值
            MOV     [DI], AL                    ; 保存转换结果
            INC     DI                          ; 修改指针
            LOOP    LOP
            POP     BP                          ; 恢复信息
            POP     DI
            POP     DX
            POP     CX
            RET     6
BINASC      ENDP
            ...
CODE        ENDS
```

图 5-20 为调用子程序前后堆栈中信息的变化情况。执行 CALL 前,堆栈已压了 3 个入口参量,调用子程序后在堆栈顶部暂存有返回地址(如是段间调用,有段基值和偏移地址两部分)。进入子程序后,在堆栈中保存了 4 个寄存器的内容。这时,在子程序中如何取出这 3 个入口参量呢?在取入口参量前,把堆栈指针 SP 传送给 BP,使 SP 和 BP 同时都指向堆栈顶部。如果以 BP 作为指针,那么 3 个入口参量与堆栈顶部之间的相对距离分别是 14、12、10,所以分别用[BP+14]、[BP+12]、[BP+10]这 3 个地址表达式就可以从堆栈中取出 3 个入口参量。

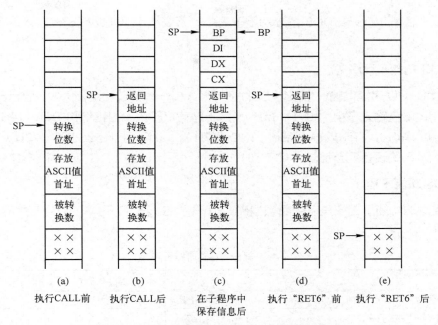

图 5-20　用堆栈传递参量时堆栈中信息变化情况

用 BP 作为地址指针从堆栈段中间取出数据与用 POP 指令从堆栈中弹出数据是不同的。前者取出数据并不修改 SP，也就是说，这 3 个入口参量仍在堆栈中，而后者要修改 SP 且只能从堆栈顶部取出数据，不能从中间"抽出"数据。

在子程序完成二进制数转换为 ASCII 值，并恢复暂存在堆栈中 4 个寄存器的内容后，执行 RET 指令，返回调用程序。如果仅从堆栈顶部弹出返回地址，那么堆栈中剩下的 3 个已经使用过的入口参量，在返回调用程序后它们已无使用价值，如同"垃圾"。如不及时舍去，将会随着对这一子程序调用次数的增加而"堆积"这些"垃圾"。所以使用带弹出值的返回指令"RET　6"，在执行 RET 指令的同时，修改 SP（(SP)+6⇒SP），如同把这 3 个入口参量从堆栈中"弹出"舍去一样。

本例列举了如何从堆栈中取出入口参量，但未给出通过堆栈传递出口参量的细节。事实上，只要对上述示例中堆栈段操作的程序设计方法与技巧较深入的了解与体会，不难实现通过堆栈传递出口参量，请读者不妨自己尝试一下。

5.6.6　系统功能子程序的调用

为提高编程效率，减少编程人员对硬件设备的了解，系统提供了两组功能子程序。一组在 ROM 的 BIOS 中，另一组在操作系统 DOS 中。调用这两组功能子程序使用软中断指令 INT，它的指令格式如下：

```
    INT  n
```

其中，n 为中断类型码，其值为 00H～FFH。调用系统功能子程序格式如下：

```
    送入口参量到指定寄存器
    功能号⇒ AH
    INT  n
```

下面列举部分 BIOS 和 DOS 系统功能子程序。若要使用这些功能子程序，请查阅更详细的资料和说明。

1．BIOS 功能子程序

BIOS 功能子程序提供输入/输出设备的控制服务和一些其他功能。例如，显示器输出控制（INT 10H），磁盘输入/输出（INT 13H），异步通信口输入/输出控制（INT 14H），键盘输入控制（INT 16H），打印机输出控制（INT 17H），内存大小测试（INT 12H），系统自举（INT 19H），系统设备配置测试（INT 11H），读写系统时钟（INT 1AH）等。

2．DOS 功能子程序

DOS 提供的功能子程序是以中断类型码 21H 表示的。表 5-4 列举了部分常用的 DOS 功能子程序。

表 5-4　部分 DOS 功能子程序

功能号	功　　能	入口参量	出口参量
01H	等待键盘输入并接收字符的 ASCII 值，接收的字符同时在屏幕上显示	无	AL ⇐ 字符 ASCII 值
08H	等待键盘输入并接收字符的 ASCII 值，接收的字符不在屏幕上显示	无	AL ⇐字符 ASCII 值
0AH	从键盘输入一个字符串	DX ⇐ 输入缓冲区首址	字符串在输入缓冲区中
02H	单字符显示输出	DL ⇐ 字符 ASCII 值	无
05H	单字符打印输出	DL ⇐ 字符 ASCII 值	无
09H	字符串显示输出	DX ⇐ 字符串首址	无

5.6.7　汇编语言程序的开发

用汇编语言编制的程序称为汇编语言源程序，必须经过汇编、连接，生成二进制代码的目标程序，才能直接由计算机执行。汇编语言程序的开发过程如图 5-21 所示。

1．编辑——建立源程序

这是开发汇编语言程序的第一步：借用编辑程序构造一个用汇编语言编制的源程序。80x86 MASM 的汇编语言源程序必须用逻辑段来组织，程序的最后一个语句一定是 END 伪指令语句，且在 END 后面指定程序运行的起始地址（如标号）。

用编辑程序编制源程序时，文件的扩展名必须是 .asm，这个扩展名既不能省略，也不能用其他扩展名替代。下面以前面例 5-10 的程序（统计某数组中相邻两数据间符号变化的次数）为例，作为后面的操作示例程序（源程序文件名设定为 ABC.asm）。

2．汇编——生成目标程序

宏汇编语言程序 MASM 对源程序文件进行两遍扫描，主要完成以下功能：

① 检测源程序中各语句是否有语法错误。如有语法错误，就显示出错信息。语法错误有两种：警告错误（Warning Errors）和严重错误（Severe Errors）。这两种语法错误都要求给予改正，否则不能正确汇编。

② 实现宏功能。如源程序中有宏定义和宏调用，汇编源程序时便完成宏展开，把宏展开的各语句嵌入到源程序的对应位置。

③ 生成目标程序。汇编程序 MASM 把源程序中各个指令语句汇编成对应的目标代码，把数据定义语句中的数据生成对应补码形式表示的二进制数据。

汇编程序 MASM 操作的对象一定是扩展名为 .ASM 的文件，所以在键入文件名时可以省略扩展名。汇编源程序的操作步骤如下（下面有横线部分是操作人员输入的内容，"↙"表示回车，以下同）：

```
C>MASM ABC↙
Microsoft（R）Macro Assembler Version 5.00
Copyright（C）Microsoft Corp. 1981—1985，1987
Object filename [ABC.OBJ]: ↙
Source listing [NUL.LST]: ABC↙
Cross reference [NUL.CRF]: ↙
0  Warning Errors
0  Severe Errors
```

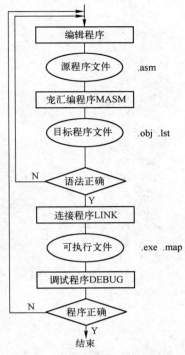

图 5-21 汇编语言程序的开发过程

在上述操作中，有三次人机对话。目标文件名（Object Filename）这个文件是一定要生成的，它仅要求操作人员确认是否使用方括号中默认的文件名，如果是，直接回车。后面两个是询问是否生成列表（Source Listing）文件和交叉引用符号（Cross Reference）文件。如果需要，操作人员应键入文件名（扩展名已有约定），否则直接回车。

宏汇编程序 MASM 在汇编源程序时，可生成如下 3 个文件。

① 目标文件（.obj）：汇编源程序的主要结果，即生成不可显示的二进制代码文件。

② 列表文件（.lst）：程序清单文件，把源程序中各语句与对应机器语言目标代码一一对应列出。列表文件对初学者学习、理解汇编语言程序和调试程序很有好处。

③ 交叉引用符号表文件（.crf）：列出源程序自定义的各符号（如段名、过程名、常量名、变量名、标号等），指明这些符号在源程序的定义位置和符号引用位置。交叉引用符号表文件对较大程序的修改和调试有一定的帮助。若要查看文件内容，需要使用 CREF 程序把 .crf 文件转换为 .ref 文件，再显示 .ref 文件内容。

下面是例 5-10 源程序汇编后得到的列表文件，文件中最左边一列是目标代码在段内的偏移地址，中间是各语句汇编后的目标代码，右边是源程序中各个语句。

```
Microsoft（R）Macro Assembler Version 5.00                        12/10/2
                                                                 Page  1-1

0000                         DATA      SEGMENT
0000  02 FD FC FB 22 FC 00   DA1       DB     2, -3, -4, -5, 34, -4, 0, 3, 4, 24, -8
      03 04 18 F8
=000B                        COUNT     EQU    $ - DA1
000B  ??                     NUM       DB     ?
000C                         DATA      ENDS
0000                         STACK1    SEGMENT  PARA  STACK
0000  0020[                            DW     20H DUP(0)
0000
```

```
]
0040                               STACK1   ENDS
0000                               CODE     SEGMENT
                                            ASSUME  CS:CODE, DS:DATA
0000  B8 ---- R                    START:   MOV    AX, DATA
0003  8E D8                                 MOV    DS, AX
0005  BE 0000 R                             MOV    SI, OFFSET DA1
0008  B9 000A                               MOV    CX, COUNT-1
000B  32 DB                                 XOR    BL, BL
000D  8A 04                        EXCHANG: MOV    AL, [SI]
000F  32 44 01                              XOR    AL, [SI+1]
0012  A8 80                                 TEST   AL, 80H
0014  74 02                                 JE     NEXT
0016  FE C3                                 INC    BL
0018  46                           NEXT:    INC    SI
0019  E2 F2                                 LOOP   EXCHANG
001B  88 1E 000B R                          MOV    NUM, BL
001F  B4 4C                                 MOV    AH, 4CH
0021  CD 21                                 INT    21H
0023                               CODE     ENDS
                                            END    START
```

```
Microsoft(R) Macro Assembler Version 5.00                            12/10/2
Symbols-1
Segments and Groups:
Name                    Length          Align          Combine        Class
CODE ………………………… 0023          PARA           NONE
DATA ………………………… 000C          PARA           NONE
STACK1 ……………………… 0040         PARA           STACK
Symbols:
Name                    Type            Value          Attr
COUNT ……………………………NUMBER        000B
DA1 ……………………………… L BYTE        0000           DATA
EXCHANG ……………………… L NEAR        000D           CODE
NEXT ……………………………… L NEAR        0018           CODE
NUM ……………………………… L BYTE        000B           DATA
START ………………………… L NEAR        0000           CODE

@FILENAME ………………………TEXT   ABC

27 Source  Lines
27 Total   Lines
11 Symbols
50902 + 423450 Bytes symbol space free
0 Warning Errors
0 Severe  Errors
```

3. 连接——生成可执行文件

由汇编程序生成的目标文件(.obj)，必须经过连接程序 LINK 后，得到的可执行文件(.exe)才能在机器上运行。连接程序 LINK 操作的对象一定是扩展名为 .obj 的文件，所以在输入文件名时可以省略扩展名。连接程序的操作步骤如下：

```
C>LINK ABC↙
IBM personal computer Linker
Version 2.00 (C) copyright IBM corp. 1981,1982,1983
Run file [ABC.exe]: ↙
List file [NUL.map]: ABC↙
Libraries [.lib]: ↙
```

在上述操作的 3 次人机对话中，要确定可执行文件（Run File）是否使用方括号中默认的文件名，若是，则直接回车。后面两次是确认是否需要建立 .map 文件和连接库文件。

4．调试与运行

开发汇编语言程序的最后一步是对可执行文件（.exe）进行调试，查验程序功能是否正确。汇编语言程序调试需要涉及机器内部某些部件，如 CPU 中寄存器、存储单元等。现在通常使用的调试程序（又叫查错程序）DEBUG 就是旨在帮助用户调试可执行文件。在 DEBUG 状态下，如指定 CPU 中寄存器时，直接使用寄存器名，如 AX、BX、CX、DX 等。如指定存储单元，应使用逻辑地址：段基值：偏移地址。其中段基值可以用段寄存器名（段寄存器的内容）表示，也可以用 4 位十六进制数表示。而偏移地址必须用 1~4 位十六进制数表示。在 DEBUG 中，命令参数中的数据和屏幕显示的数据均是十六进制数，所以这些数据不再以"H"结尾，而且以 A~F 起始的十六进制数也不需要加 0。

DEBUG 除了下面几种命令，还有诸如磁盘文件操作、查找、比较、填充、移动、输入/输出和十六进制数运算等命令。如读者需要使用这些操作命令，可参考有关手册或资料。

（1）进入与退出

在 DOS 操作系统下，直接进入 DEBUG 的操作是：

```
C>DEBUG↙
```

在 DEBUG 下出现提示符"—"，此时可以使用 DEBUG 命令。首先装入待调试的可执行文件。例如：

```
—N ABC.EXE↙
—L↙
```

也可以在调用（进入）DEBUG 时，同时装入可执行文件。例如：

```
C>DEBUG ABC.EXE↙
```

如需退出 DEBUG 并返回操作系统，可使用退出命令 Q。例如：

```
—Q↙
```

（2）显示命令

① 显示存储单元内容——D 命令（Dump Command）

命令格式：

```
D  [地址]    或    D  [范围]
```

例如：

```
—D  DS:100↙                    ; 从DS:100H单元开始，显示80H个字节单元内容
—D  DS:10 1F↙                  ; 从DS:10H单元开始到DS:1FH单元，共显示0FH个字节单元
```

屏幕显示示例如下：

```
—D DS:30 5F↙
1528:0030  12 34 56 78 9A AA BB BC DE EF CC DD EE FF AD 49    .4Vx.*;<^oL]n.-I
1528:0040  30 31 32 33 34 35 36 37 38 39 41 42 43 44 45 46    0123456789ABCDEF
1528:0050  49 42 4D 20 50 43 20 43 4F 4D 50 55 54 45 52 21    IBM PC COMPUTER!
```

上述显示内容分为三部分：左边是每一行存储单元的起始地址（段基值：偏移地址）；中间是 16 个字节单元，以两位十六进制数显示其当前内容；右边是把中间各字节单元内容用对应的 ASCII 字符显示，如该单元数据是不可显示字符，便用 "." 表示。

② 显示寄存器内容——R 命令（Register Command）

例如：

```
—R↙
AX = 102A  BX = 0000  CX = 0100  DX = 0000  SP = 0040  BP = 0000  SI = 0000  DI = 0000
DS = 1528  ES = 1428  SS = 1723  CS = 1822  IP = 0003   NV UP DI PL NZ NA PO NC
1822:0003 8ED8                MOV    DS, AX
```

输入 R 后，CPU 各寄存器内容全部显示出来。第 2 行后半部显示标志寄存器各标志位状态，且各标志位的复位（0 状态）和置位（1 状态）是用两个字符来表示的（如表 5-5 所示）。显示的第 3 行表示现在 CS:IP 指向将要执行的一条指令。

表 5-5　标志寄存器各标志位的状态字符

标　志　位	置　位	复　位	标　志　位	置　位	复　位
溢出位 OF	OV	NV	零值位 ZF	ZR	NZ
方向位 DF	DN	UP	辅助进位位 AF	AC	NA
中断位 IF	EI	DI	奇偶位 PE	PE	PO
符号位 SF	NG	PL	进位位 CF	CY	NC

③ 显示汇编语言指令（反汇编）——U 命令（Unassemble Command）

U 命令就是把指定存储区域的目标代码反汇编为汇编语言指令（源程序中的指令），这样就可以知道执行的是哪条指令，它的操作数放在哪里等。

命令格式：

```
U [地址]    或    U [范围]
```

例如：

```
—U CS:0↙                    ; 显示 CS 段的前 32 字节目标代码的汇编语言指令
—U CS:12 24↙                ; 显示 CS 段中偏移地址从 12 到 24 内存区域目标代码的汇编语言指令
```

执行 U 命令后，屏幕显示示例如下：

```
—U CS:05↙
1723:0005 BE 0000            MOV    SI, 0000
1723:0008 B9 000A            MOV    CX, 000A
1723:000B 32 DB              XOR    BL, BL
1723:000D 8A 04              MOV    AL, [SI]
       ...                   ...
```

（3）修改命令

① 修改内存单元内容——E 命令（Enter Command）

在 DEBUG 状态下，可随时直接修改存储器字节单元的当前内容。E 命令有两种格式。

<1> 用内容表修改内存单元，命令格式：

```
E  [地址]  [内容表]
```

例如：

```
—E  DS:10  12  34  56  78↙
```

从 DS:10H 为起始单元的连续 4 个字节单元中依次存放数据 12H、34H、56H、78H。

<2> 逐个存储单元修改，命令格式：

```
E  [地址]
```

从指定字节单元开始，屏幕上显示单元地址及其内容，接着可输入新的 2 位十六进制数据，以替代原有内容。之后如输入空格键，便依次从低字节向高字节逐个字节单元地修改；如输入"—"，便依次从高字节向低字节逐个字节单元修改；如按 Enter 键，则结束修改。

② 修改寄存器内容 ——R 命令（Register Command）

命令格式：

```
R  <寄存器名>
```

在输入 R 命令后，屏幕上显示指定的寄存器名及其内容，然后等待输入 1 ~ 4 位十六进制数。若不需修改，可直接按 Enter 键。

③ 汇编指令——A 命令（Assemble Command）

命令格式：

```
A  [地址]
```

A 命令是用于对当前目标程序（即可执行文件）的修改或小段程序的输入。用 A 命令输入的指令立即汇编为目标代码并直接存入指定存储单元。A 命令对现有目标代码程序的修改，如未用磁盘文件操作命令存入磁盘中，原有磁盘中的可执行文件仍保留原有内容，未加修改。

A 命令可输入 80x86 指令系统中任一条汇编语言指令。当指令中需要说明存储单元的操作数类型时，可用 WO（即 WORD PTR）或 BY（即 BYTE PTR）表示。A 命令中可用 DB、DW 直接把字节或字的数据送入相应存储单元。用 A 命令输入程序时，不允许使用变量名、标号和伪指令（DB、DW 除外）。如没有输入指令而直接按 Enter 键，表示结束 A 命令。例如：

```
—A  CS:40↙
1723:0040    MOV  BY [0012], FF↙
1723:0045    MOV  CX, 21↙
1723:0048    ADD  BX, 34 [BP+3][SI－5]↙
1723:004B    JMP  0060↙
1723:004D    DB   12,34, 'ABCDEFGHIJ'↙
1723:0058         ↙
```

（4）程序运行

在可执行文件装入内存后，在 DEBUG 状态下，可用两种不同的方式运行目标程序。

① 连续运行方式——G 命令（Go Command）

命令格式：

```
G  [=地址] [, 地址] [, 地址] …
```

其中，第一个参数"[=地址]"是运行程序的起始地址。由于执行的程序一定在 CS 指向的逻辑段中，所以命令参数中的起始地址只需送入偏移地址。如果没有指定起始地址，那么以 CS 和

IP 的当前内容作为起始地址。第一个命令参数中的 "=" 不可省略，否则视为后面的断点地址参数。不带 "=" 的地址均是断点地址，断点地址一定是一条指令的首字节地址，它只有偏移地址（段基值隐含在 CS 中）。一条 G 命令的断点地址至多 10 个，它们的顺序是任意的。凡是 G 命令带有断点地址参数，当程序运行至任一断点地址的指令时，便立即停下来，并显示 CPU 中各寄存器内容和下一条将要执行的指令（断点处的指令）。如没有断点地址参数或程序未遇到断点地址，那么程序连续运行到结束并显示 "Program terminated normally"（程序正常结束）。断点地址参数只对本次 G 命令有效，如再次使用 G 命令，仍需重新指定断点地址参数。

② 跟踪运行方式——T 命令（Trap Command）

命令格式：

```
T   [=地址]   [值]
```

其中，"[=地址]" 是运行程序的起始地址，如命令中未指定起始地址，就以 CS 和 IP 的当前内容作为起始地址。"[值]" 是指程序运行的指令条数（十六进制数），如命令中未指定 "[值]" 参数，默认 "[值]=1"，即仅执行一条指令。执行 T 命令时，每执行完一条指令后就自动显示 CPU 中各寄存器和标志寄存器内容，待 T 命令指定的指令条数执行完后，暂停程序的运行。T 命令执行的过程示例如下：

```
—T = d  3
AX = 0000  BX = 0000  CX = 0011  DX = 0000  SP = 0040  BP = 0000  SI = 0000  DI = 0000
DS = 1528  ES = 1428  SS = 1723  CS = 1822  IP = 000D  NV UP DI PL NZ AC PO NC
1822:000D  8D360000          LEA    SI, [0000]           DS:0000 = 220C
AX = 0000  BX = 0000  CX = 0011  DX = 0000  SP = 0040  BP = 0000  SI = 0000  DI = 0000
DS = 1528  ES = 1428  SS = 1723  CS = 1822  IP = 0011  NV UP DI PL NZ AC PO NC
1822:0011  B114              MOV    CL, 14
AX = 0000  BX = 0000  CX = 0014  DX = 0000  SP = 0040  BP 0000  SI 0000  DI 0000
DS = 1528  ES = 1428  SS = 1723  CS = 1822  IP = 0013  NV UP DI PL NZ AC PO NC
1822:0013  F60480            TEST   BYTE PTR [SI], 80    DS:0000 = 0C
```

习 题 5

5-1　设已定义数据段：

```
DATA      SEGMENT
─────────────────
DA1       DB      12H, 34H
DA2       DB      56H, 78H
ADDR      DW      DA1, DA2
```

为使 ADDR+2 字存储单元中存放的内容为 0022H，试用两种不同语句填写上述空白处。

5-2　试用 DW 数据定义语句改写下述两条语句，使它们在存储器中与下述语句分别有完全一致的存储情况。

```
DA1       DB      'ABCDEFGHI'
DA2       DB      12H, 34H, 56H, 78H, 9AH, 0BCH, 0DEH
```

5-3　下述两条语句汇编后，NUM1 和 NUM2 两字节存储单元中的内容分别是什么？

```
NUM1        DB      (12 OR 6 AND 2)GE 0EH
NUM2        DB      (12 XOR 6 AND 2)LE 0EH
```

5-4　下述两条指令执行后，DA2 字存储单元中的内容是什么？

```
DA1         EQU     BYTE PTR DA2
DA2         DW      0ABCDH
            ...
            SHL     DA1, 1
            SHR     DA2, 1
```

5-5　在下述数据定义中，数据为 3000H 的字存储单元有几个，它们的偏移地址分别是多少？

```
            ORG     30H
DATA1       DB      0, '0', 30H, 0, 30H
            DW      DATA1
```

5-6　在下述存储区中能构成 0302H 数据的字存储单元共有几个？

```
            DB      8 DUP(3 DUP(2), 2 DUP(3))
```

5-7　下述语句汇编后，数据项 $+20H 和 $+40H 中的 $ 值分别是多少？

```
            ORG     34H
DA1         DW      10H, $+20H, 30H, $+40H
```

5-8　已定义数据段：

```
            ORG     0213H
BYTE1       DB      15H, 34H, 56H
ADR1        DW      BYTE1
```

下列各指令语句执行后，能使 AX 中数据为偶数的语句有哪些？
（1）MOV　AX, WORD PTR BYTE1
（2）MOV　AX, WORD PTR BYTE1[1]
（3）MOV　AL, BYTE PTR ADR1[1]
（4）MOV　AX, WORD PTR BYTE1[2]

5-9　下述指令序列执行后，AX、BX、CX 寄存器的内容分别是什么？

```
            ORG     0202H
DW1         DW      20H, 30H
            ...
            MOV     AL, BYTE PTR DW1+1
            MOV     AH, BYTE PTR DW1
            MOV     BX, OFFSET DW1
            MOV     CL, BYTE PTR DW1+2
            MOV     CH, TYPE DW1
```

5-10　下述程序段运行后，AH 和 AL 中的内容分别是什么？

```
DA1         DB      ××                      ; 是任一数据
DA2         DB      0FEH
            ...
            MOV     AL, DA1
            OR      AL, DA2
            MOV     AH, AL
            XOR     AH, 0FFH
```

5-11 下述程序段运行后，AL 中的内容是什么？

```
DA3     DB      82H, 76H, 56H, 0ADH, 7FH
        ...
        MOV     CX, WORD PTR DA3
        AND     CX, 0FH
        MOV     AL, DA3+3
        SHL     AL, CL
```

5-12 下述程序段运行后，CX 和 DX 中内容分别是什么？

```
DA4     EQU     WORD PTR DA5
DA5     DB      0ABH, 89H
        ...
        SHR     DA4, 1
        MOV     DX, DA4
        SHL     DA5, 1
        MOV     CX, DA4
```

5-13 下述程序段运行期间，当执行 INC   BX 指令且(BX)=05H 时，CX 和 AL 中的内容分别是什么？

```
AA1     DB      10H DUP(2)
AA2     DW      10H DUP(0304H)
        ...
        XOR     BX, BX
        XOR     AL, AL
        XOR     CX, CX
BB1:    ADD     AL, AA1[BX]
        ADD     AL, BYTE PTR AA2[BX]
        INC     BX
        LOOP    BB1
```

5-14 下述程序段运行后，(AX)=? 如用 LOOPNE 指令替代 LOOP 指令，那么下述程序段运行后，(AX)=? (CX)=?

```
DB2     DB      4 DUP(2, 4, 6, 8)
        ...
        LEA     BX, DB2
        MOV     CX, 10H
        XOR     AX, AX
LOP:    ADD     AL, [BX]
        AND     AL, 0FH
        CMP     AL, 8
        JBE     NEXT
        INC     AH
        SUB     AL, 08H
NEXT:   LOOP    LOP
```

5-15 下述程序段运行后，AH 和 AL 中的内容分别是什么？

```
DA5     DB      2, 3, 7, 0AH, 0FH, 4, 5, 9, 8, 0CH
        ...
        XOR     AX, AX
```

```
         XOR     CL, CL
         XOR     BX, BX
LOP:     TEST    DA5[BX], 01H
         JE      NEXT
         ADD     AL, DA5 [BX]
         INC     AH
NEXT:    INC     BX
         INC     CL
         CMP     CL, 10
         JNE     LOP
```

5-16 下述程序段是根据 DAY 字节存储单元中内容（1~7），从表 WEEK 中查出对应的星期一至星期日的英文缩写，并用 2 号功能调用（单个字符显示）显示输出。试把空白处填上适当的指令（每处空白只填写一条指令）。

```
WEEK     DB      'MON', 'TUE', 'WED', 'THU', 'FRI', 'SAT', 'SUN'
DAY      DB      3                                    ; 数据 1~7
         ...
         XOR     BX, BX
         MOV     BL, DAY
         ───①───
         MOV     AL, BL
         SAL     BL, 1
         ───②───
         MOV     CX, 3
LOP:     MOV     DL, WEEK[BX]
         MOV     AH, 02H
         INT     21H
         ───③───
         LOOP    LOP
```

5-17 下面是判断两个存储单元是否同为正数。若是，则 AX 置 0，否则 AX 置非 0。试把空白处填上适当的条件转移指令（两处空白处要利用不同的标志位选用不同的条件转移指令，一处空白只填写一条指令）。

```
DA6      DW      ××
DA7      DW      ××
         ...
         MOV     AX, DA6
         MOV     BX, DA7
         XOR     AX, BX
         ───①───
         TEST  BX , 8000H
         ───②───
         MOV     AX, 0
NEXT:    ...
```

5-18 下述程序段是判断寄存器 AH 和 AL 中第 3 位是否相同。若相同，则 AH 置 0，否则 AH 置非 0。试把空白处填上适当的指令（一处空白只填写一条指令）。

```
         ───①───
         AND     AH, 08H
```

```
                   ②
        MOV     AH, 0FFH
        JMP     NEXT
ZERO:   MOV     AH, 0
NEXT:   …
```

5-19 试用两条指令完成对寄存器 AH 和 AL 分别加 1，且 AL 中加 1 形成的进位加在 AH 的最低位，AH 中加 1 形成的进位加在 AL 的最低位。

5-20 在数据段中有一个九九乘法表，乘数和被乘数分别在 2 个字节单元中。试编写一个程序，用查表法求出 1 位数的乘积。

5-21 试编写一个程序，把 DA_BY1 字节存储单元的 8 位二进制数分解成 3 个八进制数，其中高位八进制数存放在 DA_BY2 字节存储单元，最低位八进制数存放在 DA_BY2+2 字节存储单元。数据单元定义如下：

```
DA_BY1   DB      6BH
DA_BY2   DB      3 DUP(0)
```

5-22 设平面上有一点 P，其直角坐标为 (x, y)，试编制完成以下操作的程序。
   ① 若 P 点落在第 i 象限，则 $i(1,2,3,4) \Rightarrow K$ 单元。
   ② 若 P 点落在坐标轴上，则 $0 \Rightarrow K$ 单元。

5-23 试编制一个程序，统计 DA_WORD 数据区中正数、0、负数的个数。数据定义如下：

```
DA_WORD  DW      -1, 3, 5, 0, -5, -7, 4, 0, -8, …
COUNT    EQU     $-DA_WORD
NUM      DB      0                           ; 存放正数的个数
         DB      0                           ; 存放 0 的个数
         DB      0                           ; 存放负数的个数
```

5-24 设数据区中有 3 个字节单元 DA1、DA2 和 DA3，本应存放相同的代码，但现有一单元代码存错了。试编制一程序，找出存错代码的单元，并将错误的代码送入 CODES 单元，存放错误代码单元的偏移地址送入 ADDR 单元。数据区如下：

```
DA1      DB      34H
DA2      DB      34H
DA3      DB      43H
CODES    DB      0
ADDR     DB      0
```

5-25 试编制一程序，分别对 NUM 中各数据统计出有多少个 20，余下有多少个 5，再余下有多少个 2，再余下有多少个 1。统计的个数分别存放在 NUM20、NUM5、NUM2 和 NUM1 的对应位置上。数据区定义如下：

```
NUM      DW      0133H, 0D5FH, 1234H
CUNT     EQU     ($-NUM) / TYPE NUM
NUM20    DB      CUNT DUP(0)
NUM5     DB      CUNT DUP(0)
NUM2     DB      CUNT DUP(0)
NUM1     DB      CUNT DUP(0)
```

要求用主程序 - 子程序结构形式编制程序，且用两种参量传递方法（其中用堆栈传递参量的方法必须使用）分别编制主程序和子程序。

第三篇

存储系统和
输入/输出系统

第6章

CO ━━━━━━━━━━━━━━━━━━━━━━━━━━━━━━━━ AL

存储系统

数字计算机的重要特点之一是具有存储能力，这是它能够自动连续执行程序、进行广泛的信息处理的重要基础。在传统 CPU 中，为数不多的寄存器只能暂存少量信息，绝大部分程序与数据需要存放在专门的存储器中。计算机系统结构的发展要求多层次的存储能力，这就构成了具有层次结构的存储系统。

在物理构成上，存储系统通常分为三层：高速缓冲存储器 Cache、主存和外存。Cache 与主存常由半导体存储器构成；外存常由硬盘和 U 盘构成，也可以看作是 I/O 设备。

本章首先介绍各种存储器存储信息的原理，接着介绍芯片级以上存储器的逻辑设计方法，然后介绍高速缓存、外部存储器的工作原理，最后从整个存储系统组织的角度介绍有关技术，如物理存储系统组织、虚拟存储技术等。

6.1　存储系统概述

存储器是计算机的重要组成部分，是计算机系统的"记忆"设备。简单地讲，存储器用于存放计算机程序和指令、待处理的数据、运算结果和各种需要计算机保存的信息，是计算机中不可缺少的重要组成部分。

存储器由一些能够表示为二进制数中 0、1 两种状态的物理器件组成，这些器件本身具有记忆功能，如电容、双稳态电路等。这些具有记忆功能的物理器件构成一个个存储元，每个存储元可以保存 1 位（bit）二进制信息，若干存储元构成一个存储单元。通常，一个存储单元由 8 个存储元构成，可存放 8 位二进制信息，即 1 字节（1 Byte）。许多存储单元组织在一起就构成了存储器。

一个高性能的计算机系统要求存储器的存储容量大，存取速度快，成本低廉，能支持复杂系统结构。这些要求往往相互矛盾，彼此形成制约。因此在一个计算机系统中，常采用几种不同的存储器，构成多级存储体系，以适应不同层次的需要。通常，对 CPU 直接访问的一级，其速度尽可能快些，而容量相对有限；作为后援的一级其容量尽可能大些，而速度可以相对慢些。经过合理的搭配和组织，对用户来说，整个存储系统能够提供足够大的存储容量和较快的存取速度。

从用户的角度看，存储器还可以形成另一种层次结构，即物理存储器与虚拟存储器。物理存储器是指系统的物理组成中实际存在的主存，主存容量决定了实存空间的大小。在现代计算机中，依靠操作系统的软件支持及部分硬件的支持，可以使用户访问的编程空间远比实际主存空间大，用户感觉自己可编程访问一个很大的存储器，这个存储器称为虚拟存储器。

6.1.1　存储器的分类

随着计算机系统结构和存储技术的发展，存储器的种类日益增多，根据不同的标准可以对存储器进行分类。

1．按存储器在计算机系统中的作用分类

从体系结构的观点划分，根据存储器是设在主机内还是主机外，存储器分为如下三类。

（1）内部存储器

内部存储器（简称内存或主存）是计算机主机的组成部分，用来存储当前运行所需要的程序和数据，CPU 可以直接访问内存并与其交换信息。相对外部存储器而言，内存的容量较小、存取速度快。由于 CPU 要频繁地访问内存，因此内存的性能在很大程度上影响了整个计算机系统的性能。

（2）外部存储器

外部存储器也称辅助存储器或后援存储器，简称外存或辅存。外存用于存放当前不参加运行的程序和数据，以及一些需要永久保存的信息。外存设在主机外部，其容量大，但存取速度相对较慢，CPU 不能直接访问它，而必须通过专门的设备才能对它进行读写（如磁盘驱动器等），这是它与内存之间的一个本质区别。

（3）高速缓冲存储器

高速缓冲存储器（Cache）位于主存和 CPU 之间，用来存放正在执行的程序和数据，以便CPU 能高速地访问它们。Cache 的存取速度可以与 CPU 的速度相匹配，但其价格昂贵，存储容量小。目前的微处理器通常将 Cache 或 Cache 的一部分制作在 CPU 芯片中。

2．按存取方式分类

（1）随机存取存储器（Random Access Memory，RAM）

RAM 是可读可写的存储器。CPU 可以对 RAM 单元的内容随机地进行读/写访问，对任一单元的读出和写入的时间是一样的，即存取时间相同，并且与存储单元在存储器中所处的位置无关。RAM 读/写方便，使用灵活，但断电后信息会丢失，主要用作主存，也可用作高速缓存。

（2）只读存储器（Read Only Memory，ROM）

ROM 可以看作 RAM 的特殊形式，其特点是其中的内容只能随机读出而不能写入，用来存放那些不需要改变的信息。由于信息一旦写入存储器就固定不变了，即使断电信息也不会丢失，所以又称它为固定存储器。除了存放某些系统程序，ROM 还用来存放专门的子程序，或用作函数发生器、字符发生器及微程序控制器中的控制存储器。有些 ROM 在特定条件下用特

殊的装置或程序可以重新写入。

（3）顺序存取存储器（Sequential Access Memory，SAM）

SAM 的存取方式与前两种完全不同，它的内容只能按某种顺序存取，存取时间的长短与信息在存储器上的物理位置有关，所以只能用平均存取时间作为衡量存取速度的指标。磁带机就是典型的顺序存取存储器。

（4）直接存取存储器（Direct Access Memory，DAM）

DAM 既不像 RAM 那样能随机地访问存储器的任何一个存储单元，也不像 SAM 那样完全按顺序存取，而是介于两者之间。存取信息时，先直接指向存储器的某小区域（如磁盘上的磁道），然后在小区域内顺序检索或等待，直到找到目的地后再进行读/写操作。DAM 的存取时间也与信息所在的物理位置有关，但比 SAM 的存取时间要短。磁盘是最常见的直接存取存储器。

3．按存储介质分类

存储介质不同，存取信息的原理也不同，因此按存储介质分类也称为按存储原理分类。

（1）磁芯存储器

磁芯存储器采用具有矩形磁滞回线的铁氧体磁性材料，利用两种不同的剩磁状态分别表示 1 和 0。一颗磁芯存储一个二进制位，成千上万颗磁芯组成磁芯体。磁芯存储器的特点是信息可以长期保存，不会因断电而丢失；但读出是破坏性读出，不管磁芯原存的信息是 1 或 0，读出之后磁芯内容都变成 0，因此需要重写一次，这就额外增加了操作时间。20 世纪 50 年代后，磁芯存储器曾一度成为主存储器的主要存储介质，但因其容量小、速度慢、体积大、可靠性低，从 20 世纪 70 年代开始，已逐渐被半导体存储器取代。

（2）半导体存储器

根据制造工艺的不同，采用半导体器件制造的存储器主要有 MOS 型存储器和双极型存储器两大类。双极型存储器又分为 TTL（Transistor-Transistor Logic）型和 ECL（Emitter-Coupled Logic）型，存取速度快、功耗大、集成度低、价格较贵，不宜做成大容量存储器，常用于高速缓冲存储器。MOS 型存储器具有集成度高、功耗低、价格便宜等特点，但存取速度比双极型存储器慢，适于做成较大容量的主存储器。

（3）磁表面存储器

磁表面存储器是指在金属或塑料基体上涂敷一层磁性材料，利用磁层来存储信息，常见的有磁盘、磁带等。由于它的容量大、价格低、存取速度慢，因此多用作辅助存储器。

4．按信息的可保存性分类

断电后存储信息即消失的存储器称为易失性存储器或挥发性存储器，RAM 是易失性存储器。断电后信息仍然保存的存储器，称为非易失性存储器，也称为非挥发性存储器或永久性存储器，ROM、磁芯存储器、磁表面存储器和 U 盘都是非易失性存储器。

6.1.2　主存的主要技术指标

理论上，只要具有两个明显可区分的物理状态且容易进行状态转换的器件和介质都可用来存储二进制信息。但真正能用作存储器的器件和介质还要满足存储器的各类技术指标的要求。

主存是 CPU 直接访问的存储器，要求其容量足够大、速度尽量与 CPU 匹配。主存储器的主要技术指标包括存储容量、存取时间和存储周期等。

（1）存储容量

存储容量是指主存能容纳的二进制信息总量。若计算机可寻址的最小信息单位是一个存储字，则称为字编址计算机。存储字包含的二进制位数称为字长，通常是 8 的倍数。有些计算机可按字节寻址，这种计算机称为字节编址计算机。以字或字节为单位来表示的主存储器的存储单元的总数就是主存的容量。现代计算机中，常用 KB、MB、GB 等单位表示存储容量。1 KB= 2^{10} B=1024 B，1 MB= 2^{20} B=1024 KB，1 GB= 2^{30} B=1024 MB，1 TB= 2^{40} B=1024 GB。

例如，某机器的主存容量为 64 K×16，表示有 64K 个字，字长是 16 位。若用字节数表示，则可记为 128 KB。

（2）存取速度

主存储器的存取速度通常由存取时间和存取周期来表示。

存取时间又称为访问时间或读/写时间，是指从启动一次存储器操作到完成该操作所经历的时间。例如，读出时间是指从 CPU 向存储器发出有效地址和读命令开始，直到被选单元的内容读出为止所用的时间；写入时间是指从 CPU 向存储器发出有效地址和写命令开始，直到信息写入被选中单元为止所用的时间。存取时间越短，则存取速度越快。

存取周期又称为读/写周期，是指存储器进行一次完整的读/写操作所需的全部时间，即连续两次访问存储器操作之间所需的最短时间。通常，存取周期略大于存取时间，因为在读/写操作之后，总要有一段恢复内部状态的复原时间，这与主存储器的物理实现细节有关。

主存储器的容量和速度两项指标，随着存储器件的发展得到了极大提高。但是，即使在半导体存储器的价格已经大大下降的今天，具有合适价格的主存储器的存取速度总是跟不上 CPU 的处理速度。因此，主存的速度仍然是计算机系统的瓶颈之一。

（3）可靠性

可靠性是指在规定时间内存储器无故障读/写的概率，通常用 MTBF（Mean Time Between Failures，平均无故障时间）来衡量可靠性，可理解为两次故障之间的平均时间间隔。MTBF 越大，说明可靠性越高。

（4）存取宽度

存取宽度也称为存储总线宽度，即 CPU 一次可以存取的数据位数或字节数。

6.2 存储原理

不同材料制作的存储器，其存取信息的原理有很大的差别，本节将分别介绍半导体存储器和磁表面存储器的存储原理。

6.2.1 半导体存储器的存储原理

半导体存储器（Semi-conductor Memory）的种类很多，从存、取功能上可以分为随机存储器（RAM）和只读存储器（ROM）两大类。

随机存取存储器（RAM）与只读存储器的根本区别在于，正常工作状态下就可以随时快速地向存储器里写入数据或从中读出数据；而只读存储器（ROM）在正常工作情况下只能读出数据。按读取信息的工作原理，RAM 又可分为静态随机存储器（SRAM）和动态随机存储器（DRAM）。前者采用双稳态触发器存储信息，即依靠交叉反馈维持写入的状态，只要不掉电，其存储的信息可以始终稳定地存在，直到写入新信息，故被称为"静态"RAM。动态存储器利用电容存储电荷状态来记录信息，由于存在电荷泄漏，所有电荷会逐渐泄放掉，因此需要定期补充电荷，称为动态刷新。动态存储器中每个单元的元件较少，因而工作在相同工艺水平条件下，动态存储芯片的每片容量最高水平约为静态存储芯片的 16 倍。但静态存储器工作速度快，当每片容量相同时，其存取周期约为动态存储器的 1/3 ~ 2/3。

只读存储器（ROM）在正常工作状态下只能从中读取数据，不能快速地随时修改或重新写入数据。ROM 的优点是电路结构简单，而且在断电后数据不会丢失。它的缺点是只适用于存储那些固定数据的场合。只读存储器又可以分为掩膜 ROM、可编程 ROM 和可擦除的可编程 ROM 等。

近年来，发展很快的新型半导体存储器——Flash 存储器（也称为闪存）是高密度非易失性读写存储器，兼有 RAM 和 ROM 的优点，而且功耗低、集成度高，不需后备电源。Flash 存储器沿用了 EPROM（Electrical Programmable ROM）的简单结构和浮栅/热电子注入的编程写入方式，又兼备 E^2PROM（Electrically Erasable Programmable ROM）的可擦除特点，可在计算机内进行擦除和编程写人，因此又被称为快擦型电可擦除重编程 ROM。目前，被广泛使用的 U 盘和存储卡等都属于 Flash 存储器。

1．半导体随机存取存储器

（1）半导体静态存储器的存储原理

我们将存储一位二进制信息（0 或 1）的电路单元，称为一个物理存储单元（也叫存储元，与编址单元有别），简称存储单元。N 沟道增强型 MOS 存储单元电路如图 6-1 所示，包含 6 个 MOS 管，因而被称为六管静态存储单元。

六管静态存储单元的基本结构如下：T_1 与 T_3 是一个反相器，其中 T_3 是负载管。T_2 与 T_4 是另一个反相器，其中

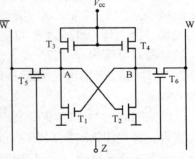

图 6-1　NMOS 六管静态存储单元

T_4 是负载管。这两个反相器通过彼此交叉反馈，构成一个双稳态触发器。T_5 和 T_6 是两个控制门管，由字线 Z 控制它们的通断。当字线加高电平时，T_5 和 T_6 导通。通过一对位线 $\overline{W}$ 和 W，使双稳态电路与读/写电路连接，可对其进行写入或读出。当字线为低电平时，T_5 和 T_6 都断开，双稳态电路与位线 $\overline{W}$、W 脱离，依靠自身的交叉反馈保持原状态，所存信息不变。

若 T_1 导通而 T_2 截止，则存入信息为 0；若 T_1 截止而 T_2 导通，则存入信息为 1。

① 写入：字线加高电平，使控制门管 T_5 与 T_6 导通，位线与双稳态触发器导通。

若需写入 0，则 $\overline{W}$ 加低电平，W 加高电平，W 通过 T_6 对 B 点结电容充电至高电平，使 T_1 导通。而 通过 T_5 使 A 点结电容放电，A 点变为低电平。交叉反馈将加快这一状态变化。

若需写入 1，则 $\overline{W}$ 加高电平，W 加低电平。$\overline{W}$ 通过 T_5 对 A 点结电容充电至高电平，使 T_2 导通。而 W 通过 T_6 使 B 点结电容放电，B 点变为低电平。交叉反馈将加快这一状态变化。

② 读出：先对位线 $\overline{W}$ 和 W 充电至高电平，充电形成的电平是可以浮动的，可随着充、

放电而变化。然后对字线加正脉冲，使其为高电平，于是门管 T_5 和 T_6 导通。

若原存信息为 0，即 T_1 导通而 T_2 截止，则字线为高电平后，$\overline{W}$ 将通过 T_5 与 T_1 到地形成放电回路，有电流经 $\overline{W}$ 流入 T_1，经放大为 0 信号，表明原来存入的信息为 0。此时因 T_2 截止，W 上无电流。

若原存信息为 1，即 T_2 导通而 T_1 截止，则字线为高电平后，W 将通过 T_6 与 T_2 对地放电，W 线上有电流，经放大为 1 信号，表明原存信息为 1。此时因 T_1 截止，$\overline{W}$ 上无电流。

总之，读出时根据位线上有无电流判明原存信息。$\overline{W}$ 上有电流为 0，W 上有电流为 1。上述读出过程并不改变双稳态电路原来的状态，称为非破坏性读出。

③ 保持：字线加低电平，门管 T_5 和 T_6 都不导通，一对位线与双稳态电路相分离。双稳态电路依靠自身的交叉反馈，保持原有状态不变。

如果将图 6-1 中的负载管 T_3 和 T_4 改用多晶硅电阻代替，就简化为四管静态存储单元电路。四管单元的面积与功耗均只有六管单元的一半，所以集成度得到提高。

（2）半导体动态存储器的存储原理

动态 MOS 存储器的存储原理是：利用芯片电容上存储电荷状态的不同来记录信息。通常定义为：电容充电至高电平，存入信息为 1；电容放电至低电平，存入信息为 0。

采用电容存储电荷方式来存储信息，不需要双稳态电路，因而可以简化结构。完成充电之后可将 MOS 管断开，这样可使电容上电荷的泄放电流极少，而且降低了芯片的功耗，从而提高了芯片的集成度。

虽然在完成充电（写入 1）后即将充电回路的 MOS 管断开，这样可使电容上电荷的泄放电流极少，但工艺上仍不能使泄漏电阻达到无穷大。换句话说，电容上的电荷总存在泄漏通路。时间长了，电荷的泄漏会使存储的信息丢失。因此，使用 DRAM 芯片的存储器，每隔一定时间就需要对存储内容重写一遍，也就是对存 1 的电容重新充电，称为动态刷新。由于这种存储器在工作中需定期刷新才能保持信息，因此称为动态存储器，由它做成的随机读写存储器简称为 DRAM。

早期的动态 MOS 存储单元是从静态六管单元简化而来，即将图 6-1 中的两个负载管 T_3 与 T_4 去掉，称为四管动态 MOS 存储单元。负载回路断开后，保持状态中没有外加电源供电，也就不再存在交叉反馈，因而不再是双稳态电路。存储信息实际上依靠 T_1 和 T_2 的栅极电容，若 T_1 栅极电容充电至高电平，而 T_2 栅极电容放电至低电平，则 T_1 导通而 T_2 截止，存入信息为 0。若 T_1 栅极电容放电至低电平，而 T_2 栅极电容充电至高电平，则 T_1 截止而 T_2 导通，存入信息为 1。四管动态 MOS 存储单元仍保持互补对称结构，读写比较可靠，读出过程就是刷新过程。但每个存储单元所用元件仍很多，一般用在 4 KB/片以下的小容量芯片中。为了进一步简化结构，提高集成度，现在广泛采用单管动态 MOS 存储单元如图 6-2 所示，它只有一个电容和一个 MOS 管。电容 C 用来存储电荷，控制管 T 用来控制充放电回路的通断。读写时，字线加高电平，T 导通。暂存信息时，字线加低电平，T 断开，电容 C 基本上没有放电回路而仅有一定的泄漏。

图 6-2　单管 MOS 动态存储单元

当电容 C 充电到高电平，存入信息为 1；当电容 C 放电到低电平，存入信息为 0。

① 写入：字线加高电平，T 导通。若要写入 0，则位线 W 加低电平，电容 C 通过门管 T

对 W 放电，呈低电平V_0；若要写入 1，则位线 W 加高电平，W 通过门管 T 对 C 充电，电容充有电荷呈高电平V_1。

② 暂存信息：字线加低电平，T 断开，使电容 C 基本上没有放电回路，电容上的电荷可暂时保持约数毫秒，或者维持无电荷的 0 状态。只要定时刷新（读出重写），即对存 1 的单元补充电荷，就可保持写入的信息。

③ 读出：先对位线（既是写入线，也是读出线）W 预充电，使其分布电容 C′ 充电至V_m（$V_m = (V_0 + V_1)/2$），断开充电回路，让 C′ 的电平可以浮动，然后对字线加高电平，使 T 导通。

若原存信息为 0，则位线 W 将通过门管 T 向电容 C 充电，W 本身的电平将下降，根据 C 和 C′ 的电容值决定新的电平值；若原存信息为 1，则电容 C 将通过门管 T 向位线 W 放电，使 W 电平上升。

根据 W 线电平变化的方向和幅度，可鉴别原有信息是 0 还是 1。显然，读操作后电容 C 上的电荷数量将发生变化，因而属于破坏性读出，需要读后重写（称为再生）。但这个过程可由芯片内的外围电路自动实现，不需要使用者关心。

2．半导体只读存储器

在存储器的某些应用场合中要求存储的是一些固定不变的数据（如计算机的字库）。正常工作状态下，这些数据只供读出使用，不需要随时进行修改。为了适应这种需要，又产生了另一种类型的存储器——只读存储器（ROM）。ROM 的特点在于：所存储的数据是固定的、预先写好的。正常工作时，这些数据只能读出，不能随时写入或修改。

由此可以想到，按照这种要求，只要将只读存储器中每个存储单元的输出接到固定的高电平（当要求记入 1 时）或者低电平（当要求记入 0 时）就行了。这样就可以使存储单元的电路结构大为简化，不再需要使用锁存器或者触发器作为存储单元。

（1）ROM 的结构和工作原理

ROM 的电路结构包含存储矩阵、地址译码器和输出缓冲器三部分，如图 6-3 所示。存储矩阵由许多存储单元排列而成。存储单元可以用二极管构成，也可以用双极型三极管或 MOS 管构成。每个单元能存放 1 位二值代码（0 或 1）。每一个或一组存储单元有一个对应的地址代码。通常，ROM 采用多位数据并行输出的结构形式，每个输入地址同时选中一组存储单元。

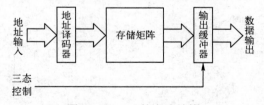

图 6-3　ROM 的电路结构

地址译码器的作用是将输入的地址代码译成相应的控制信号，利用这个控制信号从存储矩阵中将指定的单元选出，并把其中的数据送到输出缓冲器。

输出缓冲器的作用有两个，一是能提高存储器的带负载能力，二是实现对输出状态的三态控制，以便与系统的总线连接。

（2）ROM 的分类

① 掩膜只读存储器（Mask ROM，MROM），其中存储的信息由生产厂家在掩膜工艺过程

中"写入"，用户不能修改。MROM 有双极型和 MOS 型两种。MROM 存储内容固定，所以可靠性高；但其灵活性差，生产周期长，用户和厂家间依赖性大，只适合定型批量生产。

② 可编程只读存储器（Programmable ROM，PROM），在出厂时内容全部为 0（半成品），用户可用专门的 PROM 写入器将信息写入，所以称为可编程型 ROM，但写入不可逆，某位写入 1 后，就不能再变为 0，因此称为一次编程型只读存储器。

PROM 有两种工艺：熔丝型和反向二极管型。熔丝型较常用，在行、列交点处连接一段熔丝，存入 0。若该位需写入 1，则让它通过较大电流，使熔丝烧断。反向二极管型在行、列交点处有一对反向的二极管，因反向而不导通，存入 0。若该位需写入 1，则在相应行、列之间加较高电压，将其中反向二极管永久性击穿，留正向可导通的一只二极管。反向二极管型也被称为 PN 结破坏型。

③ 可擦除可编程只读存储器（Erasable Programmable ROM，EPROM），允许用户通过某种编程器向 ROM 芯片中写入信息，并可擦除所有信息后重新写入。可反复擦除、写入多次。一般把 EPROM 芯片上的石英窗口对着紫外线灯（12 mW/cm^2 规格），距离 3 cm，照射 8～20 分钟，即可抹除芯片上的全部信息。

EPROM 比 MROM 和 PROM 灵活与实用，但采用 MOS 工艺，速度比较慢。擦除时，芯片中所有信息都会消失，不灵活，因而引入了一种电可擦除的 EPROM。

④ 电擦除电改写只读存储器（Electrically Erasable Programmable ROM，EEPROM 或 E^{2}PROM），在读数据的方式上与 EPROM 完全一样，但有一个明显优点，即可用电来擦除和重编程，因此可以选择只删除个别字，而不像 EPROM 那样每次都要抹除芯片上的全部信息，这给现场重编程带来极大的方便。不过，E^{2}PROM 在每次写入操作时先执行一个自动擦除，因此比 RAM 的写操作慢得多。一般 E^{2}PROM 可进行数千次擦除，在不受干扰时，所存放的数据至少可维持 10 年，多则达 20 多年。

3. 半导体 Flash 存储器

半导体 Flash 存储器（简称闪存）是在 EPROM 存储元基础上发展起来的。每个 Flash 存储元由单个 MOS 管组成，包括漏极 D、源极 S、控制栅和浮空栅，如图 6-4 所示。

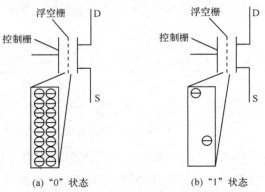

图 6-4　Flash 存储元

当控制栅加上足够的正电压时，浮空栅存储大量电子，带有许多负电荷的状态为"0"；当控制栅不加正电压时，浮空栅少带或不带负电荷的状态为"1"。

闪存有 3 种基本操作：编程（充电）、擦除（放电）、读取。

① 编程：最初所有存储元都是"1"状态，通过"编程"，在需要改写为"0"的存储元的控制栅加上一个正电压 V_P，如图 6-5(a)所示。一旦某存储元被编程，那么存储的数据可保持 100 年而无须外电源。

② 擦除：采用电擦除。即在所有存储元的源极 S 加正电压 V_E，使浮空栅中的电子被吸收掉，从而使所有存储元都变成"1"状态，如图 6-5(b)所示。因此，写的过程实际上是先全部擦除，使所有存储元都变成"1"状态，再在需要的地方改写为"0"。即，先全部放电，再在写 0 的地方充电。

③ 读取：在控制栅加上正电压 V_R，若原为"0"，则读出电路检测不到电流，如图 6-6(a)所示；若原为"1"，则浮空栅不带负电荷，控制栅上的正电压足以开启晶体管，电源 V_d 提供从漏极 D 到源极 S 的电流，读出电路检测到电流，如图 6-6(b)所示。

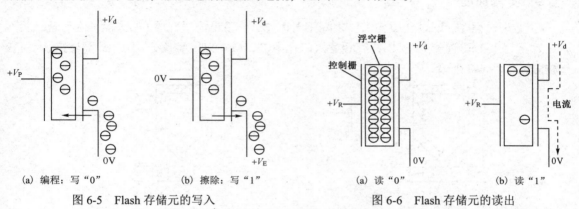

(a) 编程：写"0"　　(b) 擦除：写"1"　　　　(a) 读"0"　　　　(b) 读"1"

图 6-5　Flash 存储元的写入　　　　　图 6-6　Flash 存储元的读出

从上述基本原理可以看出，Flash 存储器的读操作速度和写操作速度相差很大，其读取速度与半导体 RAM 芯片相当，而写数据（快擦 - 编程）的速度则与硬磁盘存储器相当。

6.2.2　磁表面存储器的存储原理

磁表面存储器是将磁性材料沉积在盘片（或带）的基体上形成记录介质，并以绕有线圈的磁头与记录介质的相对运动来写入或读出信息。

1. 磁记录介质与磁头

磁表面存储器的存储介质是一层仅有数微米，甚至不到 1 μm 厚的矩磁材料薄膜，所以称为磁表面存储。矩磁材料具有矩形磁化曲线特性，充分磁化后，剩磁密度接近于饱和磁通密度，可以利用它的不同剩磁状态来存储信息。

磁膜需依附在某种载体（基体）上，根据载体的形状，可分为磁盘、磁带和磁卡；根据载体的性质，又可分为软性载体和硬性载体。磁带和软磁盘中使用软性载体，一般为塑料，允许磁头与介质间采用接触式读/写，并使磁带可卷成带盘形。硬磁盘中使用硬性载体，一般为硬质铝合金片、玻璃、工程陶瓷等，在读/写时要求磁头采取浮动式读/写，不与盘面接触。

磁头是实现信息读/写的部件，通过电磁转换进行写入，通过磁电转换进行读出。常用的磁性材料主要有两类：一类是金属软磁材料，如坡莫合金，这种合金磁导率高、饱和磁感应强度高、矫顽力小，但硬度不够高，使用寿命短，且电阻率低，高频特性差，因而不符合高记录密度的要求，常用于音频信号记录；另一类材料是铁氧体，虽然磁导率和饱和磁感应强度较低，但电阻率很高，高频损耗很小，能满足高密度记录的要求，广泛应用在磁表面存储器中。

传统的磁头结构呈马蹄形或环形，头部开有间隙，称为头隙，其尺寸和形状对读/写性能至关重要。环上绕有线圈，写入时注入磁化电流，读出时输出感应电势，即读出信号。

按磁头与磁介质之间的接触与否，磁头可分为接触式与浮动式两种。在磁带和软盘中，由于基体是软质材料，只能采用接触式，它的结构简单，但会因磨损而降低磁头与记录介质的使用寿命。在硬盘中，由于基体是硬质材料，必须减少磨损（特别是记录区），而且盘片旋转速度较高，因此采用浮动式磁头。工作时，硬盘片高速旋转，带动盘面表层气流形成气垫，使重量很轻的磁头浮起，与盘面之间保持一极小的气隙（几分之一微米），磁头不与盘面接触。

2. 读/写原理

在读/写过程中，记录介质与磁头之间相对运动，一般是记录介质（带、盘）运动而磁头不动。为了写入不同信息（0、1），线圈通入磁化电流，按一定的编码方法（磁记录方式）呈变化波形，如图 6-7 所示。

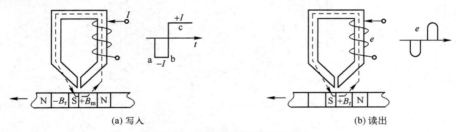

图 6-7　磁表面存储器原理示意

（1）写入过程

写入时，记录介质向左运动经过磁头下方，如果此时磁头线圈中流过磁化电流，所产生的磁通将从磁头顶端进入记录介质，然后流回磁头，形成一个回路，如图 6-7(a) 所示。于是在磁头下方的一个局部区域被磁化，磁通进入的一侧为 S 极，流出的一侧为 N 极。如果磁化电流足够大，就可使磁化区的中心部分达到饱和磁化。当这部分介质移出磁头作用区后，仍将留下足够强的剩磁 $+B_m$；改变磁化电流方向，则留下磁化方向相反剩磁 $-B_r$，不同方向的磁化区之间将留下一个转换区。一种最简单的方法是利用这两种稳定的剩磁状态来表示二进制代码的 0 和 1，然而这种方法记录二进制代码的密度低，因此实际数据写入时磁化电流的产生方式（磁记录编码方式）是有变化的。

（2）读出过程

读出时，已存入信息的记录介质经过磁头下方，此时磁头线圈不外加电流，如图 6-7(b) 所示。当介质的磁化区经过磁头下方时，磁场将使磁通流经记录介质与磁头，形成闭合回路。当转换区经过磁头时，磁化方向与磁感应强度发生变化，将在线圈中产生感应电势，其大小为

$$e = -\frac{d\Phi}{dt}$$

即感应电势方向与磁通变化方向有关，而幅值则取决于磁通变化量。按照约定的磁记录编码方式，可根据读出信号 e 判定介质的磁化状况，从而可读出介质中所记录的信息是 0 还是 1。图

6-8 是一段磁化单元的读出过程示意。

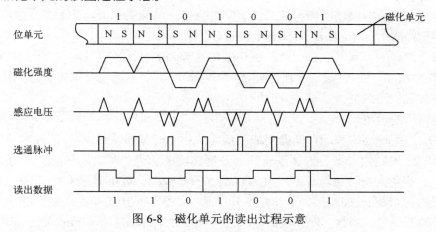

图 6-8　磁化单元的读出过程示意

根据上述读/写原理，可以得到磁表面存储器的如下特点：

① 利用不同剩磁状态来存储信息，因而在断电后不会丢失，允许长期脱机保存。

② 利用电磁感应获得读出，因而读出过程不会破坏磁化状态，属于"非破坏性读出"，不需重写，可以一次写入，多次读出。

③ 重新磁化可以改变记录介质的磁化状态，即允许多次重写。

④ 数据的读/写属于顺序存取方式。

⑤ 在机械运动过程中读/写，因而读/写速度较纯电子电路的主存要慢，可靠性也较主存差些。

3．磁表面存储器的性能指标

（1）记录密度

记录密度可用道密度和位密度来表示。磁道是在磁层运动方向上被磁头扫过的轨迹。一个磁表面会有许多磁道。在沿磁道分布方向上，单位长度内的磁道数目叫道密度。常用的道密度单位为 tpi（每英寸磁道数）和 tpm（每毫米磁道数）。在沿磁道方向上，单位长度内存放的二进制信息的数目叫位密度。常用的位密度单位为 bpi（每英寸二进制位数）和 bpm（每毫米二进制位数）。

图 6-9 是磁盘盘面上的记录密度（道密度和位密度）示意。左图采用的是低密度存储方式，所有磁道上的扇区数相同，所以每个磁道上的位数相同，因而内道上的位密度比外道位密度高；右图采用的是高密度存储方式，每个磁道上的位密度相同，所以外道上的扇区数比内道上扇区数多，因而整个磁盘的容量比低密度盘高得多。

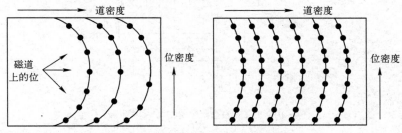

图 6-9　磁盘盘面上的记录密度示意

（2）存储容量

存储容量指整个存储器所能存放的二进制信息量，与磁表面大小和记录密度密切相关。

（3）平均存取时间（average access time）

磁表面存储器的读写是在磁层相对磁头做匀速运动的过程中完成的。由于主机对存储器读写数据的随机性，很难保证磁层上所需要读写的数据块位置正好处于磁头下方。因此，存取时间应包括磁头定位和数据传输等多个时间。

（4）数据传输速率

数据传输速率是指磁表面存储器完成磁头定位和旋转等待以后，单位时间内从存储介质上读出或写入的二进制信息量。为区别于外部数据传输率，通常称之为内部传输速率（internal transfer rate），也称为持续传输速率（sustained transfer rate）。而外部传输速率（external transfer rate）是指主机中的外设控制接口从（向）外存储器的缓存读出（写入）数据的速度，由外设采用的接口类型决定。通常，外部传输速率称为突发数据传输速率（burst data transfer rate）或接口传输速率。

4．磁记录编码方式

磁记录编码方式是指将数字信息转换成磁层表面的磁化单元所采用的各种方式。由于磁化过程是通过在磁头中通以磁化电流来实现的，故记录方式取决于写电流波形的组合方式。记录方式的选取将直接影响到记录密度、存储容量、传输速率和读/写控制逻辑。

数据记录方式按照写信息施加的电流波形的极性、频率和相位的不同，分为归零（Return-to-Zero，RZ）制、不归零（Non-Return-to-Zero，NRZ）制、不归零-1（NRZ-1）制、调相（Phase Modulation，PM）制、调频（Frequency Modulation，FM）制和改进调频制（Modified Frequency Modulation，MFM 制）等，如图 6-10 所示。

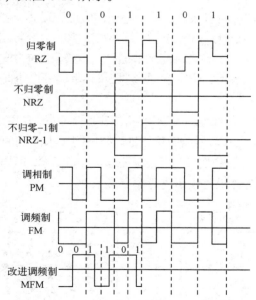

图 6-10　几种磁记录方式的写入电流波形

在归零制方式下，写 1 用正脉冲，写 0 用负脉冲，一位信息写完后，电流总回归到 0。

在不归零制下，仍是写 1 通以正向磁化电流，写 0 通以负向磁化电流，但每次写毕不归零。而在不归零-1 制（NRZ-1 制）下，写电流只在写 1 时改变方向，写 0 时写电流不变，所以又称为"见 1 就翻"不归零制。

调相制是利用写电流的相位不同实现写 1 和写 0 的一种记录方式。

在调频制方式下，写入 0 和 1 时磁头所加的写电流的频率不同。

改进调频制与调频制的区别在于去掉了冗余信息，其特点是：① 写电流不是在每个位周期的起始处都进行翻转，只有连续记录两个或两个以上 0 时，才在位周期的起始处翻转一次；② 逢 1 在位的中央翻转一次。这样仍保持了自同步能力，记录密度又得到了提高，故又称为倍密度记录方式，在磁盘中得到广泛应用。

6.3 主存储器的组织

目前，计算机中的主存储器都由半导体存储器构成。从计算机组成原理的角度看，我们主要关心如何用存储芯片组成一个实际的存储器。当存储器容量较小时，可选用 SRAM 芯片；当容量较大时，通常选用 DRAM 芯片，这时就要考虑动态刷新的问题。如果主存中有固化区，就需要部分采用 ROM 芯片，还需要考虑主存如何与 CPU 连接和匹配的问题。

6.3.1 主存储器的逻辑设计

设计存储器时，首先要确定所要求的总容量，即字数×位数。字数指可编址单元数，简称单元数。为了便于处理字符型数据，在微型计算机中，一般都采取按字节编址。在早期的大、中、小型计算机中，往往允许主存选取两种编址单位之一：按字节编址或按字编址。按字编址是指每个编址单元存放一个字，字长多为字节位数的整数倍，如 16、32、64 位。

确定了存储器的总容量后，即可确定可供选用的存储芯片是什么类型、什么型号、每片容量多大等。每片容量常低于整个存储器的总容量，这就需要用若干芯片组成存储器。相应地，可能存在位数与字数的扩展问题。

1．存储器容量扩展

（1）位扩展

如果各存储芯片的位数小于存储器所要求的位数，就需要进行位扩展。位扩展是指用多个存储芯片对字长进行扩展。其连接方式是将各存储芯片的地址线、片选线和读写控制线相应地并联，而各存储芯片的数据线单独列出。

典型的例子是 PC/XT 型微机，其主存容量为 1M×8 位，即 1 MB，多采用 8 片 1M×1 的存储芯片拼接而成（不考虑奇偶校验时）。为了实现位扩展，各芯片的数据线（输入/输出）拼接为 8 位。对于编址空间相同的一组拼接芯片，其地址线相同，公用一个片选信号。例如，向存储器送出某一地址码时，8 块存储芯片的某个对应单元同时被选中，各写入 1 位或各读出 1 位，共 8 位。

（2）字数（编址空间）扩展

如果每片的字数不够，需用若干芯片组成总容量更大的存储器，称为字数扩展。为此将高位地址译码产生若干不同的片选信号，按各芯片在存储空间分配中所占的编址范围，分送各芯片。低位地址线直接送往各芯片，以选择片内的某个单元，而各芯片的数据线按位并联于数据总线。向存储器送出某个地址码时，只有一个片选信号有效，选中某芯片；而低位地址在芯片内译码选中某单元。

2. 存储容量扩展举例

下面通过一个例子说明主存储器逻辑设计的基本方法，其中既有 ROM 也有 RAM，既有字数扩展也有位扩展。

【例 6-1】 某半导体存储器总容量 4K×8 位，即 4KB。其中固化区 2KB，选用 EPROM 芯片 2716（2K×8/片）；工作区 2KB，选用 SRAM 芯片 2114（1K×4/片）。地址总线 $A_{15} \sim A_0$（低），双向数据总线 $D_7 \sim D_0$（低）。

存储器逻辑结构的核心是寻址逻辑，即如何根据地址码选择存储芯片，进一步选择芯片内某个单元，所以我们以此为线索进行设计。

（1）芯片选取与存储空间分配

先确定所需芯片数并进行存储空间分配，作为片选逻辑的依据。本例中既有位扩展，也有字扩展，共需 1 块 2716 芯片、4 块 2114 芯片，其中 2 块 2114 芯片拼接为同地址的一组。整个存储空间可分为 3 段，它们所占的地址空间如图 6-11 所示，由此可以看出哪些地址位是区别这 3 段的依据，即产生片选的依据；哪些地址位是选择该段内某一单元的依据。

（2）地址分配与片选逻辑

其总容量是 4KB，共需 12 位地址，即低 12 位 $A_{11} \sim A_0$，高 4 位 $A_{15} \sim A_{12}$ 恒为 0，可以舍去不用。地址分配与片选逻辑如表 6-1 所示。

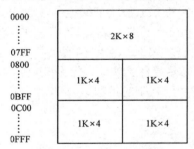

图 6-11　存储空间分配

表 6-1　地址分配与片选逻辑

芯片容量	芯片地址	片选信号	片选逻辑
2KB	$A_{10} \sim A_0$	CS_0	$\overline{A_{11}}$
1KB	$A_9 \sim A_0$	CS_1	$A_{11}\overline{A_{10}}$
1KB	$A_9 \sim A_0$	CS_2	$A_{11}A_{10}$

对于 2716 芯片，每片容量 2KB，需 11 位地址，应将低 11 位即 $A_{10} \sim A_0$ 连接到芯片。对于两组 2114 芯片，每组（两块拼接）容量 1KB，需 10 位地址，应将低 10 位 $A_9 \sim A_0$ 连接到芯片。

现在根据存储空间分配关系来确定片选逻辑。在产生片选的地址输入中，最高位为 A_{11}，即本存储器的最高位地址；最低位应与该芯片地址的最高位相衔接。因此对于 2716 芯片的片选信号，输入为 A_{11}（芯片地址最高位为 A_{10}）；对于 2114 芯片的片选信号，输入为 A_{11} 与 A_{10}（芯片地址最高位为 A_9）。然后根据所拟定的存储空间分配方案，确定 3 个片选信号的逻辑式。

（3）逻辑图

根据对寻址逻辑的设计，可画出存储器的逻辑图，如图 6-12 所示。在芯片级存储器逻辑图中应表示出如下各部分。

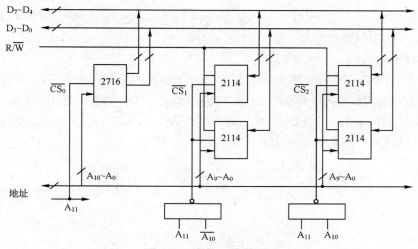

图 6-12   存储器的逻辑图

① 所用存储芯片。

② 各芯片的地址线。本例中各片容量不全相同，应分别标注其芯片地址是哪些位。

③ 片选逻辑。如果需要字扩展，就需要几个逻辑式不同的片选信号。由于本例中各组芯片容量不全相同，因而片选逻辑式的地址位不规整，故直接用与非门产生。如果片选逻辑规整，就可用标准的译码器芯片产生片选信号。注意，芯片要求的片选信号一般是 $\overline{CS}$，即低电平有效，而设计时往往先按逻辑命题真（逻辑真值为 "1"）写出逻辑式，如本例中，先写出 CS_0 等，再产生 $\overline{CS_0}$ 等。

④ 数据线。本例中，数据总线本身是双向总线，数据通路宽度为 8 位。ROM 芯片在联机工作中只读不写，即单向输出。RAM 芯片可读可写，双向连接。选用 2114 芯片，每片 4 位，分别并联到数据线 $D_7 \sim D_4$ 和 $D_3 \sim D_0$，两组拼接为 8 位。

⑤ 读/写控制 $R/\overline{W}$。2716 芯片没有 $R/\overline{W}$ 输入端，$R/\overline{W}$ 信号只送至 RAM 芯片 2114。

3．动态存储器的刷新

如果采用 DRAM 芯片构成主存储器，除了前述逻辑设计，还需考虑动态刷新问题。若芯片采用的是四管动态存储单元，则读出时能自动补充电荷。若采用单管存储单元，则属于破坏性读出，但存储芯片本身具有读出后重写的再生功能。因此对所有 DRAM 芯片都采用逐行刷新的方法。为此应设置一个刷新地址计数器，提供刷新地址，即刷新行的行号，然后发送行选信号 $\overline{RAS}$ 给读命令，即可刷新一行。此时列选信号 $\overline{CAS}$ 为高（无效），数据输出为高阻。每刷新一行后，刷新地址计数器加 1，每个计数循环对芯片各行刷新一遍。

在多长时间内必须全部刷新完一遍呢？全部刷新一遍所允许的最大时间间隔被称为最大刷新周期。随着工艺水平的不断改进，最大刷新周期也随之变化。下面假定这一指标约为 2 ms。

如果一个存储器包含若干存储芯片，那么各片可以同时刷新。对每块 DRAM 芯片，每次刷新一行，所需时间为一个刷新周期。若其中容量最大的一种芯片的行数为 128，则每刷新一遍存储器需要安排 128 个刷新周期。

于是，主存储器需要两种工作状态：一种是读/写/保持状态，由 CPU（或其他控制器）提供地址进行读写，或是不访问主存（保持信息），其访存地址是根据程序需要随机产生的，有些行可能长期不被访问；另一种是刷新状态，由刷新地址计数器逐行地提供行地址，在 2 ms 周期中不能遗漏任何一行。因此，实现动态刷新的一个重要问题是：如何安排刷新周期？一般可归纳为下述 3 种典型的刷新方式。

（1）集中刷新方式

如图 6-13（a）所示，在 2 ms 的最大刷新周期内，集中安排若干刷新周期，使全部芯片刷新一遍，这时刷新周期数等于最大容量芯片的行数；其余时间可用于正常工作，即读/写/保持状态。在逻辑实现上，可由一个定时器每 2 ms 请求一次，进入集中刷新状态，然后由刷新计数器控制一个计数循环，逐行刷新一遍。

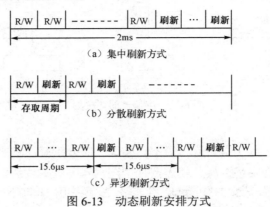

图 6-13　动态刷新安排方式

集中刷新方式的优点是：主存利用率高，控制简单。缺点是：在集中刷新状态中不能使用存储器，因而形成一段死区。如果系统工作方式不允许有死区，则不能采用集中刷新方式。

（2）分散刷新方式

如图 6-13（b）所示，分散刷新方式将每个存取周期分为两部分，前半期可用于正常读/写/保持，后半期用于刷新。换句话说，将各刷新周期分散地安排于各读写周期之后。

分散刷新方式的优点是：控制简单，主存工作没有长的死区。其缺点是：主存利用率低，工作速度约降低一半。这是因为每个存取周期中都包含一个刷新周期，所需时间约增加 1 倍。如果主存所用存储芯片的读/写周期 t_{RC} 为 100 ns，若采用分散刷新方式，则存取周期将增至 200 ns。在 2 ms 内将刷新 10^4 次，远远超过芯片行数，浪费很多。因此，分散刷新方式只能用于低速系统中。

（3）异步刷新方式

异步刷新方式是按芯片行数决定所需刷新周期数，并分散安排在 2 ms 的最大刷新周期中。例如，芯片的最大行数为 128，可每隔 15.6 μs 提出一次刷新请求，响应后就安排一个刷新周期。如图 6-13（c）所示，提出刷新请求时有可能 CPU 访存尚未结束，则稍事等待至主存有空时，再安排刷新周期进行刷新，所以称为异步刷新方式。由于大多数计算机系统都有 DMA 方式（直接存储器访问），可将动态刷新请求作为一种 DMA 请求，CPU 响应后放弃系统总线控制权，暂停访存，由 DMA 控制器接管系统总线，送出刷新地址进行一次动态刷新，这已成为一种典型方式。

异步刷新方式兼有前两种方式的优点：对主存利用率和工作速度影响最小，而且没有死区。虽然控制上复杂一些，但可利用系统已有的 DMA 功能去实现。因此，大多数计算机系统采用异步刷新方式。

在说明了 3 种刷新方式后，再归纳一下硬件实现的 4 种可能方案：① 利用 DMA 功能；② 用通用芯片构成动态刷新计数器、地址切换等刷新控制逻辑；③ 利用专用芯片（如 Intel 8203）动态 RAM 系统控制器，其中包含地址多路转换、地址选通、刷新逻辑、刷新/访存裁决器等功能部件；④ 利用准静态 RAM 芯片，如 iRAM 芯片等，内部采用单管动态存储单元，本质上属于动态存储器。但芯片内部集成了动态刷新逻辑，从使用者角度，不再需要另外设置外部刷新电路，其使用特性如同 SRAM，因而称为准静态 RAM。

6.3.2　主存储器与 CPU 的连接

主存储器与 CPU 的连接在具体逻辑上可能有多种变化，从原理上大致需要考虑以下方面。

1．系统模式

（1）最小系统模式

如图 6-14（a）所示，在很小的系统中，如在 CPU 卡、设备控制器、智能型接口中，往往将 CPU 芯片（微处理器）与存储芯片直接连接，即 CPU 输出地址线、数据线直接送往存储芯片，并发出读写命令 R/$\overline{\text{W}}$ 送往芯片，这种模式被称为最小系统模式。这种小系统所需存储器容量不大，往往采用 SRAM 芯片，省去刷新逻辑。

（2）较大系统模式

在稍具规模的计算机系统中，往往通过系统总线连接主存储器与外围设备。CPU 芯片的引脚常常不直接与系统总线相连，而是通过数据收发缓冲器、地址锁存器、总线控制器等接口芯片与系统总线相连，如图 6-14（b）所示。而主存储器模块就挂接在系统总线上。通过总线完成一次存储器读/写，需占用一个总线周期。

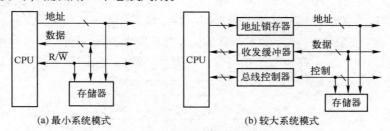

图 6-14　CPU 与主存的连接模式

（3）专用存储总线模式

如果系统规模较大（所带外围设备较多），而且要求访存速度较高，就可在 CPU 与主存储器之间建立一组专用的高速存储总线，其中包括地址线与数据线及少量控制信号。在这种系统模式中，CPU 通过存储总线访问主存储器，通过 I/O 总线访问 I/O 设备。

2．速度匹配与时序控制

在早期的计算机中，常为 CPU 内部操作与访存操作设置统一的时钟周期，又称为节拍，以进行一次访存所需时间作为一节拍的宽度。CPU 内部操作也是每节拍执行一步，由于 CPU 速度往往远高于主存存取速度，即完成一步 CPU 内部操作所需的时间远小于主存的一个存取周期，因此 CPU 利用率低。

现在，大多数计算机为这两类操作分别设置周期。一般按 CPU 内部操作的需要划分时钟周期，每个时钟周期完成一步 CPU 内部操作，如一次传送或一次加减。可选取较高的时钟频率，即较短的时钟周期，以适应 CPU 的高速操作。通过系统总线的一次访存操作，占用一个总线周期。在同步控制方式中，一个总线周期由若干时钟周期组成，大多数主存的存取周期是固定的，因此一个总线周期包含的时钟周期数可以事先确定不变。在扩展同步控制方式中，允许延长总线周期，即增加时钟周期数。在异步控制方式中，总线周期与 CPU 时钟周期无直接关系，由异步应答确定，根据实际需要，能短则短，需长则长，当存储器完成操作时往往发出就绪信号 READY。

高速系统常采取一种覆盖并行地址传送技术，即在现行总线周期结束前送出下一总线周期的地址与操作命令，以提高总线传送速度。

3．数据通路匹配

数据总线一次能并行传送的位数，称为总线的数据通路宽度，常见的有 8、16、32、64 位几种。但大多数主存储器采取按字节编址，每次访存读/写 8 位，以适应对字符类信息的处理。这就存在一个主存与数据总线之间的宽度匹配问题。

如果数据总线为 8 位（如准 16 位微机系统中的 PC 总线），而主存按字节编址，那么匹配关系比较简单。如在采用 Intel 8088 CPU 芯片的系统中，典型的时序安排是占用 4 个 CPU 时钟周期，称为 $T_1 \sim T_4$，构成一个总线周期，读/写 8 位。

Intel 8086 是 16 位 CPU，它的标准方式是：在一个总线周期内可存/取 2 字节，即先送出偶单元地址（地址编码为偶数），然后同时读/写偶单元及随后的奇单元，用低 8 位数据总线传送偶单元的数据，用高 8 位数据总线传送奇单元数据。这样读/写的字（16 位）被称为规则字。如果传送的是非规则字，即从奇单元开始的字，就需要安排两个总线周期才能实现。

为了实现这样的传送，需将存储器分为两个存储体，如图 6-15 所示。一个存储体的地址编码均为偶数，称为偶地址（低字节）存储体，与低 8 位数据线相连。另一个存储体的地址编码均为奇数，称为奇地址（高字节）存储体，与高 8 位数据线相连。

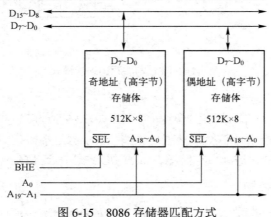

图 6-15　8086 存储器匹配方式

地址线 $A_{19} \sim A_1$ 同时送往两个存储体，每个存储体均有一个选择信号输入端 $\overline{SEL}$，低电平选中。体现地址码奇或偶的最低位地址 A_0，送往偶地址存储体，A_0 为 0 时选中该存储体。CPU 同时输出一个信号 $\overline{BHE}$（高字节使能），选择奇地址存储体。

当存取规则字时，地址线送出偶地址，同时让 $\overline{\text{BHE}}$ 有效。于是同时选中两个存储体，分别读出高字节与低字节，共 16 位，在一个总线周期中同时传送。

这种匹配方式可推广到数据通路宽度位数更多的系统中，如 32 位系统。以 80386DX 为例，数据总线和地址总线都是 32 位，在一个存取周期中可传送 32 位的数据，可寻址空间为 4 GB。存储器被分为 4 个 8 位宽的存储体，允许以字节、字或双字为单位直接存取存储器中的数据。存储器通过 4 个体选信号 $\overline{\text{BE}}_3 \sim \overline{\text{BE}}_0$ 来访问。这样可以使处理器在激活一个体选信号时只对一字节进行存取，在激活两个体选信号时存取一个字，在激活 4 个体选信号时存取一个双字。在多数情况下，一个字被寻址到体 0 和体 1 或者被寻址到体 2 和体 3。存储单元 00000000H 在体 0 中，存储单元 00000001H 在体 1 中，存储单元 00000002H 在体 2 中，存储单元 00000003H 在体 3 中。

4．有关主存的控制信号

如前所述，存储芯片本身只需要最基本的控制命令，如 R/$\overline{\text{W}}$、$\overline{\text{CS}}$，或将 $\overline{\text{CS}}$ 分解为 $\overline{\text{RAS}}$ 和 $\overline{\text{CAS}}$。但为了实现对存储器的选择、容量的扩展、速度匹配，系统总线可能引申出一些控制与应答信号。不同的系统总线有其自身的约定标准，规定了一些与主存相关的控制信号，从而在某种程度上影响了主存储器的整体组织与访存工作方式。下面介绍一些比较常见的控制信号设置情况。

有的系统总线设置了存储器选择命令。如 $\overline{\text{M}}$/IO，低电平时，选中主存，高电平时，选中输入/输出设备。又如 $\overline{\text{MREQ}}$，低电平时存储器工作。再如图 6-15 中的选择信号 $\overline{\text{SEL}}$。典型的做法是将选择信号（如 $\overline{\text{MREQ}}$）引至片选译码器的使能端，当 $\overline{\text{MREQ}}$ 为低时，片选译码器有一个片选输出有效，存储器工作。

有的系统总线将选择命令与读/写命令结合起来，分为两个控制信号：$\overline{\text{MEMW}}$ 存储器写、$\overline{\text{MEMR}}$ 存储器读。它们将参与控制片选信号的产生，并形成存储芯片所需的 R/$\overline{\text{W}}$（即 $\overline{\text{WE}}$ 或 $\overline{\text{RD}}$）。

为了扩展存储器容量，有的系统允许设置一个基本存储器模板和一个扩展存储器模板，称为存储器重叠。相应地，系统总线中设置了一个存储器扩展信号 MEMEX，为低电平时选择基本存储器模板，为高电平时选择扩展存储器模板。

6.3.3　Pentium CPU 与存储器组织

Pentium CPU 地址总线为 32 位，寻址空间为 4 GB。存储器被分为 8 个存储体，每个存储体有一个校验位。外部数据总线 64 位，一次可寻址 64 位（8 字节），因此只需 A_{31} 到 A_3 这 29 根地址线寻址每次传输的存储器首地址，它们通常是 8 的倍数，如 0、8、16 等。为了兼容 8086，Pentium 还应该能够实现单个字节和字的传输，这就要通过专门设计的字节选通信号 $\overline{\text{BE}}_7 \sim \overline{\text{BE}}_0$ 来完成。在对准传送字、双字和 4 字数据时，只需要一个总线周期；不对准时，传送数据需要两个总线周期。

1．主存连接与读写组织

Pentium CPU 与主存储器之间的传输通道如图 6-16 所示。当 CPU 从存储器中读取数据时，CPU 经地址总线将地址信息送至地址缓存器，如果 $\overline{\text{ADS}}$ 信号有效，地址缓存器便接收地

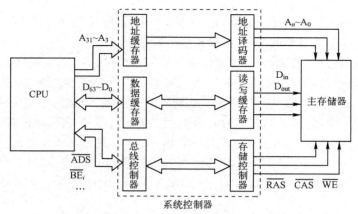

图 6-16　Pentium CPU 与主存储器之间的传输通道

址信息并锁存。同时，$\overline{BE_7} \sim \overline{BE_0}$ 将确定数据总线传送哪种类型的数据。地址译码器则将地址信息转换为主存储器中的物理地址，通过存储控制器选中所需的字，从主存储器中读取该数据并送至读/写缓存器，读/写缓存器又将数据送至数据缓存器，此后 CPU 就可以从该缓存器中读取所需的数据。可见，CPU 并不是直接对主存进行访问，而是由一个系统控制器向总线、各缓冲存储器和各暂存器提供必要的控制信号，并存储、转发 CPU 与主存之间的地址和数据信息。

除了传统的数据和地址总线信号，存储器的访问还需要一些总线控制信号。

CPU 输出的 3 根复用控制线信号 $D/\overline{C}$、$W/\overline{R}$ 和 $M/\overline{IO}$ 用于指示当前总线周期的类型。其中，$D/\overline{C}$ 为高电平表示数据周期，为低电平表示指令/特殊周期；$W/\overline{R}$ 为高电平表示写周期，为低电平表示读周期；$M/\overline{IO}$ 为高电平表示存储器周期，为低电平表示 I/O 周期。

字节选通信号 $\overline{BE_7} \sim \overline{BE_0}$ 与传送的 64 位数据形成一一对应关系，即 $\overline{BE_7}$ 对应 $D_{63} \sim D_{56}$，$\overline{BE_6}$ 对应 $D_{55} \sim D_{48}$……$\overline{BE_0}$ 对应 $D_7 \sim D_0$。$\overline{BE_i}$ 为低电平时对应的数据位有效，如 $\overline{BE_7} \sim \overline{BE_4}$ =1111，$\overline{BE_3} \sim \overline{BE_0}$ =0000，则表示当前传送的高位 4 字节无效，而低位 4 字节有效。

地址数据选通信号 $\overline{ADS}$ 由 CPU 发出，用于指示 CPU 已启动一个新的总线周期，低电平有效，此时 $D/\overline{C}$、$W/\overline{R}$、$M/\overline{IO}$、地址选通信号 $\overline{ADS}$ 和字节选通信号 $\overline{BE_7} \sim \overline{BE_0}$ 等都将输出有效信息。

猝发就绪信号 $\overline{BRDY}$ 由被寻址的外部设备，如主存储器或 I/O 设备向 CPU 发出，低电平有效，表示数据准备好；若为高电平，则表示还要等待，CPU 会插入等待周期。

$\overline{CACHE}$ 信号由 CPU 发出，低电平有效，表示当前执行高速缓冲存储器操作。

8 根输入/输出双向线 $DP_7 \sim DP_0$ 用作数据总线的奇偶校验。写周期内，由 CPU 输出针对数据总线上 $D_{63} \sim D_0$ 的每字节进行偶校验，读周期内，则由 CPU 读取数据发送方给定的偶校验信息。

2．读写时序

Pentium CPU 包含 U 和 V 两条流水线，这里只介绍在非流水线周期中的读写操作时序。

（1）非流水线周期

基本的非流水线存储器周期包括两个时钟周期 T_1 和 T_2，读周期的时序如图 6-17 所示，图中只标出主要的控制信号。在 T_1 周期，CPU 发出地址信号 $A_{31} \sim A_3$，$\overline{BE_i}$ 由访问的数据宽度确定，同时发送 $W/\overline{R}$、$M/\overline{IO}$ 和 $\overline{CACHE}$ 等信号。$\overline{ADS}$ 为低电平说明地址信号和总线控制信号

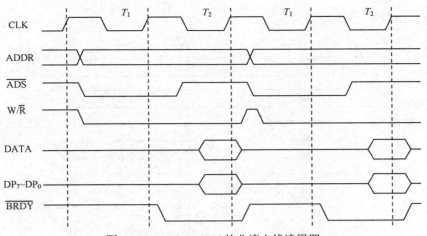

图 6-17　Pentium CPU 的非流水线读周期

有效，处理器已经启动一个总线周期。在 T_2 周期末端时钟上升沿，数据总线被同步采样。存储系统输出访问到的数据后，将 $\overline{BRDY}$ 信号置为有效，并输出奇偶校验位信号。在 T_2 周期结束前，$\overline{BRDY}$ 信号必须变为逻辑 0，否则多余的 T_2 周期就会被插入时序。

非流水线的写周期与读周期时序相似，主要区别在于 W/$\overline{R}$ 信号为高电平。在 T_2 周期，CPU 输出数据和相应的奇偶校验位，存储子系统接收数据后返回一个有效的 $\overline{BRDY}$ 信号。

（2）插入等待状态周期

根据存储器或 I/O 模块的响应速度，总线周期中可能需要插入等待周期 T_2。在 T_2 期间，如果不能完成读写操作，存储控制器会将 $\overline{BRDY}$ 信号保持为高电平，CPU 采样并判断 $\overline{BRDY}$ 无效，自动在 T_2 后再插入等待周期 T_2，直到 $\overline{BRDY}$ 有效，才结束 T_2 周期。图 6-18 给出了插入 4 个等待周期的读周期时序。

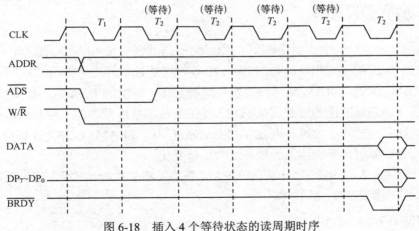

图 6-18　插入 4 个等待状态的读周期时序

（3）猝发周期

对于大量数据传输，更有效的方法是使用猝发（Burst）周期。在一个猝发周期的 5 个时钟周期内可以传输 4 个 64 位数据。Pentium 对 Cache 的读周期采用猝发模式，在回写一个完整的 Cache 行时也采用猝发模式。

猝发周期中几个重要的信号为 $\overline{BRDY}$、$\overline{CACHE}$ 和 $\overline{KEN}$，没有等待状态的猝发读周期传

输时序如图 6-19 所示。

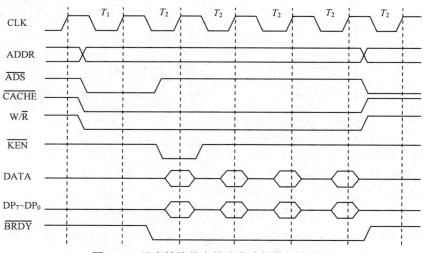

图 6-19　没有等待状态的猝发读周期传输时序

在 T_1 周期，CPU 发送地址信号，将 $\overline{\text{BRDY}}$ 信号置为低电平，表示地址信号和控制信号有效。CPU 使用低电平有效的 $\overline{\text{CACHE}}$ 信号通知存储子系统寻址片内 Cache，执行 Cache 操作，若存储子系统发 低电平有效信号，则进入 Cache 行填充操作。在后续的 4 个 T_2 周期，分别连续采样 4 个数据项。在猝发周期取得数据项前，每次都必须采样并判断 $\overline{\text{BRDY}}$ 信号是否有效，如果无效，就插入等待状态 T_2。

对于猝发写周期，与读周期相似，不同的是，$\text{W}/\overline{\text{R}}$ 信号维持高电平，以表示当前为写操作。这时的 $\overline{\text{KEN}}$ 信号被忽略不用。

6.3.4　高级 DRAM

在使用高性能处理器时，最严重的系统瓶颈之一是处理器与内部主存储器的接口，该接口是整个计算机系统最重要的路径。从 20 世纪 70 年代早期开始的几十年期间，主存储器的基本结构仍是 DRAM 芯片，DRAM 结构没有发生显著变化。传统的 DRAM 芯片受到其内部结构及其与处理器存储总线连接的限制。解决 DRAM 主存储器性能问题的一种方法是在 DRAM 主存储器与处理器之间插入一级或多级 SRAM Cache。但由于 SRAM 比 DRAM 贵得多，且 Cache 的容量超过一定限度时，其性能的提高并没有显著变化。

在过去几年中，人们探索了许多基本 DRAM 结构的增强功能，市场上也出现了一些产品，本节简单介绍这些新的 DRAM 技术。

1. 增强型 DRAM（EDRAM）

在新的 DRAM 结构中，最简单的一种是增强型 DRAM，即 Extended DRAM（简称 EDRAM），由 Rantron 公司开发。EDRAM 改进了 CMOS 制造工艺，使晶体管开关加速，其存取时间和周期比普通 DRAM 缩短一半，而且在 EDRAM 芯片中集成了小容量 SRAM Cache。例如，在 4Mb（1M×4 位）的 EDRAM 芯片（如图 6-20 所示）中，内含 4Mb DRAM 和 2Kb（512×4 位）SRAM Cache。

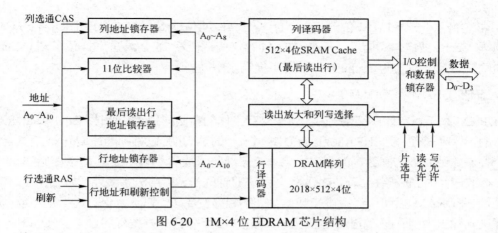

图 6-20　1M×4 位 EDRAM 芯片结构

访问 1M×4 位 EDRAM 芯片需要 20 位地址，但芯片的实际地址引脚只有 11 位，为此 20 位地址需要分时送入内部。首先在行选信号的作用下，内存地址的高 11 位经地址线 $A_{10} \sim A_0$ 输入，作为行地址，分别保存在行地址锁存器和最后读出行地址锁存器中。在 DRAM 阵列的 2048 行中，此地址指定行的全部数据 512×4 位，且被读取到 SRAM Cache 中暂存。然后，在列选通信号的作用下，内存地址的低 9 位又经地址线 $A_8 \sim A_0$ 输入，并保存到列地址锁存器中。当读命令信号有效时，512 个 4 位组的 SRAM 中某 4 位组被这个列地址选中，经数据线 $D_3 \sim D_0$ 从芯片输出。

SRAM Cache 存储了上一行读入的所有内容，包含 2048 位或 512 个 4 位的块。比较器保存了最近行地址选择的 11 位值。下一次读取时，输入的行地址立即与最后读出行锁存器的内容进行比较。若相符，则 SRAM 命中，由输入的列地址从 SRAM 中选择某一位组送出即可；若不相符，则需要驱动 DRAM 阵列，更新 SRAM 和最后读出行地址锁存器的内容，并送出指定的 4 位。可见，以 SRAM 保存一行的办法，对成块传送非常有利。如果连续的地址高 11 位相同，即属于同一行的地址，而连续变动的 9 位列地址就会使 SRAM 中相应位连续输出，这称为猝发式读取。

EDRAM 包含了几个其他改进性能的特点。刷新操作能够与 Cache 读操作并行进行，使芯片由于刷新而无效的时间减到最小。同时注意，从行 Cache 到输出端口的读路径独立于从 I/O 模块到读出放大器的写路径，这使写操作完成时能够同时进行下一个 Cache 的读操作。

2．带 Cache 的 DRAM（CDRAM）

CDRAM 是在普通 DRAM 芯片上再集成一个 SRAM 存储矩阵和有关缓冲寄存器及逻辑控制电路作为片内 Cache，与 DRAM 通过片内总线连接。

CDRAM 中的 SRAM 能够以两种方式使用。首先，其 SRAM 能作为真正的 Cache 使用，每行由 64 位组成。与之相比，EDRAM 中的 SRAM Cache 仅包含一块，即最近存取的一行。CDRAM 的 Cache 模式对普通的随机存取是有效的。

CDRAM 中的 SRAM 也可以用作支持串行存取数据块的缓冲器。例如，用于显示屏幕的刷新，CDRAM 能够从 DRAM 中预先将数据取到 SRAM 缓冲器中，随后对芯片的存取只在 SRAM 中进行。

由三菱公司开发的 CDRAM 在一个芯片上集成了地址、命令、数据输入/输出和控制时钟

4 个缓冲寄存器，一个 1M×4 位的 DRAM，一个 4K×4 位的 SRAM 作为 CDRAM 的 Cache。DRAM 与 Cache 成组传输信息，一个 DRAM 存储周期传输 16 个数据（64 位）到 Cache 中，比不在同一芯片上独立的 Cache 的传输速率提高了 16 倍。

3．同步 DRAM（SDRAM）

SDRAM 基于双存储体结构，内含两个交互工作的存储阵列。工作时，CPU 和 SDRAM 通过一个时钟锁在一起，使 SDRAM 和 CPU 共享一个时钟周期，以相同的速度同步工作。当 CPU 从一个存储体或阵列访问数据的同时，另一个已准备好读/写数据。通过两个存储阵列的紧密切换，存取速度得到成倍提高。SDRAM 与系统时钟同步，采用流水线处理方式，当指定一个特定地址，SDRAM 就可以读取多个数据，即实现猝发传送。以读为例：① 指定地址；② 读出数据送到输出电路；③ 输出数据到 CPU。这 3 步是各自独立进行的且与 CPU 同步，这是 SDRAM 提高速度的关键所在。SDRAM 对读出存储阵列中同一行的一组顺序数据特别有效；对顺序传送大量数据（如字处理、电子表格和多媒体信息等）特别有效。当所有的位被顺序存取，而且它们与被取的第一位处于阵列中的同一行时，可以采用这种模式。

SDRAM 的内部逻辑如图 6-21 所示。SDRAM 芯片比一般 DRAM 芯片增加了一个时钟信号线和存储体控制线。方式寄存器和相关控制逻辑是 SDRAM 不同于传统 DRAM 的另一个关键特点，它提供了定制 SDRAM，以满足特定系统需求的机制。SDRAM 允许用户在方式寄存器中设置分组的长度，该长度是同步地向总线发送数据的单元个数，还允许程序员调整从接收读请求到开始数据传输的等待时间。

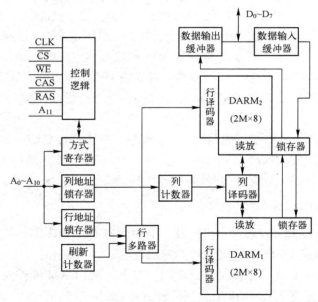

图 6-21　SDRAM 的内部逻辑

4．DDR SDRAM

同步内存 II 也称为 DDR SDRAM（Double Data Rate SDRAM），即双速率 SDRAM，其核心以 SDRAM 为基础，但速度和容量有明显提高。与 SDRAM 相比，DDR SDRAM 主要有两点不同：① DDR SDRAM 运用了更先进的同步电路；② DDR SDRAM 使用了 DLL（Delay

Locked Loop）技术，提供一个数据滤波信号，当数据有效时，存储控制器可使用这个数据滤波信号来精确定位数据。DDR SDRAM 本质上不需要提高时钟频率就能加倍提高传输速率，允许在时钟脉冲的上升沿和下降沿读出数据，因而是标准 SDRAM 的 2 倍。

5．DDR2 SDRAM

DDR2 SDRAM 内存条采用与 DDR 类似的技术，利用芯片内部的 I/O 缓冲（Buffer）可以进行 4 位预取。例如，采用 DDR2 SDRAM 技术的 PC2-3200（DDR2-400）存储芯片内部 CLK 时钟的频率为 200 MHz，意味着存储器总线上的时钟频率应为 400 MHz，利用存储芯片内部的 4 位预取技术，一个时钟内有 4 个数据被取到 I/O 缓冲中，存储器总线在每个时钟内传送两次数据，若每次传送 64 位，则存储器总线的最大数据传输率（即带宽）为 200 MHz× 4 bit ×64/8 = 400 MHz×2 B×64/8 = 6.4 GBps。

6．DDR3 SDRAM

DDR3 SDRAM 芯片内部 I/O 缓冲可以进行 8 位预取。如果存储芯片内部 CLK 时钟的频率为 200 MHz，意味着存储器总线上的时钟频率应为 800 MHz，存储器总线在每个时钟内可传送两次数据，若每次传输 64 位，则对应存储器总线的最大数据传输率（即带宽）为 200 MHz× 8 bit×64/8 =800 MHz×2 B×64/8=12.8 GBps。

7．FPM-DRAM

FPM-DRAM（Fast Page Mode DRAM，快速页模式随机存储器）是传统 DRAM 的改进型产品，通过保持行地址不变而只改变列地址，可以对给定行的所有数据进行更快的访问，其速度之所以能提高是基于计算机中大量的数据是连续存放的这一事实。比如，若一个数据与前一个数据的行地址相同，主存控制器就不必再传一次行地址，只要再传一个列地址就可以了。当 CPU 选中某单元时，则有理由认为下一个地址就是 CPU 要选的。由于大量的数据是连续存放的，这种触发行地址后连续输出列地址的方式能用较少的时钟周期读较多的数据，即存取同一"页"数据的速度与效率就大大提高了（行地址不变时，列地址可寻址的空间称为一"页"；一页通常为 1024 字节的整数倍）。

FPM-DRAM 还支持突发模式访问。所谓突发模式，是指对一个给定的访问在建立行和列地址之后，可以访问后面 3 个相邻的地址，而不需要额外的延迟和等待状态。一个突发访问通常限制为 4 次正常访问。为了描述这个过程，经常以每次访问的周期数表示计时。一个标准 DRAM 的典型突发模式访问表示为 x-y-y-y，x 是第一次访问的时间（延迟加上周期数），y 表示后面每个连续访问所需的周期数。

6.4　高速缓冲存储器

计算机系统整体性能的高低与许多因素有关，如 CPU 的主频、存储器的存取速度、系统架构、指令结构、信息在各部件之间的传输速度等。而 CPU 与主存之间的存取速度是一个很重要的因素。如果只是 CPU 工作速度很高，而主存的存取速度较低，就会造成 CPU 经常处于等待状态，既降低了处理速度，又浪费了 CPU 能力。

为了减小 CPU 与主存之间的速度差异，现代微机中通常在慢速的 DRAM 和快速的 CPU 之间插入一个速度较快、容量较小的 SRAM，起到缓冲作用，使 CPU 既能以较快速度存取 SRAM 中的数据，又不使系统成本上升过高，这就是高速缓冲存储器（Cache）技术。本节主要简介 Cache 的概念、原理、结构设计及在微型机和 CPU 中的实现。

6.4.1 Cache 的工作原理

Cache 的工作原理基于程序和数据访问的局部性。对大量典型程序运行情况的分析结果表明，在一个较短的时间间隔内，程序地址往往集中在存储器逻辑地址空间的很小范围里。程序地址的分布本来就是连续的，再加上循环程序段和子程序段要重复执行多次，因此对程序地址的访问就自然地具有相对集中的倾向。数据分布的这种集中倾向不如指令明显，但对数组的存储和访问及对工作单元的选择都可以使存储器地址相对集中。这种对局部范围的存储器地址频繁访问，而对此范围以外的地址访问很少的现象称为程序访问的局部性。

由此可以想到，如果把一段时间内在一定地址范围中被频繁访问的信息集合成批地从主存读到一个能高速存取的小容量存储器中存放起来，供程序在这段时间内随时使用，从而尽量减少访问速度较慢的主存的次数，可以加快程序的运行速度，这就是 Cache 的设计思想，即在 CPU 与主存之间设置一个小容量的 Cache，如图 6-22 所示。

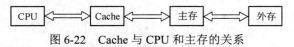

图 6-22 Cache 与 CPU 和主存的关系

Cache 中存放着最近要使用的程序与数据，作为主存中当前最急需执行信息的副本，其容量约为几十 KB 到几百 MB。由于容量较小，Cache 可以选用高速半导体存储器，使 CPU 访存速度得到提高。在现代微处理器中，在 CPU 芯片内集成了 1~2 个高速缓存，称为片内 Cache，还允许在 CPU 芯片外扩充 Cache。

有了 Cache，系统在工作时总是不断地将与当前指令集相关联的一个不太大的后继指令集从主存读到 Cache，再向 CPU 高速传送，从而达到速度匹配。当 CPU 需要访存时，同时将地址送往主存与 Cache。若所需访问的内容已经在 Cache 中，则可直接从 Cache 中快速读取信息，这称为访问 Cache 命中；若访问的内容不在 Cache 中，即未命中，则从主存中读取信息，并更新 Cache，使其成为当前最急需部分。为此需要实现访存地址与 Cache 物理地址间的映像变换，并采用某种算法进行 Cache 内容的更新，这将在后面进行介绍。

由于局部性原理不能保证所请求的数据百分之百地在 Cache 中，这里便存在一个命中率问题。所谓命中率，就是在 CPU 访问 Cache 时，所需信息恰好在 Cache 中的概率。命中率越高，正确获取数据的可能性就越大，目前 Cache 的访问命中率可达到 90% 以上。因此只要合理组织三级存储体系，整体上 CPU 就能以接近 Cache 的速度访问存储器，而总存储容量相当于联机外存的总容量。

一般来说，Cache 的存储容量比主存的容量小得多，但不能太小，太小会使命中率太低。但没有必要过大，过大不但会增加成本，而且当 Cache 容量超过一定值后，命中率随容量的增加不会有明显增长。所以，Cache 的空间与主存空间在一定范围内应保持适当比例的映射关系，以保证 Cache 有较高的命中率，且系统成本不会过多增加。

Cache 的命中率与 Cache 的映像方式、替换算法、程序特性等因素有关。

6.4.2　Cache 的组织

本节将通过例子来说明 Cache 的几种地址映像方法，并简要介绍更新 Cache 内容的替换算法及其读/写过程。

1．地址映像

主存容量比 Cache 容量大很多，为了把主存中当前最急需执行的信息放到 Cache 中，必须应用某种函数把主存地址映像到 Cache，这称为地址映像。在信息按照这种映像关系装入 Cache 并执行程序时，应将主存地址变换成 Cache 地址，这个变换过程称为地址变换，地址映像和变换是密切相关的。

一般将主存与 Cache 的存储空间划分为若干大小相同的块（也称为行）。例如，某机主存容量 1 MB，划分为 2048 块，每块 512 B；Cache 容量为 8 KB，划分为 16 块，每块 512 B。下面介绍三种基本地址映像方式：直接映像、全相联映像和组相联映像等。

（1）直接映像

Cache 与主存之间采取直接映像方式（如图 6-23 所示），即主存中每个块只能复制到某固定 Cache 块中，映像规律是：将主存的 2048 块按顺序分为 128 组，每组 16 块，分别与 Cache 的 16 块直接映像，即以 16 为模重复映像。主存第 0 块、第 16 块、第 32 块……第 2032 块等，共 128 块，只能映像到 Cache 第 0 块；主存第 1 块、第 17 块、第 33 块……第 2033 块等只能映像到 Cache 第 1 块……主存第 15 块、第 31 块……第 2047 块等只能映像到 Cache 第 15 块。

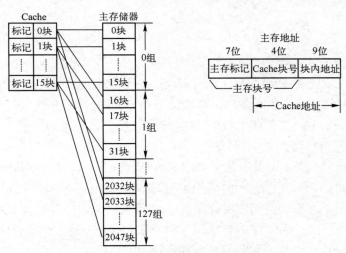

图 6-23　直接映像的 Cache 组织

访存时，给出 20 位主存地址，其中高 11 位为主存块号（主存有 2048=2^{11} 块，块号需要 11 地址），低 9 位为块内地址（一块有 512=2^9 字节，需要 9 位块内地址）。为了实现与 Cache 间的地址映像与变换，将高 11 位进一步分为两部分：高 7 位给出主存的组号（主存有 128=2^7 组，需要 7 位组号），称为主存标记，选择第 0 ~ 127 组中的某一组；低 4 位给出 Cache 块号（Cache 共有 16=2^4 块，需要 4 位块号），选择组内 16 块中的某一块。于是，20 位主存地址中的低 13 位也就是转换后的 Cache 地址（Cache 容量 8 KB=2^{13} B，需要 13 位地址）。

因为主存 128 组的某块都可以映射到 Cache 的同一块，所以在 Cache 中必须为每块设立一个 7 位的 Cache 标记（这个 7 位标记实际上就是装入 Cache 的这一块在主存的组号）。如果现在 Cache 第 0 块中复制的是主存第 16 块内容，那么其标记段为 1，标志它现在与主存第一组相对应。因此在访存时，只需比较主存地址中高 7 位的标记段与对应 Cache 块的 7 位标记，如果两者相同，表明所需访问主存块的内容现在已复制于对应 Cache 块中，即命中。

直接映像方式比较容易实现，但不够灵活，有可能使 Cache 的存储空间得不到充分利用。例如，需将主存第 0 块与第 16 块同时复制到 Cache，由于它们都只能复制到 Cache 的第 0 块，即使 Cache 其他块空闲，也将有一个主存块不能写入 Cache。

（2）全相联映像

全相联映像可以将主存的每一块可映像到 Cache 的任一块（如图 6-24 所示）。访存时，给出的 20 位地址分为两部分：高 11 位为主存块号，低 9 位为块内地址（与直接映像方式相同）。由于主存 2048=2^{11} 块的任何一块都可以映射到 Cache 的任何一块，但所以 Cache 中每块的标记为 11 位，以表示装入 Cache 的这一块取自主存的哪一块。

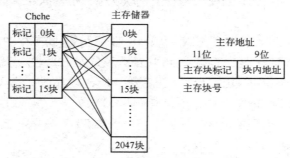

图 6-24　全相联映像的 Cache 组织

采用全相联映像方式的优点是：映像关系比较灵活，主存的各块可映像到 Cache 的任一块，因此只要淘汰 Cache 中某块内容，即可调入任一主存块的内容。但 CPU 访存时不能直接从主存地址码中提取 Cache 块号，需将主存块标记与 Cache 各块的标记逐个比较，直到找到标记符合的块为止（访问 Cache 命中），或是全部比较完后仍无符合的标记（访问 Cache 失败）。这种标记比较过程速度很慢。

为了加快标记比较速度，可以为每个 Cache 块设置一个比较器，比较器的位数等于标记的位数。这样在访存时，可以将主存地址中的块号同时与 Cache 中所有块的标记进行比较，再根据比较结果确定访问的主存块是否在 Cache 中。这种根据标记内容访问 Cache 以确定主存块是否在 Cache 中的方式是一种"按内容访问"的方式，也是一种"相联存储器"。相联存储器的比较速度快，但硬件代价高，因此不适合容量较大的 Cache。

（3）组相联映像

一种折中方案称为组相联映像方式（如图 6-25 所示），主要思想是，将 Cache 所有块分成 2^q 个大小相等的组，每组有 2^s 块，每个主存块被映射到 Cache 固定组中的任意一行，即组相联采用组间模映射、组内全映射的方式。映射关系如下：

Cache 组号 ＝ 主存块号 mod　Cache 组数

如此设置的 2^q 组×2^s 块/组的 Cache 映射方式称为 2^s 路组相联映射，即 s=1 为 2 路组相联，

s=2 为 4 路组相联，以此类推。

　　一个 2 路组相联的 Cache（*s*=1，*q*=4）如图 6-25 所示。Cache 有 16 块，每组 2 块，故分为 16/2=8 组。主存也分组，其中一个组内的块数与 Cache 的分组数相同，主存 2048 块，每组 8 块，故分为 2048/8=256 组。也就是说，如果 Cache 只有 1 组，就是全相联映像方式；如果 Cache 分为 16 组，每组只有 1 块，就是直接映像方式。可根据设计目标选取某折中值。

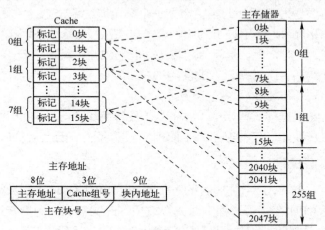

图 6-25　一个 2 路组相联的 Cache

　　在组相联映像方式中，主存中的各块与 Cache 的组号间有固定的映像关系，但可自由映像到对应的 Cache 组中的任何一块。主存第 0、8、16、……块等，共 256 块，均映像于 Cache 的第 0 组，但可映像于该组的第 0 块或第 1 块。主存第 1、9、17、……块等均映像于 Cache 的第 1 组，但可映像于该组的第 2 块或第 3 块。

　　在图 6-25 中，CPU 访存时，给出 20 位主存地址，分为 3 部分：高 8 位，称为主存块标记（主存有 256=2^8 组，标记需要 8 位），就是主存块的组号；Cache 组号，共 3 位（主存每组有 8=2^3 块对应 Cache 的 8 组，组号需要 3 地址），可选择 Cache 的 8 组之一；低 9 位，为块内地址（同直接映像方式）。

　　Cache 中每块设有 8 位标记，填写复制到 Cache 的主存块的组号，若 Cache 第 0 块复制了主存第 8 块（属第 1 组）内容，则在 Cache 第 0 块的标记中写入 1。CPU 访存时，根据主存地址 3 位组号找到该主存块对应的 Cache 组，再将主存地址的标记与该 Cache 组中 2 块的标记同时进行比较，以判断该 Cache 组的两块中是否有一块是主存的副本，即访问是否命中。

　　组相联 Cache 中每组有若干可供选择的块，因而较直接映像方式灵活，根据每组的块数设置标记比较器，如每组 2 块，则设置 2 个比较器，因而硬件代价比全相联映像方式小。

2．替换算法

　　当 Cache 内容刚更新时，访问命中率较高。随着程序执行，访问频繁区将逐渐迁移，使访问命中率下降，因而需要更新内容。当新的主存块需要调入 Cache，而该主存块在 Cache 中的可用位置又被占满时，就要考虑替换问题。然而，对于直接映像方式，主存中的一块只能映射到 Cache 中固定的一块，如果访问到对应 Cache 块是不命中，就直接用主存块替换这个 Cache 块，因此不需要替换算法。如果是全相联或组相联，出现访问 Cache 不命中，就需要从 Cache 多个块中选择被替换的块，因此需要替换算法。下面介绍三种常用的替换算法。

（1）先进先出算法（First In First Out，FIFO）

先进先出算法的思想是：按块调入 Cache 的先后次序决定淘汰的顺序，即在需要更新时，将最先调入 Cache 的块内容予以淘汰。这种方法简单，容易实现，不需要随时记录各块的使用情况，系统开销少。但这种方法不一定合理，因为有些内容虽然调入较早，但可能仍需使用。

（2）近期最少使用算法（Least Recently Used，LRU）

近期最少使用算法是为 Cache 的各块建立一个调用情况记录表，称为 LRU 目录。当需要替换时，将在最近一段时间内使用最少的块内容予以淘汰。该算法按调用频繁程度决定淘汰目标，访问命中率较高，相对合理，因而使用较多。但它较前一种算法复杂，系统开销较大，通常是为每个块设置计数器，以记录该块的使用情况。

（3）随机替换算法（Random）

随机替换算法是随机选择被替换的 Cache 块，被替换块的选择与使用情况无关。模拟试验表明，随机替换算法在性能上只稍逊于基于使用情况的算法，而且代价低。

3．Cache 的读/写过程

Cache 中的数据是主存中最急需内容的一个副本。为保持 Cache 中数据与主存储器中数据的一致性，同时避免 CPU 在读写过程中遗失新数据，确保 Cache 中更新过的数据不会因覆盖而消失，必须将 Cache 中的数据及时更新并准确地反映到主存储器。下面介绍常用的读/写方法。

（1）读

CPU 将主存地址送往 Cache，按所用的映像方式从主存地址中提取 Cache 地址，如块号或组号。根据 Cache 地址从 Cache 中读取内容，并将相应的 Cache 标记与主存地址中的标记进行比较。如果两者相同，访问 Cache 命中，将读出数据送往 CPU。如果标记不符合，表明本次访问 Cache 不命中（也称为读缺失），则从主存中读出访问块来更新该 Cache 块内容。

（2）写

写入方法一般有两种。

① 写回法（标志交换方式），原理如图 6-26 所示。当需将信息写入主存时，暂时先只写入 Cache 的有关单元，并用标志注明，直到该块内容需从 Cache 中替换出来时，再一次性地写入主存。这种方式的写操作速度快，使得 Cache 真正在读/写两方面都在 CPU 和主存之间起到了高速缓存的作用。

如果 CPU 写 Cache 未命中（也称为写缺失），则为欲写的主存块在 Cache 中分配一块，将此块整个从主存复制到 Cache 后再对其进行写，这种方式称为写分配法。对主存对应块的写操作统一地留到换出时再进行。显然，写分配法可以显著地减少写主存的次数，但因在写回主存之前，主存中的块未经随时修改而可能失效。

② 写直达法（通过式写入），如图 6-27 所示。每次写入 Cache 时同时写入主存，使主存与 Cache 相关块内容始终保持一致。这种方式比较简单，能保持主存与 Cache 的一致性，并且不需为 Cache 中的每一行设置标志位；但插入慢速的访主存操作，影响工作速度，并且有可能增加多次不必要的向主存的写操作，降低了 Cache 的功效。

如果写 Cache 没有命中，则只能直接向主存块写入，而不把主存块取到 Cache，这种方式称为不按写分配法。

图 6-26 写回法　　　　　　　　　　　图 6-27 写直达法

（3）实例：Opteron 数据 Cache

AMD 的 Opteron 处理器中数据 Cache 的组织结构如图 6-28 所示。该数据 Cache 容量为 65536 字节（64 KB），块大小为 64 字节（块内地址需要 6 位），使用 2 路组相联映射方式。该 Cache 有 64 KB/64 B=1024 块，2 路即每组 2 块，有 1024/2=512 组，利用 9 位组号可以对 512 个组进行选择。读命中的 4 个步骤以圈起来的数字显示，按照发生的次序标明了组织顺序。2 路组相联 Cache 需要设置 2 个标记比较器，每个比较器为各组的同一块共用，因此在结构上将 512 组划分为 2 路，一路是将 512 组的第 0 块组织在一起（共用一个比较器），另一路是 512 组的第 1 块（共用一个比较器）。尽管未在此例中标注，当 Cache 缺失（不命中）时，需要从存储器调入一块来给 Cache 加载数据。Opteron 微处理器有 40 位物理地址，因此，主存标记的位数为 40-9-6=25 位。

注意，图 6-28 中为 Cache 的每个块都设置了一位有效位，该位为 1，表示对应的 Cache 块的标记是有效的，为 0，表示该 Cache 块标记无效。例如在处理器启动时，Cache 中没有数据，此时标记也是没有意义的，设置有效位就可以区分出这种情况。因此，在读/写 Cache 时，除了比较标记，还要同时判断对应有效位是否为 1。在实际处理器中，Cache 都设置了有效位。

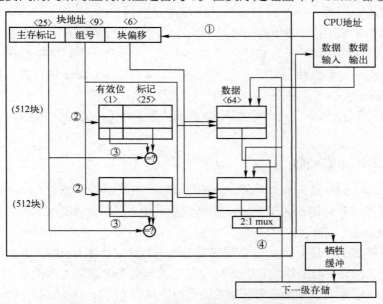

图 6-28　Opteron 微处理器中数据 Cache 的组织结构

Cache 的物理地址被分为两部分：34 位块地址和 6 位块内地址偏移（$64=2^6$，$34+6=40$）。块地址被进一步分为地址标记字段和 Cache 组号字段。步骤①给出了这个划分。

Cache 组号字段用于找到具体的组，再将该组 2 块的标记与处理器发出的访存地址中的标记同时进行比较，以判断要访问的块是否在 Cache 中。组号字段的宽度与 Cache 的大小、块大小及组相联度有关。Opteron 的 Cache 组相联度为 2，组号字段宽度的计算如下：

$$2^{Index} = Cache 大小/(块大小×组相联度) = 65536/(64×2) = 512 = 2^9$$

因此，组号字段宽度为 9，而标记字段宽度为 34-9=25 位。为得到正确的块，需要比较组号字段，但 64 字节相对于处理器的一次处理能力显得太大，因此又将 Cache 存储器的数据部分划分为若干 8 字节，即 64 位 Opteron 处理器的一次处理长度。所以，用组号字段的 9 位来选择正确组的 Cache 块，再用块内偏移地址字段中的 3 位来确定需要的 8 字节。图 6-28 中的步骤②表示的是由组号选择组标记的过程。

从 Cache 中读出的两个块的标记被用来同从处理器发来的块地址中的标记字段部分进行比较。这是图 6-28 中的第③步。为了保证标记字段中包含有效的信息，还要求有效位为 1。

设有一个标记字段匹配且有效位为 1 即命中，则第④步是通知处理器根据 2 选 1 多路选择器有效输出从 Cache 中读出的正确数据。Opteron 允许在 2 个时钟周期内完成这 4 个步骤。

在 Opteron 中，写操作的处理比读操作的处理过程更为复杂，这同任何 Cache 的情况都是一致的。如果要写的字已经在 Cache 中，前 3 个步骤是一样的。由于 Opteron 是乱序执行的，只有等到指令提交并且 Cache 标记检验结果是命中时，数据才能被写入 Cache。

如果读操作缺失（不命中），Cache 就向处理器发出一个向其表明当前所需数据不可用的信号，然后从层次结构的下一级中读出 64 字节。对于块中的前 8 字节，延迟是 7 个时钟周期，对于其余的块，每 8 字节需 2 个时钟周期。因为数据 Cache 是组相联映射的，还涉及替换的选择问题。Opteron 使用 LRU 选择最近最少使用的那个块，因此每次访问需要更新 LRU 位。替换一个块意味着要更新数据、地址标记字段、有效位和 LRU 位。

Opteron 采用写回法，一个被替换掉的块可能已经被修改，因此不能简单地将其丢弃。Opteron 使用 1 位重写位记录该块是否曾经被修改。如果已经被修改，就将该块的数据和地址送至牺牲缓存（该结构与其他计算机中的写缓存相似）。Opteron 中的牺牲缓存由 8 个牺牲块组成，当它将替换出来的牺牲块写回低一级存储器时，可与其他 Cache 操作并行执行。如果牺牲缓存已满，Cache 就必须停下来等待。

Opteron 采用写分配法，为读缺失或写缺失都分配一个 Cache 块，故写缺失与读缺失操作相类似。

4．多层次 Cache 存储器

最早引入 Cache 时系统只有一个 Cache，近年来，系统中使用多个 Cache 已经很普遍。在这种情况下，要考虑的问题是关于 Cache 的级数及采用一体或分离的 Cache。

（1）单级与多级 Cache

由于集成度的提高，使 Cache 与处理器置于同一芯片（片内 Cache）成为可能。与通用的外部总线连接的 Cache 相比，片内 Cache 减少了处理器在外部总线上的活动，因而加快了执行速度，提高了系统总性能。当所要的指令或数据能在片内 Cache 中找到时，就减少了对总线的访问。因为与总线长度相比，处理器内部的数据通路较短，所以存取片内 Cache 甚至比零等待状态的总线周期还要快。而且，在这段时间内，若总线空闲，可用于其他传输。

目前，大多数设计包含了片内 Cache 和外部 Cache 两种，构成两级 Cache，其中第一级 Cache（L1）集成在 CPU 芯片中，它速度更快，但容量较小，一般仅为几十 KB；第二级 Cache（L2）安装在主板上，可以有较大的容量，从 256 KB 到 2 MB。Pentium II 以后的 CPU 将 L2

Cache 与 CPU 内核一起封装在一只金属盒内，或者直接把 L2 Cache 集成到 CPU 芯片中，以进一步提高速度。这样，主板的 Cache 就被称为第三级 Cache（L3 Cache）。

（2）一体和分离 Cache

当片内 Cache 首次出现时，许多设计采用单个 Cache 同时存放数据和指令，也称为一体 Cache。后来随着计算机技术的发展和处理速度的加快，存取数据的操作经常会与读取指令的操作发生冲突，从而延迟了指令的读取。近年来，通常把 Cache 分离成两部分：一是专用于指令（指令 Cache），二是专用于数据（数据 Cache），也称为分离 Cache。

对于给定的 Cache 容量，统一 Cache 比分离 Cache 有较高的命中率。因为它在获取指令和数据的负载之间自动进行平衡，即如果执行方式中取指令比取数据多得多，那么 Cache 被指令填满。如果执行方式中有相对较多的数据要读取，就会出现相反的情况。

尽管统一 Cache 有这些优点，但分离 Cache 是一种发展趋势，特别适用于如 Pentium Ⅱ 和 PowerPC 的超标量机器，强调并行指令执行和预取指令。分离 Cache 设计的主要优点是取消了 Cache 在指令预取器和执行单元间的竞争，在任何基于指令流水线的设计中都是重要的。通常，处理器会提前获取指令，并把要执行的指令装入缓冲器或流水线。假设现在有一体指令/数据 Cache，当执行单元执行数据存取操作时，这个请求提交给一体 Cache，如果同时指令预取器为取指令向一体 Cache 发读请求，那么后一请求会暂时阻塞。这种对 Cache 的竞争会降低性能，因为干扰了指令流水线的有效使用。而分离的 Cache 结构解决了这一问题。

6.4.3　Pentium Ⅱ CPU 的 Cache 组织

从 Intel 微处理器的演变中可以清晰地看到 Cache 组织的演变。从 80386 开始在处理器中配置 Cache，并从 80486 开始将 Cache 集成在处理器芯片上，然后从 Pentium 系列开始采用分离的指令 Cache 和数据 Cache。Pentium Ⅱ 处理器包含 32 KB 的分离 L1 Cache，即 16 KB 指令 Cache 和 16 KB 数据 Cache，还包含一个四路组相联的 L2 Cache，容量 512 KB，与 CPU 通过专用的 64 位高速缓存总线相连，它们与其他元器件被共同组装在同一基板上，即"单边接触盒"中。它们采用双重独立总线，即 L2 Cache 总线和处理器至主存的总线，两条总线可独立工作，这样 L2 Cache 以主频一半的速率工作，随着主频的提高，L2 Cache 的速率也将加快。另外，Pentium Ⅱ 处理器把 ECC（Error Checking and Correcting）技术应用到 L2 Cache 中，大大提高了数据的完整性和可靠性。

Pentium Ⅱ CPU 的 Cache 组织简化图如图 6-29 所示，着重强调 3 个 Cache 的布局。取指令/译码单元顺序地从 L1 指令 Cache 中取出指令，译码后存入指令池。处理/执行单元根据需要从 L1 数据 Cache 中取数据，执行操作，并将结果暂存于寄存器中。回收单元确定何时将暂存的推测执行的结果提交到 L1 数据 Cache 和寄存器中，成为稳定状态。

指令 Cache 不允许修改，不存在数据不一致的问题。而数据 Cache 由于有写操作，为了提高计算机处理速度，采取写回策略，在每次写入时，并不同时修改 L1、L2 和主存储器的内容，仅当修改过的数据由 Cache 移走时，才写回主存，这就造成了数据的不一致。为了保持 Cache 数据的一致性，数据 Cache 支持 MESI（Modified/Exclusive/Shared/Invalid，修改/互斥/共享/无效）协议。MESI 原是为多处理器系统的 Cache 一致性设计的，也适用于单处理器的 L2 Cache。数据 Cache 的每块包含两个状态位，每个 Cache 块处于四种状态之一，各状态的意义如下。

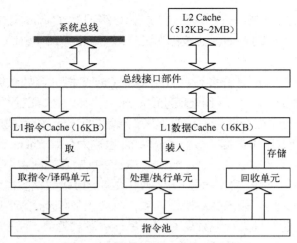

图 6-29　Pentium II　CPU 的 Cache 组织

❖ 修改（Modified，简称 M）：本 Cache 块中的数据已被修改（与主存的内容不同），仅在本 Cache 中的数据是正确的。

❖ 互斥（Exclusive，简称 E）：本 Cache 块中的数据与主存中的数据相同，但不存在于其他 Cache 中。

❖ 共享（Shared，简称 S）：本 Cache 行块中的数据与主存中的数据相同，且可存在于其他 Cache 中。

❖ 无效（Invalid，简称 I）：本 Cache 块中的数据无效。

当处理器加电或总清（Reset）时，所有 Cache 块处于无效状态。当新数据写入无效块时，数据从主存取出，并同时存入 L1 Cache 和 L2 Cache，此时 Cache 块处于共享状态。

写入操作的一般过程描述如下：当处理器发出写入数据到存储器的命令时，首先查询 Cache 是否命中，如命中，则根据 Cache 块的状态进行相应的写入数据操作，并修改（或保留）原状态位。L1 Cache 和 L2 Cache 都设置有 4 种状态位，但处理方法不完全相同。

表 6-2　Pentium II　CPU 数据 Cache 工作方式

控制位		工作方式		
CD	NW	Cache 写入	写直达	使无效
0	0（最佳）	允许	允许	允许
1	0	禁止	允许	允许
1	1（复位后）	禁止	禁止	禁止

注意：CD=0，NW=1 是无效组合

L1 数据 Cache 的工作方式由控制寄存器 R0 中的两位进行控制，分别是标记位 Cache 禁止 CD（Cache Disable）和非写直达 NW（Not Write-through），如表 6-2 所示。Pentium II CPU 有两条控制 Cache 的指令：① INVD 用于清除 Cache，并向外部 Cache（如果有）发清除信号；② WBINVD 先执行回写操作并使内部 Cache 无效，再执行回写操作并使外部 Cache 无效。

6.5　外部存储器

在计算机的存储系统中，主存储器用来存放当前处于活动状态的程序和数据，能由 CPU 直接访问，存取速度快，但成本较高，容量相对较小，断电后信息丢失。外部存储器弥补了主存的缺陷，提供了大容量、永久性的存储功能，用于存放那些暂不运行的程序和数据，一旦需要，再与主存成批地交换数据。从存储系统中各层次的分工角度，外存在功能上是主存的后援和补充，因此又被称为辅助存储器或后援存储器。

对外存的要求是：容量大、成本低，在断电后仍能保存信息，某些外存的存储载体可以脱机保存，允许访问速度低于主存。当然，我们还是希望访问外存的速度能尽量快，以便主机在需要时能尽快将信息调入主存。

为了使外存在掉电后仍能长期保存信息，必须通过某种不同于半导体存储器的存储方式来进行存储，如磁－电效应、光－电效应等。当前市场上流行的外部存储器主要有磁表面存储器和光存储器两大类。

外存主要技术指标包括存储密度、存储容量、寻址时间、数据传输率、误码率、价格/位等。

① 存储密度是指单位长度或单位面积磁层表面所存储的二进制信息量。对于磁盘存储器，用道密度和位密度表示，也可以用两者的乘积——面密度表示。对于磁带存储器，则主要用位密度表示。

② 存储容量指一台外存储器所能存储的二进制信息总量。存储容量与存储介质的大小及介质的存储密度成正比，为此需要提高外存的可用记录面积，研制更好的介质材料，提高工艺精度，改善记录方式。

③ 寻址时间是指从发出访问命令开始，到找到要访问数据的位置所需的时间。注意，主存中的寻址是指寻找某个可编址的存储单元，不同单元所需的寻址时间是相同的。而外存中的寻址是指找到所需数据块的首部，随该数据块所在位置（所在磁道，或在磁带中的部位）不同其寻址时间也不同。所以对外存而言，常用平均寻址时间或最长寻址时间来衡量设备的速度，而对用户的某次调用，寻址时间则是不定的。

④ 数据传输率是指外存寻址完成并开始连续进行读写时，单位时间内与主机之间传输的数据量，常用 Kbps 或 KBps 为单位。

磁盘的寻址过程包含两个阶段：首先是寻道，然后是在道内寻找数据块。所以，磁盘的速度指标一般分解为 3 个：平均寻道时间、平均旋转延迟（等待）、数据传输速率。

⑤ 误码率是指外部存储器中存储的信息在读出时出错的概率，等于从外存读出时出错信息位数与读出的总信息位数之比。误码率是衡量外存储器可靠性的指标，通常希望误码率尽可能低。由于外存的存储机制一般是在机械运动中进行读/写，所以其误码率远高于主存。相应地，外存中应采用较复杂的错误校验机制，如 CRC 校验等。

⑥ 外存储器的价格是用户重视的又一重要指标，一般有两种评价方法：一种是单台外存储器的价格，另一种是用每位价格来衡量的，即价格/位。

6.5.1　硬磁盘存储器

磁盘存储器是计算机系统中最主要的外存设备。目前，桌面计算机和服务器都普遍配有磁盘机，因为磁盘有很多优于其他外存的地方，如存取速度快，存储容量大，易于脱机保存等。

磁盘有软盘与硬盘之分。硬盘的存储容量大，使用寿命长，工作速度快，是外存的主体，但现在使用的硬盘大多属于密封式温彻斯特盘，盘片不可拆卸。目前，软盘已被淘汰。

1. 硬盘的基本结构与分类

硬盘存储器主要由磁记录介质、硬盘驱动器、硬盘控制器三大部分组成。硬盘控制器包括控制逻辑、时序电路、并/串转换和串/并转换电路。硬盘驱动器包括读写电路、读写转换开关、读写磁头与磁头定位伺服系统。

为了提高单台驱动器的存储容量，在硬盘驱动器内使用多个盘片，叠装在主轴上，构成盘组，盘片的两面都可用作记录面。盘组由主轴电机驱动高速旋转，每分钟转过的圈数，称为硬盘的转速，单位为 r/min 或 rpm（rotation per minute）。现在主流硬盘的转速为 5400 r/min 或 7200 r/min。而高端硬盘的转速达 10000 r/min、12000 r/min 和 15000 r/min。

根据盘组是否可拆卸，硬盘存储器可分为可换盘片式与固定盘片式。可换盘片式硬盘驱动器的盘组与主轴电机的转轴分离，盘组成圆盒形，可整体拆卸以脱机保存，也可更换装入新的盘组。固定盘片式硬盘驱动器的盘组与主轴电机转轴不可分离，且常采取密封结构，使用寿命长，因而应用更为广泛。

盘片尺寸有 14、8、5.25、3.5、2.5、1.8、1.3 英寸。14 英寸及 8 英寸硬盘多用于大型及超级计算机中，其市场份额越来越小。5.25、3.5 和 2.5 英寸硬盘多用于台式机、工作站和服务器中，目前 3.5 英寸硬盘是主流。1.8 和 1.3 英寸硬盘则多用于笔记本和掌上计算机中。总的发展趋势是让盘片外径减小，使转动惯量减小，并有利于达到更高的制造精度。

2. 信息分布

在硬盘中信息分布呈如下层次：记录面、圆柱面、磁道、数据块/扇区，如图 6-30 所示。磁头和盘片相对运动形成的圆构成一个磁道（track），磁头位于不同的半径上，则得到不同的磁道。多个盘片上相同磁道形成一个柱面（cylinder），所以，磁道号就是柱面号。信息存储在盘面的磁道上，而每个磁道被分成若干扇区（sector）。在读写磁盘时，总是写完一个柱面上所有的磁道后，再移到下一个柱面。磁道从外向里编址，最外面的为磁道 0。每个磁道按扇区为单位进行磁盘读写。

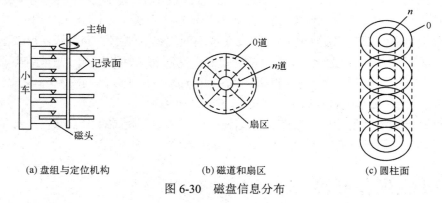

(a) 盘组与定位机构　　　　(b) 磁道和扇区　　　　(c) 圆柱面

图 6-30　磁盘信息分布

3. 磁头定位系统

磁头定位系统驱动磁头寻道并精确定位。为了获得很高的道密度，定位系统必须非常精密。为了提高磁盘的寻道速度，定位系统的速度应尽量快。目前，在硬盘中采用的磁头定位系统有两种类型。

（1）步进电机定位机构

在小容量硬盘中，道密度不是很高，一般采用步进电机驱动，开环控制。根据当前磁道号与目的磁道号之差，求得步进脉冲数，每发一个步进脉冲，磁头移动一个道距。

（2）音圈电机定位机构

在容量较大的硬盘中，道密度较高，要求寻道速度快，多采用音圈电机驱动，闭环控制。定位控制又分为粗控、精控两个阶段，一般由专门的微处理器管理。

① 粗控阶段（速度控制）：主要控制磁头移动速度，使它尽快到达目的磁道。先是让磁头小车加速，再以最高速前进，接近目的磁道时减速刹车，如图 6-31 所示。如果寻道距离较近，就只有加速与减速两个阶段。

② 精控阶段（位置控制）：位于磁头接近目的磁道时，根据位置检测信号使磁头能精确地定位于磁道中央。关键在于如何得到精确的位置信号，早期曾采用光栅检查等方法，现在则广泛采用伺服方式进行位置检测。

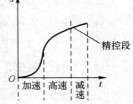

图 6-31　寻道速度控制

伺服方式又可分为伺服盘方式、嵌入式伺服方式、埋入式伺服方式等。其中伺服盘方式用一个记录面专门记录磁道位置信息；嵌入式伺服方式是将位置信息写入各磁道的索引区或各扇区首部；埋入式伺服方式则将位置信息与数据信息分层记录。如有一种 3.5 英寸、210 MB 的温盘，它有 4 片 8 面，其中 7 个记录面用于数据存储，另一个记录面专门用作伺服盘面。

寻道速度主要取决于速度控制，定位精度主要取决于位置控制。采用伺服方式后，可使道密度进一步提高。

4．寻址过程与数据存取

（1）寻址过程

① 主机向磁盘控制器送出有关寻址信息。寻址信息包括：驱动器号、圆柱面号、记录面号（磁头号）、起始扇区号、交换量。一台主机可以连接几台磁盘驱动器，所以需送出驱动器号或盘号。调用磁盘常以文件为单位，如果是连续存放，则寻址信息一般给出起始扇区所在的圆柱面号与记录面号（也就确定了具体磁道）、道内扇区号，并给出扇区数（泛称为交换量）。如果各扇区不连续，则需参照扇区映射表，以扇区为单位分别送出寻址信息。

② 定位（寻道）。首先将磁头移至 0 号磁道，称为重定标，然后由磁头定位机构将磁头移至目的磁道。所需的寻道时间，既取决于定位机构的运动速度，也取决于磁头当前所在磁道与目的磁道之间的距离。因此对用户的每一次调用，这是一个不定值。而对于一台驱动器的定位速度指标，可以有 3 种方法表示：最大寻道时间（从最外圈的 0 号磁道移到最内圈磁道所需时间），道间寻道时间（移到相邻磁道）及平均寻道时间。

③ 寻找起始扇区。磁头定位到指定磁道后，所需寻找的起始扇区不一定正好经过磁头，因此可能需要一段等待时间，称为旋转等待时间，这也是一个不定值。对驱动器则用平均旋转延迟（等待）时间来衡量，与盘片转速相关，是盘片旋转半周所需的时间，即最长旋转延迟时间的一半。转速是决定硬盘内部传输率的决定因素之一，它的快慢在很大程度上决定了硬盘的速度，也是区别硬盘档次的重要标志。平均等待时间与转速成反比，相对比较固定。

（2）数据传输率

当磁头找到起始扇区后，就可以连续地写入或读出，可用数据传输速率来衡量其速度。驱动器读/写过程含有格式化信息，在磁盘控制器中提取出有效数据，因此有效的数据传输速率是指磁盘控制器与主机之间的传输速率，一般以波特率（位/秒）为单位。

硬盘数据传输速率分为外部传输速率和内部传输速率，通常也称为外部传输速率为突发数据传输速率或接口传输速率，指从硬盘的缓存中向外输出数据的速度。由于硬盘的内部传输速率小于外部传输速率，所以只有内部传输速率才可以作为衡量硬盘性能的真正标准。

由于各扇区之间存在间隙，存取时还需有一些判别性操作，因此一条磁道的平均数据传输速率低于存取一个扇区的"瞬时"数据传输速率。计算公式如下：

$$平均数据传输速率 = 每道扇区数 \times 扇区容量 \times 盘片转速$$

5．硬盘控制逻辑

完整的硬盘控制逻辑如图 6-32 所示。磁盘子系统的硬件组成常分为适配器和驱动器，那么哪些部分安置在适配器上？哪些部分又放在驱动器中呢？

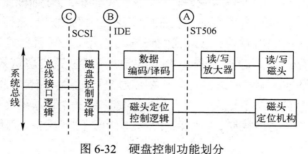

图 6-32　硬盘控制功能划分

（1）按 ST506/412 标准划分

早期的微机广泛采用 ST506/412 标准来约定适配卡与驱动器之间的界面。将读/写放大器、定位机构驱动电路、主轴电机驱动电路、0 道检测、索引脉冲电路等安放在驱动器中，而其他的复杂控制逻辑，如磁盘操作控制、编码/译码器、磁头定位控制逻辑等，连同总线接口逻辑，放在适配器中。这种结构模式的优点是驱动器结构比较简单，适配卡可由专门的磁盘控制芯片来完成大部分功能，还可由一块适配卡带多台驱动器，使系统造价降低。但 ST506/412 标准限定驱动器只能采用步进电机驱动的定位方式与 M2F 制记录方式，不利于新技术的采用。

（2）按 IDE 标准划分

目前，微机大多采用 IDE 和增强型 EIDE 标准。将数据的编码/译码电路放到驱动器中，允许驱动器采用不同的磁记录编码方式，以提高位密度，并易于实现更高的数据传输率，减少数据传输时的出错概率。此外，将磁头定位控制逻辑也放在驱动器中，允许驱动器采用音圈电机伺服定位方式，从而可以大幅度提高磁道密度。

（3）按 SCSI 标准划分

SCSI 智能设备接口标准进一步将所有的硬盘控制逻辑，包括数据缓存、DMA 控制逻辑等全部放在驱动器中。适配卡就只剩下通用接口逻辑。这使设备本身比较完整，内部可采用微处理器或专用控制器芯片，带有控制程序，功能完善并灵活，因而被称为智能硬盘。而按 SCSI 标准设计的接口是一种通用接口，不仅可用来连接磁盘，还可连接磁带机、打印机等多种带有智能控制器的所谓智能外设。按照 SCSI 标准，适配器与磁盘之间的接口信号如图 6-33 所示。

由于硬盘控制功能十分复杂，通常都以通用或专用单片机为核心，通过执行固化在 ROM

中的控制程序来完成硬盘控制功能。随着集成电路集成规模越来越大，成本日益下降，已出现了单片式硬盘控制器，即将所有硬盘控制逻辑和 SCSI 接口逻辑集成在一块芯片上。因此，SCSI 标准也相应上升为主流方式。

6．硬盘的软件管理层次与调用方法

硬盘子系统的软件可分为 4 级：应用程序级、操作系统的文件系统级、操作系统的驱动程序级、硬盘控制程序级，如图 6-34 所示。

硬盘控制程序一般固化在硬盘控制器内，由硬盘控制器中的处理器执行，控制完成磁盘的寻道定位、读/写操作、数据缓存、编码/译码、DMA 传送等功能。硬盘控制程序由设备制造厂家提供，所以用户所关心的是硬盘的使用方法，即操作系统所提供的编程界面，或称为软件接口。

（1）通过 INT 13H 调用磁盘

用户界面是在用户程序中以软中断指令 INT 13H 调用硬盘驱动程序，从而直接对磁道、扇区进行操作的。硬盘驱动程序又称为硬盘 BIOS 程序，可固化在硬盘适配卡上，以随适配卡的不同而不同。调用时再调入主存，由主机 CPU 执行。

图 6-33　SCSI 接口信号线

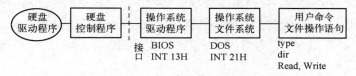

图 6-34　硬盘的软件管理层次

【例 6-2】 读扇区命令。

入口参数：AH=02H，AL=读扇区数，ES:BX=主存缓冲区首址（缓冲区用来存放读出的扇区内容），CH=磁道号，CL=扇区号，DH=磁头号，DL=驱动器号（80 为第 1 台、81 为第 2 台）。

在设置好上述入口参数后，用 INT 13H 调用以完成读盘操作。返回时，AH 中保存有关状态信息（读成功，AH=0，AL=读取的扇区数；读失败，AH=错误码）。

【例 6-3】 写扇区命令。

入口参数：AH=03H，ES:BX=待写入数据块所在缓冲区首址，其余参数同上。

【例 6-4】 格式化磁道命令。

入口参数：AH=05H，ES:BX=格式化参数表指针。参数表提供相应的参数，以定义磁道号、扇区数、扇区大小等。

通过上述 BIOS 命令，可以方便地对扇区进行操作，不必由用户自己编写中断处理程序和 DMA 管理程序。但仍需用户对磁盘信息分布等物理细节有一定了解，使用起来仍然不方便。所以，操作系统还通过其文件系统提供另一种用户界面。

（2）通过 INT 21H 调用文件

操作系统的一大模块是文件系统，提供一种文件操作界面，使用户可以按文件名进行操

作，而不必关心数据的具体存放位置（如磁道号、磁头号、扇区号等）。在 IBM PC 的 DOS 操作系统中，以软中断 INT　21H 调用文件管理功能，如建立文件、打开文件、读文件、写文件、关闭文件等。调用前先按约定在有关寄存器中设置入口参数。

在 INT　21H 调用文件系统后，文件系统在运行中也要通过磁盘驱动程序去操作磁盘，因而其中也包含了以 INT　13H 调用磁盘的部分，但这对用户是透明的，用户看不见。

高级语言中也包含许多文件操作语句，它们也是通过文件管理系统实现其功能的。

6.5.2　U 盘和固态硬盘

1．U 盘

随着计算机技术与应用的发展，近年来开始普遍使用 U 盘进行信息存储和交换。

U 盘也称为闪存盘，与上述硬磁盘不同，它不是磁表面存储器，而是采用 Flash 存储器（即闪存）做成，属于非易失性半导体存储器。闪存沿用了 EPROM 的简单结构和浮栅/热电子注入的编程写入方式，又兼备 E²PROM 的可擦除特点，可在计算机内进行擦除和编程写入。因此又称为快擦型电可擦除重编程 ROM。U 盘体积小、重量轻，容量比软盘和光盘大得多，而且可以具有保护功能，使用寿命可长达数年之久。而且，利用 USB 接口，可以与几乎所有计算机连接。

2．移动硬盘

比 U 盘容量更大的用作计算机系统数据备份的移动设备是移动硬盘。它是由微型硬盘配上特制的硬盘盒构成的一个大容量存储器。通过 USB 和 IEEE 1394 接口和计算机连接，可以随时插拔。其优点是容量大、兼容性好、速度快、体积小、重量轻、携带方便、安全可靠。

3．固态硬盘

固态硬盘（Solid State Disk，SSD）也被称为电子硬盘，不是磁表面存储器，而是一种使用 NAND 闪存组成的外部存储系统，与 U 盘并没有本质差别，只是容量更大，存取性能更好。固态硬盘用闪存颗粒代替了磁盘作为存储介质，利用闪存的特点，以区块写入和抹除的方式进行数据的读取和写入。电信号的控制使得固态硬盘的内部传输速率远远高于常规硬盘。有测试显示，使用固态硬盘后，Windows 的开机速度可以被提升至 20 s 以内，这是基于常规硬盘的计算机系统难以达到的速度性能。

与常规硬盘相比，除了速度性能，固态硬盘还具有抗震性好、安全性高、无噪音、能耗低、发热量低和适应性高的特点。由于不需要电机、盘片、磁头等机械部分，固态硬盘工作过程中没有任何机械运动和振动，因而抗震性好，使数据安全性成倍提高，并且没有常规硬盘的噪音；由于不需要马达工作，固态硬盘的能耗也得到了大幅降低，只有传统硬盘的 1/3 甚至更低，延长了靠电池供电的设备的连续运转时间；而且，由于没有电机等机械部件，其发热量大幅降低，延长了其他配件的使用寿命。此外，固态硬盘的工作温度范围很宽（−40℃～85℃），因此其适应性也远高于常规硬盘。

在刚出现时，与最高速的常规硬盘相比，固态硬盘在读写性能方面各有上下，而且价格较高。但随着相应技术的不断发展，目前固态硬盘的读写性能基本上超越了常规硬盘，且价格不断下降。由于固态硬盘具有以上优点，加上其今后的发展潜力比传统硬盘要大得多，因而固态硬盘有望逐步取代传统硬盘。

固态硬盘目前主要的问题是使用寿命和价格。由于闪存的擦写次数有限，因此频繁擦写会降低其写入使用寿命，而价格远高于常规硬盘。但随着技术和生产工艺的不断进步，固态硬盘的写入使用寿命会不断提高，价格也将不断下降。

6.6 物理存储系统的组织

从整个计算机技术领域的发展来看，存在着一个明显的事实，主存工作速度总是落后于CPU 的需要，主存容量总是落后于软件的需求。因此，单从改进主存存储技术的途径来提高存储器的性能，已很难满足计算机系统对存储器提出的快速、大容量、低成本的要求。于是，需要从存储系统结构方面采取措施，即采用多级存储体系。同时，为进一步提高整个存储系统的容量，应采用磁盘阵列技术；为进一步提高主存速度，还可采取并行主存技术。

6.6.1 存储系统的层次结构

计算机对存储系统在存储容量、存取速度、成本等方面的要求往往相互矛盾，为了解决这些矛盾，一个计算机系统中常采用几种不同的存储器，构成多级存储体系，以适应不同层次的需要。目前，计算机系统中普遍采用的多级存储器体系结构如图 6-35 所示。

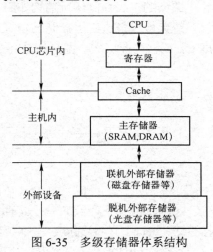

图 6-35　多级存储器体系结构

1．寄存器

通常，CPU 中设置了几十到几百个寄存器。这些寄存器由存储单元构成，可以看成一个小型存储器，用来存放即刻要执行的指令和要处理的数据，以及处理的中间结果和最后结果。寄存器常由 SRAM 构成，由于在 CPU 内部，因此对寄存器的访问速度很快，典型的访问时间是 0.25 ns。但由于其价格昂贵，数量有限。

2．高速缓冲存储器（Cache）

为了解决 CPU 与主存速度的不匹配，它们之间设置了一个或多个高速小容量半导体存储器，用于存放当前正在执行程序的部分程序段和数据，以便向 CPU 快速提供即刻要执行的指令或要处理的数据。Cache 的内容是主存中当前最急需执行信息的一个副本。目前，Cache 一般由双极型半导体存储器构成，也可采用 CMOS 半导体存储器，其存取速度快，可与 CPU 匹配，片内 Cache 的典型访问时间为 1 ns，片外 Cache 的典型访问时间为 10 ns。由于 Cache 成本高，通常容量较小，一般为几十 KB 到几百 MB。

3．主存储器

主存储器用于存放当前处于活跃状态的大量程序和数据,包括操作系统的常驻部分和当前正在执行的程序和需要处理的数据。主存可与 Cache 交换信息，也可直接由 CPU 访问。主存的存储容量比 Cache 大得多，微机通常为几 GB 到几十 GB。主存大多由 DRAM 构成，存取速度比 CPU 慢一个数量级，典型访问时间为 100 ns。

4．联机外存（磁盘）

联机外存用来存放暂时不用但调用频繁、需联机保存的程序和数据，当需要它们时，再调到主存中，作为主存的直接后援。同主存相比，联机外存的容量相当大，通常由磁表面存储器构成，微机的磁盘容量为几百 GB 到几 TB，位价格低，但存取速度慢，比主存至少慢两个数量级以上，典型的访问时间是 10 ms。

要真正解决存储器的容量、速度、价格之间的矛盾，不能只是将上面各层次的存储器进行简单组合，必须在系统结构上采取措施，采用不同速度、不同容量和不同价格的多种存储器件，按层次组成存储系统。各层次的存储器之间通过硬件和软件有机地结合成一个统一的整体，不需程序员的干预而由计算机自动地实现调度，向程序员提供足够大的存储空间，同时最大限度地与 CPU 速度相匹配。按这样的思想组成的存储层次结构，称为存储体系结构。

典型的三级存储体系结构如图 6-36 所示，分为高速缓存、主存、辅存三层。现在的计算机系统大多具备这三级存储结构。三级存储体系结构又分为两个层次：高速缓存和主存之间形成 Cache - 主存层次，主存和辅存之间形成主存 - 辅存层次。

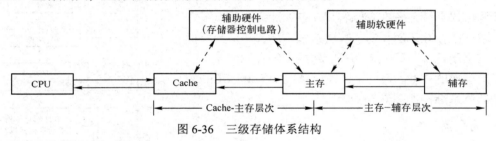

图 6-36　三级存储体系结构

① Cache - 主存层次：通过辅助硬件，将 Cache 和主存构成一个整体。整体上，该层具有接近于 Cache 的存取速度、主存容量和平均位价格，解决了存储器高速与低成本之间的矛盾。该层完全由硬件实现，不受软件的干预，因此对所有程序员都是透明的。

② 主存 - 辅存层次：随着操作系统和硬件技术的发展，利用附加硬件及存储管理软件，使主存和辅存构成一个整体。辅存只与主存交换信息，不能直接由 CPU 访问。整体上，该层的存取速度接近于主存的存取速度，容量则接近于辅存的容量，而位价格接近于廉价的辅存平均价格，从而解决了大容量和低成本之间的矛盾。

三级存储体系结构的总的效果是：存取速度接近于 Cache，存储容量接近于辅存容量，整体价格也比较合理。

6.6.2　磁盘阵列

独立冗余磁盘阵列（Redundant Arrays of Inexpensive Disk，RAID）是用多台磁盘存储器组成的大容量外存子系统，是由多台磁盘机按一定规则（如分条、分块、交叉存取等）组合在一起构成的。通过阵列控制器的控制和管理，磁盘阵列系统能够将几个、几十个甚至几百个硬盘组合起来，使其容量可达 PB（2^{50}B）级。其基础是数据分块技术，即在多个磁盘上交错存放数据，通过阵列控制器实现数据的并行、交叉存储或单独存储操作。由于阵列中的一部分磁盘存有冗余信息，一旦系统中某磁盘失效，可以利用冗余信息重建用户数据。

自从 1988 年美国加州伯克利分校的 D.A. Patterson 教授提出 RAID 以来，业界就展开了对磁盘阵列的研究和开发，并有相应的产品问世。在此之前，一些计算机系统已用到了后来在磁盘阵列中使用的技术，包括：对主机请求读/写的数据进行分块，使其分布于多台磁盘的分块技术（Striping）；对存放在多台磁盘上数据的读/写采取交叉技术（Interleaving）；对多台磁盘的存储空间进行重新编址，使数据按重新编址后的空间进行存放的重聚技术（Declustering）等。

RAID 技术经过不断的发展，现在已拥有多种基本的 RAID 级别，还有一些基本 RAID 级别的组合形式。不同 RAID 级别代表着不同的存储性能、数据安全性和存储成本，反映出不同的设计结构。每种 RAID 结构都有其自身独特的优势，也有不足。下面简单介绍常用的 RAID 级别。

1．RAID 0 级（无冗余和无校验的数据分块）

数据分布在阵列中的所有磁盘上，与单个大容量磁盘相比，它的显著优点是：如果两个 I/O 请求正在等待不同的数据块，则被请求的块有可能在不同的盘上。因此，两个请求能够并行发出，减少了 I/O 的排队时间。

RAID 0 级具有最高的 I/O 性能和磁盘空间利用率，但无容错能力，增加了系统出故障的概率。若阵列中有一块磁盘损坏，将造成不可弥补的损失。其安全性甚至低于常规的硬盘系统，所以不适合对数据稳定性要求高的应用。

2．RAID 1 级（镜像磁盘阵列）

由磁盘对组成，每个工作盘都有对应的镜像盘，上面保存着与工作盘完全相同的数据。如果镜像盘组中一个物理磁盘出现故障，系统可以使用未受影响的另一个磁盘继续操作，数据不会丢失，但磁盘空间的利用率只有 50%。

RAID 1 级的安全性高，而主要缺点是价格昂贵，需要支持 2 倍于逻辑磁盘的磁盘空间。因此，RAID 1 级的配置只限于存储系统软件、数据和其他关键文件的驱动器中。在这种情况下，RAID 1 级对所有的数据提供实时备份，在磁盘损坏时，所有的关键数据仍立即可用。

3．RAID 2 级（具有纠错海明码的磁盘阵列）

RAID 2 级又称为并行处理阵列，采用类似主存储器的并行交叉存取和冗余纠错技术，将数据按位交叉写到几个磁盘的相同位置，并采用足够多的校验盘来存储海明码校验位。每当在数据盘上写数据时，则利用海明规则生成海明码并存储在校验盘上。当读取数据时，便根据校验盘上的海明码判定数据写入之后是否被修改过。

当阵列内有 n 个数据盘时，则所需的校验盘数 c 要满足公式：$2^c \geq n+c+1$，如果有 10 个数据盘，就需要 4 个校验盘。对数据的访问涉及磁盘阵列中的每个盘，因此会影响数据传输率，对大数据量传送有较高性能，但不利于小数据量传输，再加上这种控制器价格昂贵，RAID 2 级很少使用。

4．RAID 3 级（采用奇偶校验码和位交叉存取的磁盘阵列）

RAID 3 级与 RAID 2 级相似，不同的是：不管磁盘阵列多大，RAID 3 级只需要一个冗余盘，而数据按位交叉写到阵列中的其他磁盘上。校验盘设置的是奇偶校验，故只能检测错误，再通过控制器确定出包含错误的驱动器。但由于采用位交叉，每次读、写要涉及整个盘组，对小数据量不利。与 RAID 2 级结构相比，RAID 3 级的冗余开销较少，成本大大降低，多用于巨型机和要求高带宽的应用程序存储。

5．RAID 4 级（采用奇偶校验码和扇区交叉的磁盘阵列）

RAID 4 级的每个驱动器有各自的数据通路独立进行读、写，因此是一种独立传输的磁盘阵列。与 RAID 3 级一样，RAID 4 级采用一个奇偶校验盘，但以扇区为单位进行数据交叉存取。为了生成奇偶校验信息，写操作必须访问阵列中的所有磁盘，写入少量数据只与两个盘有关（一个数据盘、一个校验盘），简化了产生校验码的方法，对于数据块的重写（读、修改、写），产生新校验码的公式为：

$$新奇偶校验位 = (新数据 \ XOR \ 旧数据) \ XOR \ 旧奇偶校验位$$

RAID 4 级改善了小数据量的读、写特性，但每次 I/O 操作都要访问校验盘，校验盘成了 I/O 操作的瓶颈。RAID 4 级主要用于事务处理和少量数据的传输。

6．RAID 5 级（无专用校验盘的奇偶校验磁盘阵列）

RAID 5 级与 RAID 4 级类似，但无专用的校验盘，而是将校验信息以螺旋方式分布到组内所有盘上，是主要针对专门奇偶校验驱动器带来的瓶颈而产生的解决方案。这样既提高了读、写效率，又增大了阵列中用于存储的磁盘空间，但要追踪校验信息的位置较难，且校验信息占用总的存储容量较大。对不同的读操作，RAID 5 级阵列中的每个驱动器磁头都能独立响应操作；但在写操作时，必须将两个驱动器磁头锁住后同步并行动作，因而影响了写操作，但比 RAID 4 的性能好，而且对于多个小块的读、写请求，并行度较高。可以通过更改数据块的大小来满足不同应用的需要，对大、小数据量的读、写都有较好的性能，因而是一种较理想的方案。

7．RAID 6 级（采用分块交叉技术和双磁盘容错的磁盘阵列）

RAID 6 级是一个强化的 RAID 产品，阵列中增加了一个独立的奇偶校验盘，具有独立的数据存取和控制路径。RAID 6 级有两个磁盘存储器用于存放检错、纠错冗余代码，即使在双磁盘出错的情况下，仍能保持数据的完整性和有效性，但写入数据时，要对 3 个磁盘驱动器（一个数据盘和两个校验盘驱动器）访问 2 次。

8．RAID 7 级（独立接口的磁盘阵列）

RAID 7 级基于 RAID 技术而又有所突破，与其他 RAID 相比，其主要特点如下。

① 拥有独立的 CPU，摒弃了传统 RAID 基于控制器的模式，而采用独特的基于计算机的存储系统结构，这样它与主机的连接就不再是存储系统与主机的连接，而是计算机与计算机之间的分布式结构。

② I/O 通道是异步操作，即阵列中每个磁盘驱动器与每个主机接口有独立的控制和数据通道，都有自己独立的 Cache，因此主机可完全独立地对每个磁盘驱动器进行访问。

③ 设备层次及数据总线的使用上都是异步的。

④ 内嵌操作系统是异步运行的，面向进程的实时操作系统可独立于主机来管理阵列中数

据盘和校验盘，从而完成所有异步 I/O 传输。

9．RAID 10 级（RAID 0 级 ＋ RAID 1 级）

RAID 10 级是一种复合的 RAID 模式，将 RAID 0 的速度与 RAID1 的冗余特性相结合，既可提供数据分块，又能提供镜像功能，是所有 RAID 中性能最好的磁盘阵列，但每次写入时要写两个互为镜像的盘，价格高。

RAID 10 级特别适用于既有大量数据需要存取又对数据安全性要求严格的领域，如银行、金融、商业超市、仓储库房、各种档案管理等。

6.6.3　多体交叉存取技术

n 个容量相同的存储器，或称为 n 个存储体，它们具有自己的地址寄存器、数据线、读/写时序，可以独立编址，同时工作，因而称为多体方式。

各存储体的编址大多采用多体交叉编址方式，即将一套统一的编址，按顺序交叉地分配给各个存储体。交叉编址又分为低位交叉和高位交叉两种。高位交叉编址时，系统地址的连续空间落在同一个存储体内，这种情况下容易发生访问冲突，并行存取的可能性小。低位交叉编址时，系统地址在同一个存储器内是不连续的，而是以 n 为模的交叉编址，如图 6-37 所示。因此，连续的程序或数据将交叉地存放在 n 个存储体中，可以实现空间以 n 为模的交叉存取，访问冲突的概率较小。

对于多体低位交叉并行主存系统，假设 A 为系统地址，n 为存储体个数，j（$j = 0,1,\cdots,n-1$）为存储体编号，m 为每个存储体的单元个数，i（$i = 0,1,\cdots,m-1$）为存储体内地址，则

$$A = n \times i + j$$

其中，$i = [A/n]$，$j = A \bmod n$。系统地址码长度为 $\log_2 m + \log_2 n$ 位，体号地址占低 $\log_2 n$ 位，体内地址占高 $\log_2 m$ 位。以 4 个存储体组成的系统为例：M_0 体的地址编址序列是 $0,4,8,\cdots$，M_1 体的地址编址序列是 $1,5,9,\cdots$，M_2 体的地址编址序列是 $2,6,10,\cdots$，M_3 体的地址编址序列是 $3,7,11,\cdots$。相应地，对这些存储体采取分时访问的时序，如图 6-38 所示。

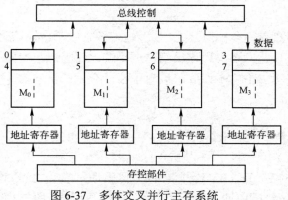

图 6-37　多体交叉并行主存系统

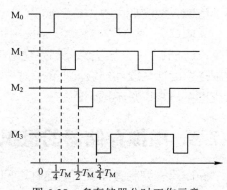

图 6-38　多存储器分时工作示意

仍以 4 个存储体为例，模为 4，各存储体分时启动读/写，时间错过 1/4 存取周期。各存储体读出的内容也将分时地送入 CPU 中的指令栈或数据栈。

多体交叉访问利用了存储系统中具有多个 DRAM 体潜在的并行性，可以更好地支持对连

续访问的写直达策略。如果存储器芯片按多个体组织，就可以实现并行读或写多个字。

6.7 虚拟存储系统的组织

虚拟存储系统建立在主存-辅存层次上，是由附加硬件装置及存储管理软件组成的存储体系，使计算机具有接近主存的存取速度，并具有辅存的容量和位成本。

6.7.1 概述

在采用磁盘作为后援存储器后，可以在存储管理部件和操作系统存储管理软件的支持下，将主存和辅存的地址空间统一编址，使用户获得一个很大的编程空间，其容量大大超过实际的主存储器。这个在用户界面上看到的存储器，被称为虚拟存储器（Virtual Memory，VM），对用户来说，自然是极有价值的，因而已在计算机系统中广泛使用，高档微处理器芯片也为此提供了有关硬件支撑。

从用户界面看，用户可使用位数较长的编程地址进行编程，这种地址面向程序的需要，不必考虑程序将来在主存储器中的实际位置，因而称为逻辑地址。它是面向虚拟存储器的，所以又被称为虚地址。在用户看来，CPU 可按虚地址访问一个很大的存储器，其容量甚至可达整个辅存容量，显然这是一种虚拟层次。

在实际的物理存储层次上，所编程序和数据在操作系统管理下，先送入磁盘，然后操作系统将当前急需运行的部分调入主存，供 CPU 操作，其余暂不运行部分留在磁盘中，随程序执行的需要，操作系统自动地按一定替换算法进行调度，将当前暂不运行部分调回磁盘，将新的模块由磁盘调入主存。这一层次上的工作对用户是透明的。

CPU 执行程序时，需将程序提供的虚地址变换为主存的实际地址（实地址、物理地址）。一般是先由存储管理部件判断该地址的内容是否在主存中，若已调入主存，则通过地址变换机制将虚地址转换为实地址，然后访问主存单元；若尚未调入主存，则通过缺页中断程序，以页为单位调入或实现主存内容调换。

从原理上，虚拟存储器与 Cache - 主存层次有很多相似之处，如地址映像方式和替换策略。但是，Cache - 主存层次的控制完全由硬件实现，对各类程序员都是透明的；而虚拟存储器的控制是由硬件与软件结合实现的，对应用程序员来说是透明的，但对于设计存储器管理软件的系统程序员来说是不透明的。

6.7.2 虚拟存储器的组织方式

操作系统编制者需要考虑这样的问题：主存空间与磁盘空间如何分区管理？虚实之间如何映像？虚实地址如何转换？采取何种替换算法？相应地，虚拟存储器可以分为页式、段式和段页式虚拟存储器。在微处理器中，已将有关的存储管理硬件集成在 CPU 芯片中，可支持操作系统选用上述三种类型之一。

1. 页式虚拟存储器

将虚存空间与主存空间都划分为若干大小相同的页,虚存的页称为虚页,主存(实存)的页称为实页。每页大小固定,如 2 KB、4 KB、8 KB 等。这种划分是面向存储器物理结构的,因而有利于主存与辅存之间的调度管理。用户编程时,将程序的逻辑空间分为若干虚页。相应地,虚地址包含两部分:高位段是虚页号,低位段是页内地址。

在主存中建立一种页表,提供虚实地址变换依据,并登记一些有关页面的控制信息。若计算机采用多道程序工作方式,则可为每个用户程序建立一个页表,硬件中设置一个页表基址寄存器,存放当前所运行程序的页表的起始地址。

表 6-3 给出了一种页表示例,每行记录了与某个虚页对应的若干信息。虚页号在编程时由虚地址给出。盘页(块)号是该页在磁盘中的起始地址,即该虚页在磁盘中的位置。控制位一般包含:装入位(有效位),为 1 表示该虚页已调入主存;修改

表 6-3　页表示例

虚页号	盘页(块)号	控制位	实页号
0			
1			
...	...	...	...

位,指出对应的主存页是否被修改过;替换控制位,为 1 表示对应的主存页需要替换;读/写保护位,指明该页的读/写允许权限,如只允许读而不能写入,或既允许读也允许写等。实页号,如果该虚页在主存中,那么该项登记对应的主存页号。

访问页式虚拟存储器的虚实地址转换过程如图 6-39 所示。当 CPU 根据虚地址访存时,首先将虚页号与页表起始地址合成,形成访问页表对应行的地址,根据页表该行内容判断该虚页是否在主存中。若已调入主存,可从页表中读得对应的实页号,再将实页号与虚地址中的页内地址合成,得到对应的主存实地址,据此可以访问实际的主存单元。

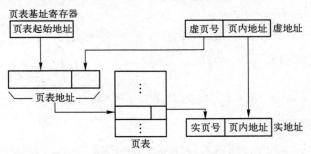

图 6-39　页式虚拟存储器地址转换示意

若该虚页尚未调入主存,则产生缺页中断,以中断方式将所需页内容调入主存。如果主存空间已满,则需执行替换算法(FIFO、LRU),将可淘汰的主存页内容调出,写入磁盘,再将所需页从磁盘调入主存。

当 CPU 按虚地址访存时,首先访问存放于主存之中的页表,以进行虚实地址转换,这就增加了访问主存的次数,降低了有效工作速度。为了将访问页表的时间降低到最低限度,许多计算机将页表分为快表与慢表两种。将当前最常用的页表信息存放在快表中,作为慢表局部内容的副本。快表很小,存储在一个快速小容量存储器中,该存储器是一种按内容查找的联想存储器,可按虚页号名字并行查询,迅速找到对应的实页号,快表集成在处理器内部,因此查找速度快,快表也称为转换旁路缓冲器(Translation Lookaside Buffer,TLB),具体原理在 6.7.3 介绍。如果计算机采用多道程序工作方式,则慢表可有多个,但全机只有一个快表。采用快表、

慢表结构后，访问页表的过程与 Cache 工作原理相似，即根据虚页号同时访问快表与慢表，若该页号在快表中，就能迅速找到实页号并形成实地址。

2. 段式虚拟存储器

通常，将用户程序按其逻辑结构（如模块）划分为若干段，各段大小可变。相应地，段式虚拟存储器也随程序的需要动态地分段，并将各段的起始地址与段的长度写入段表中。编程使用的虚地址包含两部分：高位是段号，低位是段内地址。例如 80386，段号 16 位，段内地址（又称偏移量）32 位，因此它最多可将整个虚拟空间划分为 64K 段，每段最大可达 4 GB，使用户有足够大的选择余地。

表 6-4 给出了一种段表示例，其中包含：段号；装入位，为 1 表示该段已调入主存；段起点，如该段已在主存中，则该项登记其在主存中的起始地址；段长（与页不同，段长可变）；其他控制位，如读、写、执行权限等。

表 6-4 段表示例

段号	装入位	段起点	段长	其他控制位

段式虚拟存储器的虚实地址变换与页式虚拟存储器相似，如图 6-40 所示。CPU 根据虚地址访存时，首先将段号与段表本身的地址合成，形成访问段表对应行的地址，根据段表内装入位判断该段是否已调入主存。若已调入主存，则从段表读出该段在主存中的起始地址，与段内的地址相加，得到对应的主存实地址。

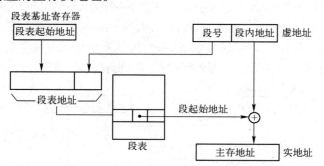

图 6-40 段式虚拟存储器地址转换示意

3. 段页式虚拟存储器

页式虚拟存储器采取面向存储器本身物理结构分页的策略，有利于存储空间的利用与调度，存储空间的零头小于一个页面。但是页的大小固定，这种划分不能反映程序的逻辑结构，给程序的执行、保护与共享带来不便。段式虚拟存储器则是面向用户程序逻辑结构，以段为单位进行调度、传送、定位，有利于对程序的编译处理、执行、共享与保护。但段的大小可变，不利于存储空间的管理与调度，比页式虚拟存储器复杂；存储空间的零头可能较大，存储空间利用率低。

为了综合页式虚拟存储器与段式虚拟存储器两种方式的优点，许多计算机采用段页式虚拟存储器。它将程序按其逻辑结构分段，每段再分为若干大小相同的页；主存空间也划分为若干同样大小的页。相应地，建立段表与页表，分两级查表实现虚实地址转换。以页为单位调进或调出主存，按段共享与保护程序和数据。

若计算机采用单道程序工作方式，则虚地址包含 3 部分：段号、段内页号和页内地址。

若计算机采用多道程序工作方式，则虚地址包含 4 部分：基号、段号、段内页号和页内地址。

如图 6-41 所示，每道程序有自己的段表，这些段表的起始地址存放在段表基址寄存器组中。相应地，虚地址中有各用户程序的基号，又称为用户标志号，根据它选取相应的段表基址寄存器，从中获得自己的段表起始地址。将段表起始地址与虚地址中的段号合成，得到访问段表对应行的地址。从段表中取出该段的页表起始地址，与段内页号合成，形成访问页表对应行的地址。从页表中取出实页号，与页内地址拼装，形成访问主存单元的实地址。

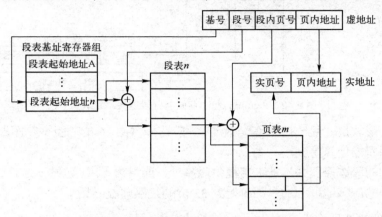

图 6-41　段页式虚拟存储器地址转换示意

段页式虚拟存储器兼有页式与段式的优点，但要经两级查表才能完成地址转换，费时较多。

6.7.3　Pentium CPU 支持的虚拟存储器

Pentium CPU 支持三种工作模式，即实地址模式、保护模式和虚拟 8086（V86）模式，只有在保护模式下才具有虚拟存储管理功能。

Pentium CPU 的虚拟地址称为逻辑地址，其长度为 48 位，由 16 位段选择器和 32 位偏移地址构成。段选择器中有 2 位用于存储保护，真正与地址有关的是 14 位，所以有效的逻辑地址为 46 位（14 位+32 位），虚拟空间可达 2^{46} B，即 64 TB，实存空间可达 4 GB。Pentium CPU 采用段页式地址转换机制，程序送出的逻辑地址经分段部件变换为 32 位的线性地址，线性地址再经分页部件变换为 32 位的物理地址。

Pentium CPU 的存储器结构有很大的灵活性，根据其段表和页表是否设置可以有 4 种组合情况。

① 无段表和无页表的存储器：为非虚拟存储器，其逻辑地址即为物理地址，可减少复杂性，在高性能的控制机中经常被采用。

② 无段表和有页表的存储器：为页式虚拟存储器，此时存储器的管理和保护是通过页面转换实现的。

③ 有段表和无页表的存储器：为段式虚拟存储器。

④ 有段表和有页表的存储器：为段页式虚拟存储器。

下面分别介绍 Pentium CPU 分段部件和分页部件中地址变换的工作过程。

1．分段部件的地址变换

分段部件要完成的是从逻辑地址到线性地址的转换，如图 6-42 所示。

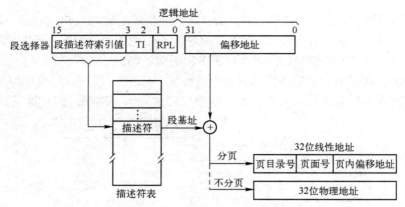

图 6-42　Pentium CPU 存储器分段方式地址转换

逻辑地址的形式是"段选择器:偏移地址"。段选择器由 16 位的段寄存器提供，32 位的偏移地址由指令译码器计算得到。

逻辑地址中的段选择器并不能直接提供段基址，而是由 CPU 通过一定算法取得段基址，再和逻辑地址中的偏移地址相加，即可得到 32 位的线性地址。

2．分页部件的地址变换

无论是段模式下由分段部件（Segmentation Unit，SU）送来的 32 位线性地址，还是在分页不分段模式下直接由程序送来的 32 位线性地址，都要经分页部件（Paging Unit，PU）转换成 32 位物理地址。

Pentium CPU 有两种分页方式：一种是 4 KB 的页，使用页目录表和页表进行两级转换；另一种页面大小为 4 MB，使用单级页表进行地址转换。

（1）4 KB 分页方式

在 4 KB 分页方式下，地址空间 4 GB，每页 4 KB，共 1M 个页面，采用两级页表方式，将线性地址相邻接的 1K 个页面组成一组，使用一个包含 1K 个表项的页表，其地址转换过程如图 6-43 所示。这组页面在页目录表中有一个对应的页目录项，页目录表中有 1K 个表项。页目录表项和页表项都是 4 字节，这样页目录表和页表大小都是 4 KB，即占一页的空间，因此查找很方便。

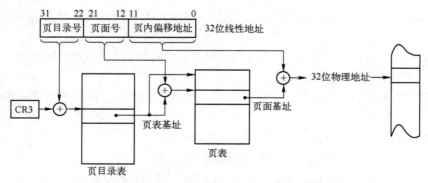

图 6-43　Pentium CPU 的 4 KB 分页方式地址转换

相应地，Pentium CPU 将 32 位线性地址分成 3 段：高 10 位为页目录号，中间 10 位为页面号，低 12 位为页内偏移地址。CPU 控制寄存器 CR3 提供页目录表的起始地址，首先以线性地址中页目录号为索引（×4）查找页目录表，得到页表基址；再以线性地址中页面号为索引（×4）查找对应的页表，得到对应的页面基址；最后将页面基址与线性地址中页内偏移地址相拼接，即可得到所需的 32 位物理地址。

（2）4 MB 分页方式

页面大小为 4 MB 的分页方式使用单级页表，减少了一次主存访问，加快了访存速度。在这种方式下，32 位线性地址分为两段：高 10 位为页面号，低 22 位为页内偏移地址。页表项长度为 4 字节，共 1K 个表项，页表长度为 4 KB。

其地址转换如图 6-44 所示。控制寄存器 CR3 提供页表基址，首先以线性地址的高 10 位为索引（×4）在页表中查找，得到页面基址；再与线性地址的低 22 位相拼接，即得到 32 位物理地址。

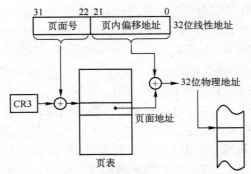

图 6-44　Pentium CPU 的 4 MB 分页方式地址转换

（3）转换旁路缓冲器 TLB

采用虚拟存储器后，每次访问主存时必须先进行地址转换，而转换过程中要查段表和页表，就要额外增加两次访问主存的时间。为了加快从逻辑地址到物理地址的转换，在 CPU 中设置了 TLB，是仿照高速缓冲存储器 Cache 的原理做成的，也利用了存储器访问的局部性原理。它的容量比页表小，用于存放最近使用过的页表项。

Pentium CPU 采用分离 Cache，所以 TLB 也分为指令 TLB（ITLB）和数据 TLB（DTLB）。指令 TLB 支持 4 KB 分页方式或以 4 KB 为增量的 4 MB 页面方式，共有 32 项，4 路组相联，单端口。数据 TLB 中有两个分开的 TLB，一个是支持 4 KB 分页方式的 64 项的 TLB，一个是支持 4 MB 分页方式的 8 项的 TLB，两个 TLB 都是 4 路组相联结构，并且都是双端口，能够同时为两次数据访问的地址转换提供两个互不相关的物理地址。

两类 TLB 都采用 LRU 替换算法。尽管 TLB 与 Cache 有很多相似之处，但也有不同。TLB 接受的是访问存储器的逻辑地址，若 TLB 命中，则立即得到访问主存的物理地址，否则要访问主存中的页表完成地址转换，并替换 TLB 项。Cache 接受的是访问主存的物理地址，若 Cache 命中，则可立即得到该地址单元的内容，否则要以该地址访问主存取得所需操作数，并替换 Cache 块。

6.7.4　存储管理部件

为了实现逻辑地址到物理地址的转换，并在页面失效（即被访问的页面不在主存）时进入操作系统环境，设置了由硬件实现的存储管理部件（Memory Management Unit，MMU），而整个虚拟存储器的管理是由存储管理部件和操作系统共同完成的。

以 80x86 系列微处理器为例，80286 的 MMU 中只有分段单元，而没有分页单元。从 80386 开始增加分页单元，完成线性地址到物理地址的转换。80486 的存储管理与 80386 相似，Pentium CPU 的存储管理单元主要的不同在于分页单元可以工作于 4 KB 和 4 MB 页面。

分段管理单元主要完成从逻辑地址到线性地址的转换。保护模式下，段的信息由描述符提供。描述符存放在描述符表中，主要有 4 种描述符表：全局描述符表（Global Descriptor Table，GDT）、局部描述符表（Local Descriptor Table，LDT）、中断描述符表（Interrupt Descriptor Table，IDT）和任务状态段（Task State Segment，TSS）。逻辑地址中的段选择器则用于从描述符表中取得描述符，从而可获得段基址。在 Pentium CPU 中，GDT 只有一个，用来存放系统中所有任务都能用的描述符，LDT 可以有多个，每个任务有一个单独的 LDT。GDT 和 LDT 中最多可以有 8192 个描述符。

段选择器共 16 位（如图 6-45 所示），由段寄存器提供，其中 3～15 位为描述符表索引值 INDEX，用来从 8192 个描述符中选出一个。第 2 位 TI 用来确定描述符表的类型，TI=0，用 GDT；TI=1，用 LDT。0～1 位是请求特权级 RPL。

每个段描述符占 8 字节，格式如图 6-46 所示，包含段基址（32 位）、段界限（20 位）、描述符特权级 DPL、存在位 P（表示段是否已经在主存）、描述符类型 S（0 表示系统；1 表示指令/数据）、段类型 TYPE（系统段/应用段）、粒度位 G（0 表示以 B 为单位；1 表示以 4 KB 为单位）、D/B 位（指令段用 D，确定操作数和有效地址的位数，1 表示 32 位，0 表示 16 位；数据段用 B）、AVL 位（供系统软件使用）。

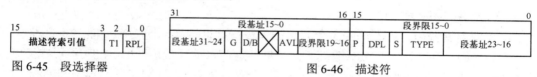

图 6-45　段选择器

图 6-46　描述符

只要硬件知道使用的是哪个段寄存器，就可以通过段选择器找到对应的描述符。若段不在主存中（P=0），就会产生一个陷阱，在操作系统的配合下，从磁盘上调入该段。接着根据界限位和 G 位的值，检查偏移地址是否超过了段的边界，若超过边界，也会产生陷阱。若段在主存中，且偏移地址在范围之内，则把描述符中的 32 位基址加上偏移地址形成线性地址。

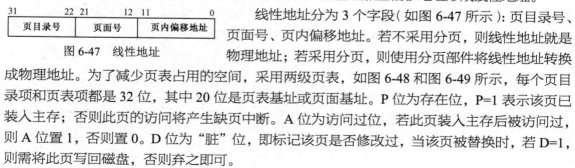

图 6-47　线性地址

线性地址分为 3 个字段（如图 6-47 所示）：页目录号、页面号、页内偏移地址。若不采用分页，则线性地址就是物理地址；若采用分页，则使用分页部件将线性地址转换成物理地址。为了减少页表占用的空间，采用两级页表，如图 6-48 和图 6-49 所示，每个页目录项和页表项都是 32 位，其中 20 位是页表基址或页面基址。P 位为存在位，P=1 表示该页已装入主存；否则此页的访问将产生缺页中断。A 位为访问过位，若此页装入主存后被访问过，则 A 位置 1，否则置 0。D 位为"脏"位，即标记该页是否修改过，当该页被替换时，若 D=1，则需将此页写回磁盘，否则弃之即可。

图 6-48　页目录项

31		12	11 9	8 7	6	5	4	3	2	1	0
页面基址31~12			AVL	✕	D	A	PCD	PWT	US	RW	P

图 6-49　页表项

另外，页表项中还有 PCD（Page Cache Disable，页 Cache 禁止）位和 PWT（Page Write-Through，页写直达）位，用于对页是否禁止 Cache，以及采用的是写直达法还是写回法的控制。线性地址转换为物理地址时，先使用页目录号作为页目录的索引找到页表基址，再使用页面号作为页表的索引找到页面基址，最后页内偏移加页面基址就得到所需单元的物理地址。

习 题 6

6-1 简要解释下列名词：主存储器（内存）、外存储器、高速缓存（Cache）、随机存储器（RAM）、静态随机存储器（SRAM）、动态随机存储器（DRAM）、只读存储器（ROM）、最大刷新周期、磁表面存储器、磁记录编码方式、不归零-1 制、调相制、调频制、磁道、圆柱面、扇区、格式化、平均寻道时间、平均旋转延迟、数据传输率、硬盘、道密度、位密度、Flash 存储器、U 盘、固态硬盘、直接映射、全相联映射、组相联映射、虚拟存储器、虚拟地址（逻辑地址）、实地址（物理地址）。

6-2 某半导体存储器容量为 16K×8 位，可选 RAM 芯片容量为 4K×4/片。地址总线 A_{15}～A_0（低），双向数据线 D_7～D_0（低），由 R/$\overline{W}$ 线控制读/写。请设计并画出该存储器的逻辑图，注明地址分配、片选逻辑式及片选信号极性。

6-3 某半导体存储器容量为 15K×8 位，其中固化区 8K×8 位，可选 EPROM 芯片为 4K×8/片，随机读写区 7K×8 位，可选 SRAM 芯片有 4K×4/片、2K×4/片、1K×4/片。地址总线 A_{15}～A_0（低），双向数据线 D_7～D_0（低），由 R/$\overline{W}$ 线控制读/写，$\overline{MREQ}$ 为低电平时允许存储器工作。请设计并画出该存储器的逻辑图，注明地址分配、片选逻辑式及片选信号极性。

6-4 某机器地址总线为 16 位 A_{15}～A_0（低），访存空间为 64 KB。外围设备与主存统一编址，即将外围设备接口中有关的寄存器与主存单元统一编址，I/O 空间占用 FC00～FFFF。现用 2164 芯片构成主存储器，请设计并画出该存储器的逻辑图、芯片地址与总线的连接逻辑，以及行选信号与列选信号的逻辑式，使访问 I/O 时不访问主存。动态刷新逻辑可以暂时不考虑。

6-5 在多级存储体系中，主存、外存、高速缓存各有什么作用？它们各自的特点是什么？

6-6 某计算机系统有 128 B 的高速缓存，采用每块有 8 字节的 4 路组相联映射。物理地址大小是 32 位，最小可寻址单位是 1 字节。
（1）画图说明高速缓存的组织并指明物理地址与高速缓存地址的关系。
（2）可以将地址 000010AFH 分配给高速缓存的哪一组？

6-7 SRAM 依靠什么原理存储信息？DRAM 又依靠什么原理存储信息？

6-8 某主存容量为 1 MB，由 1 Mb/片的 DRAM 芯片构成，芯片最大刷新周期为 2 ms。那么，在 2 ms 内至少应安排几个刷新周期？

6-9 SRAM 芯片和 DRAM 芯片各有哪些特点？各自用在哪些场合？

6-10 访问硬盘时，应送出哪些寻址信息？

6-11 磁盘的速度指标有哪几项？简述它们的含义。

6-12 Cache 的写回法与写直达法各有什么优点和缺点？

6-13 假定一个程序重复完成将磁盘上一个 4 KB 的数据块读出，进行相应处理后，写回到磁盘的另一个数据区。各数据块内信息在磁盘上连续存放，并随机地位于磁盘的一个磁道上。磁盘转速为 7200 rpm，平均寻道时间为 10 ms，磁盘最大数据传输率为 40 MBps，磁盘控制器的开销为 2 ms，没有其他程序使用磁盘和处理器，并且磁盘读写操作和磁盘数据的处理时间不重叠。若程序对磁盘数据的处理需要 20000 个时钟周期，处理器时钟频率为 500 MHz，则该程序完成一次数据块"读出 - 处理 - 写回"操作所需的时间为多少？每秒钟可以完成多少次这样的数据块操作？

6-14 计算机中为什么要采用多层次的存储系统？它的应用建立在程序的什么特性之上？每级存储器的特点是什么？信息在各层次上是如何组织的？

6-15 为什么要采用磁盘阵列技术？

第 7 章

输入/输出系统

计算机系统分为 CPU 系统、存储系统和输入/输出系统（简称 I/O 系统）三大部分，其中输入/输出系统的输入、输出就是外部设备与 CPU 或主存系统之间信息交换的过程。例如，计算机可以通过键盘等输入设备输入程序和数据，再通过液晶显示器、打印机等输出设备送出结果。那么，各种各样的输入、输出设备（简称 I/O 设备）是怎样同主机相连的呢？具体地说，数据怎样从输入设备送到主机，主机又如何将结果送到输出设备，它们之间是如何协调工作的？通常的做法是，以总线作为传输信息的枢纽，在主机与 I/O 设备之间设置输入接口、输出接口（简称 I/O 接口）。

本章将着重讨论 I/O 接口的几种控制方式：直接程序控制方式、中断方式和 DMA 方式，同时介绍其基本结构、工作过程和程序设计方法等内容。

同时，本章讨论 I/O 接口与主机的连接方式，重点介绍最常用的方式，即总线连接方式，包括总线的组成、控制和操作方式；最后简介几种最常用的 I/O 设备：键盘、鼠标器、打印机和液晶显示器，并以键盘为例阐述其驱动程序的设计。

7.1 输入/输出系统概述

7.1.1 主机与外围设备间的连接方式

在不同计算机系统中，主机与 I/O 设备之间的连接方式可能不同，然而总线连接方式是最常用的互连方式。如图 7-1 所示，CPU 通过系统总线与存储器和各种 I/O 设备相连，这是早期微机采用的单总线连接方式。

系统总线一般包括三组：地址总线、数据总线和控制总线。控制总线上的控制信号一般包括同步时序信号或应答信号、数据传输控制信号（如地址有效、读写控制、M/IO 选择）、中断请求及批准信号、DMA 请求及批准信号等。

如果计算机系统中只有一组系统总线，就称为单总线。单总线结构简单、成本低、扩展性好，但因所有部件都连接并争用这一组总线，导致部件间的信息传输率受限。尽管早期 CPU 速度高于存储器、更高于 I/O 系统，但是可以通过在总线周期中插入等待时钟周期来解决速度不匹配的问题。

随着芯片实现技术和处理器结构的不断改善，处理器和存储器的速度不断提升，而 I/O 设备提升有限，显然单总线结构已不能满足各大部件之间的传输要求。因此，将系统总线与 I/O 总线分开，使两个不同的总线工作在不同的时钟频率上（即不同的总线传输率），用总线控制器（相当于后期微机的南桥）对两个总线的地址、控制和数据信号进行转换以及对总线控制权进行仲裁，如图 7-2 所示。CPU 和内存工作在系统总线上（高速局部总线），独立于所有的 I/O 设备。这样，高速的处理器和存储器就摆脱了低速 I/O 设备的束缚。

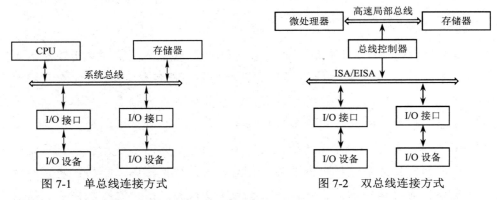

图 7-1　单总线连接方式　　　　　　　　图 7-2　双总线连接方式

随着处理器速度的进一步提升，内存速度已经跟不上处理器的发展步伐，此时微机中的处理器不再直接连接内存，而是通过总线控制器 1（北桥）连接存储器、显卡、总线控制器 2（南桥）及 PCI 外设，再通过总线控制器 2 连接慢速 I/O 设备。

图 7-3 是一个典型的基于 Pentium II /III /4 系列 CPU 的系统总线结构，反映了局部总线（前端总线）、存储器总线、PCI 总线、ISA 总线、AGP 总线及 USB 总线连接 CPU、主存和各种外设的连接关系。这样的多级总线结构可以满足不同信息传输率的部件之间进行有效的信息传输，但由于处理器和其他部件进行信息交换都要通过总线控制器 1，因此总线控制器 1 有可能会成为瓶颈。注意，图 7-3 中的 I/O 设备包含 I/O 接口。

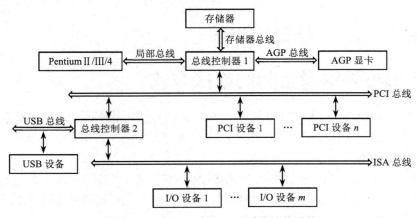

图 7-3　Pentium 系列 CPU 系统总线结构

总之，总线连接方式具有结构简单、标准化、易于扩展等优点，对传输速率的限制则可通过增设局部总线或设置多组总线方法来解决。

7.1.2　I/O 接口的功能和分类

广义上，接口是指两个相对独立子系统之间的相连部分。在许多文献中，接口（Interface）也常被称为界面。例如，软件接口（软件界面）是指一个程序模块或子程序在调用和返回时所必须遵守的传递参数规则或约定等，Windows API 是指由 Windows 操作系统向程序员提供的一组函数调用；软件对某个硬件电路进行控制，或者硬件要传递一些信息给软件，彼此间也有着共同遵守的协议，常称为硬软接口（硬软界面）或软硬接口（软硬界面）；应用软件与其使用者（人）的联系部分，也常称为该软件的"人机接口"或"人机界面"。本章主要讨论主机与 I/O 设备之间的硬件接口，即 I/O 接口。

由于主机与各种 I/O 设备的相对独立性（即 CPU 和各种 I/O 设备在信息格式、信号电平、工作速度、时序上的差异），它们一般是无法直接相连的，而必须经过一个"转换"机构。用于连接主机与 I/O 设备的转换机构就是 I/O 接口电路，简称 I/O 接口，图 7-4 表明了它们三者之间的关系。注意，在前述"软件接口"中，"接口"的主要含义是指"界面"；而在 I/O 接口中，"接口"主要指实现主机与 I/O 设备相连的有关逻辑电路及有关的界面等，有时称为 I/O 适配器。

图 7-4　主机、I/O 接口、I/O 设备的关系

显然，I/O 接口并非仅仅完成物理上的连接，一般应具有下述主要功能。

（1）寻址功能

一台计算机系统中包含多台 I/O 设备，相应地就有不止一个 I/O 接口。为了能够区别选择，必须给它们分配不同的地址码，这与存储器编址的道理是完全一样的。I/O 接口电路通过地址译码产生的片选信号实现主机访问不同 I/O 接口的功能。需要指出的是，在一个 I/O 接口中往往可能包含几个寄存器，有些用于输出数据，有些用于输入状态，有些用于控制等。这样，一个 I/O 接口就可能需要占用多个地址码。

（2）输入/输出功能，即在主机与 I/O 设备间交换数据、控制命令及状态信息等

如将主机送来的数据和控制信息送往 I/O 设备，将 I/O 设备送来的数据和状态信息送往主机。I/O 接口能根据送来的读/写信号决定当前执行的是输入操作还是输出操作，并且完成相应的读/写操作。特别要注意的是，控制命令常组成控制字，状态信息常组成状态字，将它们以数据形式进行交换。例如，我们可以约定在 I/O 接口中用某个寄存器的若干位分别表示"启动""送数"等控制命令，用另一个寄存器的若干位分别表示"设备忙""回答""请求"等 I/O 设备工作状态。这样，CPU 就可以用数据传输或 I/O 指令进行操作，如同送出或读入数据字那样，送出控制字或读入状态字。

（3）支持主机采取程序查询、中断、DMA 等访问方式

I/O 接口往往具有多种访问方式，如中断方式接口也可实现程序查询工作方式，DMA 接口中一般也包含中断机制。为了实现某种访问方式，I/O 接口必须有相应的控制逻辑。

（4）提供主机和 I/O 设备所需的缓冲、暂存和驱动能力，满足一定的负载要求和时序要求

主机和 I/O 设备通常是按照各自独立的时序工作的。为了协调它们之间的信息交换，接口

往往需要进行缓存、暂存，并满足各自的时序要求。I/O 接口的一侧通常与系统总线相连接，由于总线上连有许多的电路，且有一定传输距离，从而要求接口必须能提供足够的驱动能力，并且接口自身的负荷也应限制在一定的水平上。在 I/O 设备方面也有类似的要求。

（5）进行数据类型、格式等方面的转换

由于外设支持的数据格式与主机 CPU 的并行数据格式往往不同，因此 I/O 接口应该具有把 CPU 输出的并行数据转换成所接外设可接收的格式（如串行格式）；或者反过来，把从外设输入的数据信息转换成 CPU 可以接收的并行数据的功能，如 CPU 字长为 16 位，而 I/O 设备按位串行传输数据，则 I/O 接口需进行串-并数据格式的转换。又如，CPU 字长为 16 位，而 I/O 设备数据格式为 8 字节，则需要进行组装或分解，即将 2 个 8 字节拼成一个 16 位字，或将一个 16 位字分解为 2 字节。再如，有一些设备的信号电平与主机不同，则需要在 I/O 接口电路板上进行电平转换。另外，在测量温度时，传感器送出的可能是模拟信号，则接口需进行模/数（A/D）转换，将其变为数字信号，才能送往主机进行处理。

（6）联络功能

I/O 接口和 CPU 完成一次数据传输，或者 I/O 接口和外设完成一次数据传输后，接口应以适当的信号（如就绪信号）的方式通知 CPU 或外设，以准备进行下一次传输。

（7）复位功能

接口应能接收复位信号，使接口本身以及所连的外设进行重新启动。

（8）可编程功能

为了实现对接口的灵活控制，需要用软件来对接口进行设置和控制，所以一个接口应该具有可编程功能。

（9）错误检测功能

在接口设计中，常常要考虑对错误的检测问题。一般情况下需要对两类错误进行检测：一类是传输错误，这是由于接口和设备之间的连线受噪声干扰而引起的，接口对传输错误大都采用奇/偶校验或冗余校验来进行检测；另一类是覆盖错误，这是由于在输入时，接口的输入缓冲寄存器中的数据在没有被 CPU 取走前，由于某种原因又被装上了新的数据；或者在输出时，输出缓冲寄存器中的数据在被外设取走以前又被 CPU 写入了一个新数据，则原来的数据就被覆盖了。对覆盖错误，接口采用设置相应的状态寄存器标志位来标记。

在具体的机器中，常将 I/O 接口设计成独立的电路板插入主机，一般称为 I/O 接口卡或 I/O 适配卡，如串-并接口卡或串-并口适配卡、打印机适配卡、磁盘驱动器适配卡、显示器适配卡等。早期微机上的 I/O 接口常采用此种方式。目前，为降低成本，很多微机主板上都集成了常用的 I/O 接口，如串-并接口、显示接口、键盘接口、鼠标接口等。

I/O 接口的一侧面向系统总线，另一侧面向 I/O 设备。对于不同的 I/O 设备与 I/O 接口，它们之间的功能划分是非常不一致的。哪些功能应放在 I/O 接口卡上？哪些功能应放到 I/O 设备中？这需根据具体情况而定，一般的原则是：联系紧密、界面复杂的功能放在一起，而联系较松、界面易于标准化的功能则可以分开。

通常，直接针对设备具体工作过程进行控制的那部分功能电路被称为该设备的"设备控制器"。但应当指出，这个概念并非是绝对的，有较大的弹性。特别是当设备控制器放在 I/O 接口卡上时，很难区分（也没有必要）哪些电路属于"I/O 接口"，哪些电路属于"设备控制器"。

例如，打印机接口卡只完成接口功能，且常做成通用并行接口，而具体的打印控制即设备控制器则放在打印机中。磁盘驱动器接口卡中包含了磁盘控制器的大部分功能，如磁盘控制程序、数据编码与译码、错误校验等。

从不同的角度出发，I/O 接口可分为若干类型。

① 按数据传输的格式可分为串行接口和并行接口。并行接口是指在主机与 I/O 接口间、接口与 I/O 设备间均以并行方式传输数据。串行接口是指接口与 I/O 设备间采用串行方式传输数据，而串行接口与主机间的数据传输一般仍为并行方式。

一般来说，并行接口适宜于传输距离较近、传输速率较高的场合，其接口电路相对简单。串行接口则适于传输距离较远、速率相对较低的场合，其传输线路成本较低，而接口电路较前者复杂。例如，主机与显示器之间采用并行接口，主机与通信网络间一般采用串行接口。

当然，采用串行接口还是并行接口主要取决于设备本身的要求，如打印机接口既有并口方式也有串口方式。

② 按主机访问 I/O 设备的控制方式，可以分为程序查询接口、中断接口、DMA（Direct Memory Access）接口，以及更复杂一些的通道控制器、I/O 处理机。

程序查询方式是指 CPU 通过程序来查询接口的状态寄存器，并执行相应动作。作为一种特例，需传输的数据总是准备好的，不需要任何状态联系，主机可以执行 I/O 指令直接输入或输出数据，称为直接访问接口。中断接口是指接口与 CPU 间采用中断方式进行联络，即接口向主机提出中断请求，主机响应后执行中断处理程序，与接口进行信息交换，因此接口中需包含相应的中断控制逻辑。DMA 接口是指接口与主存间采用 DMA 方式进行数据交换。通道是一种通过执行通道程序控制 I/O 操作的控制器，比一般的接口更为复杂，可为 CPU 分担管理 I/O 功能。通道的进一步发展即成为输入/输出处理器（Input/Output Processor，IOP）。

事实上，一个实际的接口往往具有多种控制方式。例如，中断接口一般覆盖了程序查询接口的功能；DMA 接口中一般含有中断机制，既是 DMA 接口，也是中断接口。

③ 按时序控制方式，可分为同步接口和异步接口。

同步接口是指与同步总线相连的接口，其信息传输由统一的时序信号同步控制。异步接口是指与异步总线相连的接口，其信息传输采用异步应答方式控制。

我们还可从其他角度出发进行分类，如：按接口所连的总线分类，有 ISA 总线接口、EISA 总线接口、MCA 总线接口、STD 总线接口等；按接口所连设备的类型分类，有显示器接口、磁盘驱动器接口、网络接口、A/D 转换接口、D/A 转换接口等。

由于分类方法的出发点不同，同一接口在不同情形下的名称也不同。但我们可以从几方面同时定义一个接口，如 ISA 总线并行打印机中断接口、STD 总线 A/D 转换中断接口等。

还需指出，一个完整的 I/O 接口不仅包括一些硬件电路，还可能包括相关的软件驱动程序模块。这些软件模块有的放在接口的 ROM 中，有的放在主板的 ROM 中，也有的放在磁盘上，当需要时才装入内存。在微机系统的 ROM 中，这些软件称为基本输入/输出系统（Basic Input/Output System，BIOS）。

在 DOS 下，应用程序可以通过调用 BIOS 程序来操作 I/O 接口，从而避免由应用程序直接访问硬件。这样，I/O 接口通过其 BIOS 程序提供一个易于标准化的"软件界面"或"软件接口"，从而可以隐藏可能发生变化的具体硬件细节。

在 Windows 下，系统处于保护模式，应用程序的特权级别最低（RING 3），不能直接操作 I/O 接口，所有应用程序对接口的操作都会产生异常，通常通过调用门，在 RING 0 级由操作系统内核的一系列操作（系统调用）实现对 I/O 接口的间接访问，所以 Windows 下访问 I/O 接口的效率比 DOS 下要低得多，但更安全。

7.1.3　接口的编址和 I/O 指令

1．I/O 接口编址

为了区分各 I/O 接口及一个 I/O 接口中不同的寄存器，需要对它们进行编址，常见的编址方法有两种。

（1）与存储器统一编址

将 I/O 接口中有关寄存器或寄存器级部件看作存储器单元，与主存储器单元统一编址，相应地给接口中各寄存器分配一些存储器地址。这样，对 I/O 接口的访问如同对主存单元的访问一样。与存储器统一编址的优点是操作方式灵活，不一定使用专门的 I/O 指令，使用访存指令就可访问 I/O 接口。其缺点是需占用小部分存储空间。

RISC 处理器通常采用这种方式，如 MIPS 采用 LOAD/STORE 指令对 I/O 接口进行访问。

（2）I/O 端口单独编址

设置单独的 I/O 地址空间，为 I/O 接口中的有关寄存器或寄存器级部件分配 I/O 端口地址，使用专门的 I/O 指令去访问。一般，I/O 地址线与存储器地址线公用，即分时共享地址总线，并设置专门的信号线来区分当前是存储器访问周期还是 I/O 访问周期。如果是存储器访问周期，那么地址总线送出存储器地址；如果是 I/O 访问周期，那么地址总线（通常是低位段）送出 I/O 端口地址。

例如，Intel 8086/8088 中有信号线 $M/\overline{IO}$，当 $M/\overline{IO}=1$ 时，访问存储器；当 $M/\overline{IO}=0$ 时，访问 I/O 端口；8086 中使用 16 位地址表示 I/O 地址，可寻址 64 KB 的 I/O 空间，且不分段。

采用 I/O 端口单独编址方式的优点是不占用存储空间，缺点是需使用专门的 I/O 指令，其寻址方式较简单，所以编程灵活性稍差。

2．I/O 指令

不同的 CPU，其 I/O 指令的格式与功能差异较大，主要体现在寻址方式方面。Intel 80x86 CPU 采用 I/O 端口单独寻址方式寻址外设，其中用到的专用指令只有两条：IN 和 OUT。要求 IN 指令的目的寄存器和 OUT 指令的源寄存器必须是 AL（8 位端口）、AX（16 位端口）或 EAX（32 位端口），对端口地址在 8 位以下（即端口地址<FFH）的，可以使用直接寻址方式寻址外设，对端口地址是 16 位的，要用 DX 进行间接寻址，16 位端口地址方式下可寻址 $2^{16}=64K$ 个端口地址。

以下是 I/O 指令的使用举例。

（1）直接 I/O 端口寻址方式

```
    IN    AL, 61H              ; 从 8 位端口 61H 输入一个 8 位数据到 AL
    OUT   62H, AL             ; 将 AL 中的 8 位数据输出到 8 位端口 62H
```

机器指令格式如下：

7　　　　　0	7　　　　　0
操作码	地址

由于 I/O 地址仅占 1 字节，因此只能表达 0～255 范围内的 I/O 空间，即这类指令只能访问 0～255 以内的 I/O 端口。

（2）间接端口寻址方式

```
IN      AL，DX      ; 从 8 位端口（端口地址在 DX 中）输入一个 8 位数据
IN      AX，DX      ; 从 16 位端口（端口地址在 DX 中）输入一个 16 位数据
OUT     DX，AX      ; 将 AX 中的 16 位数据输出到 16 位端口（端口地址在 DX 中）
IN      EAX，DX     ; 从 32 位端口（端口地址在 DX 中）输入一个 32 位数据
OUT     DX，EAX     ; 将 EAX 中的 32 位数据输出到 32 位端口（端口地址在 DX 中）
```

机器指令格式如下：

由于以 DX 为 I/O 间址寄存器，能表达 16 位地址，可访问 0～64K 范围内的 I/O 端口，其访问空间和编程灵活性较直接寻址方式大得多。

下面介绍的串输入/输出指令是对一片连续存储单元进行处理，可对内存单元按字节、字或双字进行处理，并能根据操作对象的字节数使变址寄存器 SI（和 DI）增减 1、2 或 4。具体规定：当 DF=0 时，变址寄存器 SI（和 DI）增加 1、2 或 4；当 DF=1 时，变址寄存器 SI（和 DI）减少 1、2 或 4。串输入/输出指令的源操作数和目的操作数可以是隐含操作数。

（3）串输入指令 INS

DX 指定的端口数据输入 ES:DI 所指向的存储单元，自动修改 DI 以指向下一个存储单元。

指令的格式如下：

```
INS     目的串，DX                    ; 输入字节/字/双字
INSB/INSW/INSD                        ; 无操作数
```

执行操作：

```
①    ((DX)) ⇒ ((DI))
②    (DI)±1/2/4 ⇒ (DI)
```

加或减操作由标志位 DF = 0 或 1 决定，加减 1、2 或 4 取决于 INS 指令目的串的操作类型，或由 INS 后缀 B/W/D 决定。

（4）串输出指令 OUTS

DS:SI 所指向的存储单元的数据向 DX 指定的端口输出，自动修改 SI 以指向下一个存储单元。

指令的格式如下：

```
OUTS    DX，源串                      ; 输出字节/字/双字
OUTSB/OUTSW/OUTSD                     ; 无操作数
```

执行操作：

```
①    ((SI)) ⇒ ((DX))
②    (SI) ±1/2/4 ⇒ (SI)
```

加或减操作由标志位 DF = 0 或 1 决定，加减 1、2 或 4 取决于 OUTS 源串操作类型，或由指定 OUTS 后缀 B/W/D 决定。

上述串输入 INS、输出 OUTS 指令加重复前缀 REP 可重复执行，以连续完成整个串的输入或输出。

7.2 直接程序控制方式

直接程序控制方式的主要特点是：CPU 直接通过 I/O 指令对 I/O 接口进行访问，主机与外设交换信息的每个过程均在程序中表示出来，又分为如下两种方式。

1. 立即程序传输方式

在立即程序传输方式（如图 7-5 所示）中，I/O 接口总是准备好接收主机输出数据，或总是准备好输入主机的数据，因而 CPU 不需询问接口的状态，就可以直接利用 I/O 指令访问相应的 I/O 端口，输入或输出数据，所以这种方式又称为无条件传输方式。这类接口最简单，也有大量应用，一般用于纯电子部件的输入、输出，以及完全由 CPU 决定传输时间的场合。例如，CPU 直接送数据以控制信号灯、送数据给 D/A 转换器、输出信号控制马达或阀门等，直接读取开关状态、读取一个时间值、启动高速 A/D 转换器后立即取回结果等。当然，这种方式的局限性很大，只有在不需了解外设的实时状态时才能有效地工作。

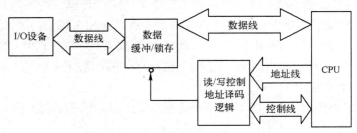

图 7-5　立即程序传输方式接口原理

2. 程序查询方式

许多外设的工作状态是很难事先预知的，如何时按键、一台打印机是否能接受新的打印信息等。这就要求 CPU 在程序中进行查询，如果接口尚未准备好，CPU 就等待，只有已做好准备，CPU 才能执行 I/O 指令，这就是程序查询方式。

首先，在 I/O 接口中要设置状态位以表示外设的工作状态。有些设备的状态信息较多，可组成一个或多个状态字，占用一个或多个 I/O 端口地址，可由 CPU 用输入指令读取。程序查询接口模型如图 7-6 所示，输入和输出软件模型如图 7-7 所示。

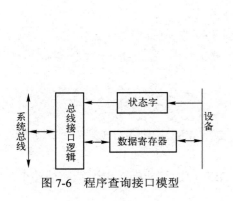

图 7-6　程序查询接口模型

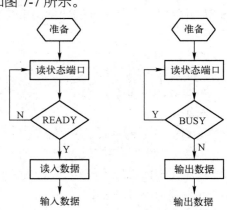

图 7-7　程序查询输入和输出软件模型

322

在相应的 I/O 程序中必须进行下列 3 步操作：

① 读取外设状态信息。

② 判断是否可进行新的操作，如判断键盘是否有新的键按下，或打印机是否准备好接收新数据。若设备尚未准备好，则返回第①步；若已准备好，就进行下一步。

③ 执行所需的 I/O 操作，例如从键盘接口读数据，或送出打印信息到打印机接口。

不难看出，在上述模型中如果不设状态位且程序中不进行状态查询，就直接进行 I/O 操作，则称为立即程序传输方式。因此程序查询接口覆盖了立即程序传输方式的功能。

【例 7-1】 设图 7-6 的输入数据端口地址为 2F0H，状态端口为 2F2H，输入准备好状态位为数据总线的 D_7 位（为 0 表示未准备好），则查询方式输入 100H 字节保存到起始地址 2000H:0000H 的存储空间的部分程序如下：

```
        ...
START   PROC    FAR
        PUSH    DS
        PUSH    AX
        MOV     AX, 2000H
        MOV     DS, AX              ; 初始化 DS
        MOV     BX, 0               ; 起始偏移地址
        MOV     CX, 100H            ; 接收数据初始计数值
WAIT:   MOV     DX, 2F2H;
        IN      AL, DX              ; 读状态端口
        TEST    AL, 80H             ; 准备好了吗?
        JZ      WAIT                ; 没有
        MOV     DX, 2F0H
        IN      AL, DX              ; 读入数据;
        MOV     BYTE PTR [BX], AL   ; 读入数据送到指定存储器地址保存
        INC     BX
        LOOP    WAIT                ; 读入下一个数据
        POP     AX
        POP     DS
        RET
START   ENDP
        ...
```

【例 7-2】 设图 7-6 的输出数据端口地址为 2F1H，状态端口为 2F2H，输出状态忙位为数据总线的 D_6 位（为 1 表示忙），则查询方式下把起始地址 3000H:0000H 的 200H 字节输出的部分程序如下：

```
        ...
START   PROC    FAR
        PUSH    DS
        PUSH    AX
        MOV     AX, 3000H
        MOV     DS, AX              ; 初始化 DS
        MOV     BX, 0               ; 输出数据起始偏移地址
        MOV     CX, 200H            ; 输出数据初始计数值
WAIT:   MOV     DX, 2F2H
```

```
        IN      AL, DX                      ; 读状态端口
        TEST    AL, 40H                     ; 输出忙吗?
        JNZ     WAIT                        ; 忙
        MOV     DX, 2F1H
        MOV     AL, BYTE PTR [BX]
        OUT     DX, AL                      ; 输出数据;
        INC     BX
        LOOP    WAIT                        ; 输出下一个数据
        POP     AX
        POP     DS
        RET
START   ENDP
        ...
```

7.3 程序中断方式

在程序查询方式中,CPU 的利用率不高,这是因为 CPU 会对外设执行大量无效的查询。如果 CPU 采取不断查询的方法,那么长期处于等待状态,不能做其他处理,也不能对其他事件及时做出响应。即使采取定时查询的方法,也不能完全克服上述缺点,因为仍然存在大量的无效查询。如果查询的时间间隔选取得较长,就不能对外部状态的改变及时做出响应;如果两次查询之间出现多次事件,就会丢失信息。如果查询的时间间隔选取得较短,无效查询就会急剧增加,CPU 效率下降。

怎样才能使 CPU 既能对事件做出及时响应,又可以尽量避免无效操作以提高 CPU 效率呢?为此,现代计算机系统广泛采用了中断控制方式。

7.3.1 中断的基本概念

1. 中断方式及其应用

在收到随机请求后,CPU 暂停执行原来的程序,转去执行中断处理程序,为响应的随机事件服务,处理完毕后 CPU 恢复原程序的继续执行,这种控制方式称为"程序中断控制方式",简称为中断。

在日常生活中广泛存在着"中断"的例子。例如一个人正在看书,这时电话铃响了,于是他将书放下去接电话。为了在接完电话后继续看书,他必须记下当时的页号,接完电话后,回去从刚才被打断的页号处继续往下阅读。

中断方式可用于对键盘的管理。平时,不知道是否有人按键,因此 CPU 可执行自己的程序(主程序);当键盘中某键被按下时,向 CPU 发出一个"中断请求"信号;CPU 响应该申请,中断当前工作程序,保存程序的当前位置(断点);CPU 转入读键处理程序,以执行程序方式处理键值输入,一般要先保存被中断程序(主程序)的寄存器内容,再进行读键等操作;在读键处理程序完成后,先恢复被保存的主程序的寄存器内容,然后返回到主程序的中断处,继续执行原程序。

在这个例子中，按键操作是一个外部事件，所提出的申请称为中断请求；原程序被中断的位置（程序地址）称为断点；用于处理该事件（读键）的程序称为中断处理（服务）程序；保存被中断的位置称为保存断点；在中断处理程序中要保存原程序的寄存器内容，称为保护现场；在中断处理程序即将结束前要恢复这些寄存器内容，称为恢复现场。由于中断处理程序是临时嵌入的一段，又称为中断处理子程序，被打断后又被恢复执行的原程序称为主程序。

上述两个例子的执行路径如图 7-8 所示。

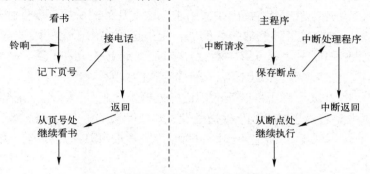

图 7-8　中断执行的路径示意

中断有两个重要的特征：程序切换（控制权的转移）和随机性。

从执行路径来看，中断过程的程序转移类似于子程序调用，但实质上存在重大区别。子程序调用是由主程序安排在特定位置上的，通常是完成主程序要求的功能，而中断发生在随机的时刻，可以从主程序的任一位置进行程序切换，而且中断处理程序的功能往往与被打断的主程序没有直接关联。

注意，随机性是相对于具体发生时刻而言的。宏观上，产生中断的原因可能是由主程序有意安排的，但提出中断请求的具体时刻不确定，因而在微观上中断是随机的。在生活中有许多这样的例子，如我们将闹钟定时在某一时刻，然后开始看书，当闹铃响后，就去处理某些事务，处理完毕又回去继续看书。显然，"闹铃响"这一中断事件是事先安排的，但看书到哪一页会响铃是随机的。又如，某经理向工作人员发出指示：将货发出后来电话，然后去忙自己的工作，当工作人员打来电话时，经理暂停手上的工作，对工作人员发出进一步指示，然后继续原来的工作。显然，"打电话"这一中断事件也是事先安排的，但何时能发完货并打来电话，则是随机的。

下面结合实例介绍中断方式的一些典型应用。

① 采用中断方式管理 I/O 设备，使 CPU 能与 I/O 设备并行工作。例如在键盘管理中，平时不需要浪费 CPU 的时间去查询键盘，仅当按下某键时才提出中断请求，然后 CPU 执行中断处理程序，接受按键编码。这种方式提高了 CPU 效率。

又如，采用中断方式管理打印机一类输出设备：主机准备好一批打印数据后，启动打印机，然后 CPU 继续执行其他程序；当打印机做好接收数据的准备后，向 CPU 发出中断请求；CPU 响应后，转去执行"打印机中断处理程序"，向打印机送出一批（如一行）打印数据，然后返回继续执行其主程序；打印机在打印完这一批数据后，再向 CPU 提出中断请求；如此重复，直至数据打印完毕。由于打印机打印完这一行字符的时间较长，而中断处理程序的执行时间却较短，一般为几十至几百微秒，因此从宏观上，主机与打印机可视为并行工作。

② 处理突发故障。如掉电、存储器校验出错、运行溢出等故障，都是随机出现的，不可能预先安排在程序中某个位置进行处理，只能以中断方式处理。即事先编写好各种故障中断处理程序，一旦发生故障，立即转入这些处理程序。

例如发生掉电时，电源检测电路发出掉电中断请求信号，CPU 利用电源短暂的维持时间进行一些紧急处理，如将重要的信息存入非易失性存储器中。若系统带有不间断电源 UPS，可将内存信息存入磁盘，或在 UPS 支持下继续工作一段时间。又如，从存储器读出时发现奇偶校验出错、CRC 校验出错等，也将提出中断请求。以上几种情况属于硬件故障。

软件运行中也可能发生意外的故障。例如，定点运算中由于比例因子选取不当而出现溢出；除法运算中除数为 0，产生除 0 错中断；访存时，地址超出允许范围，产生地址越界中断；用户程序中使用了非法指令等。以上情况一般称为软件故障。

③ 实时处理，指在某事件出现时及时地进行处理，而不是积压起来留待以后批量处理。当然，所谓"实时"是相对于被控制（或被处理）对象而言的一个相对概念。例如，火箭飞行控制可能要求在 1 ms 内实现，而工业锅炉的温度控制要求可以在几秒内，售票系统的实时响应时间则可以更长。

当被控对象出现某种异常时，如电机电流过大，或温度过高，可提出中断请求，以便及时进行调节。在过程控制一类实时系统中，常设置实时时钟，定时发生中断请求，系统在相应的中断处理程序中采集各种参数，进行计算，执行反馈控制。当系统执行实时中断处理时，非实时性任务如报表打印等可被暂停。

④ 系统调度。在多任务系统中，多任务的切换往往由中断引发，如时间片结束引发时钟中断。又如，在虚拟存储器的实现中，由于缺页中断而引发对磁盘的调用。

⑤ 人机对话。系统的人机界面是一个需要重视的方面，应使操作者能方便地干预系统的运行，如通过键盘、鼠标等输入设备选择功能项，回答计算机的询问，了解系统运行情况与进度，输入临时命令等，这些是人机对话中人的操作，通常以中断方式运行。

⑥ 多机通信。在多处理机系统和计算机网络中，平时各节点分别执行自己的程序，当一个节点需要与另一节点通信时，一般以中断方式向对方提出请求，而后者也以中断方式进行回答响应。

可见，中断方式不仅用于 I/O 设备的管理控制，还广泛地应用于各种带随机性质的事件处理上。

2．中断源与中断向量

引起中断的原因或来源称为中断源，如 8086/8088 CPU 允许有 256 个直接中断源，它们可来自 CPU 的内部或外部，分别称为内部中断（源）和外部中断（源）。还有一类较特殊的中断源，即软中断，它是内部中断的一种。

（1）非屏蔽中断与可屏蔽中断

在 CPU 内部往往有一个"中断允许标志位"IF，相应地将中断源分为两类：一类不受 IF 控制，称为非屏蔽中断，即只要有非屏蔽中断产生，CPU 可立即响应，与 IF 状态无关；另一类中断源受 IF 控制，称为可屏蔽中断。

若 IF=1，则称为开中断状态，即 CPU 允许中断，此时若有可屏蔽中断产生，则 CPU 能够响应。若 IF=0，则称为关中断状态，对于可屏蔽中断请求 CPU 不响应。

有些 CPU 采用"中断屏蔽位"IM 来实现开中断或关中断，其定义与 IF 正好相反，即 IM=1 时屏蔽中断，IM=0 时允许中断。

中断屏蔽很像电话"免打扰"功能，可保证 CPU 在执行一些重要程序段时不被打断，从而确保其操作能在最短时间内完成，该特性称为操作的"原子性"。在执行操作系统的原语时就要求如此。

例如，有一个存储器指针 point 为主程序和中断处理程序共同使用，每次使用后需拨动指针（point 值加 2）。下面所举的过程表明，如果中断响应发生在 point 的"取用"与"拨动"之间，将出现错误，因为中断处理程序取用的 point 值与主程序取用的 point 值相同，于是它们的访存地址冲突。

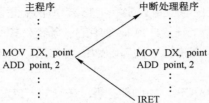

为了解决这个问题，可在这两个指令段的前后分别加上"关中断"与"开中断"：

```
CLI
MOV    DX, point
ADD    point, 2
STI
```

对中断允许位 IF 的设置，一般分为显式设置和隐式设置两种方式。显式设置指使用专门的开、关中断指令，如 8086/8088 有 STI（开中断）和 CLI（关中断）指令。隐式设置指在有关指令中或其他操作中隐含对 IF 的设置，如 CPU 响应中断时，在中断周期中由硬件自动关中断；执行中断返回指令 IRET 时，将恢复原主程序中 IF 的状态。

有些 CPU 在转入中断处理程序时硬件并不自动关中断，但保证至少要在执行一条指令后才能响应另一中断请求，因此用户可在中断处理程序的第一条指令处安排一条"关中断"指令。如单片机 Intel 8098 就采取这种方案。

非屏蔽中断一般用于非常重要及需要无条件立即处理的中断源，如掉电、存储器校验错等。

在 8086/8088 CPU 中，内中断均属非屏蔽中断，而外中断有非屏蔽中断、可屏蔽中断之分，分别使用 NMI 和 INTR 两根不同的请求信号线连到 CPU。

（2）8086/8088 的内中断

① 除法出错中断：当除数为 0 时或商溢出时，将产生该中断。

② 溢出中断指令 INTO：软中断指令，判断标志寄存器中的溢出状态位 OF，若 OF=1，则表明前面的某个运算产生了溢出，执行 INTO 时产生中断；若 OF=0，则不产生中断。

③ 单步中断：当标志寄存器中单步标志位 TF=1 时，CPU 处于单步工作方式，即每执行一条指令就自动产生一次单步中断，先自动清除 TF 使其为 0，再转入单步处理程序。在处理程序结束时，再将 TF 恢复为 1。这样，CPU 每执行一条主程序指令就产生一次单步中断，用户可利用单步中断进行程序调试。由于在转入中断处理程序前已使 TF 为 0，因而可以连续执行单步处理程序。而返回主程序前也已使 TF 为 1，所以在执行又一条主程序指令后再次产生单步中断。

④ 中断指令 INT　n：CPU 执行这种软中断指令就产生中断类型 n 的中断，是常用的软中断方式，提供一种以软件手段模拟随机中断事件的手段。下面介绍两种常用的应用方式。

一种是用来引发跟踪的调试程序，如模拟某种（实际并未发生的）硬件中断，以便跟踪调试该中断处理程序。由于它的产生位置可由软件设定，可随机插入并安放在任意位置（需屏蔽中断的程序段外），且不影响主程序，因而使用起来比较方便。

另一种用于系统功能调用。如操作系统 PC-DOS 中，将一些常用的输入、输出、文件操作、存储管理等系统功能编成若干子程序，称为 BIOS，采用软中断 INT 指令进行调用。在这种方式中，断点保护、转向中断处理程序等均按中断处理方式进行。但一般需由主程序通过寄存器提供调用参数，返回结果也可能保存在一些寄存器和标志位，因此在这种方式中，INT 指令并不能随机插入主程序的任意位置，事实上它被当作普通子程序调用了。

⑤ 断点中断 INT 3　这是上述软中断指令中的一条特殊指令，它仅占 1 字节，常用于设置软件断点，在各种调试程序 DEBUG 中广泛使用。

（3）其他内中断

上面所介绍的是 8086/8088 CPU 中的内中断，在其他 CPU 中，内中断的类型还有不少，下面再举一些有代表性的例子。

① 单片机 8098 的内中断：常用在监测与过程控制系统中，指令系统简单，而集成的 I/O 资源很多，所以它的内中断主要面向 I/O 的需要。8098 的内中断有断点中断指令 TRAP（类似于 8086 的 INT3）、通信口中断 SIO_INT、计时器中断 CTC_INT、高速输出中断 HSO_INT、高速输入中断 HSI_INT、A/D 转换结束中断 AD_INT、HSI.0 信号中断 HSI.0_INT。

② 80286/386/486 CPU 的内中断：与 8086/8088 CPU 属于同一系列，但功能更强，其最重要的特征是支持虚拟存储功能。因此除了包括 8086 的全部内中断，还增加了一些类型，如页面失败、段保护（地址越界）、非法指令、用户程序执行特权指令、访管指令等内中断。

（4）入口地址生成

系统往往具有多个中断源，每个中断源所需的中断处理程序各不相同，它们在主存中的位置也不一定连续。那么，CPU 响应中断后如何寻找相应中断处理程序的入口地址呢？下面介绍几种常用的方法。

① 查询法。CPU 响应中断后，转向某个固定的入口地址，执行公共服务程序（查询程序）。在该程序中，依次查询各个中断源的中断请求标志"IRF"，若遇到某个中断源的 IRF=1，就转入该中断源的处理程序入口，如图 7-9 所示。

软件查询法只需在中断接口中设置 IRF 标志，硬件要求最低，实现最简单，易于动态改变各中断源的优先级（即改变查询顺序）；但在执行查询程序时，如果中断源优先级低则响应速度较慢。因此这种方法适用于低速、中断源较少的场合，或作为一种辅助手段。软件查询法又称为非向量中断法。

② 单独请求线编码法。每个中断源有自己的中断请求信号线，在 CPU 内采用某种优先编码逻辑形成它们各自的入口地址。这种方法响应速度快，但连线多，硬件代价高，而且不易于扩展。仅适于中断源极少且固定的场合，如某些单片机中的集成 I/O 口中断请求。

③ 向量中断法。目前，计算机系统中广泛采用向量中断（矢量中断）结构，即中断源通过有关控制逻辑给出一个相应的向量码，CPU 据此通过一系列变换得到中断处理程序的入口地址，不需软件查询。

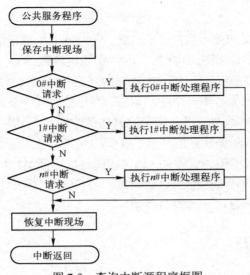

图 7-9　查询中断源程序框图

　　一般将中断处理程序入口地址称为中断向量。在早期的一些简单系统（如以 Z80 为 CPU 的系统）中，采用一级向量方式，即直接由中断源产生中断向量，但由于缺乏灵活性，对中断源的向量产生机构要求较高，现已较少采用。

　　现在常用的是二级向量或多级向量方式，如 8086 CPU 采用二级向量方式。中断源向 CPU 提供一个中断类型码，可视为第一级向量编码。8086 CPU 用 1 字节表示中断类型码，因此可有 256 个类型码，可表示 256 个中断源。其中，内中断占用固定的类型码，还有一部分是留待系统扩展时用的保留部分，其余是用户可自由使用的类型码，如表 7-1 所示。

　　将各个中断处理程序的入口地址组织成一个中断向量表，存放在地址 0～3FFH 区间，如图 7-10 所示。每个中断源的处理程序入口地址在向量表中占 4 字节单元，其中 2 字节为偏移量 IP，2 字节为段基值 CS。

表 7-1　8086 CPU 中断类型码分配表

中断类型码	中断源
0	除法错
1	单步中断
2	非屏蔽中断 NMI
3	断点中断 INT　3
4	溢出中断 INTO
5～31	系统扩展保留
32～255	用户自定义

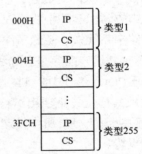

图 7-10　8086 CPU 中断向量表结构

　　设中断源提供的类型码为 n，则入口地址为

$$偏移量\ IP = (4n, 4n+1) \qquad 段基值\ CS=(4n+2, 4n+3)$$

也就是说，CPU 得到中断类型码后，将它乘以 4 得到首址，访问存储器时，从中断向量表中连续读取 4 字节的入口地址信息，按 8086 CPU 的地址形成方法产生 20 位入口地址码，从而可以据此转入中断处理程序。

　　在 80x86 保护模式下，由于引入了虚拟存储器概念，中断处理程序入口的物理地址要经过多次查映射表后才能得到。

向量中断方式具有很高的灵活性，易于扩展，入口地址生成速度快（只需几次访存，约为微秒级），且不因中断源数目的增加而减慢，硬件实现也较容易。

④ 综合法。在实际系统中，常将几种方法综合使用。例如，在微机的串口中，串行输出中断和串行输入中断信号一般合用一个中断请求，因此按向量中断方法识别该请求源后，还需要在该中断处理程序中根据标志位进一步查询具体的中断源，即判明是输入中断还是输出中断。在某些情况下，这种判断需要分成几级，我们称为"向量 – 查询"综合方式。又如，在许多单片机中，内中断常采取单独请求形式，通过编码生成中断类型码，但内中断也常由几个中断源合用一个请求信号，而外部中断只有一个类型码，因此它们都需要通过软件进一步查询，可称为"单独请求 – 向量 – 查询"的混合模型。

7.3.2　中断的过程

中断的过程一般可划分为几个阶段：中断请求、中断排优、中断响应、中断处理和中断返回。现以 8086 CPU 的向量中断为例介绍中断的过程。

1．中断请求

各种中断源提出中断请求的原因各不相同。有些是完全随机产生的，如由键盘接口等 I/O 接口提出的请求；有些是程序有意安排的，如软中断指令。这些请求分为内中断请求、外中断请求、可屏蔽中断请求、非屏蔽中断请求，它们通过各自的路径送往 CPU，如各种外中断请求信号通过中断控制器汇集到 INTR 请求线，或直接汇集到非屏蔽中断请求线 NMI，而内中断请求通过内部逻辑电路提出。

2．中断排优

如果有几个请求同时提出，那么 CPU 应当先响应谁呢？这就存在一个优先排队问题。一般原则是：由故障引起的中断优先于由 I/O 操作需要引起的中断，非屏蔽中断优先于可屏蔽中断，高速事件中断优先于低速事件中断，输入信息所需的中断优先于输出信息所需的中断。在 8086 CPU 中中断优先顺序是：除法错、INT　n 软中断、INTO 溢出中断、NMI 非屏蔽中断、INTR 可屏蔽中断、单步中断 TF。一般在系统中有多个外中断源请求属于 INTR，可通过中断控制器芯片或其他优先链逻辑进行硬件排队，也可以通过软件查询顺序进行软件排优。对于 INTR 可屏蔽中断源，PC 机中处理的优先顺序是：日历时钟、通信中断、CRT 显示器、硬盘、软盘、打印机等。

排优逻辑的实现方法将在后面介绍。

3．中断响应

中断响应的操作过程如下：

① CPU 每执行完一条指令时，通过有关控制逻辑判别是否有中断请求。

② 进入中断响应周期。如果有中断请求，而 CPU 刚执行的不是停机指令，且无优先级更高的 DMA 请求，那么 CPU 在执行完一条指令后可以响应中断请求。于是 CPU 进入一个过渡周期（位于原程序与中断处理程序之间），称为"中断响应周期"或"中断应答周期"，简称 INTA

周期。

除 INTR 以外的其他中断请求均属于非屏蔽中断，且类型码是固定的。所以，一旦它们提出中断请求，CPU 将立即响应并得到其类型码。

如果在 INTR 线上发生请求，那么 CPU 首先根据其内部的"中断允许位"IF 状态判别是否响应。若 IF=1，则响应中断请求，一方面进入 INTA 周期，另一方面向外发出应答信号 INTA。外部的中断控制器收到该信号后，将发出请求的中断源的类型码送到 CPU 数据总线上，CPU 在撤销 INTA 信号前取走中断类型码。

③ CPU 在响应周期中由硬件自动完成以下操作。

首先是保护断点，将代码段寄存器 CS 和指令指针 IP 的内容依次压入堆栈，此外还将标志位寄存器 FLAG 内容压栈，中断允许标志清零，即 IF=0（又称为关中断），单步中断标志 TF 清零，即 TF=0。

然后 CPU 将中断类型码乘以 4，获得向量地址，从该地址开始连续 4 字节保存着中断服务程序入口地址，据此访问中断向量表，读出中断服务程序入口地址，分别送入 CS 和 IP 寄存器，转入取指周期，于是 CPU 开始执行中断处理程序。

在中断响应周期中，CPU 要执行一系列操作，其中包含几次访存操作，因此需要几个外部响应周期，其时序关系如图 7-11 所示。

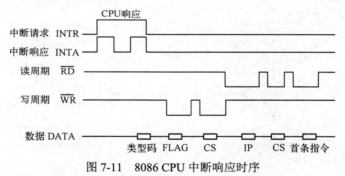

图 7-11　8086 CPU 中断响应时序

4．中断处理

中断处理程序一般采用三段式结构（如图 7-12 所示）：开头是保护现场，中间是实质性中断处理，结尾是恢复现场。

由于中断是随机产生的，中断处理程序（中断服务程序）要使用 CPU 内的一些寄存器，为了不对被中断的主程序造成影响，在处理程序的开头要保存这些寄存器内容以免被破坏，一般是压入堆栈保存，称为保护现场。显然，中断处理程序中要用到的寄存器，其原来内容才需要保护。

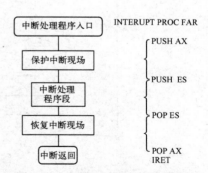

图 7-12　中断处理程序的基本结构

具体的中断处理部分才是处理程序的主体，其功能因中断源的不同而不同。有的仅需简单的 I/O 操作，如键盘输入中断、打印机输出中断等。有的比较复杂，如磁盘中断等。还有的会引起复杂的系统调用，如 80x86 CPU 中的缺页中断、访管指令中断、多道程序系统中的"时间片到"中断等。

5．中断返回

在返回主程序前需要先恢复现场，即将保存现场时压入堆栈的寄存器内容从堆栈中弹出，送回原寄存器。

然后使用中断返回指令 IRET，以恢复断点，返回被中断的主程序，继续执行。在 8086 CPU 中，IRET 完成下列功能：IP 出栈、CS 出栈、FLAG 出栈，其弹出顺序正好与中断响应时压栈的顺序相反，即先进后出。与普通 RET 指令相比，它仅仅多了一个 FLAG 出栈操作。

顺便指出，在微机以软中断形式实现的系统调用中，常利用 FLAG 寄存器中的某些位来返回状态信息。这可以通过修改堆栈中 FLAG 内容来实现，也可采用其他手段，不采用 IRET 指令返回。注意，此时软中断调用已失去一般中断"随机插入"的意义，仅相当于普通子程序调用，只是借用了软中断这一形式而已。借用软中断形式实现功能调用，其优点是形式简单，不必知道程序的入口地址，因而当具体功能子程序发生变动后，主程序不需修改。

如果采用非向量中断形式，如查询式中断系统，中断响应和处理过程与向量中断方式稍有不同。在响应过程中，没有进行读取中断类型码以及查向量表这些操作，而是软件查询中断源，以得到具体处理程序的入口地址。

中断响应与处理过程的大致框图如图 7-13 所示。

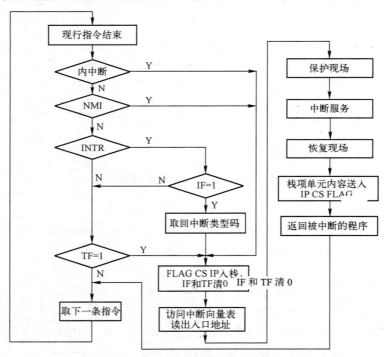

图 7-13   中断响应与处理过程

7.3.3   80x86 中断指令

80x86 有三条不同的中断指令：INT，INT 3 和 INTO。实模式中，这些指令中都从向量表获取向量，然后调用对应的中断处理程序。保护模式中，这些指令中的每一条从中断描述符表中获取中断描述符，再根据这个描述符调用中断处理程序。中断调用类似远 CALL 指令，因为它也把返回地址（IP/EIP 和 CS）存放在堆栈中。

1．INT 指令

软中断指令 INT 的汇编使用格式是：

```
INT  n
```

INT 机器指令为 2 字节，第 1 字节是操作码，第 2 字节是中断类型码 n。只有 INT 3 例外，用 1 字节规定用于断点的软件中断。

n 是一个中断类型码（十六进制数），其范围是 0～255（00H～FFH），所以 INT 理论上可以使用 256 种中断类型，但实际使用的类型码有限。中断向量地址（中断处理程序入口地址）由中断类型码乘以 4 确定。例如，在实模式中，INT 10H 指令调用的中断处理程序的入口地址存储在 40H（10H×4）开始的连续 4 个字节存储单元中。在保护模式中，中断描述符位于类型号乘以 8 的单元中，因为每个描述符占 8 字节。

执行 INT 指令的操作顺序为：将标志寄存器压入堆栈，清除 TF 和 IF 标志位，将 CS 压入堆栈，将 IP/EIP 压入堆栈，从中断向量表获取新的 CS 值，从中断向量表中获取新的 IP/EIP 值，转移到由 CS 及 IP/EIP 寻址的新位置。INT 指令的执行类似远 CALL，只是要把标志寄存器压入堆栈，当然还有 CS 和 IP。

注意，INT 执行时，要清除中断标志 IF，因为它控制外部硬件中断请求输入引脚 INTR。当 IF=0 时，微处理器禁止 INTR 请求；当 IF=1 时，微处理器允许 INTR 请求。

软中断 INT 通常用来进行系统功能子程序调用，这些系统调用为整个系统和应用软件公用，可以减少编程人员对 I/O 设备细节的了解程度。这些软中断通常控制打印机、视频显示器及磁盘驱动器，具体调用方法参见本书 5.6.6 节。

2．IRET/IRETD 指令

中断返回指令 IRET 只用于软件或硬件中断处理程序中。与简单的返回指令不同，IRET 指令能够：弹出堆栈数据返还到 IP，弹出堆栈数据返还到 CS，弹出堆栈数据返还到标志寄存器。IRET 指令相当于 POPF 和远 RET 两条指令实现的功能。

每次执行 IRET 指令时，从堆栈恢复 IF 和 TF 的内容。因为保护这些标志位的状态很重要。如果在中断处理过程之前是允许中断的，则 IRET 指令可以自动再允许中断，因为它恢复了标志寄存器。

在 80386～Pentium4 微处理器中，IRETD 指令用于从保护模式调用的中断处理程序中返回。IRETD 指令与 IRET 指令的区别是，从堆栈弹出 32 位的指令指针（EIP）。IRET 指令用于实模式，而 IRETD 指令用于保护模式。

3．INT 3 指令

INT 3 指令是指定用于设置断点的特殊软中断指令。与其他软中断指令的区别是，INT 3 是单字节指令，而其他指令是两字节指令。

通常在软件中插入一条 INT 3 指令是为了中断或中止程序的执行，这种功能称为断点中断，虽然任何中断都能用来设置断点，但因为 INT 3 是单字节的，更适合完成这个功能。断点中断有助于调试有错误的软件。

4．INTO 指令

溢出中断（INTO）是测试溢出标志的条件软中断。若溢出标志为 0，则 INTO 指令不操作；否则，执行 INTO 指令，产生中断向量类型号为 4 的中断。

INTO 指令出现在有符号二进制数的加法或减法软件中。因为这些操作可能有溢出，要用 JO 指令或 INTO 指令检测溢出条件。

7.3.4 中断接口模型

中断接口的一侧面向通用而标准化的系统总线，另一侧面向各具特色的 I/O 设备。由于 I/O 设备的多样化，因而中断接口呈现多样化，变化很多。下面构造一些概念模型以反映基本原理。

1．概念模型

（1）查询式中断接口模型

这种模型的结构非常简单，只需将程序查询接口模型的"状态字"（见图 7-6）中的状态位信号通过驱动器接到公共的中断请求线 INT 上。当 CPU 响应中断请求时，可通过软件逐个查询接口的状态位，以确定中断源。

在下面将介绍的向量式中断接口模型中，去掉向量产生机构后就是查询式中断接口模型。因此这里不再专门画出。

（2）向量式中断接口模型

向量式中断是现代计算机系统中广泛采用的方式，与前者的不同之处主要在于，引入了向量产生逻辑，向量式中断接口的结构如图 7-14 所示。

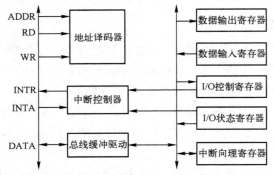

图 7-14 向量式中断接口的结构

当设备需要提出中断请求时，其状态信息经过一定的逻辑综合，形成中断请求信号 INTRQ，该信号经过中断控制器送入公共请求线 INTR。CPU 响应中断请求后，发出中断应答信号 INTA 给中断控制逻辑。然后，中断向量寄存器 VR 的内容通过缓冲器送入 CPU 数据总线。CPU 据此访问中断向量表，读出中断处理程序入口地址，从而转向中断服务。

向量寄存器 VR 的内容可以是中断向量，或是其他向量编码，如中断类型码。这些内容可由主程序在进行中断接口初始化时写入，因而灵活可变。在某些早期的系统中，VR 内容则由硬件逻辑产生，且固定不变。

INTRQ 信号可以直接由某个状态位产生，如由"准备好"READY、"不忙"$\overline{\text{BUSY}}$、"应答"ACK 等产生，也可由一些状态位经逻辑综合产生。

在 I/O 控制寄存器中一般设有"中断屏蔽位"IM,可由 CPU 编程设置。若令 IM 为 1,则相应的 INTRQ 信号被屏蔽,不能送入 INTR 线。

微机中广泛采用公共请求线结构,典型的中断请求逻辑如图 7-15 所示。为便于使用公共中断请求线,一般采用低电平有效的请求逻辑,各中断源可通过 OC 门直接连到 INTR 线上。图 7-15 中,接口 1 综合了多个请求信号,且它们各带屏蔽位;接口 2,直接由状态位 BUSY 产生请求信号,不带屏蔽位;接口 3,由状态位 READY 产生请求信号,带屏蔽位。当然,在实际接口中还可能有许多变化,在此不再列举。

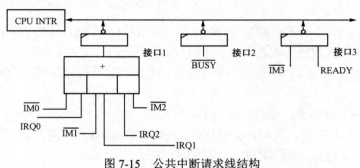

图 7-15　公共中断请求线结构

8086 CPU 采用中断请求信号 INTR 高电平有效,因此在具体逻辑上还需稍加变化。例如,让中断请求总线仍为低电平有效,进入 CPU 前加一反向器。

2．中断请求的优先级

前面已经提到多个中断请求间的优先顺序问题,为了快速确定该优先批准哪个中断请求,一般在中断控制逻辑中采用优先排队逻辑。

（1）并行优先级排队

有 8 个中断请求信号的并行优先级排队逻辑如图 7-16 所示,它由并行优先编码器 74LS148 和译码器 74LS138 组成,可管理 8 个输入信号,同时可以链接成 $8n$ 路优先排队线路。

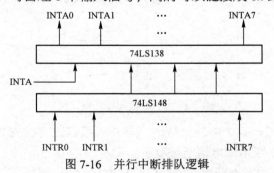

图 7-16　并行中断排队逻辑

当 $INTR_i = 1$ 时,不论 $INTR_{i+1} \sim INTR_{i+n}$ 为何值,74LS148 的输出为 i,即按优先级高的决定输出值。当 INTA=1 时,74LS138 被选通,输出 $INTR_i = 0$,以打开对应的向量寄存器 VR_i。

并行优先排队的优点是响应速度很快,能满足高速 CPU 要求,但扩展性稍差,在设计时须先考虑到最大的中断请求数目。

（2）串行优先级排队

串行优先排队链逻辑如图 7-17 所示,其优先顺序为 $0 \rightarrow n$,第 0 级的排队输入信号 INTI 固

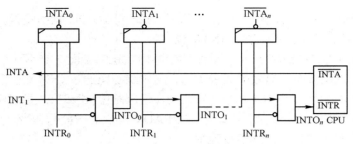
图 7-17　串行中断排队逻辑

定为 1。当 $INTR_0 = 1$ 时，0 号门输出 $INTO_0 = 0$，依次传递到 CPU，使 $\overline{INTR} = 0$，向 CPU 提出中断请求，同时依次封锁所有各级。当 CPU 发出应答信号 INTA 时，仅有优先级最高的输出 $\overline{INTA_0} = 0$，输出有效。其他低级别即使也有 $INTR_i$ 请求，但应答信号 $INTA_i$ 将被 $INTO_i = 0$ 封锁而不能发出。

同理，若 $INTR_0 \sim INTR_{i-1}$ 无请求而 $INTR_i$ 有请求，则 CPU 发出应答信号 INTA 时，$INTA_i$ 有效。比第 i 级优先的各级，因未请求而 $INTR_0 \sim INTR_{i-1}$ 无效。比第 i 级优先级低的各级，因排队链上相应的门被封锁，所以 $INTA_{i+1} \sim INTA_n$ 无效。

串行排队的优点是信号简单，易于扩展，因各级逻辑一致，前级门的输出 $INTO_i$ 就是后级门的输入 $INTI_{i+1}$，可方便连接。这种方式的缺点是当连接的级数很多时，由于时延增大使响应速度变慢。

串行排优和并行排优是优先级排队逻辑中的两种基本模式。当中断源数目很多时，也可以分组处理，如构成"组内并行、组间串行""组内并行、组间并行"等排队逻辑。

3．多重中断

有时在同一时间会产生多个中断请求，有时正在处理一个中断时又发生了另一个中断请求。如在中断处理程序中允许再响应其他中断请求，就会出现多重中断嵌套，如图 7-18 所示。

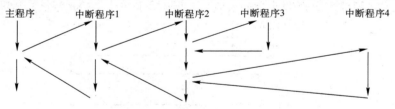
图 7-18　中断嵌套与递归过程

一般来说，当正在进行某个中断处理时，与它同级或比它优先级低的中断请求不能被响应，而比它优先级高的中断请求才可能被响应。

为实现中断嵌套，在中断处理程序中可以这样安排：保护现场后，先做一些紧迫事件处理，如将接口中的数据取回主机；然后开中断（使 IF=1），允许响应其他中断；若有其他优先级更高的请求发生，则保存原中断处理程序的断点和现场，转去处理新的请求；若无其他优先级更高的请求，则继续执行处理程序，最后恢复现场、返回。

许多中断系统都为每个中断请求设置了一个屏蔽字。在允许多重中断的方式中，每当响应中断请求时，就在处理程序中先保存原屏蔽字，送出新的屏蔽字，将与该请求同级的及优先级更低的请求屏蔽掉，并在中断处理程序结束时恢复原屏蔽字。这样，在多重中断嵌套中，嵌入的只能是优先级更高的中断。

还可由软件修改屏蔽字，暂时屏蔽某些请求，以便可以动态地修改各中断源的优先级。

总之，在中断优先顺序的控制上有多种方法可用，也常采取软硬结合的策略。

4．中断控制器

在图 7-14 所示的接口模型中，既有取决于具体 I/O 设备特性的接口逻辑，也有向量产生机构、排优电路、中断屏蔽等中断控制逻辑，因而使其复杂程度显著增加。在微机系统中，常将其中可公用的中断控制逻辑从 I/O 接口中分离出来，利用多通道中断控制器集成芯片来实现中断控制逻辑，如 8259A 芯片，从而使具体的 I/O 接口大为简化。从系统逻辑结构看，8259A 芯片是系统的公共 I/O 接口组成的一部分，目前已集成到主机板上的芯片组中。

采用 8259A 中断控制器的中断系统如图 7-19 所示。中断控制器 8259A 本身也被设计成一种 I/O 接口，占用 2 个 I/O 地址，具有多种工作方式，其内部结构如图 7-20 所示，其中 8259A 内部有 7 个 8 位寄存器可编程设置，这 7 个寄存器是 8259A 的控制部分，被分为两组：第 1 组寄存器有 4 个，其内容是初始化命令字 $ICW_1 \sim ICW_4$；第 2 组寄存器是操作命令字 $OCW_1 \sim OCW_3$，其中 OCW_1 是中断屏蔽寄存器的内容。初始化命令字一般在系统启动时的初始化程序中设置，操作命令字 $OCW_1 \sim OCW_3$ 则由应用程序设置，用来对中断处理过程进行动态控制。在系统运行过程中，操作命令字可以被多次设置。可见，8259A 是可编程中断控制器。

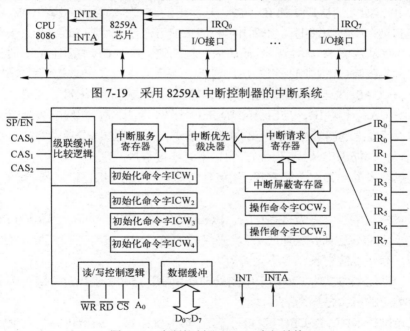

图 7-19　采用 8259A 中断控制器的中断系统

图 7-20　中断控制器 8259A 内部结构

8259A 可管理 8 路输入中断请求 $IR_0 \sim IR_7$，CPU 在初始化程序中通过数据线送入 8 位屏蔽字与中断类型码。CPU 送来的是中断类型码的高 5 位 $T_7 \sim T_3$，为 8 路请求共用；以后 8259A 将被应答的请求号自动填入低 3 位 $T_2 \sim T_0$，从而拼成 8 位类型码。例如初始化 8259A 时，CPU 送来高 5 位 00010，若 IR_3 被批准，则 8259A 将形成对应于 IR3 的中断类型码 00010011。

当 8259A 接到中断请求时，其中断请求寄存器 IRR 将记录这些请求。IRR 内容与中断屏蔽寄存器 IMR 内容一起送入优先裁决器的寄存器 PR，判优结果送入中断服务寄存器 ISR，并通过 INT 信号向 CPU 发出中断请求信号 INTR。当 CPU 发出批准信号 INTA 后，8259A 通过数据总线向 CPU 送出相应的中断类型码。

当中断源超过 8 个时，可将多片 8259A 级联使用，最多可扩展为 64 级中断。8259A 的 $CAS_0 \sim CAS_2$ 和信号可用于级联控制。一个主片带两个从片的 22 路中断控制器如图 7-21 所示，两个从片分别将它们的 INTR（即 INT 信号）输出送往主片的 IR_2 和 IR_5 上。

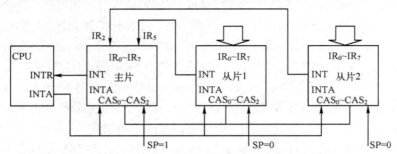

图 7-21　一个主片带两个从片的 22 路中断控制器

在进行 8259A 初始化编程时，主片与从片有所不同。对于主片，需设定主/从模式，编程说明是哪些位带有从片，如上例为 IR_2 和 IR_5。对于从片，需编程设置其从片识别码 ID，即连到主片的哪位 IR，如上例从片 2 的 ID 为 2，从片 1 的 ID 为 5（主要设置 ICW_1 和 ICW_3）。

当从片接到某个中断申请时，它输出中断请求信号送往主片的 IR 线上，作为主片的中断申请之一。主片将从片请求与本片的其他请求一起判优，并向 CPU 提出请求；当 CPU 发出响应信号后，主片判断响应的中断是否为从片请求，若是从片请求，则主片不送出中断类型码，而是通过 $CAS_0 \sim CAS_2$ 线送出从片识别码 ID，等于从片使用的请求号（如 2、5）；从片得到 INTA 和 $CAS_0 \sim CAS_2$ 上的 ID，与自己的 ID 进行比较，若相等，即请求被响应，则送出对应的中断类型码。若提出的请求是主片上的非从片请求，则处理方式与单片方式一样，即由主片送出中断类型码，并仍送出从片识别码，但它不可能被从片识别。

8259A 还具有多种优先权选择方式，如完全嵌套方式、优先级自动轮换、优先级特殊轮换、程序查询方式。

在完全嵌套方式中，优先级是固定的，IR_0 最高，IR_7 最低。当高优先级的 IR 线上有请求时，或正在进行高优先级中断处理时，低优先级的中断请求不被响应。这种方式对低级别的中断请求很不利，有可能使它长期得不到响应。

在优先级自动轮换方式中，当某个中断处理结束后，它的优先级立即降为最低，从而保证各中断请求被响应的机会是均衡的。

在优先级特殊轮换中，由 CPU 编程设定一个最低优先级，并自动排列其他优先级。例如，初始优先级次序为 0、1、2、3、4、5、6、7。当 CPU 设定 3#为最低后，优先次序变为 0、1、2、4、5、6、7、3；当 CPU 再设定 1#为最低后，次序变为 0、2、4、5、6、7、3、1；以此类推。

在查询方式中，8259A 不送出中断请求，由程序直接查询 8259A 中的中断请求寄存器 IRR 中各位的状态。这时，8259A 实际上已不再作为中断控制器来使用。

在现代微机系统中，广泛采用集中式中断控制器，从而简化了中断接口的设计。CPU 可保持单独请求线方式结构简单的优点。中断接口将中断控制逻辑（如请求信号的汇集、优先排队、中断屏蔽、中断类型码的形成、各种中断控制方式的编程选择与切换等公共部分）集成在主机板的芯片组中，使其从每个与设备特性相关的接口中分离出来，形成各接口可公用的部分。这样大大简化了结构，并增加了灵活性和可扩展性。

7.3.5　中断接口举例

1．8259A 中断控制器在 IBM PC 系列机中的应用

以 8088 为 CPU 的微机使用一片 8259A 作为中断控制器，能管理 8 个中断源，其连接模式见图 7-19。使用 80286/80386/80486 CPU 的微机使用两片 8259A 级联结构，其中从片使用主片的 IR2 通道，如图 7-22 所示。

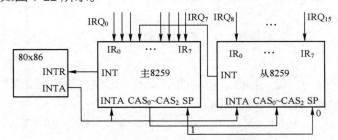

图 7-22　80x86 型微机中断控制器结构

这两片 8259A 共管理 15 级中断，其中一些已分配给标准 I/O 设备接口使用。在以 80x86 为 CPU 的微机中，中断类型码的分配如表 7-2 所示。其中 15 条硬件中断请求信号都连到 ISA 总线上，在设计中断接口时可方便使用，但要注意，不能使用已经定义的。

表 7-2　80x86 型微机中断类型码分配表

类型码	名　称	来源或使用	类型码	名　称	来源或使用
00H	除法错	CPU 内中断	20H～3FH	DOS	软中断，INT n 调用
01H	单步 TF	CPU 内中断	40H～5FH	保留	/
02H	非屏蔽 NMI	NMI 请求	60H～6FH	用户自定义	
03H	断点 INT 3	INT 3 请求	70H	IRQ8（从 8259A IRQ0）	实时时钟
04H	溢出 INTO	溢出标志及 INTO	71H	IRQ9（从 8259A IRQ1）	代替 IRQ2
05～07H	BIOS 软中断	INT n 调用	72H	IRQ10（从 8259A IRQ2）	用户自定义
08H	主 8259 IRQ0	计时器溢出	73H	IRQ11（从 8259A IRQ3）	用户自定义
09H	主 8259 IRQ1	键盘中断请求	74H	IRQ12（从 8259A IRQ4）	用户自定义
0AH	主 8259 IRQ2	从 8259 INT 请求	75H	IRQ13（从 8259A IRQ5）	协处理器中断
0BH	主 8259 IRQ3	串口 2	76H	IRQ14（从 8259A IRQ6）	硬盘中断
0CH	主 8259 IRQ4	串口 1	77H	IRQ15（从 8259A IRQ7）	用户自定义
0DH	主 8259 IRQ5	并口 2（打印机 2）	78H～7FH	用户自定义	/
0EH	主 8259 IRQ6	软磁盘中断	80H～F0H	BASIC 使用	
0FH	主 8259 IRQ7	并口 1（打印机 1）	F1H～FFH	用户自定义	
10H～1FH	BIOS	软中断，INT n 调用		/	

2．并行打印机接口举例

在讨论中断接口设计的各种问题后，我们来研究一个典型的实际接口——微机并行打印机

接口，并行打印机中断接口结构如图 7-23 所示。

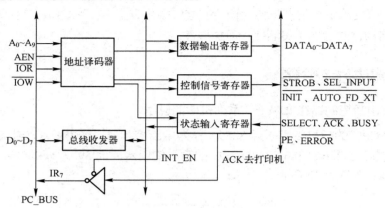

图 7-23　并行打印机中断接口

（1）接口组成

打印机接口信号分为三类：数据、控制信号（出）和状态信号（入）。

❖ $DATA_0 \sim DATA_7$（出）：8 位数据。

❖ $\overline{STROBE}$（出）：数据选通脉冲，输出一个负脉冲，数据即可送入打印机。

❖ SEL_INPUT（出）：为低时，打印机才接收数据。

❖ $\overline{INIT}$（出）：低电平有效时，初始化打印机，清除打印机缓冲区。

❖ $\overline{AUTO\_FD\_XT}$（出）：低电平时，打印机收到回车符后自动加上换行符。

❖ SELECT（入）：高电平表示打印机处于联机状态。

❖ $\overline{ACK}$（入）：低电平表示打印机已准备好接收数据（初始化完成或前一个数据已打印完成）。

❖ BUSY（入）：高电平表示打印机忙，如处在数据输入期间、打印操作期间、脱机状态、出错状态。

❖ PE（入）：高电平表示缺纸。

❖ $\overline{ERROR}$（入）：低电平表示打印机出错、脱机、缺纸。

打印机接口的数据交换时序如图 7-24 所示。

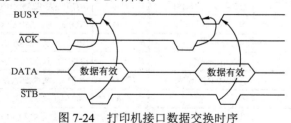

图 7-24　打印机接口数据交换时序

接口占用如下 3 个 I/O 端口地址。

① 数据口 378H：写入时将要打印的数据写入数据输出寄存器。

② 控制口 37AH：写入时输出控制字段到控制信号寄存器，读出时将控制字取回 CPU。

③ 状态口 379H：只有读操作，将接口中状态寄存器的状态信号取回 CPU。图 7-25 给出了打印机接口的某些控制字格式与状态字格式。

控制信号和状态信号端口各位定义见前面打印机接口信号。

注意，控制字与状态字中某些位的极性与接口信号相反，在编程时需要留意。

在控制字中有一个中断允许位 INT_EN，在图 7-23 中 INT_EN 通过一个三态门控制是否允许请求中断。若该位为 1，则当 $\overline{ACK}$ 从 1 变为 0 时，接口向 8259A 的 IR_7 发出中断请求。因此 INT_EN 的作用相当于中断屏蔽位。

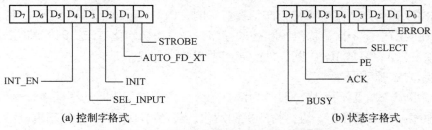

图 7-25　打印机接口的控制字、状态字格式

由于可在接口中屏蔽中断请求，该接口有两种工作方式，即程序查询方式和中断方式。在介绍这两种方式前，先说明打印机接口的操作过程：

① 启动时 CPU 向打印机接口的控制线 $\overline{INIT}$ 发打印机初始化信号，使打印机初始化。除特殊需要外，用户程序中一般不使用初始化命令。

② 发打印数据。CPU 用 OUT 输出指令向打印机接口的数据输出寄存器发送打印数据，此时打印数据只输出到打印机接口的数据输出端 DATA，并未送到打印机中。

③ 向打印机发选通脉冲。CPU 通过打印机接口的 $\overline{STROBE}$ 线向打印机发出一个数据选通负脉冲，使数据送入打印机。

采用程序查询方式传输数据时，CPU 检查 BUSY 信号，若该信号为 0（打印机不忙），则发一个要打印的数据。采用中断方式传输数据时，打印机在准备好或打印输出数据后，返回应答信号 $\overline{ACK}$，在中断允许（INT_EN=1）下产生 IR_7，若 CPU 响应该请求，则转 IR_7 中断处理程序。

（2）程序查询方式打印机驱动程序

在微机的 ROM BIOS 中有打印机驱动程序，可用 INT　17H 和 INT　21H、AH=5 调用管理打印机，它们都采用等待查询工作方式。在查询方式中，一般以 $\overline{ACK}$ 或 BUSY 信号作为查询依据。设打印字符在 AL 中，输出一个字符到打印机的程序如下：

```
PRINT   PROC    FAR
        PUSH    AX
        PUSH    DX              ; 保护现场
        MOV     DX, 378H
        OUT     DX, AL          ; 将字符送至接口数据输出寄存器
        INC     DX              ; DX=379H
LOOP:   IN      AL, DX
        TEST    AL, 80H         ; 查询 BUSY 状态
        JNZ     LOOP            ; 等待 BUSY 变为 0    }也可以查询 ACK
        INC     DX              ; DX=37AH
        MOV     AL, 0DH         ; AL=0DH
        OUT     DX, AL          ; STROBE=1，产生数据选通负脉冲
        DEC     AL              ; AL=0CH
```

```
        OUT     DX, AL              ; STROBE=0，将数据输出寄存器中的数据送打印机
        POP     AX
        POP     DX                  ; 恢复现场
        RET
PRINT   ENDP
```

以上程序以查询方式完成字符打印，在打印时，CPU 不能处理其他工作，若采用中断方式，则需要在应用程序中自行提供中断处理程序，并且在初始化打印机时控制信息端口 37AH 的 D_4 位必须设为 1，开放 IR_7 中断，才能启用中断传输方式。

（3）中断方式驱动程序

若采用中断方式，驱动程序一般分为两个部分：主程序和中断处理程序。

① 主程序。在主程序中，进行打印机初始化，包括打印机接口、打印机设备、8259A 有关部分的初始化；并将要打印的一批数据存放到约定的主缓冲区中。约定数据块首址为 DATA_BUF，块长 DATA_LEN，指针为 POINT。注意，表 7-2 中的 IR_7（主 8259 IRQ_7）打印机中断对应的类型码是 0FH，即 15。

主程序如下：

```
PRT_MAIN PROC   FAR
        MOV     AX, OFFSET DATA_BUF
        MOV     [POINT], AX
        MOV     AX, SEG DATA_BUF
        MOV     [POINT+2], AX       ; 指针 POINT 指向 DATA_BUF
        CLI                         ; 关中断
        MOV     AX, OFFSET PRT_INT
        MOV     [4*15], AX
        MOV     AX, SEG PRT_INT     ; 也将打印中断处理程序入口地址送入中断向量表 15（0FH）号位置
        MOV     [4*15+2], AX
        IN      AL, 21H             ; 读 8259A 屏蔽字
        AND     AL, 7FH
        OUT     21H, AL             ; 清除打印机中断屏蔽位
        MOV     DX, 37AH
        MOV     AL, 08H             ; INIT = 0，初始化打印机
        OUT     DX, AL
        CALL    DELAY               ; 保持低电平
        MOV     DX, 37AH            ; INIT = 1，INT_EN= 1，允许中断
        MOV     AL, 1CH             ; SEL_INPUT 选通打印机
        OUT     DX, AL
        STI                         ; 开中断
        ...                         ; 执行其他工作
```

② 中断处理程序 在中断处理程序中，将缓冲区的打印数据逐次送到打印机。中断处理程序如下：

```
PRT_INT PROC    FAR
        PUSH    AX
        PUSH    BX
        PUSH    DX                  ; 保护现场
        PUSH    DS
        LDS     BX, POINT           ; 装入地址指针 BX、DS
```

```
          MOV     AL, [BX]                    ; 取打印数据
          MOV     DX, 378H
          OUT     DX, AL                      ; 数据送到接口
          MOV     DX, 37AH
          MOV     AL, 1DH
          OUT     DX, AL                      ; STROBE=1，产生数据选通负脉冲
          DEC     AL
          OUT     DX, AL                      ; STROBE=0，将数据输出寄存器中的数据送打印机
          INC     POINT                       ; 指针加 1
          SUB     DATA_LEN, 1                 ; 计数值减 1
          JNZ     INT_END
          MOV     AL, 0CH                     ; 计数值为 0 时，置 INT_EN=0
          OUT     DX, AL                      ; 封锁下次中断请求
INT_END:  MOV     AL, 20H
          OUT     20H, AL                     ; 通知 8259A 结束当前中断处理
          POP     DS                     ┐
          POP     DX                     │
          POP     BX                     ├; 恢复现场
          POP     AX                     ┘
          IRET                                ; 中断返回
PRT_INT   ENDP
```

③ 中断程序驻留。中断处理程序设计好并建立中断编号后，剩下的工作是必须将中断处理程序驻留在 RAM 的某一地址空间，使程序得以常驻而不被摧毁（覆盖），在多任务系统中可以将中断处理作为内核的一个进程来处理，在单任务的 DOS 下，为中断处理程序驻留提供了以下两种方法：

❖ 调用 INT 27H 功能，其中 CS:DX 为驻留内存中的程序最后地址，在程序中可以用标号来计算，要求程序为 .com 格式。

❖ 调用 INT 21H、INT 31H 功能，其中 DX 为驻留内存中的程序的大小（以 16 字节为单位）。

完整的中断处理程序一般按图 7-26 结构来设计。

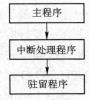

图 7-26　中断处理程序完整结构

7.4　DMA 方式

中断方式能提高 CPU 利用率，可处理随机性事件与实时性任务；但一次中断处理过程一般只能传输一个字符，需要经历保存现场、处理、恢复现场等阶段，并需要执行若干条指令才能处理一次中断事件，所以对于高速的批量数据传输，程序中断方式就很难满足要求，为了解决这类问题，计算机系统中又引入了"直接存储器传输"控制方式，简称 DMA 方式。

7.4.1　DMA 方式的一般概念

DMA 方式是为在主存储器与 I/O 设备间进行高速批量数据交换而设置的，它的基本思想

是：通过硬件控制实现主存与 I/O 设备间的直接数据传输，在传输过程中不需 CPU 程序干预。

由于每次 DMA 传输的工作很简单，如从主存中读取一个字送到 I/O 接口，或从 I/O 接口读一个字送入主存，因此一次 DMA 传输过程是很快的，一般只占一个存储器读写周期。因此，DMA 方式适合高速数据传输。

但是 DMA 方式主要是直接依靠硬件实现数据传输，它不执行程序，不能处理较复杂的事件。因此 DMA 方式并不能完全取代中断方式，如果某种事件处理已不只是单纯的数据传输时，还必须采用中断方式。事实上，在以 DMA 方式传输一批数据后，往往采用中断方式通知 CPU 进行结束处理。

在不同的计算机系统中，DMA 功能可能有所不同。最简单的系统仅能实现 I/O 口与主存之间的数据传输。较复杂的还可以实现 I/O 与 I/O 之间、主存单元与主存单元之间的数据传输，有的还能在传输时附加简单运算，如加 1、减 1、移位等。

典型的 DMA 方式是由 DMA 控制器进行控制的。在 DMA 控制电路中，一般需设置下列部件：数据源指针、目的指针、数据块计数器，以及相应的控制逻辑。如果 DMA 系统仅需完成 I/O 口与存储器之间的数据传输，就可以简化控制电路，只设置一个存储器指针，而对于 I/O 口的访问可通过单独的信号线实现。

在执行一次 DMA 传输时，CPU 放弃对系统总线的控制，它对数据、地址、控制总线的输出端均呈高阻态，称为与总线脱钩。这时系统总线由 DMA 控制器进行控制（驱动），占用一个或几个 CPU 外部访问周期，完成一次 DMA 操作，这种方式又称为"周期窃取"方式。

综上所述，DMA 方式具有下列特点：

① 可在 I/O 设备与主存之间直接传输数据，以"周期窃取"方式暂停 CPU 对系统总线的控制，占用时间很少。

② 传输时，源与目的均直接由硬件逻辑指定。

③ 主存中要开辟相应的数据缓冲区，指定数据块长，计数由硬件完成。

④ 在一批数据传输结束后，一般通过中断方式通知 CPU 进行后处理。

⑤ CPU 与 I/O 设备在一定程度上并行工作，效率很高。

⑥ 一般用于高速、批量数据的简单传输。

在 DMA 控制器接管总线期间，CPU 与总线脱钩因而不能访问主存。但是 8086 等 CPU 中采用了"指令预取"等缓冲技术，在 80486、Pentium 5 等 CPU 中更是采用了片内 Cache 技术，只要 CPU 内的指令预取队列或 Cache 中有可供执行的指令，它仍能继续工作，仅当需要进行外部访问时才会暂停，因而 CPU 工作与 DMA 传输间具有更高的并行度。

鉴于 DMA 方式的特点，它一般用于主存与高速 I/O 设备之间的数据交换，如与磁盘、磁带、高速通信口等设备的数据传输等。

【例 7-3】 用于磁盘接口。磁盘与主存间的数据交换以数据块为单位，在连续读写时数据传输率很高，不能以中断方式逐字处理，一般可用 DMA 方式控制数据传输。而磁盘的寻道、确定数据块起始位置等工作，则常用中断方式由 CPU 程序处理。数据块传输完毕后，一般也采用中断方式由 CPU 程序进行结束处理。可见在高速 I/O 设备中常综合运用 DMA 方式与程序中断方式。

【例 7-4】 用于网络通信接口。计算机网络通信一般以帧为单位（帧是一种串行格式的数据块），传输速率一般也很高（如 1 ~ 10 MBps，甚至更高），因而也常采用 DMA 方式工作，当一帧传完后，再以中断方式通知 CPU 进行相应处理。

【例 7-5】 用于动态存储器刷新。现代动态存储器 DRAM 一般具有读出时自动刷新功能，所以也可以利用 DMA 方式，每隔一定时间占用一个存取周期，依次对 DRAM 芯片的一行读一次，完成对该行的刷新，从而大大简化了动态刷新逻辑。IBM-PC 系列机就采取这种方式。

【例 7-6】 用于高速数据采集接口。在高速 A/D 采集、高速图像采集、实时音频信号采集等应用中，数据传输率为几百 KBps 到几千 KBps，一般都采用 DMA 方式工作。

7.4.2 DMA 工作过程

完整的 DMA 工作过程包括：初始化、DMA 请求、DMA 批准、DMA 传输、结束后处理等几个阶段，下面分别介绍。

（1）初始化

在开始实际的传输操作前，首先需要进行初始化工作，又称为程序准备，包括以下几项主要内容。

① 欲将主存中某数据块送往外围接口，则需先准备好数据。欲从接口读数据块送入主存，则需在主存中设置相应的缓冲区。

② 初始化 DMA 接口的有关控制逻辑。如将主存缓冲区或数据块的首址送入"存储器指针"，将数据块长度送往"块长计数器"，并送出有关命令字以确定传输方向等控制信息及 I/O 设备有关寻址信息等。

③ 由于在 DMA 传输结束后常以中断方式请求 CPU 进行后处理，因此在 DMA 初始化阶段还应进行这方面的有关初始化工作。

（2）DMA 请求

当接口已准备好输入数据，可送入主存，或已做好准备，可从主存接收新的数据时（如接口中的缓冲存储器已空），接口通过有关逻辑向 CPU 发出 DMA 请求信号。同中断信号一样，DMA 请求也有单独请求、公共请求及排优等问题，将在后面章节讨论。

（3）DMA 响应

CPU 接到 DMA 请求，在当前总线周期操作结束后，暂停 CPU 对系统总线的控制与使用，发出 DMA 应答信号，并将其对地址总线、数据总线、控制总线的输出端置成高阻态，将总线控制权交给 DMA 控制器。

（4）DMA 传输

DMA 控制器接到应答信号后，向 I/O 接口发出 DMA 请求的确认，根据初始化布置的传输功能命令，发出相应的信号驱动总线，将"地址指针"内容送上地址总线，将存储器读/写与 I/O 读/写信号等送上控制总线，并与其他信号配合，完成一次总线传输，如一次主存单元与 I/O 接口寄存器间的数据传输。每次 DMA 传输后，"地址指针"拨动一次（加或减），块长计数器减 1。

每完成一次 DMA 传输后，可以暂时清除 DMA 请求信号，接口再次具备传输条件时重新发出请求信号。如此重复进行，直至完成整个数据块的传输。

（5）结束处理

当数据块传输完毕后，一般可由块长计数器的回零信号，或由接口产生中断请求，通知

CPU 进行后处理。例如重新初始化，准备下一个数据块，或处理刚收到的数据块等。

7.4.3 DMA 接口组成

1. 概念模型

在不同的系统中，DMA 接口的功能和组织可能有所不同，主要涉及下述几个问题：

- ❖ DMA 控制逻辑与 I/O 接口是分离的，还是合并的。
- ❖ DMA 传输范围是局限于主存与 I/O 设备之间，还是更为广泛。
- ❖ DMA 传输的数据是否需要经过 DMA 控制器。
- ❖ 一个 DMA 控制器与多台设备之间的连接方式。
- ❖ 多个 DMA 控制器的请求方式与判优方式。

下面介绍几种典型结构。

（1）单通道合并型 DMA 接口

在图 7-27 所示的结构中，DMA 控制逻辑与 I/O 接口合并为一个整体，称为 DMA 接口。一个 DMA 接口对应一台设备，称为单通道，设备通过 DMA 接口与主存进行数据交换。这样的接口一般包含下述与 DMA 有关的逻辑。

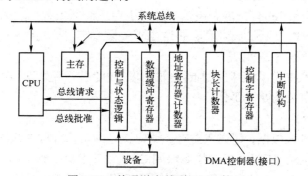

图 7-27　单通道合并型 DMA 接口

① 地址寄存器/计数器：主存缓冲区的地址指针，初始化时由 CPU 程序设置，指向主存缓冲区首址。每进行一次 DMA 传输后，指针拨动一次，加/减的增量取决于编址方法和每次传输的字长，一般可编程设定。

② 块长计数器：又称为交换量计数器，初始化时由 CPU 程序设置，装入数据块长度的初值。每进行一次 DMA 传输，计数器内容减 1。当数据块传输完毕，计数器回零并发出信号，可用来向 CPU 申请中断。

③ 控制字寄存器：初始化时由 CPU 程序设置，决定将来的数据传输方向（主存→接口、接口→主存），地址指针增量（如加 1、减 1、加 2、减 2 等），以及 DMA 控制逻辑的有关工作方式等。

④ DMA 控制与状态逻辑：决定是否发出 DMA 请求，参与各接口之间的排优，获得响应后产生相应的时序信号以完成 DMA 传输。

⑤ 数据缓冲寄存器：提供传输数据的缓冲、锁存及总线的驱动能力。

⑥ 中断机构：由于在数据块传输完毕后常以中断方式请求 CPU 进行结束处理，因此 DMA 接口中常包含其他普通中断接口的功能。

（2）选择型 DMA 接口

在选择型 DMA 接口结构（如图 7-28 所示）中，DMA 控制逻辑与 I/O 接口仍采取合并型结构，但通过一个局部总线（I/O 总线）连接多台 I/O 设备，使多个 I/O 设备可共享一个 DMA 控制器。在工作的某时段，DMA 接口只能选择其中的一台设备，使它可通过 I/O 总线、接口与主存进行 DMA 传输，在传输完一个数据块后才能重新设置，以选择另一台 I/O 设备。在数据块传输过程中不允许切换设备，所以这种结构仅适合各设备分时工作的方式，而接口中的选择逻辑就像是一个切换开关。

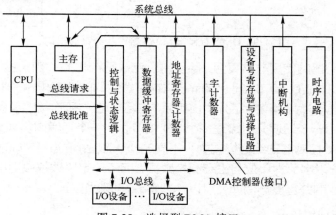

图 7-28　选择型 DMA 接口

从逻辑组成上，选择型 DMA 接口可以看作单通道型接口增加了 I/O 设备选择逻辑后扩展而成。由于其数据传输要经过 DMA 控制器，故允许在传输过程中附加一些简单操作，如加 1、移位、奇偶校验等。

（3）集中多路型 DMA 控制器

与集中型中断控制器一样，DMA 控制逻辑中的公用部分可以从设备接口中分离，组成一种通用的 DMA 控制器，通过集成电路技术将多个通道的 DMA 控制逻辑集成到一块芯片上，从而成为一种集中多路型 DMA 控制器。这样，DMA 控制器部分与 I/O 设备的具体特性无关，负责接受 I/O 设备提出的 DMA 请求，然后向 CPU 申请控制系统总线，以实现 DMA 传输。

与 I/O 设备具体特性相关的部分留在 I/O 接口中，而与 DMA 有关的逻辑尽可能地得到简化，一般只负责向 DMA 控制器发出 DMA 请求，以及在 DMA 控制器发回响应信号后进行数据传输。由于采取 DMA 方式传输数据，这种 I/O 接口常被称为 DMA 接口。数据可在 I/O 设备、接口、系统总线、主存之间直接传输，并不经过 DMA 控制器。注意，在前述两种合并型结构模式中，DMA 控制器与 DMA 接口是同一个实体；在分离型结构模式中，DMA 控制器是通用的、可公用的部分，而接口是针对某个具体设备的。

DMA 控制器与 I/O 接口相分离的结构如图 7-29 所示，广泛应用在微机系统中，它是后面讨论的重点。这种结构模式中存在两级 DMA 请求：接口在具备 DMA 传输条件时向 DMA 控制器提出请求；DMA 控制器在接到请求后，经过排优控制，向 CPU 发出总线请求。相应地，批准过程也分为两级：CPU 向 DMA 控制器发出批准信号，与系统总线脱钩；DMA 控制器获得总线控制权后接管总线，并向有关 I/O 设备发出批准信号。然后由 DMA 控制器发出总线地址，选择主存缓冲区中的某个单元；发出读/写命令，决定数据传输方向；数据在"I/O 接口—总线—主存"之间传输。

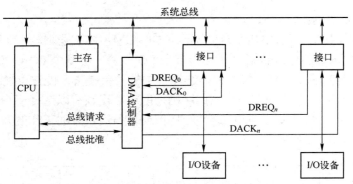

图 7-29　DMA 控制器与 I/O 接口相分离的结构

集中多路型控制器的使用非常灵活，除了可以完成主存与 I/O 接口之间的数据传输，理论上还可完成 I/O 接口与 I/O 接口之间、存储器与存储器之间的数据传输。集中多路型控制器本身具有几个 DMA 通道，各通道除了分时占用系统总线，它们所连接的设备可以同时工作。附加少许逻辑，也能由一个通道分时管理多个 I/O 接口，在一个通道内实现选择型功能。

在多路型 DMA 控制器的结构模式中，不同的 I/O 设备可通过不同的 DMA 通道并行工作，分时占用总线，以字节为单位与主存交换数据，而不一定以数据块为单位分时操作，这就提高了 I/O 设备工作的并行度。例如，可以让几台磁盘同时工作，甚至进行数据复制。

2．单字传输与成组传输

DMA 控制器每申请一次，能占用多少个总线周期？可传输多少字？如何安排 CPU 访存与多个 DMA 访存之间的冲突？一般有两种方案。

（1）单字传输方式

在单字传输方式中，每次 DMA 请求得到响应后，DMA 控制器占用一个总线周期进行一次传输（按总线的数据通路宽度传输一个字）；然后释放总线，将总线控制权交还给 CPU，以进行新的一次总线控制权判别。

当存储器速度远高于 I/O 设备速度时，单字传输方式能有效地利用主存速率，允许 CPU 程序或其他 I/O 设备并行工作。这是最常用的一种方式。

但是，每次申请、响应、交换总线控制权需要花费一定时间。当 I/O 设备的数据传输率非常接近主存速度时，就需要采用下述成组传输方式。

（2）成组传输方式

在成组传输方式中，每次 DMA 请求得到响应后，DMA 控制器连续占用多个总线周期，进行多次 DMA 传输，直到一个数据块传输完毕，才将总线控制权交回给 CPU。

在进行成组传输时，由于 CPU 无法访问主存而可能暂停执行程序。如果 CPU 具有指令 Cache 和数据 Cache，而且当前所需执行的指令和数据都在 Cache 中，那么 CPU 可以与 DMA 传输并行地工作。

在一般情况下，I/O 设备的数据传输率比主存速度低，因此在 DMA 控制器连续占用总线期间，必然会有一些浪费，使系统的工作效率降低。

因此，实用的成组传输是这样工作的：当 I/O 设备需进行 DMA 传输时，保持 DMA 请求信号，DMA 控制器也保持总线连续不断地进行 DMA 传输，直到 I/O 设备暂不需传输时才撤销 DMA 请求，释放总线，允许 CPU 使用总线。这样，DMA 请求对于 CPU 来说具有更高的优先权，可以根据需要按成组传输方式或单字传输方式工作。这种方式也被称为请求方式。

3．多个 DMA 控制器的连接

为了扩展通道数，稍具规模的系统需要多个 DMA 控制器，下面介绍常用的扩展方式。

（1）独立请求方式

独立请求方式如图 7-30 所示，每个 DMA 控制器与 CPU 间单独连接，即有独立的请求线与批准线，在 CPU 内部通过硬件逻辑进行优先级判别，决定先响应哪一路请求。显然，独立请求方式的扩展能力较差。

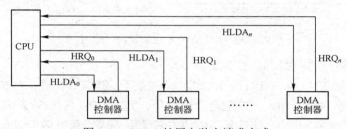

图 7-30　DMA 扩展之独立请求方式

（2）公共请求方式

公共请求方式如图 7-31 所示，CPU 对外只有一根 DMA 请求线和一根 DMA 应答线，各 DMA 控制器挂接在公共请求线与公共应答线上，并另有判优逻辑来确定优先响应谁的请求。判优逻辑与中断系统中的判优逻辑非常相似，也可分为串行判优与并行判优两类。有些 DMA 控制器芯片自身带有判优逻辑电路，可以很方便地连接成判优链。

图 7-31　DMA 扩展之公共请求方式

（3）级联方式

微机广泛使用的 DMA 控制器芯片，如 Intel 8237，支持多个 DMA 控制器的级联方式，如图 7-32 所示，从片将它的 DMA 请求信号输出送到主片的一个通道上（主片的一个请求信号输入端），在初始化时，编程设定为级联方式。

图 7-32　DMA 扩展之级联方式

7.4.4　DMA 控制器编程及应用

现代计算机系统广泛采用了 DMA 控制器与 DMA 接口相分离的结构模式。通用的 DMA 控制器作为基本部件放到主机中，如微机的主机板。而 DMA 接口因与具体外围设备关联较大，其设计变化较多。下面以 IBM-PC 系列微型计算机的软盘机 DMA 接口为例，讨论其编程结构及应用。

1．8237 DMA 控制器的编程结构

IBM-PC 系列机采用 Intel 8237 DMA 控制器芯片，其内部结构如图 7-33 所示。

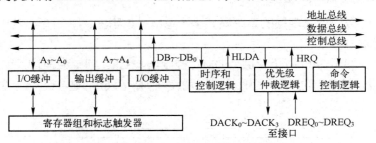

图 7-33　8237 DMA 控制器内部结构

8237 DMA 控制器的引脚功能如下。

① $\overline{\text{IOR}}$（I/O 读）、$\overline{\text{IOW}}$（I/O 写）：均为双向信号，低电平有效。对 $\overline{\text{IOR}}$，当 8237 未取得总线控制权时，该信号以输入方式配合片选信号，完成 CPU 对 8237 内部寄存器的读操作。

当 8237 取得总线控制权时，该信号以输出方式读取外部设备的数据以写入存储器。与 $\overline{\text{IOR}}$ 类似，$\overline{\text{IOW}}$ 信号传输方向视 8237 是否取得总线控制权而定。

② $\overline{\text{MEMR}}$（存储器读）、$\overline{\text{MEMW}}$（存储器写）：均为输出信号，低电平有效。$\overline{\text{MEMR}}$ 读出的数据可以直接传输给外设，$\overline{\text{MEMW}}$ 写入的数据可以直接来自外设。

③ $A_3 \sim A_0$ 双向地址线：当 CPU 访问 8237 时，用来选择 8237 内部寄存器；在 8237 控制 DMA 传输时，作为地址输出线。

④ $A_7 \sim A_4$ 地址线：三态输出，DMA 传输时，作为地址输出。

⑤ $DB_7 \sim DB_0$ 数据/地址复用线：当 CPU 访问 8237 时，作为数据线。在 DMA 传输时，作为 $A_{15} \sim A_8$ 地址输出线；在存储器－存储器 DMA 传输时，则用来传输数据。

⑥ ADSTB 地址选通：输出，地址选通，高电平有效。8237 的数据线 $DB_7 \sim DB_0$ 供 DMA 地址信号 $A_{15} \sim A_8$ 分时使用，当 ADSTB 信号有效时，$DB_7 \sim DB_0$ 上出现的是 DMA 地址高字节，被此信号选通进入外部锁存器。

⑦ AEN 地址使能：输出，DMA 地址允许信号，高电平有效。当 AEN 呈高电平时，允许 DMA 控制器送出地址信号而禁止 CPU 地址线接通系统总线；当 AEN 为低电平时，允许 CPU 控制系统总线上的地址信号。

⑧ $DRQ_0 \sim DRQ_3$（DMA 请求）：即外围设备向 8237 提出的 DMA 请求信号，必须保持到对应的 DACK 有效为止。

⑨ $DACK_0 \sim DACK_3$（DMA 应答）：8237 输出给外围设备的 DMA 应答信号，表示外设提出的 DMA 请求已被响应。一般用来撤销 DMA 请求，与 $\overline{\text{IOR}}$、$\overline{\text{IOW}}$ 信号一起控制相应的 I/O 寄存器的输出、输入。

⑩ HRQ 保持请求：8237 向 CPU 发出的总线请求信号，即 DMA 请求信号。

⑪ HLDA 保持应答：CPU 给 8237 发回的 DMA 响应信号，表示 CPU 已放弃总线控制权。

⑫ $\overline{\text{EOP}}$ 过程结束：双向，DMA 过程结束信号，低电平有效。若 8237 中任意通道在 DMA 过程中字节计数结束，则输出 $\overline{\text{EOP}}$ 有效。若 DMA 计数未完，但外部输入一个有效的 $\overline{\text{EOP}}$ 信号，则强制结束 DMA 过程。$\overline{\text{EOP}}$ 有效，会复位内部寄存器。在 PC/XT 主板上，输出 $\overline{\text{EOP}}$ 经过反相后，产生系统总线的 T/C 信号。

⑬ READY 准备好：输入，准备好信号，高电平有效，表示 DMA 外部设备已准备好读/写，可供慢速外设或存储器用来请求 8237 降低速度，以协调工作。

⑭ CLK 时钟：8237 时钟输入信号，用来控制 8237 内部操作的时序及数据传输的速率。对 8237A-5，CLK 时钟可用 5 MHz。

8237 占有 16 个端口地址，在读、写时分别选择不同的内部寄存器，如表 7-3 所示。

表 7-3　8237 寄存器的读和写

A_3 A_2 A_0 A_1	读（$\overline{IOR}$）	写（$\overline{IOW}$）
0　0　0　0	读通道 0 当前地址寄存器	写通道 0 当前地址寄存器
0　0　0　1	读通道 0 当前字节数计数器	写通道 0 当前字节数计数器
0　0　1　0	读通道 1 当前地址寄存器	写通道 1 当前地址寄存器
0　0　1　1	读通道 1 当前字节数计数器	写通道 1 当前字节数计数器
0　1　0　0	读通道 2 当前地址寄存器	写通道 2 当前地址寄存器
0　1　0　1	读通道 2 当前字节数计数器	写通道 2 当前字节数计数器
0　1　1　0	读通道 3 当前地址寄存器	写通道 3 当前地址寄存器
0　1　1　1	读通道 3 当前字节数计数器	写通道 3 当前字节数计数器
1　0　0　0	读状态寄存器	写命令寄存器
1　0　0　1	无	写请求寄存器
1　0　1　0	无	写屏蔽寄存器某一位（格式 1）
1　0　1　1	无	写模式寄存器
1　1　0　0	无	清除高/低触发器
1　1　0　1	读暂存寄存器	主清除（软件复位）
1　1　1　0	无	清除屏蔽寄存器
1　1　1　1	无	写屏蔽寄存器所有位（格式 2）

注意，各通道的地址初值与当前地址指针不是一个寄存器，计数初值与当前计数值也不是一个寄存器。

由于地址值、计数值都是 16 位，为了通过 8 位 I/O 口访问，在 8237 内部设置了一个"高/低字节"触发器，当它为 0 时访问低字节，为 1 时访问高字节。每次访问后，这个触发器自动变反。写端口 0CH（1100B）时，该触发器清零，从而确保正确的访问次序。

8237 是一种可编程的多功能 DMA 控制器，不仅支持内存与 I/O 口之间的 DMA 传输，还能实现内存块之间的 DMA 传输。8237 有 3 种基本工作方式可供选择。

① 单字节传输方式：无论对 8237 的 DMA 请求是否保持，在每个 DMA 传输周期后必须交回总线控制权给 CPU，即每请求一次传输一次字节。微机一般采取这种方式。

② 成组传输方式（块方式）：一旦对 8237 的请求有效，8237 将控制总线连续进行数据传输，直至计数器回零，即可以连续传输一个数据块。

③ 请求方式：只要计数值不为零，当对 8237 的 DMA 请求保持有效时，就连续地进行 DMA 传输，为成组传输方式（块方式）；当请求撤销时释放总线。如果每传输一次就撤销一次请求，则为单字节方式。

8237 还有一种扩展方式——级联方式，如图 7-34 所示。它可组成多级的级联方式。

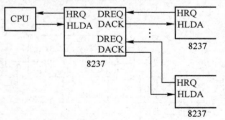

图 7-34　8237 级联方式

8237 有 4 个独立的 DMA 通道，可实现 4 台 I/O 设备与内存间的 DMA 传输。它还有一种特殊的传输方式，即将通道 0 和通道 1 结合起来，实现内存块与内存块之间的传输。

在 DMA 传输时，各通道地址指针允许加 1 或减 1，0 通道还可保持不变。

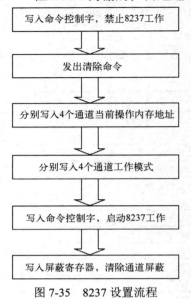

各通道还有一种自动初始化工作方式：当计数值减为 FFFFH 时，将地址指针初值与计数器初值自动装入，从而自动开始新的一次 DMA 服务。在微机中，用于 DRAM 刷新的 0 通道就工作于这种方式下。

此外，8237 可选择不同的 DMA 周期长度和"写"信号发出时间，各通道的请求与应答信号的有效电平也可编程确定。通道间优先级有固定优先和轮转优先两种。在固定优先方式中，0 通道优先级最高，3 通道最低。在轮转优先中，刚服务过的通道其优先级变为最低。

8237 各通道均有一个屏蔽位，以控制对应的请求是否有效。有多种编程方式来置位或复位屏蔽位。如果某个通道编程为自动初始化方式，则该通道传输结束时（计数值回零）其屏蔽位自动置位。

图 7-35 给出了系统对 8237 的设置流程，由于篇幅所限，在此不再详细介绍 8237 的编程细节。

图 7-35　8237 设置流程

2．微机 DMA 结构

以 8088 为 CPU 的微机采用一片 8237 作为 DMA 控制器，安装在主板上，可提供 4 个 DMA 通道。

通道 0 用于动态存储器刷新，工作于自动初始化方式。DRQ_0 来自可编程计时器 8253 的通道 1，后者每 15 μs 产生一次 DMA 请求。

同步通信 SDLC 接口占用通道 1，软盘机占用通道 2，硬盘机占用通道 3。相应地，信号线 $DRQ_1 \sim DRQ_3$、$DACK_1 \sim DACK_3$、$\overline{EOP}$ 等连接到总线上，供有关外设使用。$\overline{EOP}$ 反相后，称为 T/C（计数终止）。

8237 提供低 16 位地址 $A_0 \sim A_{15}$，由外部的一个页面寄存器提供高 4 位地址 $A_{16} \sim A_{19}$，如图 7-36 所示，图中 DRQΦ 即 DRQ_0。

80286 以上档次的机型中采用了两片 8237 级联工作，可提供 7 个 DMA 通道，而且 DRAM 刷新由专门的硬件实现，不再占用 DMA 通道，硬盘机也采用其他方式实现批量传输，不再占用通道 3。7 个通道的分配如表 7-4 所示。

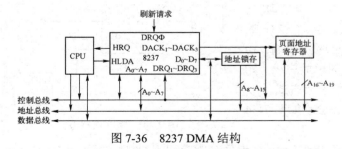

图 7-36　8237 DMA 结构

表 7-4　80286 的 DMA 通道分配

第 1 片 8237（DMA1）		第 2 片 8237（DMA2）	
0#	备用	4#	备用
1#	SDLC 备用	5#	备用
2#	软盘机用	6#	备用
3#	备用	7#	与 DMA1 级联

可见，80286 以上机型能提供更多的 DMA 通道，可供系统设计者选用，如图 7-37 所示。

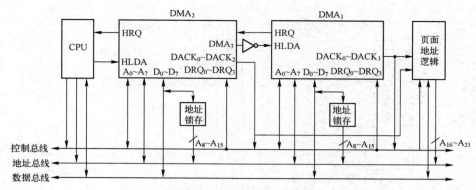

图 7-37　80286 的 DMA 结构

80286 机型有 24 位物理地址，可访问 16 MB 存储器，而 8237 只有 16 位地址，需附加外部逻辑进行扩充，采用 74LS612 作为页面寄存器，它是一个 16 字×12 位的 RAM 芯片，可由 CPU 编程读、写。当进行 DMA 传输时，由页面寄存器的相应单元提供高位地址。对于 DMAl 的 0#～3#通道，8237 送出 16 位地址作为 $A_{15} \sim A_0$，页面寄存器送出 8 位地址作为 $A_{23} \sim A_{16}$，可按字节访问主存。对于 DMA2 的 5#～7#通道，8237 送出的 16 位地址作为 $A_{16} \sim A_1$，页面寄存器送出 7 位地址作为 $A_{23} \sim A_{17}$，并强迫 $A_0=0$，只能按字（16 位）访问存储器。

3．DMA 接口设计举例

有一台 I/O 设备，需要与主机高速交换数据，当 I/O 设备向主机送完一批数据后，发出结束信号 WORK=0；当主机向 I/O 设备送完一批数据后，发出结束信号 END；数据传输用外部时钟 CK 同步。该 DMA 接口的逻辑如图 7-38 所示。

该接口使用了 DMA1 的通道 1#和 5#中断请求通道，占用 300H 和 30lH 两个端口地址。其中 300H 用于数据输入/输出寄存器，301H 用于控制/状态寄存器。

图 7-39 给出了该接口的工作时序，其工作过程简述如下。

（1）主机从 I/O 接口输入数据块

① CPU 程序对 DMA 通道 1 及中断通道 5 进行初始化。送出 I/O 控制字，使 $\overline{INIT}=0$，初始化，清零触发器 D_1、D_2，使 D_1 的 $\overline{Q}$ 输出为 1，使 D_2 的 Q 输出为 0，即 $DRQ_1=0$、END=0。再送出 I/O 控制字，使 $\overline{INIT}=1$、$\overline{DRQ\_EN}=0$、$\overline{IRQ\_EN}=0$，使接口能够提出 DMA 请求与中断请求，并在 I/O 控制字中送出信号，通知 I/O 设备开始工作（如送出"主机准备好接收"信号）。

② I/O 接口得到主机准备好的信号后，置 WORK=1，并发出 CK 脉冲和数据；该脉冲经与门 G_1 后将数据打入数据寄存器，将 1 打入 D_1，使 $\overline{Q}=0$，发出 DMA 请求信号 $\overline{DRQ_1}$。

③ 主板的 DMA 控制器 8237 接到 DRQ_1 信号后，向 CPU 申请总线，并发出 $\overline{DACK_1}$ 脉冲到 DMA 接口、存储器地址到存储器，使 AEN=1、$\overline{IOR}=0$、$\overline{MEMW}=0$。$\overline{DACK_1}=1$ 和 IOR=1，使 $\overline{CS_0}$ 为低电平有效，选中 300H 数据输入寄存器，把该寄存器的数据通过总线收发器送总线，由控制信号 $\overline{MEMW}$ 控制将总线数据写入 8237 指定的存储器地址单元中，完成一次从 I/O 接口到存储器的 DMA 数据传输；$\overline{DACK_1}=0$ 信号清除 D_1 触发器，撤销 DRQ_1 请求，为下次请求做准备。

重复②、③步，直到输入数据块的所有数据都输入 8237 指定的存储器单元。

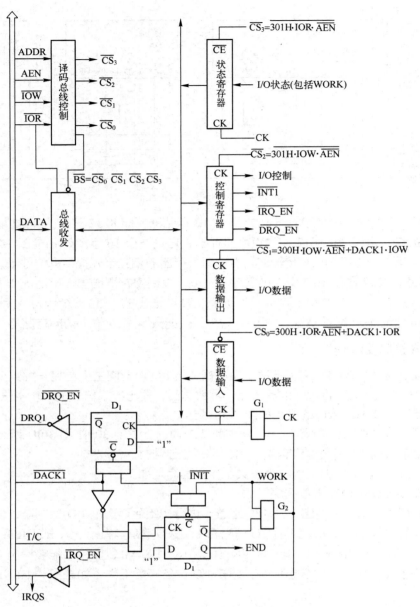

图 7-38 DMA 接口的逻辑

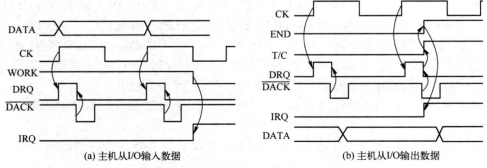

(a) 主机从 I/O 输入数据

(b) 主机从 I/O 输出数据

图 7-39 DMA 接口工作时序举例

④ I/O 接口的输入数据完成后，I/O 接口发出 WORK=0 信号，该信号先通过 G_2 再通过 G_1 封锁 CK 信号，阻止 I/O 数据的打入；同时，WORK=0 信号通过 G_2 等发出中断请求 IRQ_5，通知 CPU 进行结束处理。

（2）主机向 I/O 接口输出数据块

① CPU 程序对接口进行初始化，并向接口发出"主机准备好送数据"信号，原理同前。

② I/O 接口收到"主机准备好送数据"信号后，置 WORK=1 并发出 CK 脉冲，提出 DMA 请求，原理同前。

③ 主板上的 DMA 控制器 8237 接到 DRQ_1 信号后，向 CPU 申请总线，并发出存储器地址到存储器以及 $\overline{DACK_1}$ 脉冲到 DMA 接口，使 AEN=1、$\overline{MEMR}=0$、$\overline{IOW}=0$。$\overline{DACK_1}=1$ 和 IOW=1 使 $\overline{CS}$ 为低电平选中 300H 数据输出寄存器，$\overline{MEMR}$ 信号控制将 8237 指定存储器地址单元数据读出到总线，通过总线收发器由 $\overline{CS_1}$ 控制将数据打入 300H 数据输出寄存器，完成一次 DMA 传输；$\overline{DACK_1}=0$ 信号清除 D_1 触发器，撤销 DRQ_1 请求，为下次请求做准备。

重复②、③步，直到输出数据块的所有数据都输出到 I/O 接口。

④ 主机的数据块发送完毕，DMA 控制器发出 T/C 信号，该信号与 $\overline{DACK_1}=0$ 一起控制，向 D_2 打入"1"，使其 Q=1，向 I/O 接口发出 END 信号，表示数据传输完毕。D_2 的 $\overline{Q}$ 信号（END 的反向信号）通过 G_2、G_1 封锁 CK，阻止进一步的 DMA 请求。只要 8237 不工作在自动初始化方式，在发出 T/C 信号时就自动屏蔽 IRQ 请求。同时，D_2 的 $\overline{Q}$ 信号向主机发出 IRQ_5 中断请求，通知 CPU 进行结束处理。

注意，上述接口设计中有意采取了两种方式，使 DMA 传输完数据后向主机发出中断请求。输入过程由 I/O 口发出 WORK=0 信号引发中断请求，输出过程由 DMA 控制器发出 T/C 信号而引发中断请求。这是两种常见的结束方式。对于输入过程，出于主机可能不清楚数据块长度，由 I/O 接口判断并发出结束信号比较合适。对于输出过程，主机很清楚将要送出的数据块的长度，可在初始化时告知 8237，因而由 DMA 控制器判断并发出结束信号更为合理。

最后指出，该接口设计允许通过 I/O 指令访问两个数据寄存器，因而也可方便地改为程序查询方式或中断工作方式。

4．DMA 接口设计中的几个问题

（1）请求与响应时序

一般要求将请求信号保持到获得响应信号为止，如上例是通过设置触发器 D_1 来保持 DRQ 信号。如果 DRQ 持续有效，8237 就会不断发出 $\overline{DACK}$ 进行 DMA 传输，所以上例中用 $\overline{DACK_1}$ 来清除请求信号，保证每个 CK 脉冲只进行一次 DMA 传输。

（2）计数终止信号 T/C 的应用

8237 发出的信号 $\overline{EOP}$ 经反相后，成为 T/C 信号，为 4 个通道公用。在上例中，T/C 与 $\overline{DACK_1}$ 相与，形成本通道结束脉冲信号，并用 D_2 保存，用来请求中断和通知 I/O 设备。其他 DMA 接口中也常用同样的方式来形成各自的计数终止信号。

（3）DMA 通道的复用

上例用一个 DMA 通道实现输入与输出。稍加扩展，可以让多个 I/O 设备分时共享同一个 DMA 通道，这些 I/O 设备可以是不同类型的。如图 7-40 所示，可以用"设备选择"线来进行控制。每个设备有自己的设备选择线，在某一时刻它们之中只能有一个有效，且只允许这个对

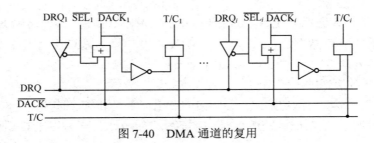

图 7-40 DMA 通道的复用

应设备使用 DMA 通道。每传完一批数据后，可让另一个选择线有效，另选一台设备。例如在 IBM-PC 中，DMA 通道 2 就允许 4 个软盘分时共享。

7.5　总线

7.5.1　总线的功能与分类

总线是一组能为多个部件分时共享的信息传输线，用来连接多个部件并为之提供信息交换通路。所谓共享性，即总线所连接的部件都可通过它传输信息。所谓分时性，即在某一时刻总线只允许有一个部件送出数据到总线上。显然，共享是分时实现的。

总线不仅是一组信号线，广义上是一组传输线路及相关的总线协议。因为要实现分时共享，必须定义相应的规则，称为总线协议，每个连到总线上的部件必须遵守这些协议，才能有序地分时共享该总线。总线协议一般包括：信号线定义、数据格式、时序关系、信号电平、控制逻辑等，确定了一个系统使用总线的方法。

早期的微机通常只用一组总线连接 CPU、主存和各种 I/O 接口，常称为单总线。注意，单总线所指只有一组，并非指总线只有一根信号线。后来的微机为消除单总线的瓶颈现象以提高传输效率，常在系统内设置多组总线。

此外，在 CPU 内部及一些 I/O 接口电路的内部，也存在一些内部总线或局部总线，用来连接部件内的各寄存器，称为 CPU 内总线或部件内总线。下面介绍两种总线分类。

1. 按数据传输格式，可分为并行总线与串行总线

并行总线有多根数据线，可并行传输多个二进制位，一般为一字节或多字节，其位数称为该并行总线的数据通路宽度。系统总线一般是并行总线，其数据通路宽度通常与 CPU 一致。

串行总线只有一根数据线，只能串行地逐位传输数据。外总线较多采用串行总线，以节省通信线路的成本，实现远距离传输，但其传输速率常低于并行总线。例如，主机与终端之间及通信网络都采用串行总线。

有些串行总线有两根数据线，分别实现两个方向的数据传输，称为双工通信。但从每次传输来看，数据仍是逐位传输的。

2. 按控制方式，可分为同步总线与异步总线

同步总线进行数据传输时，有着严格的时钟周期定时，一般设置有同步定时信号，如时钟同步、读/写信号等。在单机系统的总线中，这些同步定时信号往往由 CPU 或 DMA 控制器发出。在多机系统中，可由主 CPU 提供系统总线的同步定时，也可以设置专门的系统时钟。同步总线广泛应用于各部件间数据传输时间差异较小的场合，其控制较简单，但时间利用率可能不高。例如在某些系统中，某个接口的数据传输周期需要 1 μs，而其他接口只需 0.2 μs，则系统的时钟周期需设计成不小于 1 μs，对其他接口来说就存在时间浪费。

异步总线在数据传输时，没有固定的时钟周期定时，而采用应答方式工作，操作时间根据需要可长可短。典型的过程是：当一个部件向另一个部件提出"读/写请求"后，前者处于等待状态，后者在准备后（已将数据送到总线上，或已从总线上取走数据）发出"准备好"信号，前者撤销"读/写请求"信号，于是总线完成了一次异步数据传输。异步总线常用于各部件间数据传输时间差异较大的系统，其时间可以根据需要，能短则短，需长则长，因而时间利用率很高，但相应的控制较复杂。

大多数微机系统采取结合使用的方法。如以同步方式为基础，部分引入异步控制功能，换句话说，将异步事件同步化。其典型做法是：采用严格的时钟周期划分（一般根据 CPU 内部操作的需要来决定时钟周期长短），总线周期包含若干时钟周期，但时钟周期数可根据需要变化。基本总线周期含有最小的时钟周期数（通常取决于 CPU 访存的需要），当外部电路能在基本周期内完成总线传输时，它实际上是按标准的同步方式工作。当某部件因读写速度较低而不能在基本周期内完成数据传输时，就发出一个"等待"信号，总线周期则按时钟周期为单位延长，直至"等待"信号撤销，总线周期才告结束。这样，总线传输仍以时钟周期为同步定时信号，但每次包含的时钟数可以不同，既有同步总线控制简单的优点，又具有异步总线时间利用率高的优点，一般称为扩展同步总线。

异步总线中没有明显的时钟同步，读命令 RD 与应答信号 ACK 之间是一种互锁的应答关系（如图 7-41 所示）。即一方提出读请求，在获得读出数据 DATA 后，另一方给出应答信号 ACK，它的有效导致 RD 的撤销，而 RD 的撤销又导致 ACK 的撤销，至此一次应答完成。同步总线由时钟信号 CLK 同步定时，假使引入应答信号 ACK，在确认 ACK 有效后（虚线之间）的下一个时钟周期，允许改变地址，结束总线周期（如图 7-42 所示）。

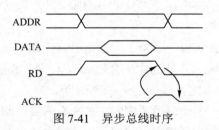

图 7-41　异步总线时序

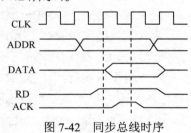

图 7-42　同步总线时序

需要强调，在实际应用中，同步控制与异步控制的思想往往结合使用。在异步总线中虽无明显的时钟同步，但由于 CPU 等部件本身的操作是以时钟为基准的，异步应答是指各部件之间的传输协调，因此可以认为这种异步应答信号仍以某种隐含的方式被同步化了。而在前述扩展同步总线中，则是以同步控制为基础去处理异步应答事件，使之呈现应答关系，所需时间以时钟为基准而变化。注意，异步事件同步化的概念在接口设计的许多场合都会用到。

有的系统总线（如 IBM PS/2 的"微通道"总线 MCA）具有几种工作方式供选择：同步周期方式、扩展同步周期方式和异步方式。

串行总线中也存在同步方式和异步方式之分，其时钟信号常包含在数据位流中。限于篇幅，本书对此不做详细介绍。

7.5.2 总线标准及信号组成

1．总线标准

各种总线往往有自己明确的总线信号定义和相应的操作规则，就形成了一定的总线标准。用户应按所选择的总线标准去设计 I/O 接口，连接所需的设备。

在有些公司生产的计算机系统中，其总线标准只供自己和少数配套厂商使用，称为封闭式系统。这导致许多早期的系统采用各自不同的总线标准，相互间缺乏互换性。随着微型计算机技术的发展和普及，对插件互连标准化的需求日益增强，许多厂商采用了开放式策略，明确定义并公开总线标准，使其他厂商也能按此标准生产各种插件与配套产品，用户可按总线标准选购所需模块，组装成所需的系统，从而推动了计算机系统的应用和普及。

美国电气电子工程师协会（IEEE）先后制定了许多广为流行的总线标准，这些总线标准一般是由某些厂商开发出来，并在得到社会较大程度的认同后，再由 IEEE 进行标准化并予以推荐，如下列总线标准。

❖ S-100 总线（IEEE 696）：适用于 8080、Z80 等微机。

❖ Multibus 总线（IEEE 796）：由 Intel 公司开发，适用于多种 CPU，可组成多机系统，已发展为 32 位总线 Multibus-Ⅱ（IEEE 1296）。

❖ ISA（Industry Standard Architecture，工业标准结构）总线：以 8086 CPU 构成的 AT 机系统总线，最初有 8 位数据宽度（又称 XT 总线），后来发展为 16 位标准 ISA 总线（又称 AT 总线），其间曾出现了 32 位的扩展 ISA 标准总线（EISA 总线）。

❖ PCI 总线：目前微机上主流的总线，可工作在 32 位和 64 位模式，是高性能局部总线，可同时支持多组外围设备。PCI 局部总线不受制于 CPU，可作为 CPU 及高速外围设备之间的一座桥梁。PCI 局部总线以 33.3 MHz/66 MHz 时钟频率操作，对应最大数据传输速率可高达 133 MBps 和 266 MBps，远远超过标准 ISA 总线的 5 MBps 的数据传输速率，并能完全兼容 ISA/EISA/MCA 等扩展总线。

在外总线方面的总线标准有：串行总线 RS232-C、RS422、RS485、IEEE1394（即火线）与 USB 等，用于智能仪器互连的并行异步总线 IEEE 488，用于局域网的 EtherNet、PC Token 等网络总线，用于单片机网络的 Bit-bus，用于工业控制本地互联网的 Field bus 等。

由于众多总线标准的出现，当我们设计或实际组成一个计算机系统时，往往不需要一切由自己设计，可以选用某一标准总线，尽量利用各厂商已提供的模块（插件），只需设计少量特殊的部件即可。这样，开发周期缩短，工作量减少，风险减少，更易于为用户所接受。

2．总线的信号组成

总线包括一组物理信号线，按功能可分为 4 组：数据线、地址线、控制信号线和电源线。

（1）数据线

数据线用来实现数据传输，常称为数据总线，注意，它只是系统总线的组成部分之一，不是一种独立的总线。数据总线一般可双向传输，既可由部件 1 传往部件 2，也可由部件 2 传往部件 1。数据总线的宽度即为数据通路宽度，一般有 8、16、32、64 位等标准。总线是可分时共享的，即挂接于总线上的部件可以分时地向数据线上发送数据，或从数据线上取得数据。

（2）地址线

地址线又称地址总线，用于传输地址信号，以确定所访问的存储单元或某 I/O 端口，一般有 16、20、24、32 位等宽度标准。在采用 I/O 端口单独编址的系统中，存储器地址与 I/O 地址通常合用一组地址线，在有关控制信号的控制下分时传输各自的地址。一般，存储器空间要比 I/O 空间大得多，所以在传输 I/O 地址时常常只使用低位地址线。例如在 486 机中，地址线为 32 位，最大访存空间可达 4 GB；而 I/O 地址仅使用低 16 位，最大 I/O 空间可达 64 KB。

挂接在总线上的各部件都能从地址线上接收地址信号，并配合控制信号进行地址译码，但只有能掌管总线控制权的主控部件（或称主模块），如 CPU、DMA 控制器等，才能向地址线上发送地址码。而不能掌管总线控制权的部件（或称从模块），如存储器，不能发送地址码。

在微处理器中，由于一块芯片的引脚数有限，常采用复用技术以减少专用地址线的数目。例如在总线周期开始部分，先用数据线传输地址码的高位部分，将它送入一个地址锁存器，同时用地址线传输地址码的低位部分，两部分合成为完整的地址码，再用数据线传输数据。在设计某种总线标准时，常允许有单独的地址线，但后来在扩展总线访存空间时也采取复用技术。例如 STD 总线原为 16 位地址标准，访存空间仅有 64 KB；后来扩展为 24 位地址标准，使访存空间达到 4 MB，其中就采用了类似的复用技术。

（3）控制信号线

控制信号线又称为控制总线，用来传输各类控制/状态信号。不同的总线标准，其数据总线和地址总线差别不大，而它们的控制总线各具特性，差别很大。也就是说，控制总线的组成情况体现了不同总线的各自特点、运行方式及应用场合。

按照各种控制信号的功用，我们将常见控制信号再细分为几组。

① 数据传输控制信号：包括读/写控制、存储器/IO 选择、地址有效、应答等

<1> 读/写与 M/IO 选择，有以下常见的组合类型

❖ ISA 和 PC 总线，对存储器读、写，及 IO 读、写，都采用专用的控制信号：$\overline{\text{MEMR}}$，存储器读；$\overline{\text{IOR}}$，I/O 读；$\overline{\text{MEMW}}$，存储器写；$\overline{\text{IOW}}$，I/O 写。

❖ STD 总线等，设置区分存储器与 I/O 的选择请求信号，读命令或写命令则与请求信号分别合用：$\overline{\text{MEMRQ}}$，存储器请求；$\overline{\text{IORQ}}$，I/O 请求；$\overline{\text{RD}}$，读；$\overline{\text{WR}}$，写。

❖ EISA 总线是将控制信号尽量合并，以减少线数：MEM/$\overline{\text{IO}}$，为 1 则访问存储器，为 0 则访问 I/O 接口；R/$\overline{\text{W}}$，为 1 则读出，为 0 则写入。

<2> 应答信号，常见的有以下两种

❖ $\overline{\text{WAIT}}$（等待，或 READY 准备好）：一般用于同步总线周期的延长控制。为 0 表示未准备好，需延长总线周期以等待准备好；为 1 表示已准备好，可以结束总线周期。"准备好"的具体含义可视具体工作的需要，由用户定义。

❖ $\overline{\text{XACK}}$（传输应答）：一般用于异步总线控制，将在异步控制一段再做介绍。

<3> 地址有效信号，如 PC 总线中有以下两种

❖ ALE，地址锁存，低电平时地址有效。

❖ AEN，DMA 地址有效，在 DMA 方式时用于禁止 CPU 地址线接通系统总线。

② 总线请求与交换信号：用于申请总线、交换总线控制权

只有总线主控模块才需使用这组控制信号，如 CPU、DMA 控制器、通道、IOP 等。在不

同总线标准中，这组控制信号的定义和用法有较大差别，可大致分为两种类型。

<1> 非平衡控制方式

在单 CPU 或有主 CPU 的系统中，CPU 模块是总线的主要占有者，当其他主模块（如 DMA 控制器、IOP 等）需要使用总线时，必须向该 CPU 提出申请，由 CPU 让出总线控制权。这种由一个主模块主要占有、其他主模块申请借用的总线控制方式被称为非平衡控制方式。

在非平衡控制方式中，其他主模块通常以 DMA 请求的方式来申请使用总线，因此总线请求与交换信号非常简单，仅有 DMA 请求和 DMA 应答两种。例如，微机总线中设置了多路 DMA 请求信号 DRQ、DMA 应答信号 DACK。又如，在 8089 IOP 与 8086/8088 CPU 协同使用时，采用 HOLD 和 HLDA 信号来请求和交换总线控制权。

非平衡控制方式结构简单，容易实现，常用于一个主模块对总线的占用时间较其他主模块长得多的系统，如单 CPU 系统、有主 CPU 的多 CPU 系统。

<2> 平衡控制方式

在不设置主 CPU 的多机系统中，各主模块对总线的占有权大致平等，一般不允许有一个主要控制者，因而常采用平衡控制方式进行总线控制权的裁决。当某个主模块需要使用总线时，先提出总线请求，由总线裁决机构进行仲裁，如允许它使用，则该主模块取得总线控制权，进行相应操作，使用完后释放总线，裁决机构再根据请求情况，将总线控制权分配给其他主模块使用。

总线仲裁机构可分为并行裁决、串行裁决两类，它们所使用的信号各不相同。有些总线标准定义了两种方式所需的控制信号，供设计系统者选用，在具体应用时只使用其中的一组。

如 Multibus 总线定义了下列信号。

❖ BUSY（总线忙）：表示有一个主模块正在使用总线。

❖ BREQ（总线请求）：用于并行仲裁方式。

❖ CBRQ（公用总线请求）：通知正在使用总线的主模块，还有其他模块需要使用总线，以便及时释放总线。当 CBRQ 无效时，不必释放总线，以减少不必要的总线交换。

❖ BPRN（总线优先级输入）：用于通知本主模块能否使用总线。并行仲裁和串行仲裁均使用该信号。

❖ BPRO（总线优先级输出）：用于串行仲裁。

❖ BCLK（总线时钟）：用于总线请求和仲裁的同步控制。

在平衡控制方式中，DMA 操作也采用总线请求方式进行，因此一般不再单独设置 DMA 请求与应答信号。

在有些总线标准（如 STD 总线）中，既允许采用非平衡方式，也允许采用平衡方式，所以既有 DMA 请求和应答信号，也有总线请求与判别信号，可供设计者选择。

③ 其他控制信号：其定义有多种变化，有些信号的具体含义甚至可由 CPU 编程定义或由用户自行定义。常见的有：复位 RESET 或 $\overline{RST}$，一般时钟 CLK，状态信号 S_0、S_1 等，刷新信号 REFRESH，高字节使能 BHE，锁定 LOCK 等。

④ 电源线：许多总线标准中都包含了电源线的定义，主要有：+5 V，逻辑电源线；GND，逻辑电源地线；−5 V 辅助电源线；±12 V，辅助电源线；AGND，辅助地线。

一个完整的总线标准，除了上述信号功能定义，还包含各信号线在印制插头上的排列位置、插件的尺寸、机械结构等规定。

7.5.3 总线操作时序

前面已经提到，总线在进行数据传输时，其时序控制方式可分为同步控制与异步控制两类，前者实现简单，而异步方式则适应性更强。

1．同步控制方式

在同步控制方式中，数据传输过程完全在主模块的控制下进行，有着统一的时钟同步信号。采用同步控制方式的总线，称为同步总线。

我们以 PC 总线的读出过程为例说明同步控制下的总线时序。读数据的整个过程在时钟 CLK 的同步控制下进行，所有控制信号的产生与结束也受 CLK 的同步控制，如图 7-43 所示。

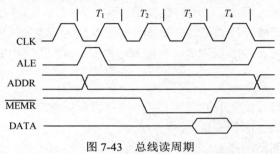

图 7-43　总线读周期

典型的一次 PC 总线周期占 4 个 CPU 时钟周期：$T_1 \sim T_4$。当地址 ADDR 准备好后，T_1 期间，地址锁存信号 ALE 降为低电平，于是地址有效；T_2 期间，发出存储器读命令 $\overline{\text{MEMR}}$，即为低；T_3 期间，读出数据 DATA 开始有效；T_4 期间，结束读操作，ALE 变高，允许地址切换。

显然，同步控制方式的优点是：时序规整、各次操作时间统一、控制简单、较易实现。

但是，总线上各模块的工作速度往往是不一致的，一般来说，CPU 的速度最快，能在一个时钟周期内完成一次内部操作；存储器速度较 CPU 慢，但每次读、写所需时间统一；I/O 接口的工作在一定程度上与 I/O 设备有关，因而速度差别较大，且可能不固定。因此，为了采用统一的同步时序，在设计数据传输周期时需以总线上最慢的那个模块为依据。这样，在速度较快的模块间传输数据时，效率就被迫降低了。这是同步控制方式的不足。

2．扩展同步方式

为了解决纯同步方式适应性差的问题，人们在同步方式中引入了异步控制的思想，称为扩展同步方式。下面仍以 PC 总线为例说明这种改进方式。

如果从模块的速度较慢，不能在基本总线周期内完成操作，就发出 READY=0 信号，表示尚未准备好，如图 7-44 所示。主模块在 T_3 脉冲的上升沿采样 READY 信号，决定是否加入等待时钟周期 T_w，现在 READY 为低，于是在 T_3 后插入 T_w，以延长操作时间。在 T_w 脉冲的上升沿，再次采样 READY，看是否需要插入更多的 T_w。从模块已准备好，READY=1，撤销等待请求。于是总线进入 T_4 周期，结束本次总线周期操作。

由图 7-44 可知，总线周期仍用若干时钟周期组成，所以仍将它归入同步方式范畴。但由于 T_w 的引入，且 T_w 个数可变，使总线周期长度可随实际需要而变，这属于异步方式的思想，因此这种改进的时序控制方式被称为扩展同步方式。

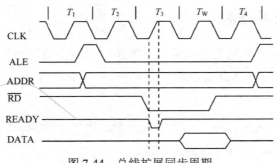

图 7-44　总线扩展同步周期

这样可以将基本的总线周期安排得尽可能短，以提高需要高速传输时的效率。而低速设备可根据需要插入足够的等待周期，以满足其要求。因此，扩展同步方式能灵活改变总线周期的长短，满足高速设备和低速设备的需要，既能提高效率，又保持了同步方式的优点。除了一些简单系统采用纯同步方式，较多系统具有扩展同步方式，如广泛使用的个人计算机系列。

3．异步控制方式

异步控制方式中没有固定的时钟周期，完全采用异步应答方式工作。总线周期的长短根据实际需要而定，可短则短，需长则长。

总线中取消了时钟周期的概念后，有关控制信号应在何时结束？因此，在以应答方式相关联的信号之间就存在一种互锁关系，相应地总线时序有全互锁、半互锁、不互锁之分。

典型的全互锁异步应答过程如下：① 主设备发送地址及"读/写"命令；② 从设备收到读、写命令后，执行相应操作；③ 当从设备完成后，发出"应答"信号；④ 主设备收到应答信号后，撤销读/写命令；⑤ 从设备发现主设备撤销"读/写"命令后，撤销其应答信号。

全互锁异步控制读操作时序如图 7-45 所示，箭头表示信号间的互锁关系。

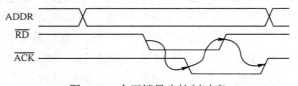

图 7-45　全互锁异步控制时序

与扩展同步方式进行对比，可以看出：异步方式中没有一个固定的时钟 CLK，且 $\overline{\text{ACK}}$ 信号始终有一个确定的值。而扩展同步方式中，READY 信号仅在同步时钟采样时才需要有确定值，其余时间可以变化。这两种方式都能动态改变传输周期的长度，因而都能适应总线上不同速率模块的需要。理论上，异步方式不需时钟同步，其效率可能更高些。但是异步方式的实现比较复杂，一般用于多 CPU 系统等时序复杂的场合。

从控制策略看，扩展同步方式与异步方式虽然出发点不同，但效果有些殊途同归。实际应用中，常将同步控制思想与异步控制思想相结合。

在异步方式的具体实现中可以部分地采用扩展同步技术。如 CPU、DMA 控制器等与异步总线相连时，它们仍在内部对进行同步采样。从设备为了确定从收到读、写命令到发出应答信号的时间，一般采用时钟计数方式。可以认为，这是在异步方式的基础上局部采用了同步技术。

而扩展同步方式的思想可以说是"异步事件同步化"，即以同步方式去处理异步应答关系。

如在 DMA 传输过程中，以时钟周期为基本单位引入等待周期 T_w，使总线周期长度可随实际需要动态改变，而这是异步方式的要点之一。又如，以时钟周期为基本单位来处理应答关系，提出请求后，等待一个或多个时钟周期后获得应答，而应答方式是异步方式的另一个要点。注意，异步事件同步化的现象在计算机系统中广泛存在，我们在设计中应当善于利用这一策略。

7.5.4 典型总线举例

以 8088 为 CPU 的微机采用 PC 总线作为其系统总线。PC 总线共 62 条信号线，分为 A、B 两列，引脚间距 0.1 英寸（约 2.54 mm），逻辑电平为 TTL 电平，信号组成如下：

❖ 双向数据线 $D_7 \sim D_0$，共 8 位。

❖ 地址线 $A_{19} \sim A_0$，共 20 位，I/O 口仅用低 10 位。

❖ 地址锁存 ALE，低电平时锁存地址。

❖ 地址有效 AEN，由主板上的 DMA 控制器发出，高电平表示 DMA 控制器正使用总线，常参与 I/O 地址译码。

❖ 存储器读 $\overline{MEMR}$ 。

❖ 存储器写 $\overline{MEMW}$ 。

❖ I/O 读 $\overline{IOR}$ 。

❖ I/O 写 $\overline{IOW}$ 。

❖ 准备好 READY，慢速设备用该信号通知主设备插入等待周期 T_w。

❖ 奇偶校验 I/O CHK，由存储器卡或 I/O 卡发出的奇偶校验状态信号，可用来产生非屏蔽中断请求 NMI。

❖ 中断请求 $IRQ_7 \sim IRQ_2$，送往 8259。

❖ DMA 请求 $DRQ_3 \sim DRQ_1$，送往 8237。

❖ DMA 应答 $\overline{DACK_3} \sim \overline{DACK_0}$，8237 输出。

❖ DMA 计数终止 T/C，由 8237 发出，I/O 接口可用它与 $\overline{DACK}$ 产生 DMA 结束信号。

❖ 时钟 OSC，14.31818 MHz，占空比 50%。

❖ 时钟 CKL，4.77 MHz，占空比 1/3，由 OSC 三分频得到，可作为总线同步时钟。

❖ 复位驱动 RESET，与 CLK 下降沿同步。

❖ 电源线：+5 V，±5%；-5 V，±10%；+12 V，±5%；-12 V，±10%；地线 GND。

PC 总线是一种典型的扩展同步总线，总线操作与时钟 CLK 严格同步，而 READY 信号可通知主模块产生等待周期 T_w，以适应慢速设备的需要。

PC 总线采用以 CPU 为核心的非平衡总线控制方式，其他主设备，如 DMA 控制器、IOP 等要使用总线时，均以 DMA 请求方式提出申请，等待 CPU 批准并让出总线使用权，用完立即将总线控制权还给 CPU。

档次较高的微机总线已做了许多扩展，如 286 机的 ISA 总线、386/486 机的 EISA 总线等，它们增加了许多信号，但上述控制方式仍保持不变。而 IBM 公司的微通道总线 MCA 和一些较高档通用总线标准为了适应多 CPU 并行处理的需要，引入了异步方式、平衡式总线控制方式，在此不再介绍。

7.6 典型外设接口

7.6.1 ATA 接口

并行 ATA(Advanced Technology Attachment)接口即常说的 IDE(Integrated Drive Electronics) 接口，曾经是微机中最常用的硬盘接口之一，最初只是一项试图把控制器与盘体集成在一起的硬盘接口技术。

并行 ATA 硬盘接口标准随着 IDE 接口技术的发展而不断更新，并行 ATA 标准可细分成 ATA-1(IDE)、ATA-2(EIDE Enhanced IDE/Fast ATA)、ATA-3(FastATA-2)、ATA-4(Ultra ATA/33)、 ATA-5 (Ultra ATA/66)、ATA-6 (Ultra ATA/100)。这些接口均属于并行 ATA 接口，并且都是双向兼容。双向兼容时系统的实际性能将取决于系统中较低的一方。ATA 接口模型如图 7-46 所示，ATA 接口采用 DMA 方式进行数据传输，传输的结果通过中断方式发送。

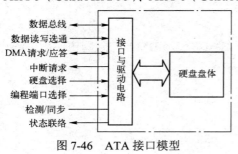

图 7-46 ATA 接口模型

最早的 ATA-1 规定了 3 种 PIO 模式和 4 种 DMA 模式（DMA 并没有得到实际应用），传输速率最高不超过 8.3 MBps；ATA-2 是对 ATA-1 的扩展，增加了 2 种 PIO 模式和 2 种 DMA 模式，把最高传输速率提高到 16.7 MBps，同时引进 LBA (Logical Block Address) 逻辑块地址数据访问方式，突破了旧 BIOS 的 504 MB 限制，支持最高可达 8.1 GB 的硬盘。实际上，它是对西部数据公司制定的 EIDE 接口的规范化。ATA-3、ATA-4 规范就是 Ultra DMA 33、Ultra DMA 66，其中 ATA-3 支持的最高传输速率为 33 MBps。正是从 ATA-3（Ultra DMA 33）起，微机才开始广泛地真正使用 DMA 来进行硬盘数据传输。而 ATA-4 和 ATA-3 相比，其系统支持的最高传输速率提高了 1 倍。ATA-5 规范即 Ultra DMA 100，支持的最高传输速率为 100 MBps。ATA-6 规范是迈拓公司推出的 ATA/133 接口，支持的最高数据传输速率为 133 MBps。表 7-5 给出了 ATA 硬盘接口特性。

表 7-5 ATA 硬盘接口特性

接口名称	传输速率	连接方式	接口名称	传输速率	连接方式
ATA-1			ATA-3		
单字节 DMA 0	2.1 MBps		多字节 DMA3/Ultra DMA 33	33.3 MBps	40 针 40 芯电缆连接
PIO-0	3.3 MBps		ATA-4		
单字节 DMA 1/多字节 DMA 0	4.2 MBps	40 针 40 芯电缆连接	Ultra DMA 66	66.7 MBps	40 针 80 芯电缆连接
PIO-1	5.2 MBps		ATA-5		
PIO-2，单字节 DMA 2	8.3 MBps		Ultra DMA 100	100 MBps	40 针 80 芯电缆连接
ATA-2			ATA-6		
PIO-3	11.1 MBps		Ultra DMA 133	133 MBps	40 针 80 芯电缆连接
多字节 DMA 1	13.3 MBps	40 针 40 芯电缆连接	Serial ATA 1.0		
PIO-4，多字节 DMA 2	16.6 MBps		Serial ATA 1.0	150 MBps	4 针电缆连接

综观并行 ATA 标准，从 ATA-1 到 ATA-6 标准，IDE 硬盘接口的技术核心一直没怎么变化，即都是在西部数据公司制定的 IDE/EIDE 基础上不断改良而产生，都属于并行 ATA 接口。其使用的连接电缆也只有两种，自 ATA-4（Ultra DMA 66）起硬盘的接口电缆由 40 针 40 芯变为 40 针 80 芯的接口电缆。随着并行 ATA 接口的不断提速，在 40 针 80 芯的电缆上的速度也逐渐达到极限，多数硬盘业内专家认为，并行 ATA 的最高传输速率将不超过 200 MBps，基于这样的原因，Intel 公司联合西部数据公司（Western Digital）等几大硬盘厂商共同制定了 Serial ATA 接口（简称 SATA 接口），目前已成为微机主流的硬盘接口。

SATA 接口以连续串行的方式传输数据，在同一时间点内只会有 1 位数据传输。这种技术极大地简化了接口的针脚数目，只用 4 个针就完成了所有的工作。串行 ATA 工作时，第 1 针发出数据、第 2 针接收数据、第 3 针向硬盘供电、第 4 针为地线。与我们的习惯性思维带来的想法相反，这种串行接口技术将提供比并行接口技术更高的传输速率，同时降低电力消耗，减小发热量。SATA 在 2001 年秋季的开发者论坛（IDF 2001）上被正式确立为硬盘接口的新标准 Serial ATA 1.0。Intel 公司确定的最初版本 SATA 支持的最高传输速率为 150 MBps。尽管这只是这项新技术的"入门级"技术指标，也比迈拓公司制定的 ATA/133 标准高了一些，而它的最终目标将是实现 600 MBps 的外部数据传输速率。鉴于 SATA 的特点及其潜在的技术发展能力，SATA 已取代并行 ATA 接口类型成为硬盘的主流接口类型。

7.6.2　SCSI 接口

SCSI（Small Computer System Interface，小型计算机系统接口）在服务器上最常看到，具有很好的并行处理能力和相对较高的磁盘性能，因此非常适合服务器的需要。SCSI 最早研制于 1979 年，原为小型机研制的一种接口技术，但随着计算机技术的发展，现在被完全移植到普通微机。SCSI 广泛应用于如硬盘、光驱、扫描仪、磁带机、打印机、光盘刻录机等设备上，由于较其他标准接口的传输速率更快，因此在高端微机、工作站、服务器上常用来作为硬盘及其他存储装置的接口。

与 ATA 接口不同，SCSI 接口与 SCSI 设备往往是分开的，即 SCSI 接口一般设计为单独的接口卡（SCSI 卡），SCSI 卡的接口为 50 针插座，接口模型如图 7-47 所示。

SCSI 接口是向后兼容的，也就是说，新的 SCSI 接口可以兼容旧接口，而且如果一个 SCSI 系统中的

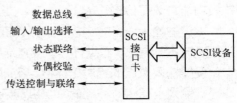

图 7-47　SCSI 接口模型

两种 SCSI 设备不是同一规格，那么 SCSI 系统将取较低级规格作为工作标准。目前，SCSI 有以下几种延伸规格：SCSI-1、SCSI-2、Fast SCSI、Wide SCSI、ULTRA SCSI、Ultra Wide SCSI、ULTRA 2 SCSI、WIDE ULTRA 2 SCSI、Ultra 160/m SCSI、Ultra320 SCSI、Ultra 640 SCSI。

7.7　I/O 设备与 I/O 程序设计

输入/输出设备（简称 I/O 设备）是计算机系统与外界交换信息的装置，所谓输入和输出，

都是相对于主机而言的，向主机送入数据为输入，由主机向外送出数据为输出。习惯上，将 CPU 和主存储器的有机组合称为主机，I/O 设备位于主机外，因而被称为外部设备或外围设备，简称"外设"。

前面几节主要讨论了 I/O 接口的基本原理，本节将简介几种常用的 I/O 设备：键盘、鼠标器、打印机和液晶显示器，并以键盘为例阐述其驱动程序的设计。

7.7.1 概述

在各种 I/O 设备中，有些是专门的输入设备，如键盘、鼠标；有些是专门的输出设备，如打印机；还有些既是输入设备，又是输出设备，如磁盘等。从信息交换的角度，它们与主机的关系是相似的，只是数据传输方向不同而已，所以泛称为 I/O 设备。但是高速设备与低速设备在传输控制方式上差别较大，如低速的键盘和打印机通常采用中断方式与主机传输信息，而高速的磁盘主要采用 DMA 方式与主机交换数据。

下面将通过对分类方法的介绍，对各类 I/O 设备做出综述，并强调从设备调用到硬件工作的几个层次。

1．I/O 设备的分类

I/O 设备的分类方法很多，可按其功能用途、工作机制、数据传输格式、速度快慢、与主机接口方式等进行分类。现在从计算机系统的组成角度，按在系统中的功能和用途分为：输入设备、输出设备、外存储器、终端设备。当然，同一设备也可能具有上述几方面的功能，如既是输入设备又是输出设备。

（1）输入设备

输入设备用来将外部信息输入主机，一般是将用户（或广义的应用环境）所提供的原始信息，转换为计算机所能识别的二进制代码。有些原始信息采取符号形式，如字符、数字代码等；有些则属于非符号形式，如图形、图像、声音、物理信号等。因此输入设备往往需要具备信息转换功能与数据传输功能。

常见的输入设备有键盘、鼠标、图形数字化仪、字符输入与识别装置、语音输入与识别装置、光笔、跟踪球、操纵杆等。键盘能将人的击键动作转换成字符代码，然后输入计算机。数字化仪能输入像点的绝对坐标值，从而将图形转换为二进制代码。光笔、鼠标、跟踪球、操纵杆等则输入坐标相对移动值来操纵显示器光标移动。扫描仪、摄像机等可将图像信息转换为像点代码，从而输入图像。音频信号采集装置能将声音信号转换为模拟信号，再通过模拟－数字（A/D）转换，输入计算机。对于其他不同用途的输入设备此处不再赘述。

（2）输出设备

输出设备用来将计算机的处理结果输出到外部，一般需将以二进制代码表达的信息转换为人或其他系统所能识别的信息形式。常见的输出设备有显示器、打印机、绘图仪、传真机、语音输出装置（声卡）。

显示器和打印机都是计算机基本配置中的重要设备，打印结果一般可以长期保留，称为硬拷贝设备；显示结果不能保留，称为软拷贝设备。绘图仪是常用的图形输出装置，有机电式和光绘式等，常用于 CAD 工程制图的输出。传真机是一种常用的通信设备，可作为计算机的输入设备或输出设备。语音输出装置（声卡）在多媒体计算机中有广泛应用，产生语音的基本方法有两大类：语音合成和语音编码输出。此外，在工业生产过程控制中，需将计算机输出的数字量转换为模拟量（D/A 转换），以控制执行机构。

（3）外存储器

外存储器如硬盘既是存储子系统的一部分，又可视为一种输入/输出设备。从主机角度看，它既能从外存输入数据，又能将数据输出给外存，所以外存既是输入设备，也是输出设备。但外存的主要功能是存储数据，输入与输出的都是二进制代码信息，一般不具有信息转换功能，所以它们被视为一类特殊的 I/O 设备。

（4）其他广义外部设备

计算机能应用于几乎所有领域，系统的结构变化也很多，所以除了常规配置的 I/O 设备，还有不少特殊类型的外部设备。例如，在工业控制过程中，既包括传感器、A/D 转换器在内的数据检测装置，也包括 D/A 转换器、各种执行元件在内的执行机构等。又如，各种领域中的一些专用装置常以外部设备形式接入计算机系统，如医疗诊断仪器、图像处理装置、向量运算器等。它们被称为广义 I/O 设备或广义外部设备。

2．工作机制中的几个层次

从 I/O 设备使用者角度，没有必要了解所使用的每台 I/O 设备的每个细节，事实上也很难做到。现代计算机系统中一般配置有主流的操作系统，为用户提供方便、通用的 I/O 调用界面，使用户可以摆脱 I/O 设备的具体细节。当然，系统软件的研制者或 I/O 设备控制程序的开发人员需要了解操作系统中的设备驱动程序，通过对一些典型设备驱动程序的剖析，掌握修改或自行编制驱动程序的方法。从事计算机系统维护工作的人员，则需对设备的硬件组成与操作有较细致的了解。因此在 I/O 子系统的工作机理方面，存在多种层次，本节的介绍中会不同程度上有所涉及。

（1）调用界面

以微机操作系统为例。早期 DOS 系统设置了一组系统功能调用，可用软中断指令 INT n 调用，其中包含对 I/O 设备的调用。在调用中可向 I/O 接口送出控制命令字，表明对设备的控制意图，目前主流 Windows 操作系统通过调用系统提供的一组 API 函数对 I/O 接口进行操作。

（2）设备驱动程序

DOS 操作系统中有一个软件模块 BIOS，固化在主机的一块 ROM 中，其中包含一组常规 I/O 设备的调用程序，称为设备驱动程序。在系统的发展中又扩充了一些 I/O 设备，为它们编制的驱动程序作为磁盘文件放于磁盘中，称为扩展 BIOS，需要调用时再由磁盘装入主存。在 Windows 操作系统中，由于支持即插即用（Plug-and-Play，PnP），设备驱动程序都可以在系统启动后再安装加载。

为了强调设备驱动程序及其软件调用界面的重要性，本节在介绍键盘和打印机时以 DOS 为例，介绍设备驱动程序 BIOS 功能调用界面以及驱动设计方法，Windows 下驱动程序结构与调用方式比 DOS 要复杂得多，有兴趣的读者可以参考 Windows 下关于 VXD 和 WDM 编程方面的书籍。

（3）设备控制程序

一些 I/O 设备控制器采用微处理器和半导体存储器，在 ROM 中固化的控制程序由微处理器执行，以完成比较复杂的控制。这样的设备控制器称为智能控制器。

（4）I/O 设备控制器与 I/O 接口

从逻辑组成上，主机（系统总线）与 I/O 设备之间一般有两部分：设备控制器和接口。有的设备，如打印机，常将设备控制器放在打印机内，与主机之间设置一个通用接口。有的设备，如显示器，控制器与接口为一个整体，称为显示器适配器。有的设备，如磁盘，存在不同的做法，有些微机将磁盘控制逻辑分为两部分，一部分在磁盘驱动器中，另一部分与接口合为一体，称为磁盘适配器；有的将磁盘控制器放在磁盘机中，则接口逻辑也随之变化。

为了使不同厂商生产的 I/O 设备能方便地接入计算机系统，推出了一些接口标准，即约定主机与接口之间的信号联系、接口与设备之间的信号联系。在需要了解接口的工作细节或设计接口时，我们应当注意这些方面。

7.7.2 键盘

键盘是微机具有人机对话功能的信息设备的基本输入设备，虽然鼠标在人机交互方面起了很大的作用，但在文字录入方面键盘依然有着无法取代的地位。

键盘的种类很多，工作机制各不相同，从结构上一般可以分为接触式和非接触式两大类：接触式键将击键动作转化为电信号的机制最为简单、直接，因而使用方便且广泛；非接触式键将击键动作引起的其他物理量变化间接转换为电信号，以避开接触式键存在的触点导通可靠性问题。

从按键操作方式上又可以分为机械动作式和触摸式两类。逻辑上，凡能将击键与释放状态转换为两种信号的机制都可用于构成键。

键盘的常见组织方式有两种：① 非扫描式键盘，其结构简单，速度快，但当键数较多时，硬件代价高，因此这种方式适用于键数较少的场合；② 扫描式键盘，将各键连接成一个矩阵，即分成 n 行、m 列，各键分别连接于某行线与某列线之间。通过硬件扫描逻辑或软件扫描程序，可判明按键位置，并提供与所按键相对应的中间代码，再把中间代码转换成对应的编码。这是应用最多的键盘构成方式。

下面以 IBM PC/XT 微机键盘为例，介绍键盘的组成、接口和驱动程序。

（1）键盘的组成与接口

微机采用的键盘由 83～110 个键组成，常用的有 101 键盘和 102 键盘。键盘是一个单独部件，通过一根 5 芯电缆与主机相连，通常采用一种行列扫描法识别按键，以串行方式向主机输入键码。在微机中，与键盘相关的重要硬件是两个芯片。一个是 Intel 8042 芯片，位于主机板上，CPU 通过 I/O 端口直接与 8042 通信，获得按键扫描码或者发送各种键盘命令。另一个是 Intel 8048 芯片，位于键盘中，8048 的主要作用是从键盘的硬件中得到被按的键产生的扫描码，与 8042 通信，控制键盘本身。

主机板上有一键盘接口逻辑，其中包括一个串行移位寄存器，它将键盘传来的串行键码转换为并行键码，然后向 CPU 发出中断请求，现在这些功能由主机板上的键盘微处理器 8042 实现。键盘微处理器 8042 接收到键盘扫描码后，向键盘发出应答信号，允许键盘送来下一个键码，并将键盘扫描码转换成系统扫描码，放入 8042 的内部并行输出缓冲器，同时产生硬件中断 1，BIOS 的硬件中断 1 对应的服务程序 INT　09H 通过 I/O 接口 60H 将该扫描码读入，转化成 ASCII 值存到微机的内部键盘缓冲区，供应用程序用软中断程序 INT　16H 读取。主机板也可向键盘发出控制命令。图 7-48 用虚线框出了键盘和位于主机板的接口这两部分。

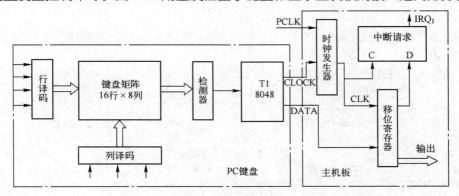

图 7-48　微机键盘接口

（2）键盘的工作过程

键盘的工作过程如下：

① 初始化。主机发出复位信号，禁止键盘送出键码，并复位接口中的移位寄存器和中断请求信号，做好接收键码的准备。

② 键盘进行行列扫描。在键盘中，由 8048 单片机执行行列扫描程序以读取按键扫描键码。首先逐列扫描，矩阵检测器输出送 8048 测试端 T1，可判断是否有行线输出了 1，从而得到按键的列号。然后采用同样的方法，逐行为 1 地进行行扫描，得到按键的行号。8048 将列号和行号拼成一个 7 位的扫描键码，如第 4 列第 7 行键按下，则得到键码为 47H。

8048 中有一个 20 字节的缓冲区，能暂存 20 个扫描键码，以免高速按键时主机来不及进行中断响应和处理。8048 的键盘扫描程序还能完成重键处理、去抖动、延时自动连发等复杂功能。

③ 送键码。主机撤销复位信号后，8048 可以送出键码。键码由 1 个标志位和 8 个数据位组成，在键盘时钟信号控制下串行输出。接口收到键码后发出中断请求信号。

④ 主机中断处理。CPU 在中断处理程序中首先取出键码；然后发出键盘复位脉冲，进行接口初始化，允许键盘送来下一个键码，并存入键盘缓冲队列；最后，程序查表将扫描码转换为 ASCII 值，完成后返回主程序。

（3）键盘驱动程序

PC 键盘的每个键都具有唯一的扫描码。当键按下时产生该扫描码；当键释放时产生一个断开码，它由前缀码 0F0H 和该键的扫描码组成。当键持续按下时自动重复发送扫描码，这些功能都由 8048 单片机实现。

在主机方面，BIOS 中含有键盘中断处理程序 INT　09H，该程序通过读 I/O 接口 60H 将扫描码读入，转化成 ASCII 值和扩展功能码，并将代码送入微机的内部键盘缓冲队列，对于几个特殊功能的换档键则记下当前状态。BIOS 中还有一个软中断调用程序 INT　16H，为应用程序提供使用键盘的软件接口，即调用界面，应用程序可通过它读取键码及换挡状态，还可以控制键盘工作。

由此可见，如果用户自己设计一个键盘的驱动程序，就必须完成两方面工作：① 中断服务程序的设计，重点是扫描码和 ASCII 值转换的处理；② 中断服务程序的安装和驻留。其中，扫描码可以通过读 I/O 接口 60H（指令为"IN　AL,60H"）获得，扫描码和 ASCII 值转换可以通过查表转换实现，而中断服务程序的安装和驻留应该按照标准的中断向量设置、中断程序驻留方法进行。

下面给出一个键盘支持程序的例子，其中扫描码到 ASCII 值的转换由表转换指令 XLATB 完成。程序清单如下：

```
STACK     SEGMENT  PARA STACK' STACK'
          DB       256 DUP(?)
STACK     ENDS
DATA      SEGMENT  PARA  PUBLIC 'DATA'
BUFFER    DB       10 DUP(0)                  ; 键盘缓冲区
BUFPTR1   DW       0                          ; 缓冲区首址指针（指向输出）
BUFPTR2   DW       0                          ; 缓冲区末址指针（指向输入）
; 当 BUFPTR1 = BUFPTR2 时，缓冲区是空的。下面的 SCANTABLE 表用于把键盘扫描码转换成 ASCII 值
SCANTABLE
          DB       0, 0, '1234567890-=', 8, 9
          DB       'qwertyuiop[]', 0DH, -1
          DB       'asdfghjkl;', 27H, 60H, -1, 5CH
          DB       'zxcvbnm,./', -1, '*', -1
          DB       13 DUP(-1)
DATA      ENDS
CODE      SEGMENT  PARA  PUBLIC  'CODE'
START     PROC     FAR
          ASSUME   CS:CODE, DS:DATA, SS:STACK
          PUSH     DS                         ; 保存 PSP 段地址
          XOR      AX, AX
          PUSH     AX                         ; 保存返回地址偏移地址（PSP + 0）
          MOV      AX, DATA                   ; 建立数据段地址
          MOV      DS, AX
          ; 第 1 部分：将自己的键盘中断服务子程序 KBINT 的入口地址装入中断类型 09H 对应的中断向量表
          CLI                                 ; 关中断
          XOR      AX, AX
          MOV      ES, AX
          MOV      DI, 24H
          MOV      AX, OFFSET  KBINT
          CLD
          STOSW                               ; 向 0:0024H 字单元装入 KBINT 的偏移地址
          MOV      AX, CS
          STOSW                               ; 向 0:0026H 字单元装入 CS 的内容，从而完成中断向量的设置
          MOV      AL, 0FCH
          OUT      21H, AL                    ; 撤销对定时中断和键盘中断的屏蔽
          ; 第 2 部分：从键盘读字符并显示出来
FOREVER:  CALL     KBGET                      ; 等待和接收键盘输入字符
          PUSH     AX
          CALL     DISPCHAR                   ; 显示接收到的字符
          POP      AX
          CMP      AL, 0DH                    ; 是 Enter 键吗？
          JNZ      FOREVER                    ; 不是，则转
          MOV      AL, 0AH                    ; 是，加入换行代码
          CALL     DISPCHAR
          JMP      FOREVER
          ; 下面的 KBGET 子程序等待并接收从键盘输入缓冲区的字符代码到 AL
```

```
KBGET      PROC    NEAR
           PUSH    BX
           CLI                                  ; 关中断
           MOV     BX, BUFPTR1
           CMP     BX, BUFPTR2                   ; 缓冲区是否空
           JNZ     KBGET2                        ; 不空，则转
           STI                                   ; 空，则开中断
           POP     BX
           JMP     KBGET                         ; 等待缓冲区有代码为止
KBGET2:    MOV     AL, (BUFFER+BX)
           INC     BX
           CMP     BX, 10                        ; 缓冲区是否回转?
           JC      KBGET3                        ; 否，则转
           MOV     BX, 0                         ; 回转到初始首址
KBGET3:    MOV     BUFPTR1, BX
           STI
           POP     BX
           RET
KBGET      ENDP
           ; 下面是键盘中断服务子程序
KBINT      PROC    FAR
           PUSH    BX
           PUSH    AX
           IN      AL, 60H                       ; 读键盘输入扫描码到 AL
           ; 将输入的扫描码转换为 ASCII 值
           LEA     BX, SCANTABLE
           XLATB                                 ; 将扫描码变换为 ASCII 值
           CMP     AL, 0                         ; 是有效的 ASCII 值吗?
           JZ      KBINT2                        ; 不是，则转
           ; 把 ASCII 值置入缓冲区
           MOV     BX, BUFPTR2
           MOV     (BUFFER+BX), AL
           INC     BX
           CMP     BX, 10                        ; 到缓冲区底部吗?
           JC      KBINT3                        ; 否，则转
           MOV     BX, 0                         ; 是，从顶部开始
KBINT3:    CMP     BX, BUFPTR1                   ; 缓冲区是否满?
           JZ      KBINT2                        ; 是，转，丢掉该字符
           MOV     BUFPTR2, BX                   ; 否则，送回输入指针
           ; 向 8259 送中断结束命令字
KBINT2:    MOV     AL, 20H
           OUT     20H, AL
           POP     AX
           POP     BX
           IRET
KBINT      ENDP
           ; 下面是显示一个字符的子程序，字符代码在 AL 中
DISPCHAR   PROC    NEAR
           PUSH    BX
           MOV     BX, 0
           MOV     AH, 14                        ; 调用 ROM BIOS 驱动程序显示
           INT     10H
```

```
            POP    BX
            RET
DISPCHAR    ENDP
            RET
START       ENDP
CODE        ENDS
            END    START
```

7.7.3　鼠标器

　　鼠标器是一种常用的计算机输入设备，全称是显示系统纵横位置指示器，简称鼠标。鼠标可以对当前屏幕上的光标进行定位，是一种相对定位设备。鼠标器由于其外形如老鼠而得名，通过电缆与主机相连接。鼠标能方便地控制屏幕上的光标移动到指定的位置，并通过按键完成各种操作。鼠标在桌上移动，其底部的传感器检测出运动方向和相对距离，送入计算机。鼠标于 1968 年出现。鼠标可以使计算机的操作更加简便，来代替键盘烦琐的指令。

　　按与主机相连的接口类型，鼠标可分为串行鼠标、PS/2 鼠标、总线鼠标、USB 鼠标（多为光电鼠标）4 种。串行鼠标是通过串行口与计算机相连，有 9 针接口和 25 针接口两种；PS/2 鼠标通过一个 6 针微型 DIN（Deutsches Institut fur Normung）接口与计算机相连，与键盘的接口非常相似，使用时注意区分；总线鼠标的接口在总线接口卡上；USB 鼠标通过 USB 接口直接插在计算机的 USB 接口上。

　　鼠标按外形分为两键鼠标、三键鼠标、滚轴鼠标和感应鼠标。两键鼠标和三键鼠标的左右按键功能完全一致，一般情况下，我们用不着三键鼠标的中间按键，但在使用某些特殊软件时（如 AutoCAD 等），这个键也会起一些作用；滚轴鼠标和感应鼠标在笔记本电脑上使用很普遍，往不同方向转动鼠标中间的小圆球，或在感应板上移动手指，光标就会向相应方向移动，当光标到达预定位置时，按下鼠标或感应板，就可执行相应功能。

　　根据所采用传感器技术的不同，鼠标还可分成两类：机械式、光电式。

　　机械式鼠标的底部有一个圆球，鼠标移动时，圆球滚动带动与球相连的圆盘。圆盘上的编码器把运动方向与距离送给主机，经软件处理后，控制光标做相应移动。该类鼠标结构简单，使用方便，但也容易磨损，且精度差。

　　光电式鼠标几乎没有任何机械零件，而且使用一个微型光学镜头不断地拍摄鼠标下方的图像，数字信号处理器对获得的图像序列中帧与帧之间的变化进行分析，计算出移动方向和距离，送入计算机，控制光标的移动。这类鼠标速度快，精度高，没有机械磨损，使用寿命长，不需鼠标垫，只要在平面上就能操作，是目前比较流行的鼠标类型。

　　另外，还有新出现的无线鼠标和 3D 振动鼠标。

　　无线鼠标是指无线缆直接连接到主机的鼠标。无线鼠标分为鼠标本身和接收器两部分。鼠标本身安装有红外线或无线电发射器，接收器通过连线连接到计算机的 PS-2 接口或 USB 接口。操作鼠标时，信息就会通过红外线或无线电波传输到计算机上，一般采用红外方式、无线电方式、蓝牙技术实现与主机的无线通信。3D 振动鼠标具有全方位立体控制、振动等功能，不仅可以当作普通的鼠标器使用，也可以在游戏中使用。

　　鼠标的技术指标之一是分辨率，分辨率越高，越有利于用户的细微操作。分辨率是指鼠标在桌上每移动一英寸，光标在屏幕上所移动的像素数。对光电鼠标来说，反映其性能的另一个指标是帧速率，即刷新频率，是指数字信号处理器每秒钟可以处理的图像帧数，一般以"帧/秒"为单位。

7.7.4 打印机

打印机能将计算机的处理结果以字符或图形的形式打印到纸上，便于人们阅读和保存，是常见的重要输出设备之一。由于输出结果能永久性保留，常称为硬拷贝设备。

目前最常用的几种打印机是：喷墨打印机、激光打印机、串行针式打印机、并行针式打印机，它们都属于点阵式打印机。喷墨打印机以其低廉的设备价格和优良的打印质量在个人计算机中已得到普及，串行针式点阵打印机则以其廉价的色带在票据打印方面广泛应用，激光打印机主要用在高质量打印中。

本节只介绍激光打印机和喷墨打印机，最后给出打印机驱动程序的设计方法。

1．激光打印机

激光打印机是激光技术与半导体电子照相技术相结合的产物，其成像原理与静电复印机相似，其原理如图 7-49 所示。

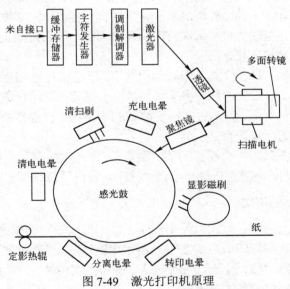

图 7-49　激光打印机原理

激光打印机的核心是一个感光鼓，表面镀有一层半导体感光材料，通常是硒，所以又被称为硒鼓。打印的基本过程如下：首先对硒鼓进行"充电"，使其表面均匀地带上一层电荷，然后由控制电路控制激光束对硒鼓表面进行扫描照射，在需印出内容的地方关闭激光束，在不需印出的地方打开激光束。这样，被激光束照射过的地方产生光电流，使其失去表面电荷，而未被照射的地方仍带有电荷，从而在硒鼓上形成"潜像"。带有潜像的硒鼓表面继续运动，通过碳粉盒时，带电荷部分吸附上碳粉，使潜像"显影"。显影的表面同打印纸接触时，在外电场的作用下，碳粉吸附到纸上，这一过程称为"转印"。最后，吸附有碳粉的纸经过"热辊"，在高温和高压下熔化而永久性地粘附在纸上，实现"定影"而得到最终的打印输出结果。而转印后的硒鼓表面经过放电，然后经过清扫热辊除去残留的碳粉，以便进行下次充电、曝光、显影、转印等打印过程。

激光打印机属于非击打式打印设备，工作时噪声低。由于激光束扫描速度可以提高，而且打印输出是随硒鼓转动连续进行的，因此打印速度较快，通常以每分钟输出的页数 PPM（Pages Per Minute）作为打印速度单位，所以也常被称为页式打印设备。低速激光打印机约为几 PPM 到十几 PPM，高速的可达 100 PPM 以上。

激光束可聚集到非常细，能达到很高的分辨率，普通激光打印机都能达到 300～600 dpi（点每英寸），打印质量很高，远优于针式打印机，已接近于字模印刷的水平，正广泛地代替传统的活字印刷方法，形成"电子出版"行业。激光打印机多用于办公自动化、电子出版及大型计算机系统和网络共享打印设备等方面。

激光打印机速度快、分辨率高，在进行高质量汉字或图形的打印时需要的数据量极大，所以所需的缓存容量比针式打印机大许多，通常为数百 KB 到数 MB，甚至更多。

2. 喷墨打印机

喷墨打印是近年来发展很快的非击打式打印技术，目前低端的喷墨打印机价格已远远低于针式打印机价格，而速度和性能则超过了针式打印机，接近激光打印机的打印质量。

喷墨打印机的核心是一个可控喷墨打印头（墨盒），带电荷的墨水滴在压力或电场的作用下从极细的喷嘴中高速喷出，并由外电场控制偏转方向，在纸上形成图案。目前，喷墨打印头一般只控制墨水滴的垂直偏转方向，每次打印出一列点阵，然后打印头做水平运动，逐列打印出一行，其过程类似针式打印机。

还有一种随机式喷墨打印头，其工作原理稍有不同，它的墨水喷出方向是固定的，而墨水是否喷出则是可控制的。打印头中装有多个可控喷头，喷嘴在顶端排成一列或交错的两列。打印过程与针式打印机非常类似，只不过在这里控制的不是打印针是否打出，而是控制墨汁是否喷出。其他的喷墨打印方式不再赘述。

目前，喷墨打印机多采用一次性打印头（墨盒），打印次数有限，墨水用完后不能添加，墨盒成本不低，所以在打印频繁的行业，如票据打印，针式打印机仍然占主要地位。

3. 打印机管理软件的层次

打印机管理软件分为三级：打印机控制程序、打印机设备驱动程序和应用程序。

打印机控制程序固化在打印机控制器中，由控制器中的微处理器执行，它主要负责管理具体的打印操作及辅助操作过程，设备的构成与具体操作密切相关。控制程序是打印机制造厂商在制造时提供的，是打印机设备的一部分。

打印机设备驱动程序是主机中操作系统的一部分，是主机中直接管理打印机的部分。它负责与打印机通信，送出打印数据和命令，并接收打印机回传的状态信息，报告给应用程序。打印机设备驱动程序的设计与操作系统及打印机接口的结构有密切关系，涉及许多硬件细节和信号应答协议，如主机与打印机间采用的接口方式是并行接口还是串行接口，主机控制答应采取的是程序查询方式还是中断方式，主机与打印机的接口的各寄存器的编程物理地址是什么，寄存器约定的各控制位和状态位的具体含义等，见 7.3.5 节。

应用程序通过设备驱动程序提供的调用界面（系统调用或函数调用），控制打印机完成打印任务。这时，应用程序可将打印机作为一个逻辑设备去使用，而不必关心打印机的具体操作过程，也不必关心接口的管理。因此，应用程序可以编写得更简单、更通用。

7.7.5 液晶显示器

显示器能以可见光的形式输出信息，是最基本的人机对话设备之一。与打印机等硬拷贝输出设备不同，显示器输出的内容不能长期保存，当显示器关机或显示别的内容时，原有内容就消失了，所以显示器属于软拷贝输出设备。

显示器有多种类型，由于 CRT 显示器存在耗电高、体积大、辐射强等问题，人们一直致力于发展新的显示技术，出现了液晶显示器（LCD）和等离子显示器（PDP）。与传统的 CRT 显示器相比，液晶显示器具有轻薄短小、低耗电量、无辐射危险、平面直角显示、影像稳定不闪烁等优势。目前，液晶显示器已经取代 CRT 显示器的主流地位。等离子显示器是另一种很有前途的平板显示器，也有体积小、重量轻、功耗小的特点，且亮度高于液晶显示，色彩鲜明。但其成本较高，应用普及还不广泛。

本节只介绍液晶显示器的基本显示原理。

1．液晶显示器工作原理

液晶显示器的工作原理是，将液晶置于两片导电玻璃之间，靠两个电极间电场的驱动，引起液晶分子扭曲向列的电场效应，以控制光源的透射或遮蔽，在电源关开之间产生明暗效果而将影像显示出来。若加上彩色滤光片，则可显示彩色影像。在两片玻璃基板上装有配向膜，液晶会沿着沟槽配向，玻璃基板配向膜沟槽偏离 90°，所以液晶分子成为扭转型。当玻璃基板没有加入电场时，光线透过偏光板跟着液晶做 90°扭转，通过下方偏光板，液晶面板显示白色（如图 7-50（a）所示）；当玻璃基板加入电场时，液晶分子产生配向变化，光线通过液晶分子空隙维持原方向，且被下方偏光板遮蔽，光线被吸收无法透出，液晶面板显示黑色（如图 7-50（b）所示）。液晶显示器便是根据此电压有无产生的电场变化达到显示效果的。

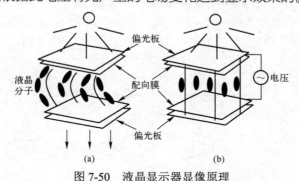

图 7-50　液晶显示器显像原理

2．液晶显示器的分类

目前，液晶显示器主要分为以下两大类。

① 扭曲向列相（TN）显示。TN 型液晶显示器件是最常见的一种液晶显示器件。一般笔段式数字显示所用的液晶显示器件大都是 TN 型器件，常见的手表、数字仪表、电子钟及大部分计算器所用的液晶显示器件也都是 TN 型器件。

② 超扭曲向列相（STN）显示。超扭曲向列相（STN）显示是一种目前应用较多的点阵式液晶显示器件。"超扭曲"即扭曲角应很大，超过 90°。这类扭曲角在 180°～360°的液晶显示器件被称为超扭曲（STN）系列产品。

目前，几乎所有的点阵图形和大部分点阵字符液晶显示器件均已采用了 STN 模式。STN

技术在液晶产业中已处于成熟、完善的阶段。STN 模式的产品结构基本和 TN 模式是一样的，只不过盒中液晶分子排列不是沿着 90°扭曲排列，而是 180°～360°扭曲排列。

习 题 7

7-1 简要解释下述名词：

| 接口 | 串行接口 | 并行接口 | 总线 | 系统总线 | 同步总线 |

异步总线　扩展同步总线　立即程序传输方式　　程序查询方式

程序中断方式　　　　DMA 方式　向量中断　中断向量　中断屏蔽

多重中断　DMA 初始化　I/O 设备　终端设备　设备驱动程序 设备控制程序

7-2 比较并说明下述几种 I/O 控制方式的优缺点及其适用场合。

（1）直接程序传输方式　　　　　（2）程序中断方式　　　　　　（3）DMA 方式

7-3 I/O 接口的编址方法一般有哪几种？试比较它们的优缺点。

7-4 试比较同步总线与异步总线的主要特征、优缺点及其应用场合。

7-5 若采取中断方式处理键盘输入，试为此编制中断处理程序的流程图与源程序。

7-6 某机带有 4 路数据采集器，采用直接程序控制方式实现数据的输入。

（1）设计接口，画出寄存器级粗框图。　　　　　（2）拟定程序框图，编制源程序。

7-7 某机连接 4 台 I/O 设备，序号由 0#～3#，采用软件查询确定其中断优先级。请分别按下列两种要求拟定查询程序的流程图。

（1）固定优先级方式。　　　　　　　　　（2）轮流优先级方式，使机会均衡。

7-8 查阅有关资料，比较 ISA 总线与 PCI 总线之间的异同。

7-9 BIOS 提供的打印机驱动程序 INT　17H 流程如图 7-51 所示，试根据该图并查阅资料，用汇编语言编制有关程序段。

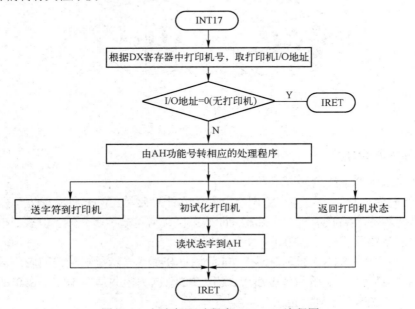

图 7-51　打印机驱动程序 INT　17 流程图

附录 A

ASCII 字符表

编 码	字 符	编 码	字 符	编 码	字 符	编 码	字 符
00	DUL	20	SPACE	40	@	60	'
01	SOH	21	!	41	A	61	a
02	STX	22	"	42	B	62	b
03	ETX	23	#	43	C	63	c
04	EOT	24	$	44	D	64	d
05	ENQ	25	%	45	E	65	e
06	ACK	26	&	46	F	66	f
07	BEL	27	'	47	G	67	g
08	BSB	28	(	48	H	68	h
09	TAB	29	)	49	I	69	i
0A	LF	2A	*	4A	J	6A	j
0B	VT	2B	+	4B	K	6B	k
0C	FF	2C	,	4C	L	6C	l
0D	CR	2D	–	4D	M	6D	m
0E	SO	2E	.	4E	N	6E	n
0F	SI	2F	/	4F	O	6F	o
10	DLE	30	0	50	P	70	p
11	DC1	31	1	51	Q	71	q
12	DC2	32	2	52	R	72	r
13	DC3	33	3	53	S	73	s
14	DC4	34	4	54	T	74	t
15	NAK	35	5	55	U	75	u
16	SYN	36	6	56	V	76	v
17	ETB	37	7	57	W	77	w
18	CAN	38	8	58	X	78	x
19	EM	39	9	59	Y	79	y
1A	SUB	3A	:	5A	Z	7A	z
1B	ESC	3B	;	5B	[	7B	{
1C	FS	3C	<	5C	\	7C		
1D	GS	3D	=	5D	]	7D	}
1E	RS	3E	>	5E	^	7E	~
1F	US	3F	?	5F	_	7F	DEL

注：① 编码是十六进制数；② SPACE 是空格；③ LF=换行，FF=换页，CR=回车，DEL=删除，BEL=振铃。

参考文献

[1] Andrew S. Tanenbaum. Structured Computer Organization（Fourth Edition）. Prentice Hall Inc. USA. 1999.

[2] William Stallings. Computer Organization and Architecture（Fifth Edition）. Prentice Hall Inc. USA. 2000.

[3] 白中英. 计算机组成原理（第三版）. 北京：科学出版社，2000.

[4] 袁春风. 计算机组成与系统结构（第 2 版）. 北京：清华大学出版社，2015.

[5] 王爱英. 计算机组成与结构. 北京：清华大学出版社，2001.

[6] 王诚. 计算机组成与设计. 北京：清华大学出版社，2002.

[7] 蒋本珊. 计算机组成原理与体系结构. 北京：北京航空航天大学，2001.

[8] 李亚民. 计算机组成与系统结构. 北京：清华大学出版社，2000.

[9] 蒋本珊. 计算机组织与结构. 北京：清华大学出版社，2002.

[10] John L. Hennessy, David A. Patterson. Computer Organization and Design. Morgan Kaufmann Publishers. USA，2012.

[11] 沈美明，温冬蝉. 80x86 汇编语言程序设计. 北京：清华大学出版社，2001.

[12] Peter Abel. IBN PC Assembly Language and Programming（Fourth Edition）. Prentice Hall Inc. USA. 1998.

[13] 王正智. 8086/8088 系列微型计算机宏汇编语言程序设计. 成都：电子科技大学出版社，2000.

[14] 马维华. 从 8086 到 PentiumIII微型计算机及接口技术. 北京：科学出版社，2000.

[15] 孟昭光，李维星. 80386/80486/Pentium 高档微机组成原理及接口技术. 北京：学苑出版社，1993.

[16] 阎石. 数字电子技术基础（第 6 版）. 北京：高等教育出版社，2016.

[17] John L. Hennessy, David A. Patterson. 计算机体系结构——量化研究方法（第 5 版）. 贾洪峰译. 北京：人民邮电出版社，2013.